实验室生物安全

主　编　武桂珍　王健伟

副主编　任丽丽（中国医学科学院病原
生物学研究所）

魏　强（中国疾病预防控制中心）

曹玉玺（中国疾病预防控制中心
病毒病预防控制所）

人民卫生出版社
·北京·

图书在版编目（CIP）数据

实验室生物安全 / 武桂珍，王健伟主编. -- 北京：
人民卫生出版社，2025. 5. -- ISBN 978-7-117-37934-2

Ⅰ. Q-338

中国国家版本馆CIP数据核字第20255V0U75号

人卫智网	www.ipmph.com	医学教育、学术、考试、健康， 购书智慧智能综合服务平台
人卫官网	www.pmph.com	人卫官方资讯发布平台

实验室生物安全

Shiyanshi Shengwu Anquan

主　　编：武桂珍　王健伟

出版发行：人民卫生出版社（中继线 010-59780011）

地　　址：北京市朝阳区潘家园南里 19 号

邮　　编：100021

E - mail：pmph @ pmph.com

购书热线：010-59787592　010-59787584　010-65264830

印　　刷：三河市宏达印刷有限公司

经　　销：新华书店

开　　本：787×1092　1/16　印张：22

字　　数：494 千字

版　　次：2025 年 5 月第 1 版

印　　次：2025 年 7 月第 1 次印刷

标准书号：ISBN 978-7-117-37934-2

定　　价：85.00 元

打击盗版举报电话：010-59787491　E-mail：WQ @ pmph.com

质量问题联系电话：010-59787234　E-mail：zhiliang @ pmph.com

数字融合服务电话：4001118166　E-mail：zengzhi @ pmph.com

编　者

（按姓氏汉语拼音排序）

曹玉玺（中国疾病预防控制中心病毒病预防控制所）

崔　磊（中国建筑科学研究院有限公司）

代　青（中国医学科学院医学生物学研究所）

韩　俊（中国疾病预防控制中心病毒病预防控制所）

韩晓旭（中国医科大学）

侯雪新（中国疾病预防控制中心传染病预防控制所）

胡黎黎（重庆市疾病预防控制中心）

姜孟楠（中国疾病预防控制中心）

蒋　涛（中国疾病预防控制中心病毒病预防控制所）

雷雯雯（中国疾病预防控制中心病毒病预防控制所）

李崇山（上海市疾病预防控制中心）

李思思（中国疾病预防控制中心）

李振军（中国疾病预防控制中心）

梁　磊（中国建筑科学研究院有限公司）

刘培培（中国疾病预防控制中心病毒病预防控制所）

刘培源（中国中元国际工程有限公司）

刘青杰（中国疾病预防控制中心辐射防护与核安全医学所）

刘亚宁（中国疾病预防控制中心病毒病预防控制所）

任　哲（中国人民解放军军事科学院军事医学研究院）

任丽丽（中国医学科学院病原生物学研究所）

沈小明（上海市疾病预防控制中心）

宋　娟（中国疾病预防控制中心病毒病预防控制所）

王　荣（中国合格评定国家认可委员会）

王　营（中国医学科学院病原生物学研究所）

王贵杰（中国人民解放军军事科学院军事医学研究院）

王健伟（中国疾病预防控制中心）

王衍海（中国疾病预防控制中心病毒病预防控制所）

王燕芹（中国建筑科学研究院有限公司）

王云川（中国医学科学院医学生物学研究所）

魏　强（中国疾病预防控制中心）

魏　强（中国医学科学院医学实验动物研究所）

魏秋华（中国人民解放军军事科学院军事医学研究院）

武桂珍（中国疾病预防控制中心病毒病预防控制所）

肖　艳（中国医学科学院病原生物学研究所）

徐　柯（中国疾病预防控制中心病毒病预防控制所）

徐东群（中国疾病预防控制中心环境与健康相关产品安全所）

衣　岩（中国人民解放军军事科学院军事医学研究院）

张　宇（中国疾病预防控制中心病毒病预防控制所）

张道茹（中国中元国际工程有限公司）

张小山（中国疾病预防控制中心病毒病预防控制所）

赵　骅（中国疾病预防控制中心辐射防护与核安全医学所）

赵　莉（中国疾病预防控制中心病毒病预防控制所）

赵赤鸿（中国疾病预防控制中心）

周为民（中国疾病预防控制中心病毒病预防控制所）

前　言

20 世纪 50—60 年代，美国首先建立了生物安全实验室，随后英国、苏联、加拿大、日本等国家陆续建造了不同防护级别的生物安全实验室。在生物安全实验室运行过程中，实验室感染的病例时有报道，实验室生物安全问题逐渐被世界各国所重视，各国结合自身国情，颁布了相关法律法规对本国进行实验室生物安全管理。

生物安全实验室主要用于具有潜在感染风险和传染性生物因子的操作，在科学研究和传染病防控工作中发挥重要作用。实验室生物安全是在确保实验活动得到有效进行的同时，保障从事实验活动人员的人身安全，确保涉及的有害因子不会泄漏至实验室外，从而保证环境安全和维护社会稳定。

实验室生物安全既是国家生物安全的重要内容之一，也是贯彻落实总体国家安全观的重要部分。进入 21 世纪以来，新发和突发传染病时常出现，生物实验室感染事件时有发生，生物恐怖袭击与生物战威胁日益严峻，生物技术误用和谬用的风险也大大增加，生物威胁正以隐蔽化、危害扩大化的特点影响着全球各国人民正常的生产和生活。回顾人类从事与微生物相关研究的历史，实验室生物安全事故、感染性事件一直相伴而生。近年来国内外病原微生物泄漏情况屡见不鲜，实验室生物安全风险不容低估。

近年来我国科学技术迅猛发展，尤其是生物医学领域的新技术不断涌现，各种检验方法、检测手段不断更新，对实验室生物安全风险的防范和管理要求不断提高。由于所操作的实验对象的特殊性，生物安全实验室比一般实验室存在更多的风险点。我国的实验室生物安全体系亟待进一步完善，特别是关键防护技术缺失、核心防护设备缺乏、重大公共卫生事件应对能力薄弱。

本书内容分为实验室生物安全概论、实验室风险控制、实验室基本操作规范、实验室生物安全管理四大部分，重点介绍了实验室生物安全基本原理与基本要素、生物安全法律法规与标准、实验室危害和风险评估与风险控制、生物安全实验室分级与设计要求、生物安全实验室防护设施与设备、个人防护装备、实验室操作技术规范、病原微生物菌（毒）种及样本采集与保藏和运输管理、消毒灭菌与废弃物处置、实验室生物安全管理等。全书从实验室生物安全角度出发，理论结合实际，注重实用性和可操作性。本书适用于与病原微生物有关的研究、教学、检测、诊断等领域培训使用。

本书的出版得到了国家相关主管部门、各编写专家所在单位，以及国内生物安全领域权威专家的大力支持和帮助，在此表示衷心的感谢；同时感谢各位编委在百忙之中的辛勤付出。鉴于生物安全学科的快速发展，本书的不足和错误之处在所难免，还望广大读者批评指正，以便我们不断修正和完善。

武桂珍　王健伟

2024 年 11 月

目 录

第一篇

实验室生物
安全概论

第一章
实验室生物安全概述

实验人员在从事病原微生物相关实验活动时，如感染性材料意外泄漏，可能会导致人员的感染、环境的污染和疾病的人群传播。因此，实验室生物安全管理的作用就是减少实验操作人员在感染性环境中的暴露，降低病原微生物等感染性材料对人员和环境可能造成的危害。我国自 2002 年以来，陆续颁布实施了多项法律、法规、标准、规范，涵盖了实验室风险评估及风险控制、实验室设施设备、管理体系文件等多个方面，规范和指导了实验室生物安全工作。

第一节　实验室生物安全的概念与范围

一、实验室的概念和范畴

实验室（laboratory）也称试验室，是进行科学实验或试验的场所。根据学科领域的不同，实验室可分为生物学实验室、化学实验室和物理学实验室。本书中的实验室是指从事感染性材料操作活动的生物学实验室，包括：科学研究实验室、动物实验室、临床检验实验室、公共卫生实验室、传染病监测实验室等。

二、实验室生物安全的研究对象

安全（safety）是指避免或不会引起伤害或损失，是每个人除了生存（衣食住行和繁衍后代）以外最重要的需求。在安全前面冠以生物（bio-）就是生物安全，是本书要讲述的主题。生物安全概念的产生是因为存在着生物威胁（biothreat）或生物危害（biohazard），即感染性生物因子能够产生不利于人类健康发展的严重危害。生物安全是人们避免或控制生物危害发生的一种要求。为了应对自然和人为的生物威胁，全球各国必须采取有效对策，保护公众健康和社会稳定。为了预防和控制传染病带来的威胁，各国投入大量的人力、物力建立生物医学实验室，以满足临床检验、疾病控制和研究工作之需。然而，实验室相关感染在世界范围内的频频出现又带来了新的挑战。

实验室相关感染，又称实验室获得性感染，指实验室工作人员直接或间接操作病原微生物而获得的感染。实验室相关感染的负面影响非常大而深远，因此，实验室生物安全就成为我们必须面对的问题。

实验室生物安全（laboratory biosafety）是指在从事病原微生物实验活动的实验室中避免病原微生物对工作人员和相关人员的危害、对环境的污染和对公众的伤害，在保证试验研究科学性的同时，还要保护被试验材料免受污染。其措施包括强化工作和管理人员的生物安全意识，建立规范化、法治化和日常化的管理体系，加强人才的建设、培训，配备必要的物理、生物防护设施、设备，掌握规范的微生物操作技术和方法等。

三、实验室生物安全研究的内容和涉及的领域或学科

（一）概述

实验室生物安全涉及的领域和学科非常广泛，是系统复杂的工程，是多层次、多部门和多学科有机配合才能做好的一项非常重要的工作。其主要涉及的领域和学科如下。

1. 从生物安全理论上讲，涉及气溶胶学（主要是微生物气溶胶的产生、扩散、存活、人体暴露和个人防护等）、空气动力学等。

2. 从物理防护原理上讲，涉及自动控制（压力和压差控制等）、建筑环境控制工程［高效空气过滤器（high efficiency particulate air filter，HEPA）过滤、消毒和灭菌］、结构工程（屏障隔离、围场操作）等。

3. 从生物角度分析，实验室生物安全属于生物医学，其中涉及微生物学（病毒、细菌、真菌、毒素等）、传染病学（人、畜）、流行病学、实验动物学、生物工程、医疗仪器等。

4. 从管理角度分析，实验室生物安全属于管理学（条例、法规、制度等），涉及各层领导、法规制定部门、技术监督部门等。

5. 从规划上讲，涉及环境保护和环境影响评价等。

6. 从工学角度分析，实验室生物安全属于建筑和装饰工程学，包括土建、水暖、空调、强电、弱电、安全监控、自动化等。

（二）实验室相关感染的原因

实验室相关感染的原因主要有误食、皮肤切割、针刺、动物抓咬和气溶胶吸入等。尤其以吸入气溶胶感染最为常见，也最难预防。这是因为实验室操作中产生的气溶胶和由此引起的感染比较难以察觉。其特点主要如下。

1. 生物气溶胶无色无味、无孔不入，不易被发现，实验人员在自然呼吸中不知不觉吸入而造成感染。若治疗不及时会造成严重后果。

2. 与其疾病自然感染相比，有些微生物气溶胶感染的症状不典型，病程复杂，难以及时确诊，影响预后。

3. 有些气溶胶感染只有呼吸道黏膜免疫才有预防作用，非呼吸道免疫途径预防效果欠佳。现有常规疫苗的预防效果不理想，如肺炭疽。

4. 呼吸道传播的微生物特别是高致病性病毒常常发生变异，尤其是其抗原性、致病性都可能发生改变，在空气中的存活力也可能增强。

5. 气溶胶传播容易造成病原体在人与人、人与动物、动物与动物之间的传播。

6. 气溶胶可以远距离或较远距离传播，这是其与其他传播途径的显著区别，也是气溶胶传播难以预防的另一重要原因。

（三）病原微生物气溶胶防护的基本原理

1. **避免或减少操作中气溶胶的产生** 如同传染病控制原理一样，控制或消灭传染源——避免或减少操作感染性材料时气溶胶的产生，是避免呼吸道实验室感染的首要对策，也是避免其他实验室相关感染的主要措施。

（1）规范工作人员操作过程，避免操作错误：实验室感染事故，大部分是由于工作人员疏忽或违反操作规程造成的。例如，在操作过程中不小心将菌毒种管、含有感染性物质的离心管或其他容器打碎，就可产生气溶胶污染，有可能造成严重后果。

（2）正确选择和使用仪器、器材和设备：在生物安全实验室活动中，正确选择和使用仪器、器材和设备对于保证实验室生物安全至关重要。生物安全实验室仪器、器材和设备的选用应遵循下列原则。

1）适合工作需要。仪器设备既要满足试验的要求又要避免"杀鸡用宰牛刀"，因为那样既浪费又不一定安全。

2）产品符合标准，具有产品合格证，并有足够的检测数据。例如，在选择生物安全柜时必须是合格产品，出厂前必须依据产品标准进行检验，并提供合格报告。

3）仪器设备特别是有关安全设备，必须在安装后、使用（感染性材料操作）前依据相关标准进行性能验证，按规定进行年检。

（3）加强人员培训：实验室工作人员应经过专业培训并获得相应资质，培训内容应包括仪器的操作原理和方法、强化避免或减少操作中产生气溶胶的意识、操作可能产生气溶胶危害的仪器时应采取的防护措施等。

（4）改进操作技术：通过优化操作技术，可以避免气溶胶的产生和实验室伤害的发生，确保生物安全。例如，用玻璃棒接种光滑的琼脂平板所产生的气溶胶比粗糙平板要减少99%；用冷接种环蘸取菌液产生的气溶胶比用热接种环减少90%；菌液依靠重力由吸管中流出产生的气溶胶比用力吹出减少67%；菌液滴落在消毒巾上产生的气溶胶比硬桌面上减少90%；用针头从盖有橡皮塞的瓶中抽液时，用酒精棉球围住瓶口产生的气溶胶比不用酒精棉球时减少99%。

2. **防止气溶胶的扩散** 无论是哪一种微生物实验室，只要操作感染性物质，气溶胶的产生是不可避免的。因此，除了上述措施外（控制空气传播感染的第一环节），还要防止气溶胶扩散，这是控制空气传播感染的第二环节。在实验室中，有多种措施可以有效防止气溶胶的扩散，例如围场操作、屏障隔离、有效拦截、定向气流、空气消毒等，这些防护措施的综合利用可以获得良好的效果。

（1）围场操作：围场操作是把感染性物质局限在一个尽可能小的空间（例如生物安全柜）内进行操作，使之不与人体直接接触，并与开放空气隔离，避免人的暴露。实验室也是围场，是第二道防线，可起到"双重保护"作用。围场大小要适宜，以达到既保证安全又经济合理的目的。目前，进行围场操作的设施设备往往组合应用了机械、气幕、负压等多种防护原理。

（2）屏障隔离：气溶胶一旦产生并突破围场，要靠各种屏障防止其扩散，因此也可以将屏障隔离视为第二层围场。例如，生物安全实验室围护结构及其缓冲间或通道，能防止气溶胶进一步扩散，保护环境和公众健康。例如，生物安全三级（biosafety level-3，BSL-3）实验室核心区和防护走廊之间的缓冲间把操作感染性材料的核心区围场在尽可能小的范围内。按 GB 19489—2008《实验室 生物安全通用要求》的要求，进出实验室核心区的缓冲间是必需的设置。原因如下。

1）避免污染扩散，尽可能把污染控制在最小范围内。

2）一旦实验室内出现正压，工作人员可在缓冲间内换气、净化空气、安全撤离。

3）退出实验室时可在缓冲间内换鞋、脱去外层衣服和手套、进行必要的消毒，避免污染内层衣服或其他房间。

（3）定向气流：对 BSL-3 或以上实验室的要求是保持定向气流。其有以下要求。

1）实验室周围的空气应向实验室内流动，以杜绝污染空气向外扩散的可能，保证不危及公众。

2）在实验室内部，潜在风险小的区域的空气应向潜在风险大的区域流动，保证没有逆流，以减少工作人员暴露的机会。

3）辅助区的空气应向防护区的区域流动。

以 BSL-3 实验室为例，原则上核心区气压与外界相比压差不应小于 –40Pa，核心区气压与其缓冲间相比压差不低于 –15Pa；ABSL-3 中动物饲养和实验操作等核心区的气压与外界气压的压差应不小于 –80Pa，与缓冲间的压差应不低于 –25Pa。

（4）有效消毒灭菌：实验室生物安全的各个环节均需要应用消毒灭菌技术，实验室的消毒灭菌主要包括空气、表面、仪器、废物、废水等的消毒灭菌。在应用中应注意根据生物因子的特性和消毒对象进行有针对性的选择，并应注意环境条件对消毒效果的影响。以上要求都应在操作规程中有详细规定。

（5）有效拦截：是指生物安全实验室内的空气在排入大气之前，必须通过 HEPA 过滤，将其中的感染性颗粒阻拦在滤材上。这种方法简单、有效、经济实用。HEPA 的滤材是多层、网格交错排列的，其拦截感染性颗粒的原理如下。

1）过筛：直径小于滤材网眼的颗粒可能通过，大于滤材网眼的颗粒被拦截。

2）沉降：对于直径 0.3μm 以上的气溶胶粒子作用较强。气溶胶粒子虽然直径小于网眼，但由于粒子的重力和热沉降或静电沉降作用也可能被阻拦在滤材上。

3）惯性撞击：气溶胶粒子虽然直径小于网眼，但由于粒子的惯性撞击作用也可能被阻拦在滤材上。

4）粒子扩散：对于直径小于 0.1μm 的气溶胶粒子作用较强，气溶胶粒子虽然直径小于网眼，但由于粒子的扩散作用也可能被阻拦在滤材上。

依照上述原理，最不容易滤除的粒子是直径 0.1 ~ 0.3μm 的粒子。

3. 防止气溶胶的吸入　尽管采取了上述防止气溶胶扩散的种种措施，但气溶胶由于具有很强的扩散能力，还是会不可避免地污染实验室的空气。所以，实验室工作人员仍然需要进行个人防护，以防止气溶胶吸入。

第二节　实验室生物安全发展概况

一、国际概况

生物安全实验室，在 20 世纪 50—60 年代首先出现在美国，主要是针对实验室意外事故感染所采取的对策。20 世纪 40 年代，美国为了研究生物武器，开始实施"气溶胶感染计划"，大量使用烈性传染病的病原体，进行实验室、武器化和现场试验，实验室感染频频发生。第二次世界大战期间，日本军国主义在对中国实施惨无人道的细菌战中，其工作人员也有很多人受到感染，死伤上千人。1979 年，苏联生物武器研究基地（斯维尔德洛夫斯克）炭疽杆菌泄漏造成上千人的感染死伤事件。面对实验室生物安全问题产生的直接原因，英国、苏联、加拿大、日本等国家也建造了不同级别的生物安全实验室。

为了指导实验室生物安全，减少实验室事故的发生，1983 年世界卫生组织（World Health Organization，WHO）发布了第一版《实验室生物安全手册》（*Laboratory Biosafety Manual*，LBM），鼓励各国针对本国实验室安全的实际情况，制订具体的操作规程，并为制订这类规程提供专家指导。1993 年 WHO 发布了第二版 LBM，由 7 个国家或地区（美国、加拿大、俄罗斯、瑞典、英格兰、澳大利亚、苏格兰）和 WHO 的生物安全专家和官员编写而成。2002 年 WHO 对第二版 LBM 进行了修订，于 2004 年发布了第三版 LBM。在 2020 年新型冠状病毒感染的疫情全球暴发流行的背景下，WHO 于 2020 年正式发布了第四版 LBM，该版本由核心文件和七个专题组成，提出了既可行又有效的风险控制组合措施。LBM 对生物安全管理、实验室的硬件（如实验室设施、设备和个人防护）和软件（如具体的标准操作规程）的要求吸取了各国的经验，通过各国国家卫生系统推行。

在实验室生物安全规范化管理上，美国、欧洲、加拿大等是先行者。1993 年，美国疾病预防控制中心 / 国立卫生研究院（Centers for Disease Control and Prevention/National Institutes of Health，CDC/NIH）发布了《微生物和生物医学实验室生物安全手册（第三版）》（*Biosafety in Microbiological and Biomedical Laboratories, 3rd edition*），该手册被国际公认为生物安全实验室的"金标准"。生物安全实验室拥有了统一的标准后，开始走上稳定的发展道路。随后该手册分别于 1999 年、2007 年、2020 年发布了第四版、第五版、第六版。

为加强实验室生物安全管理，美国疾病预防控制中心与公共卫生实验室协会（Association of Public Health Laboratories，APHL）于 2011 年发布了《生物安全实验室能力指南》（*Guidelines for Biosafety Laboratory Competency*）。欧洲标准化委员会（European Committee for Standardization CEN）也于 2011 年发布了《生物安全专业人员能力》（*Biosafety Professional Competence*），规范确定了从事实验室生物安全工作的人员应具备的能力，适

应实验室生物安全工作快速发展的需求，明晰了实验室生物安全工作的专业性、技术性地位和作用。

生物安全四级（biosafety level-4，BSL-4）实验室作为目前处理高致病性病原体及感染性动植物的最高防护等级生物实验室，是衡量一个国家生物技术发展水平及生物安全水平的重要指标。美国和英国分别在 20 世纪最早建设了 BSL-4 实验室，此后苏联、澳大利亚、南非、日本、加拿大、法国、德国、意大利、瑞典、西班牙、荷兰、丹麦、巴西、印度、加蓬、中国等先后建设了 BSL-4 实验室。目前，大多数 BSL-4 实验室在北美或西欧地区。

二、国内概况

（一）起步

1987 年，为研究流行性出血热的传播途径，我国首个 BSL-3 实验室在军事医学科学院建成。随后，为了开展艾滋病研究，原中国预防医学科学院（现中国疾病预防控制中心）引进了 BSL-3 实验室。20 世纪 90 年代后期，我国专家提出制定我国实验室生物安全准则或规范的建议。经原卫生部批准，在原中国预防医学科学院启动实施课题。2002 年 12 月，卫生部批准并颁布了行业标准 WS 233—2002《微生物和生物医学实验室生物安全通用准则》，这是我国生物安全领域的一项开创性工作。

《微生物和生物医学实验室生物安全通用准则》在 2003 年 SARS 疫情控制中起到了积极作用。继原卫生部之后，原农业部委托兽医总站牵头，也组织专家编写了兽医实验室的生物安全规范——NY/T 1948—2010《兽医实验室生物安全要求通则》并已颁布实施。

（二）发展

2003 年 5 月 6 日，科学技术部、卫生部、国家食品药品监督管理局和国家环境保护总局联合发布了关于印发《传染性非典型肺炎病毒研究实验室暂行管理办法》和《传染性非典型肺炎病毒的毒种保存、使用和感染动物模型的暂行管理办法》的通知。这两个管理办法是全国 SARS 科技攻关组紧急召集国内有关专家在中国医学科学院医学实验动物研究所 SARS 实验室现场制定的，在全国起到了实验室安全保障指导作用。随后，科技部按此纲领性文件的要求，组织专家检查了 20 多个 BSL-3 实验室，选择了部分实验室从事 SARS 病毒的相关研究，并按这两个办法对启用的实验室进行了多次督导，保证了实验室安全。

1. **第一个实验室生物安全国家标准**　在 2003 年 SARS 流行期间，专家们一再呼吁制定国家的实验室生物安全标准。于是，从 2003 年 8 月开始，在科技部、卫生部、农业部和总后勤部卫生部等的支持下，中国实验室国家认可委员会（China National Accreditation Board for Laboratories，CNAL）牵头，组织生物安全专家开始起草国家标准《实验室 生物安全通用要求》。2004 年 4 月，中华人民共和国国家质量监督检验检疫总局和中国国家标准化管理委员会正式颁布了 GB 19489—2004《实验室 生物安全通用要求》，这是我国第一部关于实验室生物安全的国家标准，从此翻开了我国实验室生物安全新的一页。此后，2004 年 8 月 3 日中华人民共和国建设部与国家质量监督检验检疫总局又联合发布了 GB 50346—2004《生物安全实验室建筑技术规范》，提出了生物安全实验室建设的技术标准。

2.《病原微生物实验室生物安全管理条例》　2004 年 11 月 12 日，由时任总理温家宝签发的中华人民共和国国务院令（第 424 号）公布施行了《病原微生物实验室生物安全管理条例》（以下简称《条例》）。《条例》规定了在病原微生物实验活动中保护实验人员和公众健康的宗旨，从而使我国病原微生物实验室的管理工作步入法制化管理轨道。此外，《条例》对我国防范生物威胁和突发公共卫生事件应急体系的建设具有现实的和深远的意义。该条例于 2018 年 4 月 4 日在《国务院关于修改和废止部分行政法规的决定》中做出修订。

3.《中华人民共和国生物安全法》　2020 年 10 月 17 日第十三届全国人民代表大会常务委员会通过《中华人民共和国生物安全法》，自 2021 年 4 月 15 日起施行。《中华人民共和国生物安全法》是为维护国家安全，防范和应对生物安全风险，保障人民生命健康，保护生物资源和生态环境，促进生物技术健康发展，推动构建人类命运共同体，实现人与自然和谐共生制定的法律。《中华人民共和国生物安全法》是生物安全领域的一部基础性、综合性、系统性、统领性法律。作为生物安全法治体系的重要组成部分，该法的正式实施，为我国防范生物安全风险和提高生物安全治理能力提供了坚实的法律支撑，标志着我国生物安全法律体系建设进入了依法治理的新阶段，是生物安全法律规制的重要里程碑。

（三）现状和展望

总的来讲，我国已经形成了高级别生物安全实验室体系的基本框架，一批生物安全三级实验室投入运行，建成了若干生物安全四级实验室，为我国的烈性与重大传染病防控、生物防范和产业发展做出了重要贡献。随着国际生物安全形势日趋复杂多变，我国战略性新兴产业蓬勃发展，实验室需求日益增加，应调整建设布局和提升管理能力以适应新形势的需要。均衡区域布局，补充产业和特殊领域的实验室数量；加强组织协调，完善全国性协调管理和资源共享机制，提升统筹管理、快速反应和临机决策能力；扩大经费投入，实验室体系的可持续发展需要长期稳定的建设、运行维护投入。要充分把握新形势下经济社会发展的新要求，加快建设合理布局、功能完善、统筹管理、高效运行的国家高级别生物安全实验室网络体系。

（武桂珍　宋娟　张宇）

参考文献

［1］　WHO. Laboratory biosafety manual[M]. 4th ed. Geneva: World Health Organization, 2020.

［2］　CDC. Biosafety in microbiological and biomedical laboratories[M]. 6th ed. Atlanta, GA: Centers for Disease Control and Prevention, National Institutes of Health, 2020.

［3］　DELANY J R, PENTELLA M A, RODRIGUEZ J A, et al. Guidelines for biosafety laboratory competency: CDC and the Association of Public Health Laboratories[J]. MMWR supplements, 2011, 60(2): 1-23.

［4］　魏强，武桂珍. 美国与欧洲实验室生物安全专业能力要求的对比分析［J］. 军事医学，2013，37（1）：43-46.

［5］　WHO. WHO consultative meeting high/maximum containment (biosafety level 4) laboratories networking: venue: International Agency on Research on Cancer (IARC), Lyon, France, 13-15 December 2017: meeting report[EB/OL]. (2018-02-06) [2024-10-15]. https://www.who.int/publications/i/item/who-consultative-meeting-high-maximum-containment-(-biosafety-level-4)-laboratories-networking-venue.

［6］　李思思，高福. 我国疾控机构 BSL-3 实验室关键防护设备的使用现况分析［J］. 医疗卫生装备，2019，40（6）：74-77.

［7］　全国人民代表大会. 中华人民共和国生物安全法［Z/OL］.（2020-10-17）［2024-10-15］. http://www.npc.gov.cn/npc/c2/c30834/202010/t20201017_308282.html.

［8］　国家发展改革委. 国家发展改革委 科技部关于印发高级别生物安全实验室体系建设规划（2016—2025 年）的通知［EB/OL］.（2016-11-30）［2024-10-15］. https://www.ndrc.gov.cn/xxgk/zcfb/ghwb/201612/t20161220_962213.html.

第二章
实验室生物安全基本原理与基本要素

与病原微生物相关的研究、教学、临床、疾病控制、生产等生物医学实验室，均涉及已知或未知的有害生物因子操作活动，涉及实验室生物安全。本章介绍的内容为实验室生物安全基本原理与基本要素。

第一节　病原微生物实验室的生物安全

一、实验室生物安全的概念与范围

生物安全（biosecurity）是指国家有效防范和应对危险生物因子及相关因素威胁，生物技术能够稳定健康发展，人民生命健康和生态系统相对处于没有危险和不受威胁的状态，生物领域具备维护国家安全和持续发展的能力。

实验室相关感染（laboratory-associated infection）是指实验室人员从事病原微生物相关实验活动而获得的感染。

实验室生物安全（laboratory biosafety）是指实验室的生物安全条件和状态不低于容许水平，可避免实验室人员、来访人员、社区及环境受到不可接受的损害，符合相关法规、标准等对实验室生物安全责任的要求。其保障措施包括强化管理人员的生物安全意识，建立规范化、法治化和日常化的管理体系，加强人员队伍建设，强化规范的人员培训、考核，加强监督，以促进其掌握规范的微生物操作技术和方法，配备必要的物理、生物防护设施、设备等。

二、实验室相关感染的原因以及特点

实验室相关感染主要来源于微生物气溶胶的暴露。病原微生物可通过皮肤或黏膜接触、吸入、食入、接触动物等多种途径造成实验室相关人员感染。有些感染来源可能无法找到明确的原因。实验室感染常见的原因如下。

（一）误食

在实验区内饮食或者带进实验区域的食物被感染性或毒性物质污染，可能造成误食。因此，实验区内应禁止饮食和储存食物。

（二）意外接种

操作中使用注射器、剪刀、手术刀片、玻璃制品等锐利物，发生意外针刺、划伤、切割等导致感染性物质通过伤口进入人体。刺伤常发生于动物实验的麻醉、给药、采样和鸡胚接种等过程，切割伤常发生于动物实验的接种、解剖等过程。

（三）动物抓咬

病原微生物的动物感染实验，是生物安全事故的重要风险防范点。动物实验操作中更换垫料、麻醉、测定体温等过程，可能发生被动物抓伤、咬伤的情况。

（四）微生物气溶胶

实验室感染中以气溶胶吸入暴露最为常见，但实验室操作中产生的气溶胶和由此引起的感染常难以察觉，因此较难以预防。

气溶胶（aerosol）是指悬浮于气体介质中的粒径一般为 0.001~100μm 的固态或液态微小粒子形成的相对稳定的分散体系。按照气溶胶粒径大小，美国传染病学会（Infectious Diseases Society of America，IDSA）提出了定义方案，将粒径≤10μm 的颗粒定义为"可入肺颗粒（respirable particles）"；粒径在 10~100μm 之间的称为"可吸入颗粒（inspirable particles）"，这种颗粒几乎都沉积在上呼吸道。

1. 气溶胶的特点

（1）生物气溶胶无色无味，不易被发现，实验人员在自然呼吸中不知不觉吸入而造成感染。

（2）与自然感染相比，有些病原微生物气溶胶感染导致的症状不典型，病程复杂，难以及时确诊，影响预后。

（3）通过呼吸道传播的微生物特别是高致病性病原体易发生变异，可能导致抗原性、致病性和环境抵抗力发生改变，而使气溶胶的传播风险显著升高。

（4）气溶胶传播可使病原体在人与人之间、人与动物之间以及动物与动物之间传播。

（5）气溶胶可能通过较远距离传播，这与其他传播途径有显著区别，也是气溶胶传播难以防控的重要原因。

2. **微生物气溶胶的粒径特征与感染风险**　病原微生物实验室中产生的微生物气溶胶对实验室工作人员都具有较大的安全威胁，其危害程度取决于微生物的毒力、气溶胶的浓度、气溶胶的粒径大小、暴露时间及实验室内的微小气候条件等关键参数的综合作用。研究发现，粒径>100μm 的飞沫因重力作用沉降速度很快，而粒径<50μm 的飞沫由于空气动力学特性更易形成悬浮气溶胶并快速扩散。粒径<5μm 的飞沫被人吸入后，很容易通过气道到达肺泡；粒径<10μm 时容易进入声门下方，粒径>10μm 时在声门下和下呼吸道的扩散能力迅速减弱；粒径>20μm 的颗粒能够被呼吸道的黏膜捕获，或在进入下呼吸道前被呼吸道纤毛上皮细胞的纤毛阻挡，随着纤毛的运动排出体外。

实验数据显示，不同实验操作产生的气溶胶具有较明显的粒径特点。涡旋震荡产生的气溶胶粒子中，粒径<5μm 的占 98% 以上。冻干培养物处理产生的气溶胶粒子中，粒径>5μm 的占 80%。其他操作如收获鸡胚培养液、离心、超声波粉碎、摔碎菌液瓶等所产生的微生物气溶胶粒径多集中于 1 ~ 7.5μm 区间。一般来说，微生物气溶胶颗粒越多，粒径越小，导致实验室感染的风险就越大。

除实验操作外，实验动物自身也是重要污染源。携带呼吸道病原体或体表污染的动物可通过呼吸、活动持续释放微生物气溶胶。

更值得警惕的是，部分环境适应性强的微生物一旦进入实验室的空调或通风系统，污染了空调的冷却水，则可形成更广泛的微生物气溶胶污染。

微生物气溶胶在一个实验室中产生后，还可以通过气流转移到同一建筑物的其他地方，甚至污染整个建筑物的空气。如果一个实验室的通风系统以 6 ~ 12 次 /h 的频率换气，那么，实验室内产生的微生物气溶胶可以在 30 ~ 60min 内随着通风系统的气流逃逸出去。操作布鲁氏菌、汉坦病毒、鹦鹉热衣原体和结核分枝杆菌等病原体的实验室感染事件大多是由感染性气溶胶引起的。需要在 BSL-3 和 BSL-4 实验室中操作的病原微生物都有通过气溶胶实现呼吸道传播的可能性。

3. **实验操作产生气溶胶的强度**　实验室的许多操作可以产生微生物气溶胶，并随空气扩散而污染实验室的空气，当工作人员吸入了被污染的空气，便可以导致实验室相关感染。

一些实验可以导致少量气溶胶的产生，例如玻片凝集试验、倾倒含病原微生物的液体等，通常可以通过缓慢操作等方式控制气溶胶的产生和扩散。

当实验操作有剧烈的搅拌、切割和混匀等操作时，如解剖微生物感染的动物、研磨动物组织、混悬含有病原微生物的液体、含有病原微生物的液体滴落、用注射器抽取菌液等，可能因压力变化等导致大量气溶胶的产生从而导致局部污染。

设备故障或剧烈物理破坏会产生更高浓度气溶胶，如离心时离心管破裂、注射器针尖脱落喷出液体、培养瓶意外跌落、摔碎装有培养物的平皿，以及搅拌后立即打开搅拌器盖等。由于高速动能释放或大量液滴的喷溅，可瞬间产生高浓度气溶胶并扩散至整个实验空间，须结合生物安全柜和防护装备进行严格防控。实验人员须特别警惕此类高风险操作，须制定标准化操作流程来降低暴露风险。

实验室气溶胶发生的风险具有累积效应和人员持续暴露的特征。单次高浓度气溶胶发生的实验操作是人员暴露的直接风险，频繁操作导致低浓度气溶胶持续产生也可在短时间内累积高浓度气溶胶。此外，在实验室通风条件下，由于存在局部气流涡旋或通风死角，难以彻底清除气溶胶。这种残留气溶胶的风险提示实验室人员即便未开展高风险操作，也可能由于持续气溶胶暴露发生实验室感染。

第二节　广义的实验室生物安全

实验室生物安全（laboratory biosecurity）是指实验室为保护、控制和追溯生物材料、设备、技术和数据的被盗、被抢、丢失、泄漏、误用而采取的管理、技术手段和政策措施，保障实验室安全。2004 年世界卫生组织（World Health Organization，WHO）在第 3 版《实验室生物安全手册》中首次提到 biosecurity 一词，其概念是要"保护微生物资产不被盗窃、丢失或转移，这可能导致因病原体的不当使用造成公共卫生损害"，是更广义的生物安全，有学者译为"生物安保"，在此处引用王宏义教授的观点，采用广义生物安全的说法。

2006 年 WHO 发布《生物风险管理：实验室的生物安全指南》，旨在指导对实验室内宝贵生物材料的保护、控制和问责，以防止其未经授权的获取、丢失、盗窃、滥用、转移或故意释放。该指南专门提出实验室生物安全计划和培训的具体实施。2024 年 WHO 发布修订版《实验室生物安全指南》，引入了《实验室生物安全手册》第四版中的风险评估框架，将基于循证思维的动态风险管理方法拓展至生物安保领域。强调通过"生物风险管理"将实验室生物安全整合到统一的治理体系中，从实验室、机构和国家监管机构三个层面综合解决实验室生物安全问题，强化生物安全委员会的职能。要求实验室对生物材料从采集、运输、存储到实验的全过程实施分级管控，重点防控人工智能、合成生物学等新兴技术带来的生物安全风险及网络数据泄露隐患；要求建立覆盖人员背景审查、安防系统建设、应急预案演练的全链条管理体系；在国家层面，建议完善立法监管框架，建立生物材料追踪系统，并提升应对战争、自然灾害等极端事件的响应能力。该指南的发布标志着实验室生物安全概念内涵的丰富，通过整合风险评估、技术防护、制度约束三大要素，推动建立适应生物科技发展的新型安防体系。我国的相关法律法规与 WHO 协同推动实验室生物安全体系向智能化、系统化发展，为全球生物安全风险防控提供了标准化解决方案和科学实践路径。

按照我国相关法律法规的要求，病原微生物实验室设立单位应建立并完善安全保卫制度，以"人防＋物防＋技防"联动的措施确保实验室及其病原微生物安全。在新建、改建或扩建实验室时，安全设施应与主体工程同步规划、设计、建设、验收和运行，构建涵盖周界防护、核心区域管控和数据安全的立体防范体系；已建成的实验室应补充完善安全防范系统。病原微生物实验室设立单位及实验室负责人应采用管理与技术相结合的手段，确保重要生物材料、设施设备和数据的安全，防止被盗、被抢、丢失、泄漏或误用。在制度上，要建立标准化的安全保卫档案系统，建立值守、巡逻和检查制度，完整记录实验室基本信息、责任主体及安防措施，并向公安机关及行业主管部门实时报备更新，强化生物安全委员会的职能；在机制上，要建立长效保障机制，通过专项资金投入、专业人员配置和政策支持，从设施设备硬件和培训考核及预案演练等角度保障安全；在人员上，配置专职安保人员，严格实施人员准入审查制度，周期性评估管理人员与技术人员的工作胜任力、心理稳定性及职业可靠性，开展专项培训、演练和考核，提升安防效能；在信息数据上，强化数据安全管理，建立保密信息分级处理机制，依法规范公民个人信息使用流程；在日常管理上，对实验室重点部位的安全保卫工作需要开展动态风险评估，综合运用人力防范、实体防范和技术防范措施，按常态防范与非常态防范的不同要求，落实各项安全防范措施，控制潜在风险。

第三节　生物安全实验室建设的意义

生物安全事关社会安全，是国家安全的重要组成部分。《国家中长期科学和技术发展规划纲要（2006—2020年）》将生物安全作为公共安全优先重点攻关领域中的重要内容。2016年国家发展改革委和科技部共同发布《高级别生物安全实验室体系建设规划（2016—2025年）》，指导我国高级别生物安全实验室体系的建设和规划。《中华人民共和国国民经济和社会发展第十四个五年规划和2035年远景目标纲要》也再次强调加强生物安全风险防控，加强高级别生物安全实验室体系建设和运行管理。

一、病原微生物研究的需求

建设生物安全实验室的直接目的是保证工作人员不受病原微生物的伤害，保护环境和公众的健康，保护实验对象不受外界因子的污染。在病原微生物研究方面，实验室相关感染事件时有发生。根据有关资料的报道，工作人员病原微生物感染的发病率比普通人群高5~7倍。病原微生物泄漏造成他人和动物感染的事例也有报道。因此，建立科学、安全的病原微生物实验室是开展病原微生物研究所必需的。

二、传染病预防控制的需求

随着全球经济一体化的发展，工业化、城镇化、人口老龄化进程的加快和人类行为改变、人员和物资交流日益频繁、资源开发、气候变化、生态破坏、环境污染、战争和自然灾害及人为破坏等因素使得微生物的适应性发生改变，病原体跨物种、跨地区传播风险增加。近年来全球新发突发传染病不断出现，如高致病性禽流感、严重急性呼吸综合征、埃博拉病毒病、马尔堡病毒病、新型冠状病毒感染等，对疾病诊断和防控提出了挑战。为应对这些重大、突发传染病疫情，制定科学防控的应对策略，生物安全实验室是开展检测、确定病因和高效处置疫情的重要基础保障。

三、动物防疫的需求

畜牧业是我国经济的重要组成部分，其产值占农业总收入的比重已超过30%。然而我国动物防疫形势不容乐观，更为严重的是，已有或新发的动物源性传染病一旦传播至人并造成流行，可对人类健康、畜牧业安全生产、畜产品安全和公共卫生造成重大危害和巨大的经济损失，影响社会稳定。2001年欧洲再度暴发的疯牛病、口蹄疫，2004年的亚洲高致病性禽流感和2018年的非洲猪瘟震惊了世界，造成了严重经济损失。

四、出入境检验检疫的需求

改革开放以来，我国经济快速稳定发展，国际地位不断提高，国际往来日益频繁，进出口额不断扩大，举办的大型活动和赛事越来越多，已成为世界经贸和旅游大国。国际贸易的日益频繁、交通的快速便捷，使得传染病的跨境传播速度不断加快。传染病跨境传播的严峻形势要求生物安全实验室提高对各种生物危害的监测和检测能力，特别是要加强对具有潜在威胁、国内尚未发现和未知的病原微生物的识别。

五、生物防护（国防）的需要

受 2001 年"9·11"恐怖袭击和"炭疽邮件"事件影响，美国对生物国防安全的重视程度空前高涨，支持本国的生物国防计划已经成为历任美国总统的共识。在我国，对生物安全的关注主要形成于"非典"疫情之后。2021 年 4 月 15 日《中华人民共和国生物安全法》（简称《生物安全法》）正式实施。《生物安全法》设立"防范生物恐怖与生物武器威胁"专章，明确国家采取一切必要措施防范生物恐怖与生物武器威胁。生物安全实验室是我国生物恐怖防范工程的重要技术平台，对提高生物恐怖防范能力和应对生物恐怖起到重要的作用。

六、生物技术产业发展的需求

以基因测序、合成生物技术、液体活检、细胞免疫治疗、生物大数据和人工智能等为代表的生物技术推动新一轮产业变革。基因组药物、生物药物、新型疫苗的研发生产，改造或合成的病原体及其生物活性分子等的研究，均需要在符合功能需求的生物安全实验室中开展。

第四节　实验室生物安全防护的基本原理

生物安全实验室（biosafety laboratory，BSL），是指通过防护屏障和管理措施，达到生物安全要求的病原微生物实验室。在结构上由一级防护屏障（安全设备）和二级防护屏障（设施）这两部分硬件构成，其主要基于屏障原理、过滤原理、定向气流原理和消毒灭菌原理等设计建造而成。生物安全实验室通过配备关键生物安全设备、实验人员佩戴和使用个人防护装备等措施避免病原微生物及相关生物因子造成实验室人员感染或扩散至环境，同时保护实验对象不被污染。

一、屏障原理

通过物理的屏蔽作用将病原微生物及实验室活动限制在一定空间范围内，避免病原微生物暴露于开放的环境中并扩散至周围环境；操作人员穿戴个人防护装备，避免操作者与病原微生物直接接触。

一级防护屏障是指直接操作时采取把危险因子隔离在一定空间内的措施，是危险因子和操作者之间的隔离，主要由安全设备（如生物安全柜）和个体防护装备（如手套、口罩、护目镜、防护服等）构成。二级防护屏障是指为了防止危险因子从实验室泄漏到外部环境中，而对实验室和外部环境的隔离，是以防止实验室外的人被感染或受到其他伤害以及污染环境为目的，主要由实验室建筑、结构及通风系统等构成。

二、过滤原理

实验活动中产生的气溶胶、飞沫等可污染实验室空气，通过生物安全柜和实验室的排风高效空气过滤器（high efficiency particulate air filter，HEPA）对实验室和生物安全柜的空气进行过滤，可阻止病原微生物经空气释放。这种方法简单、有效、经济实用。

过滤除菌法是基于惯性撞击、拦截、布朗扩散等截留作用，采用物理阻留的方法去除液体、固体或气体等悬浮介质中的微生物，使介质达到无菌要求，或者使悬浮介质中微生物减少到无害化的处理方法。

实验活动中产生的含有病原微生物的气溶胶等可能污染实验室内的空气，实验室和生物安全柜的 HEPA 通过拦截、沉降、惯性撞击和粒子扩散等原理过滤空气中 99.97% 以上的直径为 0.3μm 的气溶胶粒子，可阻止病原微生物经空气逸出到外部环境和污染室内空气。实验室通气管道和生物安全柜配备的排风 HEPA 过滤器以及实验人员佩戴的 N95 口罩、正压生物防护头罩和正压防护服均是基于该原理。

三、负压通风原理

生物安全实验室通过构建负压环境实现定向气流安全控制。采用送风与排风联动系统在实验区域形成逐级递减的压力梯度，确保气流始终从低风险区单向流向高风险区。确保隔离装置和核心操作区的气压低于外部环境，避免含病原微生物的气溶胶逆向扩散，保障实验人员免受暴露风险，并防止污染空气外泄至实验室外部空间。

四、消毒灭菌原理

实验活动过程中，会产生气溶胶、感染性废物等。气溶胶等可能污染实验室设备和实验台等的表面。因此，实验结束后，需要对实验室实验台、仪器等表面进行擦拭消毒，并对感染性废物、废水去污染。疑似含有感染性材料的废物、废水在移出实验室前须通过可靠的手段进行灭菌。在应用中应注意根据生物因子的特性和消毒灭菌对象来针对性地选择消毒灭菌方法，并应注意环境条件对消毒效果的影响。灭菌、消毒和去污的原则对于降低病原体和毒素在防护区内传播或释放到环境或社区的风险至关重要。

（王健伟　任丽丽　肖　艳）

参考文献

［1］　祁国明. 病原微生物实验室生物安全［M］. 2 版. 北京：人民卫生出版社，2014.

［2］　武桂珍，王健伟. 实验室生物安全手册［M］. 北京：人民卫生出版社，2020.

［3］　王宏广，朱姝. 中国生物安全：战略与对策［M］. 北京：中信出版社，2022.

［4］　WANG D, HU B, HU C, et al. Clinical characteristics of 138 hospitalized patients with 2019 novel coronavirus-infected pneumonia in Wuhan, China[J]. JAMA, 2020, 323(11): 1061-1069.

［5］ TELLIER R, LI Y, COWLING B J, et al. Recognition of aerosol transmission of infectious agents: a commentary[J]. BMC Infect Dis, 2019, 19(1): 101.

［6］ KENNY M T, SABEL F L. Particle size distribution of Serratia marcescens aerosols created during common laboratory procedures and simulated laboratory accidents[J]. Appl Microbiol, 1968, 16(8): 1146-1150.

［7］ WHO. Laboratory biosafety manual[M]. 4th ed. Geneva: World Health Organization, 2020.

［8］ WHO. Laboratory biosecurity guidance[M]. Geneva：World Health Organization, 2024.

［9］ 全国人民代表大会常务委员会. 中华人民共和国生物安全法［Z/OL］.（2020-10-17）［2024-10-15］. http://www.npc.gov.cn/npc/c2/c30834/202010/t20201017_308282.html.

［10］中华人民共和国生态环境部. 病原微生物实验室生物安全管理条例［Z/OL］.（2018-03-19）［2024-10-15］. https://www.mee.gov.cn/ywgz/fgbz/xzfg/202303/t20230316_1019776.shtml.

［11］中华人民共和国公安部. 生物安全领域反恐怖防范要求 第 1 部分：高等级病原微生物实验室：GA 1802.1—2022［S］. 北京：中国标准出版社，2023.

［12］中华人民共和国公安部. 生物安全领域反恐怖防范要求 第 2 部分：病原微生物菌（毒）种保藏中心：GA 1802.2—2022［S］. 北京：中国标准出版社，2023.

［13］中华人民共和国公安部. 生物安全领域反恐怖防范要求 第 3 部分：高生物安全风险疫苗生产单位：GA 1802.3—2022［S］. 北京：中国标准出版社，2023.

第三章
生物安全法律法规与标准

1979年，美国著名的实验室感染研究专家 Pike 指出"知识、技术和设备对防止大多数实验室感染是有用的"。此后美国职业安全与健康局（OSHA）出版了《基于危害程度的病原微生物分类》一书，作为从事致病微生物实验室研究的参考，首次提出了把病原微生物和实验室活动分为四级的概念。从此病原微生物的生物安全也引起了许多国家的重视，各国纷纷制定病原微生物生物安全相关法规和指南。生物安全的法律法规的制定，对防止病原微生物实验室生物危害的发生至关重要。

第一节　国外病原微生物生物安全相关法律法规和标准

一、国际组织制定的法规和规则

（一）世界卫生组织《实验室生物安全手册》

世界卫生组织（World Health Organization，WHO）在1983年出版了第一版《实验室生物安全手册》（*Laboratory Biosafety Manual*，LBM），鼓励各国接受和执行生物安全的基本概念，鼓励针对本国实验室如何安全处理致病微生物制定操作规范。1983年以来，已经有许多国家利用该手册所提供的指导原则，制定了生物安全操作规范。LBM 第二版于1993年出版，第三版于2004年出版，第四版于2020年出版。

LBM 第四版以第三版中介绍的风险评估框架为基础，强调工作人员个人责任心的重要作用。内容主要包括风险评估、实验室设计与维护、生物安全柜和其他主要安全设备、个人防护装备、净化和废物管理、生物安全方案管理、疫情防范等。彻底、基于证据和透明的风险评估可以使安全措施与逐个处理生物制剂的实际风险相平衡，将使各国能够实施与各自情况和优先事项相关的经济上可行和可持续的实验室生物安全和生物安保政策和实践。

LBM 对各个国家都有指导性作用，它可以帮助制定并建立微生物学操作规范，确保微生物资源的安全，进而确保其可用于临床、研究和流行病学等各项工作。LBM 已在全球各级临床和公共卫生实验室以及其他生物医学部门得到广泛使用，成为事实上的全球标准，介绍生物技术安全方面的最佳做法。

（二）欧盟生物安全相关法律法规

欧盟内部并存着两个法律体系，即各成员国法律体系和欧盟法律体系。这两个法律体系相互独立，各自有独立的法律基础和运作方式。欧盟主要的法律渊源为基础性和派生性法律渊源。欧盟基础性的法律渊源主要表现为各成员国之间通过多边谈判、协商而达成的关于欧洲各大共同体和欧盟成立的基础条约及后续条约，也包括关于条约的补充性公约和备忘录，以及欧盟与其他非成员国缔结的国际协定。欧盟派生性的法律渊源是根据基础条约的授权，由欧盟相关机构颁布的法律，最主要的有条例、指令、决定、建议和意见，其中条例、指令、决定具有法律约束力，其他是指导性的。

目前，欧盟与生物安全有关的法律法规主要涉及转基因生物安全、人类传染病和动植物疫病疫情防控、食品卫生安全、防范外来物种入侵、实验室生物安全、防范生物恐怖主义等多个方面。此外，还有欧盟成员国签署并通过的相关国际协定，如《防止大规模毁灭性武器扩散战略》《国际危险品运输协定》等。

（三）欧洲共同体委员会指令 93/88（Council Directive 93/88/EEC）

欧洲共同体（European Community，EC）委员会指令 93/88 对微生物危险等级的分类，仅限于对人有致病性的微生物，不包括对植物和动物有致病性的微生物。在该指令中，微生物的危险等级只列出了 2～4 级，没有被列出的微生物应该归在危险级 1 中，或者是因为目前对其了解不够，难以确定其危险等级。这些微生物包括细菌、病毒、真菌和寄生虫。该指令也对从事这类病原微生物研究或检测等相关工作的人员的预防免疫作出了相应的规定。

二、各国（地区）制定的法律法规

（一）美国

美国通过联邦立法、州立法和国际公约，建立了发现、预防、准备、应对、恢复的分层生物安全防御体系，为国门生物安全防控奠定了坚实的法律基础。从立法类别看，其涉及范围较广且分类详细，包括战争国防、公共卫生与福利、农业生产、商业与贸易、食品与药品、动植物保护、水资源、生物遗传等方面。其中，涉及农业的法律法规，包含动物卫生保护法案、植物港口隔离防疫法案、动物伤害控制法案、联邦种子法案、植物保护法案、有害杂草控制与根除法案等十几部法律法规。

1. 《微生物和生物医学实验室生物安全》《微生物和生物医学实验室生物安全》（*Biosafety in Microbiological and Biomedical Laboratories*，BMBL）于 1984 年在第一版中引入生物安全原则且贯穿始终，最早提出了把病原微生物和实验室活动分为四级的概念。这些原则涉及防护与风险评估方面。防护的基本原理包括保护实验室工作人员、环境及公众，避免其接触实验室中搬运和存放的传染性微生物的微生物相关规范、安全设备以及设施保障措施。风险评估即促成对微生物相关规范、安全设备及设施保障措施进行适当选择，从而有助于预防实验室相关感染的过程。定期更新 BMBL 旨在完善基于新知识和新经验的指导，解决当下问题，避免实验室工作人员及公共卫生面临新风险。

自 2007 年第五版 BMBL 发布以来，新病原体的识别以及病原体防护和安全存放要求上的不确定性和变化日益加剧，新传染源和疾病出现。在科学研究、公共卫生、临床和诊断实验室以及动物管理设施上，人们扩大了对传染性病原体的研究。全球性事件已证明了生物恐怖主义的新威胁，各大机构及实验室负责人必须评估并确保生物安全计划的有效性，确保工作人员各项工作操作熟练以及设备、设施功能完好和管理规范，提供对微生物病原的防护和保障。从事病原微生物处理的单个工作人员必须了解安全操作和传染性病原体的防护条件。2020 年 CDC/NIH 专家编写了《微生物和生物医学实验室生物安全》的第六版。这些知识的应用以及适宜技术和设备的使用使微生物和生物医学界能够帮助个人、实验室和环境预防潜在的传染源或生物危害。

2.《美国国立卫生研究院涉及重组 DNA 研究的生物安全指南》《美国国立卫生研究院涉及重组 DNA 研究的生物安全指南》（*NIH Guidelines for Research Involving Recombinant DNA Molecules*，简称《NIH 指南》）的目的是指导对重组 DNA 分子的特殊操作；指导对含有重组 DNA 分子的生物体和病毒的特殊操作。

《NIH 指南》包括了所有涉及重组 DNA 的研究活动，把实验室内进行重组 DNA 的研究分为微生物的、植物的和动物的三类，按规模分为实验室级的和大规模生产级的。无论是哪一类型的研究，其实验室生物安全的分类标准、操作标准、防护等级都与 CDC/NIH 的《微生物和生物医学实验室生物安全》一致。对涉及生物安全的研究，都要经过生物安全委员会或生物安全官员的风险评估，制定出相应的生物安全防护措施后，才可以开题研究。

（二）俄罗斯

俄罗斯一直以来比较重视国家生物安全建设，将生物安全作为国家安全的重要战略考虑，同时非常重视生物技术能力等方面的提升，在化学和生物安全领域形成了体系化布局。近年来，生物科技的进步使得转基因动/植物和转基因微生物成为可能，逐渐对工业、农业、医疗和环境等领域产生越来越重要的影响。与此同时，俄罗斯意识到自身面临的重大生物安全威胁，为此，在俄罗斯联邦确保至 2025 年及以后的化学和生物安全领域的国家政策基础上，由俄罗斯卫生部牵头起草的《俄罗斯生物安全法（草案）》，确立了俄罗斯联邦生物安全领域的国家监管框架和相关措施，旨在保护居民和环境免受危险生物因素的影响，建立和发展生物风险监测系统，以防御生物威胁和风险。该草案填补了俄罗斯在生物安全专门领域的法律空白，界定了生物安全活动的内容，引入了此前法律中没有的概念，以便根据监管领域的具体情况明确解释和制定统一的执法规范。

（三）日本

日本对生物安全的关注由来已久，较早与世界卫生组织等国际机构接轨互动，逐渐形成了生物安全相关的法律法规体系。早在 1890 年，明治政府就制定了《传染病预防法》，为依法防控传染病提供了法律保障，其后制定有《检疫法》《新型流感等对策特别措施法》《传染病法》《植物防疫法》《家畜传染病预防法》等法律。

（四）新西兰

由于农牧业在新西兰的经济中占有较大比重，新西兰十分重视生态环境的保护，于1993年率先颁布了《生物安全法》，该法系统规范了有害生物和有害生物体的禁入、根除及有效管理，是新西兰生物安全体系的基本法，也是世界上第一部《生物安全法》。新西兰作为第一个为生物安全立法的国家，其生物安全管理体系从某种意义上讲代表了当今世界最先进、最前沿的水平。新西兰形成了较为系统、完善的生物安全体系，先后制定了《野生动植物法》（*Wildlife Act 1953*）、《卫生健康法》（*Health Act 1956*）、《野生动物控制法》（*Wild Animal Control Act 1977*）、《食品法规》（*Food Act 1981*）、《渔业法》（*Fisheries Act 1983*）、《濒危物种贸易法》（*Trade in Endangered Species Act 1989*）、《资源管理法》（*Resource Management Act 1991*）等。

第二节　我国病原微生物生物安全相关法律法规和标准

生物安全对于促进经济发展、保障人类健康和保护生态环境具有重要意义，占据国家安全的重要地位。2021年4月15日《中华人民共和国生物安全法》的正式实施，标志着我国生物安全进入依法治理的新阶段。

一、我国有关病原微生物生物安全的法律法规

（一）《中华人民共和国传染病防治法》

《中华人民共和国传染病防治法》是为了预防、控制和消除传染病的发生与流行，保障人体健康和公共卫生而制定的国家法律，于1989年2月21日，由中华人民共和国第七届全国人民代表大会常务委员会第六次会议通过，中华人民共和国主席令（第十五号）公布，自1989年9月1日起施行。2004年8月28日，第十届全国人民代表大会常务委员会第十一次会议对其进行修订。2013年6月29日，第十二届全国人民代表大会常务委员会第三次会议对其进行修正。

2020年10月2日，国家卫生健康委员会发布《中华人民共和国传染病防治法》（修订草案征求意见稿），明确提出甲、乙、丙三类传染病的特征。乙类传染病新增人感染H7N9禽流感和新型冠状病毒肺炎两种。此次草案提出，任何单位和个人发现传染病患者或者疑似传染病患者时，应当及时向附近的疾病预防控制机构或者医疗机构报告，可按照国家有关规定予以奖励；对经确认排除传染病疫情的，不予追究相关单位和个人责任。

（二）《病原微生物实验室生物安全管理条例》

《病原微生物实验室生物安全管理条例》于2004年11月12日中华人民共和国国务院令第424号公布。2016年2月6日，根据《国务院关于修改部分行政法规的决定》对其

进行第一次修订。2018 年 3 月 19 日，根据《国务院关于修改和废止部分行政法规的决定》对其进行第二次修订。2024 年 12 月 6 日，根据《国务院关于修改和废止部分行政法规的决定》进行再次修订。

《病原微生物实验室生物安全管理条例》是为加强病原微生物实验室生物安全管理，保护实验室工作人员和公众的健康而制定的，适用于中华人民共和国境内的实验室及其从事实验活动的生物安全管理。该条例所称病原微生物，是指能够使人或者动物致病的微生物；所称实验活动，是指实验室从事与病原微生物菌（毒）种、样本有关的分类、研究、保存和运输、教学、检测、诊断等活动。该条例规定了国务院卫生主管部门主管与人体健康有关的实验室及其实验活动的生物安全监督工作，国务院兽医主管部门主管与动物有关的实验室及其实验活动的生物安全监督工作，国务院其他有关部门在各自职责范围内负责实验室及其实验活动的生物安全管理工作。县级以上地方人民政府及其有关部门在各自职责范围内负责实验室及其实验活动的生物安全管理工作。

（三）《中华人民共和国国境卫生检疫法》

《中华人民共和国国境卫生检疫法》于 1986 年 12 月 2 日第六届全国人民代表大会常务委员会第十八次会议通过。2018 年 4 月 27 日，根据第十三届全国人民代表大会常务委员会第二次会议《关于修改〈中华人民共和国国境卫生检疫法〉等六部法律的决定》对其进行第三次修正。本法对由国外传入或由国内传出的传染病种类、出入境检测对象、发现可疑线索采取的措施、各级行政主管部门和职能部门的职责等作出了相应的规定，但对这些传染病的检测设施、标准操作、实验室生物安全、人员和环境保护措施等没有作出规定。

（四）《中华人民共和国进出境动植物检疫法》

《中华人民共和国进出境动植物检疫法》于 1992 年 4 月 1 日起施行。本法规定了检疫对象（动物传染病、寄生虫病和植物危险性病、虫、杂草以及其他有害生物）、检疫制度、检疫单位、过境检疫、携带和邮寄物检疫、发现检疫对象后的处理方法等，并根据危害性将检疫对象分为一类和二类，具体对象由农业行政主管部门制定实施。但本法没有对检疫单位的检疫设施、能力、从业人员的安全防护作出规定。同时应该注意的是，检疫对象的分类与国际惯例不一致。

（五）《突发公共卫生事件应急条例》

《突发公共卫生事件应急条例》于 2003 年 5 月 9 日起施行。2011 年 1 月 8 日，根据《国务院关于废止和修改部分行政法规的决定》对其进行修订。该条例对突发公共卫生事件作了明确定义，规定了在突发事件发生后，各级部门应成立相应的突发事件应急处理指挥部，负责突发事件应急处理的统一领导、统一指挥。卫生行政主管部门和其他有关部门，在各自的职责范围内做好突发事件应急处理的有关工作。同时，应建立突发事件应急流行病学调查、传染源隔离、医疗救护、现场处置、监督检查、监测检验、卫生防护等有关物资、设备、设施、技术与人才资源储备。该条例要求国务院卫生行政主管部门按照分类指导、快速反应的要求，制定全国突发事件应急预案和行政区域的突发事件应急预案。要求国家建立突发事件应急报告制度。

（六）《医疗废物管理条例》

《医疗废物管理条例》是为加强医疗废物的安全管理，防止疾病传播，保护环境，保障人体健康，根据《中华人民共和国传染病防治法》和《中华人民共和国固体废物污染环境防治法》制定的。经 2003 年 6 月 4 日国务院第十次常务会议通过，于 2003 年 6 月 16 日由国务院发布并实施。

《医疗废物管理条例》明确规定医疗卫生机构和医疗废物集中处置单位，应建立、健全医疗废物管理责任制，防止因医疗废物导致传染病传播和环境污染事故；应制定与医疗废物安全处置有关的规章制度和在发生意外事故时的应急方案；对本单位从事医疗废物收集、运送、贮存、处置等工作的人员和管理人员，进行相关法律和专业技术、安全防护以及紧急处理等知识的培训，同时规定应对这些人员定期进行健康检查和免疫接种，防止其受到健康损害；应对医疗废物进行登记，登记内容应当包括医疗废物的来源、种类、重量或者数量、交接时间、处置方法、最终去向以及经办人签名等项目，且登记资料至少保存 3 年；在发生医疗废物流失、泄漏、扩散时，医疗卫生机构和医疗废物集中处置单位应当采取减少危害的紧急应对处理措施，同时向所在地的县级人民政府卫生行政主管部门、环境保护行政主管部门报告，禁止任何单位和个人转让、买卖医疗废物；禁止邮寄医疗废物，禁止通过铁路、航空运输医疗废物。从事医疗废物集中处置活动的单位，应当向县级以上人民政府环境保护行政主管部门申请领取经营许可证，应当符合相关条件（具有符合环境保护和卫生要求的医疗废物贮存、处置设施或者设备）。

（七）我国转基因生物安全法律法规

目前，我国已颁发《基因工程安全管理办法》《新生物制品审批办法》《农业转基因生物加工审批办法》等转基因生物安全管理相关的专项法律法规文件，立法内容涵盖基因工程安全管理、转基因食品安全管理及转基因药品安全管理等领域。2001 年，我国政府颁布了《农业转基因生物安全管理条例》，该条例对转基因生物技术应用最为广泛、影响最为深远的农业领域进行规范化管理，这标志着我国转基因生物安全管理立法的一大进步，也为农业转基因生物技术及其产品的健康发展奠定了坚实的基础。

（八）《中华人民共和国生物安全法》

《中华人民共和国生物安全法》于 2020 年 10 月 17 日经由全国人大常委会表决通过，并已于 2021 年 4 月 15 日起正式实施。该法作为我国生物安全领域的第一部综合性法律，围绕生物安全工作协调机制，从监测预警、调查评估、信息共享、信息发布、名录和清单的动态调整、安全标准、安全审查、准入、应急、溯源及应对 11 个方面构建了我国生物安全风险防控的"四梁八柱",基本形成了生物安全风险防控的框架性结构。

《中华人民共和国生物安全法》是生物安全领域的一部基础性、综合性、系统性、统领性法律,它的颁布和实施具有里程碑意义,标志着我国生物安全进入依法治理的新阶段。这部法律的出台,一是在生物安全领域形成国家生物安全战略、国家生物安全法律、国家生物安全政策"三位一体"的生物安全风险防控和治理体系,有利于防范生物恐怖和生物武器威胁,化解各类生物安全风险,提升国家生物安全治理能力;二是强化了防控重大传染病和动植物疫情的法律制度,集中体现"以人为本"的立法原则,以法治力量保障人民健康安全、守护民生福祉;三是有效应对境外机构非法采集我国人类遗传资源、我国珍稀物种及其遗传资源流出、外来物种入侵等问题,用法律的手段保护我国人类遗传资源和生物资源安全;四是为生物技术发展划定了边界,订立了规矩,规定了很多具有针对性、适用性、可操作性的制度措施,让生物技术规范发展,更好地服务于国家发展、人民幸福和人类文明进步。

二、我国病原微生物实验室的标准和指南

(一)GB 19489—2008《实验室 生物安全通用要求》

该标准是在参考了世界卫生组织、美国、加拿大和原卫生部的行业标准的基础上,结合我国的实际情况编写而成的。内容共七章,主要包括:风险评估和风险控制、实验室生物安全防护水平分级、实验室设计原则及基本要求、实验室设施和设备要求、管理要求等。

(二)WS 233—2017《病原微生物实验室生物安全通用准则》

该通用准则共分为七章。基本内容包括:病原微生物危害程度分类、实验室生物安全防护水平分级与分类、风险评估与风险控制、实验室设施和设备要求、实验室生物安全管理要求、附录 A(资料性附录)病原微生物实验活动风险评估表、附录 B(资料性附录)病原微生物实验活动审批表、附录 C(资料性附录)生物安全隔离设备的现场检查、附录 D(资料性附录)压力蒸汽灭菌器效果监测等。本标准适用于开展微生物相关的研究、教学、检测、诊断等活动的实验室。

(三)GB 50346—2011《生物安全实验室建筑技术规范》

GB 50346—2011《生物安全实验室建筑技术规范》共十章,包括:总则,术语,生物安全实验室的分级、分类和技术指标,建筑、装修和结构,空调、通风和净化,给水排水与气体供应,电气,消防,施工要求,检测和验收。该规范将用于指导生物安全实验室的设计、建造、系统和设备安装、装饰、空调净化、电气和自控要求、检测验收等过程,为我国生物安全实验室的建设、医药和生物技术的发展创造良好的软件环境。值得注意的是,该规范中以黑体字标志的条文为强制性条文,必须严格执行。

（四）《人间传染的病原微生物目录》（国卫科教发〔2023〕24 号）

中华人民共和国国家卫生健康委员会在 2006 年公布的《人间传染的病原微生物名录》（简称《名录》）的基础上，组织制定了《人间传染的病原微生物目录》（简称《目录》），于 2023 年 8 月 18 日发布。《目录》的制定坚持以人为本、风险预防、分类管理的原则，以《名录》为基础，参考借鉴国际国内相关规定和研究成果，科学评判病原微生物的传染性、感染后对个体或者群体的危害程度，以及我国在传染病预防、治疗方面的能力及发展，并充分考虑病原微生物研究、教学、检测、诊断等工作实际需求。

（五）《可感染人类的高致病性病原微生物菌（毒）种或样本运输管理规定》（中华人民共和国卫生部令第 45 号）

2005 年 12 月 28 日，卫生部发布了《可感染人类的高致病性病原微生物菌（毒）种或样本运输管理规定》（以下简称《规定》），并于 2006 年 2 月 1 日起实施。《规定》明确了《人间传染的病原微生物名录》中规定的第一类和第二类病原微生物菌（毒）种或样本运输的申请、批准、包装、运输过程，还规定了违反《规定》的处罚依据。

（六）RB/T 040—2020《病原微生物实验室生物安全风险管理指南》

RB/T 040—2020《病原微生物实验室生物安全风险管理指南》由国家认证认可监督管理委员会发布，于 2020 年 12 月 1 日起实施。本标准的主要内容包括：范围、规范性引用文件、术语和定义、原则、实施过程、附录 A（资料性附录）实验室生物安全风险评估的常用方法、附录 B（资料性附录）实验室生物安全风险评估矩阵、附录 C（资料性附录）病原微生物实验活动风险评估实施参考示例等。

（七）WS 315—2010《人间传染的病原微生物菌（毒）种保藏机构设置技术规范》

WS 315—2010《人间传染的病原微生物菌（毒）种保藏机构设置技术规范》由原卫生部发布，于 2010 年 11 月 1 日起实施。本标准的主要内容包括：范围、规范性引用文件、术语和定义、设置基本原则、类别与职责、设施设备要求、管理要求等。本标准适用于疾病预防控制机构、医疗保健、科研教学、药品及生物制品生产单位等承担国家人间传染的病原微生物菌（毒）种保藏任务的机构。2025 年 1 月 18 日，国家卫生健康委发布通告，WS 315—2010 由 WS 315—2025《人间传染的病原微生物菌（毒）种保藏机构设置技术标准》代替。

（武桂珍　蒋　涛　衣　岩　雷雯雯）

参考文献

［1］ 孙佑海．坚决贯彻党中央战略部署 进一步加强生物安全建设［J］．保密工作，2022（2）：8-9.

［2］ 习近平．构建起强大的公共卫生体系 为维护人民健康提供有力保障［J］．求是，2020（18）：4-7.

［3］ European Commission. Scientific Committees[EB/OL]. [2024-10-15]. https://ec.europa.eu/health/scientific_committees/about_en.

［4］ 赵璨．防治外来物种入侵法律制度比较研究［D］．北京：北京林业大学，2014.

［5］ 宋琪，丁陈君，陈方．俄罗斯生物安全法律法规体系建设简析［J］．世界科技研究与发展，2020，42（3）：288-297.

［6］ 李睿思.《俄罗斯生物安全法》分析及启示［J］．西伯利亚研究，2020，47（5）：45-55.

［7］ 尹晓燕，鞠永涛，贾颖杰．日本生物安全法律法规及管理现状简析［J］．口岸卫生控制，2021，26（1）：54-57.

［8］ 黄静，孙双艳，马菲．新西兰《生物安全法》及相关法规和要求［J］．植物检疫，2020，34（4）：81-84.

第二篇
实验室风险控制

第四章
实验室危害

　　生物安全实验室存在各种危险。对危险的定义是可能导致人员死亡、伤害或疾病，财产损失，工作环境破坏等危害或上述这些情况的组合的根源或状态。根据危害的大小，一般将意外事件分为事件（incident）和事故（accident）两类。事件指的是导致或可能导致事故的情况；事故是造成死亡、疾病、伤害、损坏以及其他损失的意外情况。实验室意外事件除了病原微生物感染事件外，还包括爆炸、中毒、火灾、辐射及伤害等多种类型。

　　在人类与有害微生物斗争的过程中，对实验室危害的控制至关重要，如果防范措施不力，轻则造成实验室工作人员的感染，重则因传染性微生物外泄，造成传染病的大范围流行，殃及社会，甚至可导致生物灾难的发生。因此必须对生物安全问题给予更多的关注。

第一节　实验室感染概况

　　历史上，国内外实验室发生过的意外事件数不胜数，意外事件导致实验室人员感染或人员死亡，甚至在社会上形成疾病的传播流行，造成严重的社会影响。有记载的首例病原微生物实验室感染事件发生在 1826 年，听诊器发明者法国医生 Laennec 感染了皮肤结核。从 1981 年发现首例艾滋病患者到 1995 年，至少有 223 个病例是在工作中被感染的，其中 34 例发生在临床实验室，5 例发生在非临床实验室。导致实验室感染的病原微生物种类繁多，最常见的 10 种病原微生物依次是结核分枝杆菌、贝纳柯克斯体（Q 热柯克斯体）、汉坦病毒、虫媒病毒、乙型肝炎病毒、布鲁氏杆菌、沙门菌、志贺菌、非甲非乙型肝炎病毒和隐孢子虫。Pike 等在 1976 年公布的调查显示，在实验室获得性感染中细菌（43%）占大多数，其次为病毒（27%）和立克次体（15%）。20 世纪 90 年代以后由病毒引起的实验室感染的比例高于由细菌引起的实验室感染。近年来，新发现或再现病原微生物如甲型 H1N1 流感病毒、甲型 H7N9 人感染高致病性禽流感病毒、人类免疫缺陷病毒、埃博拉病毒，以及多重耐药结核分枝杆菌等成为实验室获得性感染和生物安全关注的新重点。

　　实验室感染是一个过程，或者称为感染链，该过程包括病原体从隔离容器中逃逸，通过播散，借助于一定的途径进入人体。进入人体的病原体能否形成感染，取决于病原体的毒力、感染性和数量及机体的免疫状态和易感性。

　　实验室感染链中感染途径是重要的一环，了解可能的感染途径，有助于找到阻断感染的有效方法。引起实验室病原微生物感染的途径主要有经呼吸道感染、经口感染、创伤及黏膜接触感染、接触动物媒介感染等。造成这些病原微生物逃逸并导致相关的危害事故的因素主要有人为因素、设施和设备因素、环境条件因素、时间因素。经呼吸道吸入含病原体的气溶胶引起感染是主要的感染途径，能够产生气溶胶的操作或事故包括离心、溢出或溅洒、混合、混旋、研磨、超声及开瓶时两个界面的分离等。经口摄入病原体引起感染是重要的感染途径，能造成经口摄入病原体的操作或行为包括口吸吸管，液体溅洒入口，在实验室进食、饮水和吸烟，将手指放入口腔中（如咬指甲）等。创伤及黏膜接触也是主要感染途径，通常由实验室创伤导致的意外事故造成，常见的有被污染的针尖刺伤、被刀片或碎玻璃片割伤、动物或昆虫咬伤或抓伤等。由皮下或黏膜透入引起的感染，见于含病原体的液体溢出或溅洒在皮肤或黏膜上，皮肤或黏膜接触污染的表面或污染物，以及通过用手接触脸部的动作（如戴眼镜等）造成传播。

第二节　病原微生物危害

病原微生物基本特性是实验室生物安全风险的最基本要素，包括已知和未知的特性，例如病原微生物的种类、来源、传染性、传播途径、人群易感性、潜伏期、剂量 - 效应关系、致病性、变异性、在环境中的稳定性、是否存在与其他生物和环境的交互作用等。其中致病性或者与其相似的病原体对人或者动物的致病性是病原微生物危害评估的重要指标，既往实验室获得性感染的情况（感染剂量以及发病严重程度）可提示病原危害程度。

病原微生物危害程度分类是病原微生物危险评价的主要依据之一。根据病原体的致病性、毒力、感染的后果以及是否有有效的预防和治疗手段等分析和评估病原微生物的危害程度。一般来说，危害程度高的微生物需要的生物安全防护水平较高，如第二类病原微生物的操作通常在三级生物安全实验室进行。根据病原微生物的传染性、感染后对个体或者群体的危害程度，我国将病原微生物分为四类，其中第一类、第二类病原微生物统称为高致病性病原微生物。

按照实验室处理的病原微生物的危害程度，国际上将生物安全实验室分为四级，一级风险最低，四级最高，把三、四级生物安全实验室定义为高等级生物安全实验室。高等级生物安全实验室的建设越来越受到各个国家的重视，只有具备这样的硬件设施，才有可能进行高致病性病原微生物的研究工作，才能具备防范、控制重大疫情传播的能力。

拟操作病原微生物的剂量和浓度、样品来源和传代次数也与其可能产生的危害密切相关。一般而言，批量生产抗原或疫苗需要操作的大量病原体带来的风险远大于病原体分离和少量培养过程中产生的风险；来自野生动物的样品可能含有常规情况下难以遇到，但对人或动物有致病作用的病原体；多数情况下可认为初次分离或传代次数少的病原体比传代次数多的病原体的致病性强，有时也会出现随着传代次数增加或应用不同培养基培养而致病性增强的情况。实验室的设施设备使用不当或故障、个人防护用品使用不当、错误操作等，均可能产生病原微生物危害，对环境造成污染，甚至引起人员感染等严重后果。实验室的工作人员由于直接接触病原培养物、感染者血液等感染性物质，受感染的机会增多，出现气溶胶扩散、刺伤等意外事故，可能引发和传播疾病。

　　实验室操作过程中存在病原微生物被误用导致的危害，这种情况多发生在实验室工作人员进行实验操作时，如果实验中间材料或保存条件（如平板、培养管、离心管等）标识不清楚，会导致实验室人员误用。

　　实验室储存的病原微生物阳性的样品，有被盗窃的风险。一旦样品被盗，可能被恶意使用，不仅会产生病原微生物危害，还会造成社会恐慌。

　　在实际实验室工作中，为控制实验室危害，建立完善的实验室风险评估及控制措施，对确定生物安全防护水平、制定实验室操作规程、编写仪器设备操作程序和管理规定等，都具有重要的指导作用。对实验室各项活动进行评估，使实验室人员充分了解实验活动中所存在的风险，及时采取相应的风险控制措施，提高实验室管理人员的生物安全防范意识。制定风险评估制度，通常由生物安全委员会负责组织进行生物风险评估，根据生物风险评估结果，实验室主任或实验室负责人制定风险控制措施。实验室风险评估和风险控制活动的复杂程度取决于实验室所存在的危险的特征，不一定需要复杂的风险评估和风险控制活动。实验室应定期进行风险评估和对风险评估报告进行复审，评估的周期应根据实验室活动的风险特征而确定。应在以下情况进行新的评估：①开展新的实验室活动或改变经评估的实验室活动；②当发生事件、事故等应重新进行评估；③相关政策、法规、标准等发生改变时。

第三节　实验操作产生的危害

　　实验操作是重要的实验室危害来源，例如针刺、割伤等会造成直接入血的感染，应该在实验室工作中尽量避免，实验室应尽可能采用替代方式降低风险；如果必须进行，应在实验工作中采用合理的防护措施，如佩戴防刺手套、动物抓取前应先麻醉或采用器具抓取等。另外，通常认为实验室微环境内气溶胶的产生是重要的危害来源，尤其在操作液体样品，或对样品进行研磨、匀浆、离心等操作时容易产生气溶胶。

　　实验室开展常规活动和非常规活动的危害风险是不同的，例如实验室设备维修中暴露于生物安全柜的高效空气过滤器（high efficiency particulate air filter，HEPA filter），或者维修人员是非微生物学专业人员等，都会造成不必要的生物安全风险。

一、皮肤黏膜创面接触

　　1. **可能危害**　实验过程中由于利器损伤或动物抓伤造成皮肤创面，创面接触污染导致感染，可能引发所操作病原的传染病。

　　2. **控制措施**　实验人员经实操培训并考核合格，严格按照操作规程进行实验操作，使用适宜的个人防护装备或工具，生物安全实验室内配备急救箱。

　　3. **急救措施**　如手部创伤，脱掉外层手套，用清水或肥皂水清洗受伤部位，尽量挤出损伤部位的血液，对污染的皮肤和伤口用碘酒或75%的乙醇多次擦洗；立即报告给实验室主任或实验室负责人，根据情况立即就医；就医时佩戴适宜的个人防护装备，主动、如实告知医务人员接触的病原微生物和危险程度等信息。

二、吸入气溶胶

1. **可能危害**　实验操作过程中吸入气溶胶可对人体健康产生危害作用，可能引发所操作病原的传染病。

2. **控制措施**　根据所操作的病原微生物，在相应等级的生物安全实验室内进行实验；人员佩戴适宜的个人防护装备，佩戴前检查防护装备有效期，按规范佩戴，每年进行口罩密合性检测；实验操作人员严格按照操作规程进行操作，操作过程动作轻柔，勿剧烈操作，必要时在生物安全柜内进行操作，以防止产生气溶胶。

3. **急救措施**　如不慎吸入气溶胶，应立即停止实验工作，立即报告给实验室主任或实验室负责人，根据情况立即就医；就医时佩戴适宜的个人防护装备，主动、如实告知医务人员接触的病原微生物和危险程度等信息。

三、废弃物感染

1. **可能危害**　实验室内未及时处理的体液、组织、细胞培养标本、实验器械等废弃物会给环境造成一定的污染，未彻底消毒、灭菌继而对人员造成危害，引发接触人员感染。

2. **控制措施**　实验后及时进行清场消毒，根据实验内容选择适宜的消毒、灭菌方式；由专人分类收集、存放，分别集中处理废弃物。

3. **急救措施**　废弃物处置相关人员如出现与从事的病原微生物相关实验室活动有关的临床症状、体征或者疾病，立即报告给实验室主任或实验室负责人，根据情况立即就医；就医时佩戴适宜的个人防护装备，主动、如实告知医务人员接触的病原微生物和危险程度等信息。

四、实验室设施设备维护、维修中造成的危害

1. **可能危害**　实验室维护、维修人员在对实验室设施设备进行定期维护和维修时，有可能因为不了解实验室的工作性质及所操作的病原微生物，从而造成实验室围护结构、送排风系统、生物安全柜等实验室生物安全设施设备的破坏，使实验室密闭、负压等参数达不到要求。同时，也存在实验室消毒不彻底，实验室维护、维修人员未正确佩戴个人防护装备被病原微生物感染；维护、维修过程中手部被维修工具扎伤导致感染的可能。

2. **控制措施**　对实验室维护、维修人员进行适当的安全培训，使实验室维护、维修人员了解所在实验室的工作性质、病原微生物危害、安全规定和程序。对于那些必须由外部工程和维护保养人员进行的维护、维修，应使维护、维修人员熟悉该实验室的设施设备和工作情况。只有在实验室经过清场和消毒后，经实验室主任或负责人批准，维护、维修人员才可以在实验室指定人员的陪同下，佩戴适宜的个人防护装备进入实验室。必要时（如更换高效过滤器时），要对实验室进行终末消毒，消毒评价合格后，方可进入实验室进行维护、维修工作。

3. 急救措施 立即报告给实验室主任或实验室负责人，根据情况进行应急处置，必要时立即就医。

第四节 理化因素危害

预防实验室物理、化学危害应融入实验室的安全建设中。在实验室项目开展工作前，对实验室在能力建设、质量管理、生物安全等方面进行评估的同时，还要评价其是否有完善的防范物理、化学等危害的管理体系。要全面考察实验活动的各个方面，分析每一实验过程可能对工作人员和环境造成的影响或危害。实验室工作中，很多实验操作存在潜在的危害，如处理玻璃器皿、使用注射器或其他锐器、热的固体或液体灼伤、不慎将液氮喷溅到裸露的皮肤上、使用 X 线设备或 γ 射线或其他光源而产生的放射线等。应充分考虑这些因素，并根据风险的性质，采取适当的防护措施。

一、次氯酸钠

1. 可能危害 次氯酸钠主要以溶液形式用于消毒，属于腐蚀品。长期接触可以损伤皮肤；溅入眼睛、口腔等可引起黏膜灼伤；浓度过高时产生游离氯可引起呼吸道灼伤；不具有燃烧的风险，但在火灾时受高热会产生有毒烟气。

2. 控制措施 严格按照消毒液配制程序进行操作，浓度不超过 5% 的有效氯含量，控制消毒液配制的体积，每次带入实验室内的消毒液不超过 1.5L，配制时间不超过 24h。严格配戴手套、口罩后使用次氯酸钠消毒液；配制时须佩戴护目镜。

3. 急救措施 如果发生皮肤接触，需要脱去污染的衣物，用大量流动清水冲洗；如果发生眼睛接触，要提起眼睑，用流动清水或生理盐水冲洗。及时就医。如发生吸入，应迅速脱离现场至空气新鲜处，保持呼吸道通畅。如呼吸困难，应输氧；发生误食，须饮足量温水，催吐，立即就医。

二、乙醇

1. 可能危害 皮肤和眼睛接触乙醇可引起刺激症状，长期皮肤接触可引起皮炎；实验室内不存在长期食用造成损害的风险，但误食可引起消化道的灼伤；乙醇易燃、易挥发，乙醇蒸气与空气混合遇明火、高热会发生爆炸。

2. 控制措施 严格控制乙醇存贮数量，消毒用乙醇应存放在塑料材质容器内，最大容量不超过 500mL；实验室内不得存放过量乙醇；皮肤接触部位要穿戴防护装备，如戴手套进行擦拭消毒工作；严禁在实验室内使用明火；严禁向下水道内倾倒乙醇液体。

3. 急救措施 如果发生眼睛接触，提起眼睑，用流动清水或生理盐水冲洗，严重时就医。如小剂量泄漏，使用不可燃材料吸附或吸收，也可以用大量水冲洗，经水稀释后排放入废水系统。如遇火灾，按照消防程序进行操作，如小范围着火，选择使用覆盖灭火。

三、丙酮

1. **可能危害**　皮肤长期反复接触可致皮炎，对眼睛、呼吸道有刺激性。呼吸道长期吸入可出现咽炎、支气管炎。误服后，口唇、咽喉有烧灼感，可出现口干、呕吐、昏迷、酸中毒和酮症。丙酮高度易燃，可与氧化剂发生强烈反应。

2. **控制措施**　设置专门化学品柜储存丙酮，化学品柜处于阴凉通风处，远离火种、热源。在使用丙酮时戴橡胶耐油手套、口罩。

3. **急救措施**　如发生皮肤接触，立即脱去污染的衣物，用肥皂水和清水彻底冲洗皮肤；如果发生眼睛接触，提起眼睑，用流动清水或生理盐水冲洗，严重时就医。如吸入丙酮，迅速离开现场至空气新鲜处，如呼吸困难，立即就医。

四、二氧化碳

1. **可能危害**　在低浓度时，二氧化碳对人体呼吸中枢呈兴奋作用；高浓度时则产生抑制甚至麻痹作用，使人在几秒内迅速昏迷倒下，反射消失，严重时出现呼吸停止及休克，甚至死亡。

2. **控制措施**　由专人定期检查二氧化碳管道密闭性。

3. **急救措施**　如有吸入，迅速脱离现场至空气新鲜处，保持呼吸道畅通；如呼吸困难，立即就医并输氧；如呼吸停止，立即进行人工呼吸，立即就医。

五、化学灼伤

1. **可能危害**　体表（皮肤）、呼吸道、消化道、眼接触化学品可引起灼伤，常见的致伤物有酸、碱、酚类等。某些化学物质在致伤的同时可经皮肤、黏膜吸收引起中毒，如黄磷、酚、氯乙酸，甚至引起死亡。

2. **控制措施**　严格控制化学品使用量，按照操作规程配制、使用化学品，同时佩戴适宜的个人防护装备。

3. **急救措施**　立即脱去污染的衣物，用肥皂水和清水彻底冲洗皮肤，严重时就医。

六、高温烫伤

1. **可能危害**　使用高温设备，如高压灭菌器，在设备运行过程中，人员接触锅体、电加热器、冷凝器等高温部位可能发生烫伤危害。

2. **控制措施**　使用高温设备的人员严格按照操作规程进行操作，如压力容器使用人员须取得特种设备操作证书后才可进行操作。

3. **急救措施**　如发生烫伤，立即用凉水冲洗减轻余热损伤、减轻肿胀、止痛、防止起水疱；如有冰块，把冰块敷于伤处；如烫伤严重，立即就医。

七、电磁污染

1. **可能危害**　实验室的电磁污染源有高频感应加热设备、高频介质加热设备、短波与超波仪器、微波加热仪器等。电磁辐射对人体的危害包括诱发心血管疾病、糖尿病、致癌突变；对人体生殖系统、神经系统、免疫系统造成直接伤害；造成流产、不育、畸胎等病变。过量的电磁辐射可直接影响大脑组织发育和骨髓发育，使视力和造血功能下降，导致肝病，严重者可导致视网膜脱落等。

2. **控制措施**　在辐射源与实验室的操作人员或其他人员之间放置用于吸收或减弱辐射能量的防辐射屏蔽装置，有助于控制人员的辐射暴露。防辐射装置材料和厚度的选择取决于辐射的穿透能力（类型和能量）。根据电磁设备的操作说明进行操作，保持安全操作距离，保持室内空气流通，尽量避免长时间操作。当电磁设备不使用时，关闭电源，以减少微量电磁辐射的积累。

3. **急救措施**　人员立即停止操作，在确保个人安全的情况下关闭电磁设备，立即就医，测定辐射影响范围。

第五节　灾害

灾害是某种不可控制或未予以控制的破坏性因素引起的，造成人员伤亡和物质损坏或损失的现象。我国幅员辽阔，地大物博，地理气候条件复杂，地区间差异显著，是一个自然灾害频发的国家。我国自然灾害种类繁多，发生频率较高，如实验室选址不当、所在地自然条件不足、实验室建设或使用不当均有可能遭受灾害，并且容易造成重大损失。灾害主要包括火灾、水灾、地震、雷电、泥石流、房屋倒塌等。

一、火灾

1. **风险来源**　主要风险来源于实验室内部仪器设备故障，违规使用明火、加热装置，违规存放易燃试剂、耗材等。

2. **控制措施**

（1）实验室区域及走廊区内，按照《中华人民共和国消防法》相关规定，安装有烟感装置，提前预警火灾。

（2）实验室门禁系统设置有紧急释放装置，并沿逃生路线设置有安全通道指示灯，用于实验室人员疏散。

（3）实验室工作区外放置干粉灭火器，实验室工作区内放置水成膜灭火器。

（4）定期检查：每月应对灭火器、实验室主要设备、烟感及报警装置进行功能检查；特殊设备按照相关要求进行强制检测（高压灭菌器、生物安全柜等）。

（5）人员培训：按照《生物安全管理手册》中"实验室人员管理"章节要求，定期进行人员培训工作，对于消防逃生进行专门培训并进行演练，保证每年每人至少一次。

3. 应急措施

（1）遇见实验室内发生意外燃烧要立即报告，切断易燃物品来源，移去污染材料，再扑灭明火，实验室负责人根据火险情况派出人员进行救援，事后书面报告火险原因和处理经过。

（2）如果实验室内的燃烧未得到控制，延及实验室外，或实验室所在建筑发生火险，应立即发出火警报告。实验室主任或实验室负责人应根据火险情况，指示实验室人员终止实验，移去污染材料，沿安全通道按照出实验室更衣程序除去防护服装，有秩序地撤离实验室后，切断电源和气源。消防人员到达后，应控制实验室所在建筑火情，但不进入实验室。

二、地震

实验室所在主体建筑物按照最高等级抗震要求进行建设，实验室主要安全设备（生物安全柜、双扉高压灭菌器）均与实验室主体承重结构相连接，故在地震灾害中发生严重倒塌的风险很低。其他相关设备均在地面摆放，故坠落损伤风险较高，如实验室主体彩钢板材维护结构，在地震中存在掉落风险。

三、电气安全事故

实验室所有强电、弱电设施均放置在防护区外，在实验室主体结构外进行变电、控制及过载保护，故不存在实验室内部漏电事故风险。实验室内使用过多用电设备，存在超载危险，易引发火灾。

四、水灾

应注意实验室主体结构所在地区地势高低，就近有无水渠或河道湖泊，所在地区有资料记载以来是否出现过水灾。且根据环境评价报告中最大水患评估情况，评估本地区出现水灾的风险。实验室应更详细注意设备层内水路管线的漏水情况。有空调冷凝水管道通过的，存在漏水风险。

五、触电事故

实验室人员如出现意外触电事故，其他人员应立即切断电源或拔下电源插头，也可用绝缘物品挑开接触人与触电部位的连接，不可用于触碰触电人员。如触电人员出现休克现象，立即进行人工呼吸，并立即就医。

六、雷电、泥石流、房屋倒塌等事故

实验室现场人员应迅速组织、指挥，及时有序地疏散相关人员，对现场受伤人员做好自助自救、保护人身安全。

（侯雪新）

参考文献

［1］　全国人民代表大会常务委员会. 中华人民共和国生物安全法［Z/OL］.（2020-10-17）［2024-10-15］. http://www.npc.gov.cn/npc/c2/c30834/202010/t20201017_308282.html.

［2］　中华人民共和国国务院. 病原微生物实验室生物安全管理条例［Z/OL］.（2004-11-12）［2024-10-15］. https://www.gov.cn/gongbao/content/2005/content_63265.htm.

［3］　郑涛. 生物安全学［M］. 北京：科学出版社，2014.

［4］　张良军. 公共卫生实验室的职业危害［J］. 首都公共卫生，2008，2（2）：93-95.

［5］　彭波. 病理学研究生实验室的生物危害与生物安全管理［J］. 西部素质教育，2015，1（5）：37.

［6］　王继红. 高校化学实验室污染危害及其环保化探索［J］. 广东化工，2013，40（2）：92-93.

［7］　张伟华. 我国生物安全防控和治理体系研究［J］. 农村经济与科技，2021，32（11）：12-14.

［8］　李东平. 论生物实验室废物的危害与处理［J］. 生物学杂志，2009，26（6）：94-96.

［9］　李劲松. 病原微生物实验室危害评估［C］// 中华预防医学会. 首届生物安全与防护装备学术研讨会论文集. 北京：中华预防医学会，中国疾病预防控制中心，2007：88-93.

［10］　陈霞，李正兰. 感染科医务人员职业危害因素分析与安全防护［J］. 现代医院，2016，16（3）：413-415.

［11］　代海兵，连一霏，高青，等. 临床检验实验室感染与安全防护［J］. 实验室科学，2019，22（4）：227-230.

［12］　周沼. 探讨疾控机构实验室生物安全管理体系的建立与运行［J］. 中国卫生产业，2021，18（19）：57-60.

第五章
风险评估与风险控制

　　实验室作为探索生命科学奥秘、推动医学技术进步的前沿阵地，承载着人类对未知领域的不懈追求。然而，在操作病原微生物及开展基因工程等实验活动过程中，潜在的生物安全风险如影随形。稍有不慎，这些风险便可能引发实验室感染、病原体泄漏、生态环境破坏等严重后果，威胁实验人员生命健康与公共卫生安全。在此背景下，科学系统的风险评估与精准有效的风险控制，成为落实生物安全国家战略核心要求、筑牢实验室生物安全防线的关键所在。实验室生物安全风险评估和风险控制的核心意义就是将病原微生物实验室的生物安全风险和生物安保风险降到最低程度，以确保实验室生物安全。

第一节　风险评估与风险控制的意义、开展依据与原则

一、风险评估与风险控制的意义

　　风险评估是评价风险大小以及确定是否可接受的全过程，是病原微生物实验室实施风险管理的基础和前提，是确保实验室生物安全的核心工作之一。完备的风险评估制度，对于保证实验室生物安全具有非常重要的意义。

　　通过建立风险评估制度，对各类因素所涉风险进行识别与分析，提出降低风险的具体措施，评估实施措施后的残留风险，并构建再评估方案与制度，可帮助生物安全实验室设计者及使用者明确实验室的规模、设施需求以及合理的平面布局，帮助操作者正确选择适宜的生物安全防护水平及个体防护装备，制定相应的操作程序、风险预防方案和风险发生后的处置方案以及相关管理规程，以便实验室在运行过程中采取适宜的安全防护措施，进而降低危险性事件的发生概率，将工作人员暴露于危险的可能性和对环境造成的污染降至最低限度。

二、风险评估与风险控制的开展依据

　　风险评估所依据的数据及拟采取的风险控制措施应以国家主管部门和世界卫生组织、世界动物卫生组织、国际标准化组织等机构或行业权威机构发布的指南、标准等为依据。任何新技术在使用前都应经过充分验证，适用时，应得到相关主管部门的批准。

三、风险评估的原则

（一）病原微生物风险评估的总体原则

1. 病原微生物风险评估应完全建立在科学的基础之上。

2. 风险评估构成生物安全风险管理体系的核心要素，须与风险控制措施形成闭环管理。

3. 病原微生物风险评估应在结构化体系的指导下进行，包括危害识别、危害特征分析、暴露评估，以及综合可能性与后果以确定风险等级的风险特征描述。

4. 病原微生物风险评估报告应明确界定评估目的、范围及方法学，附具风险矩阵表（risk matrix）等可视化工具。

5. 病原微生物风险评估过程应保持透明度。

6. 识别并记录资源约束（如预算、时间）对评估结果的潜在影响，明确其可能导致的不确定性。

7. 风险评估应包括对风险评估期间的不确定性以及产生不确定性的原因的描述。

8. 数据应能够决定风险评估中的不确定性。数据和数据采集系统应尽可能完善和精确，使风险评估中的不确定性得以最小化。

（二）针对不同类型的病原微生物实验活动风险评估的原则

对于同一病原微生物而言，从事不同的实验活动，操作者接触微生物的数量、浓度、可能的感染途径是不同的，一旦暴露，其后果也不同。所以，对不同的实验活动均应进行风险评估，以指导操作者采取适当的生物安全防护。

1. **含已知病原微生物的样本**　使用已分离鉴定或来源明确的病原微生物时，可根据对该病原微生物的实验室研究、疾病监测和流行病学研究、相关教科书或其他资料进行风险评估。评估时应重点考虑以下信息。

（1）对病原微生物的鉴定应包括所有可能涉及的微生物种类，确定该病原微生物是感染人、感染动物还是人畜共患；确定该病原微生物是否可能感染环境中其他生物。

（2）对危险程度的分析应首先参考该病原微生物的危害程度分类和防护水平，并注意该病原微生物对人的感染剂量、感染模式（mode of infection）与途径，以及该病原微生物在环境中的稳定性。

（3）应考虑是否有可靠的诊断方法与有效的治疗药物、是否有疫苗及疫苗是否有效。

（4）应注意实验操作中样本的病原微生物数量和实验活动类型（体内实验、体外实验、气溶胶感染等）。

（5）是否涉及基因重组的微生物。

2. **含未知病原微生物的样本**　当待检样品所提供的病原微生物信息不足时，评估时应结合现有流行病学资料和患者的临床医学资料（发病率和病死率等），并重点考虑可疑样本中是否含未知的病原体及其可疑的传播途径。通过对这些信息的分析，确定样本的危害程度。

对含未知病原微生物的样本，应谨慎地采取以下较为保守的样本处理方法。

（1）对取自患者的可疑样本，处理时至少需要二级生物安全防护水平实验室。处理应遵循标准防护方法，并采用隔离防护措施（如防护服、手套、口罩等）。

（2）样本运送应遵循国家和／或国际的规章和规定。

（3）对可能含有未知病原微生物的样本，当无法判明可能分离出何种病原微生物时，应根据回顾性资料，对既往已分离的病原微生物资料以及当地流行病学资料进行分析，推测可能分离的病原微生物并进行危害评估。在没有病原微生物存在与否的确切信息时，应采用常规的预防措施。

四、风险控制的原则和策略

（一）明确风险控制的目标

风险控制是选择并执行一种或多种改变风险的措施，包括改变风险事件发生的可能性或后果的措施。实验室风险控制的最终目标是降低事故发生频率、减轻事故的严重程度，以使剩余风险保持在可接受水平。如果剩余风险不可接受，应调整或制定新的风险控制措施，并评估该措施的效果，直到剩余风险可接受。

（二）风险控制应遵循的原则

风险控制措施宜遵循的基本原则包括但不限于以下原则。

1. **全过程控制原则**　全面的风险控制一般需要多个输入、输出过程的有机集合，最终达到预期目标，其中信息反馈和控制措施则是保证输出结果的重要环节。

2. **动态控制原则**　实验室由于实验活动或运行阶段的不同，风险也会随之发生变化。应充分考虑风险的动态变化特性，根据实验室运行和实验活动变化的实际情况，随时识别风险并确定风险关键控制点，以便适时、正确地实施风险控制。

3. **分级控制原则**　根据实验室的组织结构和风险本身的规律，采取分级控制的原则，使得目标分解、责任分明，最终实现完整控制。

4. **分层控制原则**　根据实验室的特点和风险特征，可以通过根本的预防性控制、补充性控制、防止事故扩大的预防性控制、维护性能的控制、经常性控制以及紧急性控制等不同层次的控制，来提高控制效率并增加风险控制的可靠程度。

（三）风险控制的策略

采取风险控制措施时宜首先考虑控制风险源，再考虑采取其他措施降低风险，最后考虑个体防护装备。

1. **消除**　首先考虑通过替代、改用方法或流程来消除风险，如替代材料、改变流程等。

2. **减少** 对于不可消除的风险，可采用降低使用量、减少实验次数和使用次数等方法降低其发生概率及危害性。

3. **隔离** 通过时间和空间的隔离，避免与人和环境的接触，如生物安全柜、高等级防护实验室等。

4. **保留** 风险所导致的后果不严重或可控制，但又不能被消除时，可以考虑保留风险。

5. **转移** 将风险从关键或重要部位，转移到非关键或次要部位，如实验室选址、布局的位置远离人员多的地方等。

6. **控制** 通过管理、技术措施等来控制风险的发生和危害程度，如培训、演练、审批流程、准入制度等。

有许多不同的策略可用于降低和控制风险。通常，为了有效降低风险，可能需要应用多个风险控制策略。良好的风险控制策略具有以下四方面特征：①指出用于降低不可接受风险的控制措施的性质和总体方向，不必规定可采取的风险控制措施的类型；②可在当地条件下通过现有资源实现；③有助于尽量减少对正在开展工作的任何阻力阻碍（如处理利益相关方的感知风险）和确保获得支持（如获得国际/国内监管机构的批准）；④符合组织的总体目的、目标和使命，促进成功（即加强公共卫生和/或健康保障）。

（四）风险控制措施的选择与实施

实验室应基于风险控制策略，选择并实施相应的风险控制措施，以实现风险控制目标，将风险降低至可接受的水平。

1. **风险控制措施的选择应考虑的因素** 包括但不限于：①法律法规、标准规范方面的要求；②风险控制措施的实施成本与预期效果；③选择几种应对措施，将其单独或组合使用；④利益相关方的诉求、对风险的认知和承受度，以及对某些风险控制措施的偏好。

2. **实验室的风险控制措施** 一般包括但不限于：①停止有风险的实验活动，以规避风险；②消除具有负面影响的风险源；③降低风险事件发生的可能性及改变其分布；④改变风险事件发生后可能导致的后果严重程度；⑤将风险转移到其他区域或范围；⑥保留并承担风险。

3. **风险控制措施的合理选择** 根据所识别出的风险性质、可用资源和其他当地条件，应采取多种风险控制措施来实现风险控制策略。

风险控制措施在实施过程中可能无法满足所有风险的控制要求，应把监督和检查作为风险控制措施计划的有机组成部分，保证应对措施持续有效。

对于风险控制措施，应评估其剩余风险是否可以承受。如果剩余风险不可承受，应调整或制定新的风险控制措施，并评估新的风险控制措施的效果，直到剩余风险可以承受。执行风险控制措施会引起实验室风险的改变。实验室应跟踪、监督、评价风险控制的效果，并对变化的风险进行及时评估。必要时，重新制定风险控制措施。

4. **风险控制计划的制定** 实验室应根据选择的风险控制措施制定相应的风险控制计划，一般应包括但不限于以下内容。

（1）实施风险控制措施的人员安排，明确责任人和职责。

（2）风险控制措施涉及的区域、实验室和实验活动。

（3）选择多种风险控制措施时，实施风险控制措施的优先次序。

（4）对报告和监督检查的要求。

（5）与利益相关方的沟通安排。

（6）资源需求，包括应急机制等。

（7）执行时间表。

第二节 风险评估的实施

一、风险评估的实施人员

实验室应根据任务来源确认评估目的，并指定风险评估负责人。风险评估应由具有经验的专业人员负责（不限于本机构内部的人员），通常可由生物安全委员会组织有关专家成立风险评估小组，制定风险评估实施方案，进行病原微生物的风险评估。参与评估人员的专业领域应覆盖病原微生物操作、实验动物操作（非动物实验室可以选择是否需要该领域人员）、设施设备操作、人员健康与管理、生物安全与生物安保等全部领域。

二、风险评估的实施程序

实验室宜收集开展风险管理对象相关的基础资料，并充分考虑内外部利益相关方的活动目标和核心关注点，厘清实验室内外部环境信息，设定风险管理范围，据此范围制定风险管理方案。实验室开展风险评估前应根据生物因子危害程度、后果预期制定风险准则，在与利益相关方进行充分沟通交流的基础上，对拟开展的实验活动进行确定，并对实验活动中涉及的风险逐一识别，形成风险列表。针对风险列表，根据风险准则进行风险分析，做出风险评价，制定出相应的风险控制措施。

（一）基础资料收集

实验室收集的风险管理对象相关基础资料包括但不限于：国内相关法律法规、部门规章（或部令公告）和标准规范；国际组织或行业权威机构发布的指南、预案；实验室环境及设施设备等相关信息。收集资料时可充分借助文献、数据库等资源。

（二）明确内外部环境信息

1. **外部环境信息** 宜包括但不限于：①国际、国家、区域等不同层面关于实验室生物安全管理的状况；②影响本实验室风险管理目标和承诺的主要外部因素和趋势；③外部利益相关方（实验室设计单位、承建单位、运行维护单位、设备供应商以及相关管理部门等）的需求和相互关系；④与相关方的合同关系和承诺；⑤明确实验室周边人群居住和/或动物养殖状况信息，包括易感人群和/或易感动物养殖数量、与实验室的距离等。

2. **内部环境信息**　宜包括但不限于：①实验室的愿景、发展目标；实验室（独立法人组织）或其母体组织（非独立法人实验室）的要求；②组织机构（如生物安全管理委员会的设置），实验室与母体组织内部其他相关部门的关系（如管理交叉、协同等）；③实验室内部工作的分工（如实验活动操作人员、生物安全管理人员、设施设备运行维护人员等）、职责和权限；④实验室的文化建设；⑤风险管理拟采用的标准、准则和模式；实验室资源状况（如经费来源、人员和团队状况、认证认可体系、技术能力等）；⑥实验室信息系统、网络资源等；⑦内部利益相关方（如实验室基建人员、后勤保障人员、管理层、实验操作人员等）之间的关系，包括理念、价值观、认知水平等；⑧合同关系和承诺。

（三）制定实施方案

实验室应设定风险管理范围，包括但不限于生物因子、实验活动、涉及区域、设施设备、组织机构、人员配置、个人防护等内容。宜根据实验室设定的风险管理范围制定风险管理方案。风险管理方案应涵盖人员分工和职责、时间安排以及监督考核等内容，规定适用的风险评估方法、应保存的记录以及与其他项目、过程和活动的关联等。风险管理方案应得到实验室管理层的批准。必要时，还应得到主管部门的批准。

（四）制定风险准则

实验室开展风险评估前应根据生物因子危害程度、后果预期制定风险准则。制定风险准则时，应充分考虑生物因子的危害特性、国家或地区的流行状况、实验室的可接受程度等要素，对危害程度分级标准、事件发生的可能性大小、后果严重程度判定标准作出定性或定量描述。风险准则应与实验室风险管理的目标、承诺和政策相一致，并充分考虑实验室应承担的风险管理义务以及利益相关方的观点。风险准则是动态的，可根据实验室操作生物因子的变化、实验活动内容的改变以及实验室对生物安全管理的目标和承诺进行调整。必要时，应对实验室确定的风险准则进行持续审查和适时修改。

制定风险准则时，应考虑但不限于以下因素：①影响结果和目标的不确定性的性质和类型，如生物因子已知或未知的危害程度；②时间、地域相关因素；③风险发生的可能性和发生后果严重性分级；④风险等级的划分原则；⑤多重风险的叠加和相互影响；⑥实验室的能力水平。

（五）沟通咨询

实验室应建立良好的沟通和咨询机制，确保沟通和咨询贯穿于风险管理的全过程。沟通包括与利益相关方分享信息，就可能存在的分歧达成一致。咨询除了化解或消除疑惑外，还包括对风险预期的反馈，以支持决策或实施进一步的风险管理活动。沟通和咨询的方式、方法和内容应能充分反映利益相关方的预期。

在明确信息的过程中，实验室应与利益相关方进行充分沟通，充分获得相关信息。实验室风险评估完成后，还应针对风险评估结果与政策制定者、决策者以及涉及实验室生物安全的管理部门等机构进行充分交流，以便有效实施风险控制。

沟通和咨询应及时、有效，保证相关信息的收集、整理、分析和共享，并提供及时反馈，必要时对沟通、咨询方式方法做出调整和改进。

（六）风险识别

应对实验活动中涉及的风险源进行逐一识别，并对其特性进行定性描述，生成风险清单或风险列表。

风险识别应考虑但不限于以下要素。

（1）实验活动涉及生物因子的已知或未知特性：包括危害程度分类、生物学特性、在环境中的稳定性、传播途径、易感性和致病性、宿主范围、最低感染剂量、潜伏期、临床表现以及治疗和预防措施等。此外，还应考虑该生物因子与其他生物体和环境的相互作用以及相关实验数据和流行病学资料。

（2）常规实验活动内容：如样品处理，病原（病毒、细菌、真菌等）分离培养与鉴定，实验操作（如离心、研磨、振荡、匀浆、超声破碎、冷冻干燥等），器具（如玻璃器皿、剪刀、针头、移液器等）的使用等。

（3）非常规实验活动内容：如操作超常规样品数量的检测工作、超常规量的大量病原体培养，或者进行新的实验活动；设施设备维修维护活动；外来人员进入实验室活动等。

（4）实验活动涉及遗传修饰生物体时，新的重组体可能引起的危害。

（5）涉及致病性生物因子的动物饲养和动物实验活动：如饲养中被抓咬伤的风险，以及解剖、采样、检测等具有暴露风险的实验活动。

（6）感染性废物处置过程中的风险：如感染性废物包装、收集、消毒、储存、运输等过程中的风险。

（7）实验活动管理带来的次生风险：如采取风险控制措施后的残余风险或带来的新风险，操作规程不符合要求产生的潜在风险等。

（8）涉及致病性生物因子实验活动人员相关的风险：如人员专业背景、操作熟练程度、生物安全意识或对风险的认知情况、接受的培训程度、健康状况、心理素质以及可能影响工作的压力等。

（9）设施设备相关的风险：如围护结构、生物安全柜等关键生物安全防护设备相关风险。

（10）实验室生物安保制度和安保措施：如因安保措施不当导致的致病性生物因子被盗、恶意使用带来的风险。

（11）国内外已发生的实验室感染事件原因分析：如果没有所评估的高致病性病原微生物实验室操作的意外事故发生，可以列举类似病原体的实验室意外事件，通过分析原因，提出对本实验室的警示。

（12）其他风险：如化学、物理、放射、电气、火灾、水灾、自然灾害等的风险。

（七）风险分析

实验室应对风险涉及事件发生的可能性及其后果的严重性进行分析，并据此确定风险等级。实验室应采用适当方法描述事件发生的可能性和后果的严重性。实验室的风险等级可以根据事件发生的可能性和后果的严重性综合判定，可用低、中、高、极高四个级别来表述。

（八）风险评价

实验室应根据风险分析结果，对照风险准则，根据自身实际情况判定风险是否可接受。当风险可接受时，应保持已有的安全措施；当风险不可接受时，应采取风险控制措施以消除、降低或控制风险。对于新识别的风险，实验室应及时修订补充相应的风险准则，以便在风险评估中适时做出风险评价。

三、风险评估的实施时机

规范的风险评估工作应始于实验室设计建造之前，实时评估于实验活动之中，阶段性再评估于使用之后。

实验室应根据活动的进程或风险特征的变化适时启动风险再评估工作。风险再评估是指经过一段时间的运行后，应结合新的知识与实践经验对整个系统的风险进行回顾性审核。

风险再评估的频率取决于风险水平，应包括对风险的认可、决定和再审议。正常情况下，实验活动进行中每年应对风险评估报告进行一次再评估，以便持续识别新的风险或发生的风险改变。再评估的要求和程序与初次进行风险评估时相同。但根据病原体特性、实验活动类型、设施设备和人员等评估对象的变更情况不同可以适当简化，有所侧重。

实验室出现包括但不限于下列变化时，应重新进行风险评估或对风险评估报告进行再评估。

1. 致病性生物因子的生物学特性发生改变时。

2. 实验室运行相关的关键设施或设备发生变化时。

3. 人员，尤其机构法人代表、项目负责人等关键岗位人员发生变化时。

4. 实验活动内容，包括实验方法、操作程序、实验动物种类等发生改变时。

5. 较大幅度增加病原操作量时，包括操作样品数量、单个样品的体积等。

6. 实验室自身发生事件、事故，或实验室工作与自身实验室类似的国内外相关实验室发生重大事故时。

7. 相关法律、法规或标准发生变化，或者行业主管部门发布新的相关管理通知或公告时。

8. 对该致病性生物因子引起的疾病防控策略发生变化时。

9. 管理层从风险控制的需要，认为应该再评估时。

四、风险评估的实施方法

风险评估的实施方法根据计算方法来分，可分为定性风险评估、定量风险评估和定性与定量相结合的综合评估方法。不同的方法适用阶段或范围不同，病原微生物实验室可根据评估目的和自身状况选择适合自身的评估方法。

（一）定性方法

定性风险评估一般是根据评估者对实验活动涉及的知识、经验从而对某一行业或领域存在的风险进行分析、判断和推理，一般以描述性语言描述风险评估结果。定性方法较为粗糙，但在数据资料不够充分时比较适用。常用的定性分析方法有头脑风暴法及结构化访谈、德尔菲法、情景分析、检查表以及人因可靠性分析等。

定性风险评估的描述原则是用事件发生的可能性和导致后果的严重性表述分析的结果，通过风险矩阵排列区域，确定风险程度。

其风险矩阵要素基本含义如下。

1. **事件发生的可能性**　描述为"基本不可能发生、较不可能发生、可能发生、很可能发生、肯定发生"五个等级。

（1）基本不可能发生：评估范围内未发生过，类似区域/行业也极少发生。

（2）较不可能发生：评估范围内未发生过，类似区域/行业偶有发生。

（3）可能发生：评估范围内发生过，类似区域/行业也偶有发生；评估范围内未发生过，但类似区域/行业发生频率较高。

（4）很可能发生：评估范围内发生频率较高。

（5）肯定发生：评估范围内发生频率极高。

2. **导致后果的严重性**　描述为"影响很小、影响一般、影响较大、影响重大、影响特别重大"五个等级。

（1）影响很小：基本没有影响，不会造成不良的社会影响。

（2）影响一般：发生病原微生物泄漏，现场处理（第一时间救助）可以立刻缓解事故，引起中度财产损失，有较小的社会影响。

（3）影响较大：发生病原微生物泄漏、实验室人员感染，需要外部援救才能缓解，引起较大财产损失或赔偿支付，在一定范围内造成不良的影响。

（4）影响重大：发生病原微生物泄漏、实验室外少量人员感染，造成严重财产损失，造成恶劣的社会影响。

（5）影响特别重大：病原微生物外泄至周围环境，造成大量社会人员感染伤亡、巨大财产损失，造成极其恶劣的社会影响。

3. **风险等级**　根据事件发生的可能性和后果严重性的组合，将风险等级划分为"低、中、高、极高"四个级别。

4. 风险评估等级矩阵的确定（表 5-1）

表 5-1　风险评估等级矩阵

		后果严重性				
		1	**2**	**3**	**4**	**5**
事件发生的可能性	Ⅰ	低	低	低	中	中
	Ⅱ	低	低	中	中	高
	Ⅲ	低	中	中	高	高
	Ⅳ	中	中	高	高	极高
	Ⅴ	中	高	高	极高	极高

（二）定量方法

定量风险评估是根据某一行业或领域中风险的相关数据，利用公式进行分析、推导的方法，通常以数据的形式进行表达。定量方法比较复杂，但在资料比较充分或者风险的危害可能性比较大时比较适用。常用的定量分析方法有故障树分析法等。

病原微生物实验室的实验活动由于其自身的风险源种类较多，且许多风险存在不确定性，尤其存在很多未知风险。当前，我国病原微生物实验室的标准化建设与管理尚处于发展阶段，各类风险要素与实验室事故之间相互关联的统计数据尚待完善，因此开展定量风险评估仍存在一定挑战。

（三）定性与定量相结合的综合评估方法

定性方法虽然所需评估时间、费用和人力较少，但评估结果不够精确；定量方法评估结果虽较精确，但需大量的数据支撑，且评估时间较长、成本较高、所需数据的收集较困难。因此，出现了定性与定量相结合的综合评估方法。常用的定性与定量相结合的综合评估方法有风险矩阵法等。病原微生物实验活动的风险评估经常采用以定性为主、适当结合半定量的方法开展评估。

（四）风险评估常用方法

常用的风险评估方法主要有：头脑风暴法及结构化访谈、德尔菲法、情景分析、检查表、预先危险分析、失效模式和效应分析、危险与可操作性分析、危险分析与关键控制点、结构化假设分析、风险矩阵、人因可靠性分析、以可靠性为中心的维修、压力测试法、保护层分析法、故障树分析、事件树分析和因果分析等（表 5-2）。各种风险评估技术根据其特点可应用于不同阶段的风险评估过程。

表 5-2　实验室生物安全风险评估的常用方法

序号	风险评估方法	说明	适用阶段或范围
1	头脑风暴法及结构化访谈	一种收集各种观点及评价并将其在团队内进行评级的方法。头脑风暴法可由提示、一对一以及一对多的访谈技术所激发	风险评估的各阶段
2	德尔菲法	一种综合各类专家观点并促其一致的方法，这些观点有利于支持风险源及影响的识别、可能性与后果分析以及风险评价，需要独立分析和专家投票	风险评估的各阶段
3	情景分析	在想象和推测的基础上，对可能发生的未来情景加以描述。可以通过正式或非正式的、定性或定量的手段进行情景分析	风险评估的各阶段
4	检查表	一种简单的风险识别技术，提供了一系列典型的需要考虑的不确定性因素。使用者可参照以前的风险清单、规定或标准	风险评估的各阶段
5	预先危险分析（PHA）	一种简单的归纳分析方法。其目标是识别风险以及可能危害特定活动、设备或系统的危险性情况及事项	多用于病原微生物实验室设计和建设的初期，适用于风险识别的各阶段
6	失效模式和效应分析（FMEA）	一种识别失效模式、机制及其影响的技术。多用于实体系统中的组件故障	多用于实验室操作活动、单一设备、简单系统的风险评估
7	危险与可操作性分析（HAZOP）	一种综合性的风险识别过程，用于明确可能偏离预期绩效的偏差，并可评估偏离的危害度。它使用一种基于引导词的系统	实验室设施设备的风险评估，适用于风险识别的各阶段
8	危险分析与关键控制点（HACCP）	一种系统的、前瞻性及预防性的技术，通过测量并监测那些应处于规定限值内的具体特征来确保产品质量、可靠性以及过程的安全性	实验室设施设备的风险评估，适用于风险识别的各阶段
9	结构化假设分析（SWIFT）	一种激发团队识别风险的技术，通常在引导式研讨班上使用，并可用于风险分析及评价	风险识别的各阶段
10	风险矩阵	一种将后果分级与风险可能性相结合的方式	风险识别的各阶段
11	人因可靠性分析	主要关注系统绩效中人为因素的作用，可用于评价人为错误对系统的影响	多用于生物因子、实验活动等风险评估，适用于风险识别的各阶段
12	以可靠性为中心的维修	一种基于可靠性分析方法实现维修策略优化的技术，其目标是在满足安全性、环境技术要求和使用工作要求的同时，获得产品的最小维修资源消耗	多用于简单设备风险评估，适用于风险识别的各阶段
13	压力测试法	在极端情境下（最不利的情形下），评估系统运行的有效性，发现问题，制定改进措施的方法	多用于实验室测试验证阶段，适用于风险识别的各阶段
14	保护层分析法	也被称作障碍分析方法，它可以对控制及其效果进行评价	多用于实验室设计和建设初期，适用于风险识别的各阶段

续表

序号	风险评估方法	说明	适用阶段或范围
15	故障树分析	始于不良事项的分析并确定该事件可能发生的所有方式，并以逻辑树图的形式进行展示。在建立起故障树后，就应考虑如何减轻或消除潜在的风险源	风险识别、风险评估的各阶段
16	事件树分析	运用归纳推理方法将各类初始事件的可能性转化成可能发生的结果	风险识别的各阶段；除风险评价外，适用于风险评估的其他阶段
17	因果分析	综合运用故障树分析和事件树分析，并允许时间延误。初始事件的原因和后果都要予以考虑	风险识别、风险评估的各阶段

第三节   风险评估的主要范围和内容

风险评估的范围主要是病原微生物（已知的和未知的、重组的 DNA）、实验活动、实验活动相关人员、实验设施设备等带来的安全风险。

一、病原微生物基本特性分析

编制风险报告，应首先对病原微生物基本特性进行分析，以全面准确地了解病原微生物危害程度分类、生物学特性、在环境中的稳定性、致病性、宿主范围、临床表现、治疗和预防措施等。病原微生物基本特性至少应包含以下内容。

1. **危害程度分类**   病原微生物危害程度分类是病原微生物风险评估的主要依据之一。危害程度的高低是根据病原微生物感染个体和群体后可能产生的相对危害程度来划分的。病原微生物在不同国家的流行状况不同，因此，不同国家根据病原微生物的传染性、感染后对个体或者群体的危害程度、流行状态以及是否具有有效的预防治疗措施等因素，来进行各自的微生物危害程度分类。

病原微生物的危害程度分类主要应考虑以下因素。

（1）致病性：病原微生物的致病性越强，导致的疾病越严重，其等级越高。

（2）传播方式和宿主范围：病原微生物可能会受到当地人群已有的免疫水平、宿主群体的密度和流动性、适宜媒介的存在以及环境卫生水平等因素的影响。

（3）当地所具备的有效预防措施：这些措施包括通过接种疫苗或给予抗血清的预防（被动免疫）；卫生措施，例如食品和饮水的卫生；动物宿主或节肢动物媒介的控制。

（4）当地所具备的有效治疗措施：这些措施包括被动免疫、暴露后接种疫苗、药物使用等，还要考虑出现耐药菌株的可能性。

我国的《病原微生物实验室生物安全管理条例》根据危害程度，将病原微生物分为四类（具体可参考《人间传染的病原微生物目录》），第一类危害程度最高，第四类危害程度最低。其中第一类和第二类病原微生物统称为高致病性病原微生物。

2. **形态特征**　了解病原微生物形态结构有助于病原微生物的鉴定以及疾病的诊断，并有助于评估病原微生物污染风险、生长代谢状态、毒力以及抵抗力。其中细菌应描述形态、大小、排列、染色特性及其形成荚膜、鞭毛、菌毛、芽孢等特性，病毒应描述其形态、大小以及是否具有囊膜等特征。

3. **病原微生物的培养特性**　病原微生物的分离培养是实验室最常见的实验活动，通过了解病原微生物的培养特性可直观地根据其形态特征进行初步鉴定，判断病原微生物的营养需求、生长繁殖速度以及是否在实验过程中发生了污染。对于细菌和真菌，可通过培养基培养的菌落形态，菌落形成时间，对碳源、氮源、营养类型的需求，代谢产物的种类、产量、显色反应以及产酶种类、反应特性、生化反应等，来了解分析不同菌种或菌株的差异。对于病毒，可通过在实验动物、鸡胚或敏感细胞中分离培养，以死亡、发病或病变等作为病毒繁殖的直接指标，以血细胞凝集、抗原测定等作为间接指标，并可采用空斑法等测定病毒数量。

4. **免疫学特性**　不同类型病原微生物抗原存在差异，即使同一种病原微生物其抗原也可能存在差异。抗原的差异可用于病原微生物的免疫学鉴定，是选择实验室感染监测方法的基础。

5. **遗传特性**　微生物基因组结构与功能的分子生物学特征是鉴别病原微生物的菌毒株型特异性的主要指征，对病原微生物的鉴定、菌毒株变异、毒力与致病性、耐药性以及临床检验具有重要意义。了解微生物基因组的结构与功能，可为生物安全实验室污染与人员感染的分子生物学监测方法以及对所操作的病原微生物的人员防护选择提供依据。应根据病原微生物测序结果，收集特征性的基因及编码产物信息以及与遗传特性相关的传播能力与致病力、对药物的敏感性等信息。

6. **变异性**　病原微生物可自发或在外因作用下发生缺失、变位、重组等碱基突变，导致其生物学特性、耐药性、免疫特性发生改变，或毒力与致病力增强或减弱。了解病原微生物的变异规律与特征，将有利于规避微生物变异风险。应关注不同微生物的遗传稳定性、发生突变的频率及突变后毒力和致病力的变化趋势。

7. **毒力**　了解不同病原微生物的毒力可为选择适当防护方式提供依据。例如，从自然感染动物体内分离的狂犬病毒街毒株（野生型毒株）一般毒力较强，而狂犬病毒街毒株在兔脑内连续传代后获得的狂犬病毒减毒株（固定毒株）对人致病力减弱，可用于制备疫苗。

8. **致病性和感染剂量**　了解病原微生物的致病性和感染剂量是评估该微生物引起人类感染轻重程度的重要参考依据之一。不同类别病原微生物的致病力强弱不同，同属同一危害程度等级的病原微生物致病力也不尽相同，甚至同一种菌（毒）种的分离株间也可能存在毒力异质性。因此，应充分利用生物学基本特性中毒力部分所提供的相关数据进行评估。一般认为，高致病性微生物通常具有较低的感染阈值（如气溶胶传播的 ID_{50} < 10CFU），而感染剂量的增加往往导致暴露后果的显著升级。同时须注意，宿主的基础健康状况（如年龄、免疫抑制状态）和既往暴露史会显著影响个体的感染易感性。

9. **感染途径和传播方式**   病原微生物的感染途径主要可分为自然感染途径和非自然感染途径。自然感染途径主要是指病原微生物通过自然界中空气、水、食物、接触、媒介及土壤等途径造成感染，而非自然感染途径则是指在实验室活动过程中可能因操作不当导致意外暴露或职业暴露等途径造成感染。不同的病原微生物的感染途径是不同的，通过空气和气溶胶传播的病原微生物，其危害明显要比通过消化道或接触传播的大得多，更容易造成疾病的扩散和传播。因此，病原微生物是否通过空气或气溶胶传播是风险评估的重要依据。

10. **在环境中的稳定性**   病原微生物的环境稳定性指其在特定环境条件下保持生物学活性的能力，是评估微生物传播风险的关键参数。病原微生物为了维持其种系的生存，可凭借自身的结构特点以应对外界不利的环境。以甲型肝炎病毒（HAV）为例，该病毒对低 pH（pH 3.0 ~ 5.0）和高温（60℃ 30min）具有显著耐受力，在水体中可存活数月，在污染表面可维持感染性达 1 周以上，这种强环境持久性是其易引发食源性或水源性暴发的重要生物学基础。了解病原微生物在自然界的稳定性，可为生物安全实验室发生泄漏后的安全性评估提供依据。

对病原微生物的稳定性评估除了要充分考虑其在自然界的稳定性，还应考虑其对一些物理因素和化学消毒制剂的敏感性，如对日光、紫外线、温度、湿度的敏感性，以及对乙醇、甲醛、过氧化氢等化学消毒剂的敏感性。通过识别其对某些条件的敏感性，就可根据其特性采取相应的消毒灭菌措施，避免对实验人员造成感染。同时还应收集消毒剂的腐蚀性和对人体的危害性等信息，以评估消毒剂对实验室环境与人员可能造成的危害。

11. **自然宿主和易感人群**   自然宿主是指病原微生物在自然状态下在自然界传播过程中所涉及的能够在其体内生长繁殖的动物或人类。而易感人群可通过群体发病率、病死率、人群易感性、区域局限性等相关数据确定。风险评估时要注意病原微生物的自然宿主和人群易感性问题，应收集自然宿主和感染人群的相关资料，同时应注意收集该病原微生物对实验室常用的实验动物的感染性的相关资料。

12. **预防和治疗手段**   目前，很多传染病已具有有效的预防手段和治疗措施。但仍有不少传染病还缺乏有效的预防手段和治疗措施，或虽有效的预防手段和治疗措施，但在当地却无法实施。如果将这两类传染病的病原微生物作比较，即便是处于同一级危害程度分类，后者的风险也明显大于前者。所以，在进行风险评估时要区别其风险，并采取相应的风险控制措施。

二、实验活动风险评估

对同一病原微生物进行不同实验活动时，操作者接触微生物的数量、浓度以及可能的感染途径与方式是不同的。一旦发生病原微生物的暴露，可能产生不同的严重后果。所以，对于不同的实验活动均应进行风险评估，以指导操作者采取合适的生物安全防护，并将该项评估的内容作为制定实验活动标准操作程序（SOP）的重要依据。

（一）微生物学实验操作的评估要点

1. 实验操作类型 应预先确定拟进行的实验项目，根据具体实验操作中可能产生气溶胶的实验步骤进行评估。如移液器使用不当导致的液滴飞溅、离心管密封失效或转头失衡引发的气溶胶释放、感染性物质溢洒、吹吸混悬液产生的微生物气溶胶等风险。同时，还应考虑与实验活动相关的菌（毒）种保藏与运输的风险，重点在于对产生的风险采用哪些风险控制措施可以规避或减少风险。

2. 所操作病原微生物的浓度 实验操作的生物危害风险等级与微生物浓度呈正相关。如果实验操作涉及体积较大的样本或浓度较高的病原微生物制品，或实验可能产生较大量气溶胶，或操作本身危险性较大，则须采取额外的预防措施并提高防扩散装置的防护水平。

（1）待检样本所含病原微生物的浓度：在进行病原微生物分离或鉴定的实验活动时，样本所含病原微生物浓度相对较低。应根据样本来源（确诊、疑似或一般病例）等相关背景资料、样本种类（组织、血液、粪便或体液等）、样本体积、病原微生物含量和待检样品数量等进行分析，判定其风险。

（2）浓缩样本所含病原微生物的浓度：在进行病原微生物扩增培养、浓缩或对纯培养物进行操作等实验活动时，病原微生物相对浓度上升，其风险也随之增加。应根据病原微生物培养特性等相关资料以及实验要求，评估可能使用的病原微生物的含量、体积及样本数量。

（3）操作超常规量或从事特殊活动："浓度较高的病原微生物制备品"是指病原微生物的体积或浓度大大超过了通常进行的实验操作所需要的量，如进行大规模发酵、疫苗研制和生产活动中的增殖和浓缩等。操作大量的病原微生物可能造成危险性增加，生物安全委员会必须对拟进行的实验活动内容进行评估，选择适合的操作程序以及防止扩散的仪器和设施。

3. 仪器设备使用和操作 应考虑在处理病原微生物的感染性材料时是否使用容易产生气溶胶的设备，如振荡仪、离心机、搅拌仪、超声波粉碎仪等。即使检测设备本身不产生气溶胶，还应考虑在操作过程中可能出现的失误或样本对仪器设备可能造成的污染。因此，应对实验活动中使用的每一种仪器设备进行如下评估。

（1）确定使用该仪器设备的实验步骤。

（2）在实验活动中是否可能产生气溶胶，如何防范。

（3）可能出现的故障清单、故障发生频率与产生的危险，以及采取何种风险控制措施。

（二）病原微生物动物感染实验的评估要点

涉及病原微生物感染的动物实验室，应根据动物实验的特点考虑以下因素。

1. 实验动物的因素 应充分考虑不同实验动物的特点，并重点考虑动物携带病原微生物情况。可参考病原微生物的基本特性相关的背景资料，重点了解微生物的传播途径，在动物与动物、动物与人、人与动物之间的传染性，不同动物的攻击性和抓咬倾向性等因素，并进行评估。

（1）动物的大小、类型，了解如小鼠、大鼠、豚鼠等啮齿类动物与狗、猪及非人类灵长类动物、牛、羊等的动物特性与攻击性。

（2）已感染的动物在饲养与实验过程中的呼吸、排泄、抓咬、挣扎、逃逸对人与环境的影响。

（3）自然存在的体内外寄生虫、易感的动物传播疾病和播散过敏原的可能性。使用野外捕捉的野生动物，应考虑潜伏感染的可能性。

2. 动物实验的相关风险 动物实验的相关风险包括实验中微生物的毒力、剂量和浓度、接种途径、能否及以何种途径被排出。至少应根据以下内容对所涉实验活动具体步骤进行风险识别与风险分析，以确定相应的风险控制措施。

（1）采用气溶胶、注射（静脉、腹腔、颅内、肌内、皮内、皮下）、口服、滴鼻、气管植入等感染方式的风险。

（2）更换垫料或笼具以及排泄物与废弃物的处置过程的风险。

（3）动物处死解剖、样本采集、病原分离操作过程的风险，以及动物脏器组织、动物尸体及病原分离培养物的处理风险。

3. 动物实验特殊设备的使用 动物实验特殊设备的使用应考虑以下因素。

（1）动物饲养笼具是否符合感染实验生物安全条件。

（2）气溶胶感染装置发生系统是否符合生物安全要求、笼具的给水与饲料添加系统是否产生泄漏、感染操作后对气溶胶感染装置能否进行有效消毒、暴露后实验动物的体表消毒是否有效以及对感染动物在转移过程中的风险进行的评估。

（3）某些节肢动物，尤其是可飞行、快爬或跳跃的昆虫，在实验活动中的喂养与操作过程的风险以及节肢动物逃逸的风险。

（4）动物进行 B 超等医学检查时动物转移运输的风险，以及检查过程对操作者与环境的风险。

（5）应对进行动物解剖时解剖台或安全柜等设备是否能满足生物安全进行评估，同时应重点考虑设备是否能满足解剖实验操作的要求。

（6）应根据风险评估的结果，确定需要使用几级 HEPA 过滤器来过滤动物饲养间排出的气体。

（三）重组 DNA 活动的评估要点

基于基因技术的重组 DNA 操作存在产生新型遗传修饰生物体（GMO）的潜在风险。由于这类人工构建的 GMO 突破了自然界原有的生物遗传边界，其生物学特性具有不可完全预知性，可能导致宿主范围的异常拓展，进而引发生物安全隐患。重组 DNA 活动的风险识别须重点聚焦以下关键影响因素：一是重组 DNA 操作中基因片段的来源属性（如是否涉及高致病性生物因子）；二是载体系统的生物学特性与安全等级，包括载体来源、复制能力及潜在的水平转移风险；三是 GMO 的生物学活性与毒力特征，特别是通过反向遗传技术构建的重组病毒，须评估其在宿主细胞中的复制效率、传播能力及致病潜力；四是操作人员的专业知识储备与技术熟练程度，其操作规范性直接影响风险暴露概率；五是对操作预期结果的生物风险评估，须结合生物安全等级标准，预判 GMO 释放后对人员、环境及生态系统可能造成的危害程度。

（四）消毒方法选择与废物处置的评估要点

实验室进行与病原微生物相关的操作时，可能产生泄漏等意外事件，必须通过消毒和灭菌的方式杀灭病原微生物。同时，为保证操作人员安全与防止环境污染，对实验室内可能含有病原微生物的气体、废液、废水与废弃物的妥善处置是保护人员和环境不被病原微生物感染和污染的重要环节。消毒方法与"三废"处置评估至少应包括以下几方面。

（1）确定实验活动、实验结束及实验室设施设备进行清洁、维护或关停期间何时、何处须进行消毒。

（2）根据背景评估提供的相关资料与数据以及不同用途选择适宜的消毒方法，如实验活动要求须对样品进行灭活处置，应选择适宜的灭活剂。同时应评估不同消毒剂的配制、使用方式以及有效期是否满足要求。

（3）空气消毒应包括实验室内空气、滤器和管道等净化设施的消毒。应对空气物理消毒（如紫外线）效果、紫外灯的有效期与更换规定进行评估，并对空气化学消毒方法（如过氧化氢、二氧化氯、甲醛溶液等）的选择与使用进行评估。

（4）应对感染性材料、实验动物尸体和粪便等废弃物处理过程、转移方式、灭菌和最终处置的风险及实验室锐器处理措施的安全性进行评估。

（5）应对防护区内淋浴间的污水的消毒与监督措施有效性进行评估，防止对供排水系统造成污染。

（6）应评估危险废物处理和处置方法本身带来的风险与预防措施。

三、对实验室灾害的风险评估

在风险评估中，须对化学、物理、辐射、电气等非生物风险源，以及地震、水灾、火灾等灾害性风险进行系统性识别与评估。这些风险源不仅可能直接对实验人员造成物理性损伤、化学中毒、辐射暴露等职业伤害，还可能引发实验室环境破坏，进而导致生物安全防护设施失效、感染性材料泄漏等次生风险，对操作者、应急处置人员及周边环境构成潜在生物危害。这些因素导致的风险评估要素如下。

1. **化学、物理、辐射、电气等因素的风险评估**　应确定除微生物消毒灭活的化学与物理因素外，实验室可能使用的其他化学试剂与物理、辐射设备设施。应评估这些因素对人的危害性，以及预防措施产生的哪些因素也可能对实验人员和环境产生危害，并对预防措施的可行性与效果进行评估。

2. **地震的风险评估**　应在实验室建造前，收集当地的地震资料，评估地址的选择是否避开地震区；应评估实验室抗震等级是否符合当地的相关要求；应评估地震发生后实验室可能的破坏程度，如发生轻微破坏但主体防护结构未破坏、实验室倒塌等不同情况产生的病原微生物泄漏与抢救过程可能产生的风险；应对灾后消毒与抢救措施的可行性进行评估。

3. 水灾与给水系统损坏的风险评估　应在实验室建造前，收集当地水灾资料，评估地址的选择是否避开水灾威胁；应评估实验室内供水系统管线发生破裂泄漏的可能性、危险性，以及抢修过程中的风险与预防措施；应评估水灾发生前后菌（毒）种与感染性材料转移过程中的风险与预防措施；应对灾后消毒、抢救措施以及恢复运行方案的可行性进行评估。

4. 火灾的风险评估　应评估实验室内发生火灾的可能因素、采取的预防火灾的措施和消防系统的功能；应分别评估实验室内发生火灾与外部发生火灾时人员撤离预案的可行性；应对发生火灾时实验室内感染性材料泄漏的可能性与灾后处理过程中的风险与预防措施进行评估；应对可能发生内部火灾时的应急预案与人员演练计划的可行性进行评估。

四、人员因素的风险评估

在实验室生物安全管理体系中，人员要素作为实验活动的核心驱动力与风险防控的关键节点，其能力水平直接决定生物安全风险的复杂程度与可控性。人员因素的风险评估主要涉及如下内容。

1. 实验室人员工作种类（管理人员、实验操作人员、辅助人员等）、专业背景与数量。

2. 对不同岗位人员相关的风险，如身体状况、能力以及日工作时限要求等进行可行性评估。

3. 个人素质与健康状况　对拟进入实验室的工作人员，应逐一进行个人素质与健康状况评估，至少包括以下内容。

（1）人员资质和培训：人员资质包括教育背景、实验能力与培训等；人员培训包括生物安全知识、操作技能、生物安全实验室设施设备、各类标准操作程序执行状况和能力、动物实验资格等方面的培训。

（2）人员的健康状况评估：包括心理素质、精神状况、健康状况和健康史、耐药和过敏史等。

（3）人员进入实验室前、进入实验室后与暴露后的健康监测情况。

（4）是否接种疫苗及疫苗接种后抗体阳转情况。

（5）事故处理和其他应急处理能力。

4. 个人防护评估　个体防护装备是用于保护实验人员从事实验室操作时免受物理、化学和生物等有害因子伤害的物理屏障。对个人防护器材和用品的评估至少应包括以下几方面。

（1）应依据不同级别、不同实验的要求评估眼睛、头面部、躯体、手、足等部位的个体防护装备，包括安全眼镜、护目镜、口罩、防护面罩、正压防护头罩、帽子、防护衣（白大褂、一次性隔离衣、连体防护服等）、手套（乳胶手套、防刺手套、防切割手套、防冻手套）、实验用鞋、鞋套以及听力保护器等，并评估其是否满足要求。

（2）应根据实验与防护要求，选择重复使用或一次性使用的装备和实验用品。如选择重复使用的装备和实验用品，应评估消毒处置方式是否合理安全。

（3）选择正压防护装置时应评估可能的故障与处置措施，以及个人适应性。

（4）应评估选择的防护设备是否满足国家相关标准的要求，是否有相应资质。

（5）应根据可能产生的意外事故评估选择的防护装备是否合适，储备是否能满足要求。

（6）应针对性评估动物实验的人员防护。

五、实验室设施设备的风险评估

通过对设施设备技术参数合规性、运行稳定性及故障容错能力的系统性识别，精准定位潜在风险点，是保障生物安全防控措施有效落地的核心路径。设施设备的风险评估主要涉及如下内容。

1. **实验室设备评估** 实验室设备评估通常包括以下内容。

（1）确认实验室设施由哪些设备组成。

（2）各种设备的常见故障，故障对设备运转有哪些影响，这些影响是否构成实验室安全危险和危险严重程度。

（3）故障产生的原因、故障产生前的征兆、故障检测的方法。

（4）对可能出现的故障的维修方法与维修材料的储备。

（5）如故障构成了实验室危险，应制定相应的实验室应对措施并写入应急预案。

（6）对预案的可行性与预期防护效果进行评估。

2. **实验室设施评估**

（1）应对实验室设计时是否清楚地了解实验室所从事的实验活动的危险程度、是否使用动物及其种类和数量、实验使用的仪器设备及其操作流程和方式、实验室设施设备设计与实际状态是否可满足上述实验活动防护与周边环境保护要求等进行评估。

（2）应重点对空气净化（如空调、送风机、排风机、过滤器、管道等）、备用电源、自动监测、空气消毒、污水处理、物品传递、报警、安保监测以及消防等系统的设备进行评估。

（3）应对设施设备维修过程中的风险与预防措施进行评估。

（4）应对实验室的设施设备进行清洁、维护或关停期间发生暴露的风险进行评估。

（5）应考虑外部人员活动、使用外部提供的物品或服务带来的风险。

六、实验室安保的风险评估

实验室安保是指保障实验室和人员的安全以及实验室资料秘密的措施和程序，用于防止感染性材料、有害化学物质、放射性材料和实验室资料的遗失、盗窃、滥用、转用或有意释放，减少危险物质流入人群的风险。实验室安保的风险评估主要包括以下内容。

1. 确定实验室储存与实验过程中感染性材料、有害化学和放射性材料的种类、数量与存放位置。

2. 分析可能造成感染性材料、有害化学和放射性材料的遗失、盗窃、滥用、转用或有意释放的风险，并评估相应预防措施的效果。预防措施应重点考虑物理防盗关键设备（防盗门、人员进入检查设备、设备防盗锁等）与手段等。

3. 防止恶意使用感染性材料、有害化学和放射性材料的管理措施的可行性，包括菌（毒）种管理、实验过程的感染性材料管理、感染性材料运输过程的管理及实验室废弃物品的处置管理系统等。

4. 监控体系覆盖的范围是否满足安保要求。

5. 可能接触感染性材料、有害化学和放射性材料人员身份的可靠性，如材料拥有者、使用者、保管人、运输人、培训人、看管人或监管者等。

6. 外来无关人员进入实验室发生盗窃的风险。

7. 根据实验室资料与研究数据的保密级别，对涉密级的资料与数据、计算机与网络的保密措施与管理制度进行评估。

七、实验室意外事故的风险评估

实验室发生少量泄漏或设备设施出现一般故障的意外事件，通常可以通过规范操作规程予以防范；但对于实验室内发生大量泄漏或直接对人员产生威胁的严重事故，应建立预案以降低或避免病原微生物对人员与环境的危害。至少应对以下常见事故进行评估。

1. 应对致病性病原微生物设备刺破皮肤，大量菌（毒）种培养物外溢在台面、地面和其他表面，培养物外溢在防护服或皮肤黏膜上等发生的原因进行预评估，并制定意外事故的应急处置预案。

2. 应评估导致实验室意外事故发生的可能因素的全面性，预防措施、处理预案的可行性，以及预期防护效果。

3. 应评估预案中事故发生后人员是否需要隔离，及需要隔离时方案的可行性。

4. 应评估预案中感染监测的方法及试剂的储备是否合理。

5. 应评估预案中感染监测出现阳性结果的处置措施。

6. 应评估对可能发生事故的处置的培训与演练是否充分。

7. 应评估事故报告程序、事故分析及发生事故后的再评估制度是否完善。

第四节   风险评估和风险控制措施的持续改进

实验室风险评估和风险控制措施的持续改进主要途径是在实验室管理体系运行过程中定期或不定期开展系统评审、风险评估报告的定期复审、日常的监督检查，以及接受主管机构实施的复评审和监督评审等。实验室要做到风险评估和风险控制措施的持续改进，应不断完善以下三个方面的工作。

一、将持续改进工作制度化

实验室应建立风险管理活动的监督检查和持续改进的工作机制，以确保相关要求得到及时有效的实施。风险管理的监督和检查计划应列入实验室年度安全计划中。

二、法定代表人应参与实验室风险管理活动

按照《中华人民共和国生物安全法》第四十八条规定，病原微生物实验室设立单位的法定代表人和实验室负责人对实验室的生物安全负责。因此，实验室设立单位的法定代表人应当参与实验室风险管理活动，自觉承担起实验室生物安全管理责任。

三、具有良好的检查监督机制

实验室应指定熟悉开展实验活动的专门机构或者人员承担风险管理工作，定期检查相关法律法规、规章制度的实施落实情况。

实验室管理层应持续监督和检查所采取风险应对措施的效果，以确保这些措施能有效降低识别出的风险。持续监测（监控）和调整风险管理状况，以应对内外部环境变化，提高实验室安全管理能力。

实验室应结合日常监督检查、内外部审核和管理评审，对实施的风险管理工作质量和效果进行定期审核和评价。对识别出的问题，及时组织人员进行原因分析，制定纠正措施，以便持续改进。

第五节　风险评估报告的编制

风险评估报告是对评估过程的记录、汇总和整理，是实验室采取风险控制措施、建立安全管理体系和制定安全操作规程的依据。实验室应充分认识到拟开展的实验活动和程序，并在与利益相关方充分沟通、交流和咨询的基础上编制风险评估报告。实验室风险评估报告至少应包括风险评估报告名称、评估参加人员、评估范围、评估目的、评估依据、评估方法和程序、评估内容、讨论过程、评估结论等内容。

所编制的风险评估报告应满足以下要求，包括但不限于：①适合自身实验室风险控制的需要；②能回答实验室相关方，包括主管机构、周边居民、实验室管理人员、实验人员以及来访人员等共同关心的问题；③系统、科学、实用，必要时采用统计表、图形等直观的方法表示；④有风险等级表述以及风险是否可控的依据和结论；⑤明确风险评估报告是实验室采取风险管理措施、建立安全管理体系文件、制定安全操作规程等过程中的依据，并可考核。

风险评估报告应得到实验室所在机构生物安全主管部门的批准。对未列入国家相关主管部门发布的《人间传染的病原微生物目录》的生物因子的风险评估报告，适用时，应得到相关主管部门的批准。

（沈小明　李崇山）

参考文献

［1］ WHO. Laboratory biosafety manual[M]. 4th ed. Geneva: World Health Organization, 2020.

［2］ 武桂珍. 高致病性病原微生物危害评估指南［M］. 北京：北京大学医学出版社，2008.

［3］ 中国合格评定国家认可中心. 生物安全实验室认可与管理基础知识［M］. 北京：中国质检出版社 / 中国标准出版社，2012.

［4］ 武桂珍，王健伟. 实验室生物安全手册［M］. 北京：人民卫生出版社，2020.

［5］ 高福，王子军. 病原微生物实验室生物安全培训指南［M］. 北京：人民卫生出版社，2015.

［6］ 王宇. 实验室感染事件案例集［M］. 北京：北京大学医学出版社，2007.

［7］ 祁国明. 病原微生物实验室生物安全［M］. 2 版. 北京：人民卫生出版社，2006.

［8］ 蒋健敏. 病原微生物实验活动风险评估报告实例［M］. 杭州：浙江大学出版社，2016.

［9］ 中国合格评定国家认可中心. 病原微生物实验室生物安全风险管理手册［M］. 北京：中国标准出版社，2020.

第六章
生物安全实验室分级与设计要求

生物安全实验室是通过防护屏障和管理措施，达到生物安全要求的微生物实验室和动物实验室。生物安全实验室包含防护区及辅助工作区（配套辅助用房）。其中防护区是指生物风险相对较大的物理分隔区域，需要对其平面布局、围护结构的严密性、房间气流组织、三废（废气、废水和废弃物）处理，以及人员进出、个体防护等进行控制的区域。辅助工作区是指生物风险相对较小的区域，基本为生物安全实验室中防护区以外的区域。

第一节 实验室生物安全分级、分类及划分原则

一、实验室分级

根据国家标准 GB 19489—2008《实验室 生物安全通用要求》和 GB 50346—2011《生物安全实验室建筑技术规范》的相关规定，按照实验室所处理对象的生物危害程度和采取的防护措施，我国生物安全实验室分为四级，微生物生物安全实验室可分别采用 BSL-1 ~ BSL-4 进行表示，动物生物安全实验室可采用 ABSL-1 ~ ABSL-4 进行表示。其中一级防护水平最低，四级防护水平最高。生物安全实验室分级见表 6-1。

表 6-1 生物安全实验室的分级

分级	生物危害程度	操作对象 GB 50346—2011	操作对象 GB 19489—2008
一级	低个体危害，低群体危害	对人体、动植物或环境危害较低，不具有对健康成人、动植物致病的致病因子	操作在通常情况下不会引起人类或动物疾病的微生物
二级	中等个体危害，有限群体危害	对人体、动植物或环境具有中等危害或具有潜在危险的致病因子，对健康成人、动物和环境不会造成严重危害。有有效的预防和治疗措施	操作能够引起人类或者动物疾病，但一般情况下对人、动物或者环境不构成严重危害，传播风险有限，实验室感染后很少引起严重疾病，并且具备有效治疗和预防措施的微生物

续表

分级	生物危害程度	操作对象 GB 50346—2011	操作对象 GB 19489—2008
三级	高个体危害，低群体危害	对人体、动植物或环境具有高度危害性，通过直接接触或气溶胶使人传染上严重的甚至是致命疾病，或对动植物和环境具有高度危害的致病因子。通常有预防和治疗措施	操作能够引起人类或者动物严重疾病，比较容易直接或者间接在人与人、动物与人、动物与动物间传播的微生物
四级	高个体危害，高群体危害	对人体、动植物或环境具有高度危害性，通过气溶胶途径传播或传播途径不明，或未知的、高度危险的致病因子。没有预防和治疗措施	操作能够引起人类或者动物非常严重疾病的微生物，以及我国尚未发现或者已经宣布消灭的微生物

二、实验室分类

目前我国两个国家标准（GB 50346—2011《生物安全实验室建筑技术规范》和 GB 19489—2008《实验室 生物安全通用要求》）分别对实验室分类进行了相应的描述和规定，互有对应。

GB 50346—2011《生物安全实验室建筑技术规范》规定生物安全实验室根据所操作的致病性生物因子的传播途径，可分为"操作非经空气传播生物因子"的 a 类实验室和"操作经空气传播生物因子"的 b 类实验室。其中 b 类实验室还分为可有效利用安全隔离装置操作的 b1 类实验室和不能有效利用安全隔离装置操作的 b2 类实验室。四级生物安全实验室分为使用Ⅲ级生物安全柜操作的生物安全柜型四级实验室及使用具有生命支持系统的正压防护服的正压服型四级实验室。

在 GB 19489—2008《实验室 生物安全通用要求》第 4.4 条款中，根据实验活动的差异、采用的个体防护装备和基础隔离设施的不同，实验室分为以下情况。

（1）GB 19489—2008 中第 4.4.1 条：操作通常认为非经空气传播致病性生物因子的实验室。与 GB 50346—2011 中 a 类实验室对应。

（2）GB 19489—2008 中第 4.4.2 条：可有效利用安全隔离装置（如生物安全柜）操作常规量经空气传播致病性生物因子的实验室。与 GB 50346—2011 中 b1 类实验室对应。

（3）GB 19489—2008 中第 4.4.3 条：不能有效利用安全隔离装置操作常规量经空气传播致病性生物因子的实验室。与 GB 50346—2011 中 b2 类实验室对应。

（4）GB 19489—2008 中第 4.4.4 条：利用具有生命支持系统的正压服操作常规量经空气传播致病性生物因子的实验室，即为四级生物安全实验室。

另外，GB 19489—2008 第 3.1.7 条中指出，操作超常规量或从事特殊活动时，实验室应进行风险评估，以确定其生物安全防护要求，适用时，应经过相关主管部门的批准。近年来，尤其是新冠病毒感染的疫情暴发之后，用于疫苗研发及工艺放大研究的操作超常规量经空气传播致病性生物因子实验室甚至是生产车间已经开始大量涌现，在大规模培养、操作、存储、转运等实验活动过程中，应对生物反应器泄漏、罐类设备气体排放、活毒废水处理等关键环节的风险进行充分的评估。

目前我国生物安全实验室分级分类与美国、加拿大及欧洲标准相似，划定出四个生物安全等级，对每个不同等级提出相应的硬件设施设备标准，根据相应标准进行的设计和建造，才能符合要求。

第二节　生物安全实验室设计基本要求

实验室选址、设计和建造应符合国家和地方环境保护和建设主管部门等的规定和要求。除应符合工程建设通用建筑、消防、环保等国家、行业等标准外，还应符合 GB 50346—2011《生物安全实验室建筑技术规范》、GB 19489—2008《实验室 生物安全通用要求》、WS 233—2017《病原微生物实验室生物安全通用准则》等标准中关于各级别实验室的相关建设要求，涉及医学二级生物安全实验室的，还可参照 T/CECS 662—2020《医学生物安全二级实验室建筑技术标准》执行。在满足实验室功能需求的前提下，应尽可能做到安全可靠、环保节能、科技先进、经济适用。

通常，生物安全实验室由一级屏障和二级屏障构成。一级屏障为操作者和被操作对象之间的隔离，也称一级隔离。如生物安全柜、独立通风笼具（individually ventilated cage，IVC）、隔离器等均为典型的一级屏障。二级屏障为生物安全实验室和外部环境的隔离，也称二级隔离。主要指由实验室防护区围护结构组成的物理屏障，通过屏障防护，达到生物安全要求。

二级生物安全实验室宜实施一级屏障和二级屏障，三级、四级生物安全实验室应实施一级屏障和二级屏障。GB 50346—2011《生物安全实验室建筑技术规范》中规定的各级别生物安全实验室核心工作间及三级、四级生物安全实验室工作间以外其他房间二级屏障的主要技术指标见表 6-2 和表 6-3。

表 6-2　GB 50346—2011 中规定的生物安全实验室核心工作间二级屏障的主要技术指标

级别	相对于大气的最小负压	与室外方向上相邻相通房间的最小负压压差 /Pa	洁净度级别	最小换气次数 / 次·h⁻¹	温度 /℃	相对湿度 /%	噪声 / dB（A）	平均照度 /lx	围护结构严密性（包括主实验室及相邻缓冲间）
BSL-1/ABSL-1	—	—	—	可开窗	18 ~ 28	≤70	≤60	200	—
BSL-2/ABSL-2 中的 a 类和 b1 类	—	—	—	可开窗	18 ~ 27	30 ~ 70	≤60	300	—
ABSL-2 中的 b2 类	-30	-10	8	12	18 ~ 27	30 ~ 70	≤60	300	所有缝隙应无可见泄漏
BSL-3 中的 a 类	-30	-10	7 或 8	15 或 12	18 ~ 25	30 ~ 70	≤60	300	
BSL-3 中的 b1 类	-40	-15							
ABSL-3 中的 a 类和 b1 类	-60	-15							
ABSL-3 中的 b2 类	-80	-25							房间相对负压值维持在 -250Pa 时，房间内每小时泄漏的空气量不应超过受测房间净容积的 10%
BSL-4	-60	-25							房间相对负压值达到 -500Pa，经 20min 自然衰减后，其相邻负压值不应高于 -250Pa
ABSL-4	-100	-25							

注：1. 三级和四级动物生物安全实验室的解剖间应比主实验室（核心工作间）低 10Pa。
　　2. 表中的噪声不包括生物安全柜、动物隔离设备等的噪声，当包括生物安全柜、动物隔离设备的噪声时，最大不应超过 68dB（A）。
　　3. 动物生物安全实验室内的参数尚应符合现行国家标准 GB 14925—2023《实验动物 环境及设施》、GB 50447—2008《实验动物设施建筑技术规范》的有关规定。

表 6-3　GB 50346—2011 中规定的三级、四级生物安全实验室其他房间的主要技术指标

房间名称	洁净度级别	最小换气次数 / 次·h⁻¹	与室外方向上相邻相通房间的最小负压差 /Pa	温度 /℃	相对湿度 /%	噪声 / dB（A）	平均照度 /lx
主实验室的缓冲间	7 或 8	15 或 12	−10	18 ~ 27	30 ~ 70	≤60	200
隔离走廊	7 或 8	15 或 12	−10	18 ~ 27	30 ~ 70	≤60	200
准备间	7 或 8	15 或 12	−10	18 ~ 27	30 ~ 70	≤60	200
防护服更换间	8	10	−10	18 ~ 26	—	≤60	200
防护区内的淋浴间	—	10	−10	18 ~ 26	—	≤60	150
非防护区内的淋浴间	—	—	—	18 ~ 26	—	≤60	75
化学淋浴间	—	4	−10	18 ~ 28	—	≤60	150
ABSL-4 的动物尸体处理设备间和防护区污水处理设备间	—	4	−10	18 ~ 28	—	—	200
清洁衣物更换间	—	—	—	18 ~ 26	—	≤60	150

第三节　一级生物安全实验室

一级生物安全实验室，通常称为 BSL-1 实验室，属于生物安全风险相对较低的生物安全实验室，其选址和建筑间距无具体要求，可与其他建筑物共用。实验室区域宜为相对独立区域，应有足够空间保证实验室安全操作、清洁及运行维护。实验室区域的进出应有相应控制。在实验室门口处应设存衣或挂衣装置，可将个人服装与实验室工作服分开放置。

BSL-1 实验室对房间围护结构严密性，包括核心工作间及其相邻缓冲间（如果有）均无明确规定。房间天花板吊顶、墙壁、地面、门窗及与墙体衔接设备（如传递窗、压力蒸汽灭菌器等）均应平整、光滑、耐磨、耐化学品和消毒灭菌剂，不易积尘。实验室的门应有可视窗并可锁闭，门锁及门的开启方向应不妨碍室内人员逃生。实验室内的实验家具、设备等应摆放稳固，利于操作，便于清洁和检修，充分考虑设备进出通道。应有足够的空间和设施用以安全地处理和储存化学品和溶剂、放射性材料以及压缩和液化气体。

实验室房间相对于大气的压力、与室外方向上相邻相通房间的最小负压差无明确要求；房间洁净级别均无明确规定，实验室应根据实验操作类型和方式，基于风险评估确定房间是否需要洁净级别。

BSL-1 实验室房间无明确的换气次数要求。当房间采用机械通风系统时，应避免交叉

污染。当房间设定净化级别时，房间应为物理上的密闭隔离空间，此时房间换气次数应能满足压力及洁净度要求。当然，实验室房间也可利用自然通风，如设置可开启窗户，应安装可防蚊虫的纱窗。不论是机械通风还是自然通风，均应保证房间气流不会影响实验室操作的安全性，尽量避免湍流和涡流区的出现。当采用机械通风时应考虑房间气流的速度和方向。

实验室房间若操作有毒、刺激性、放射性挥发物质，应在风险评估的基础上，配备适当的负压排风装置。

在不涉及特殊工艺要求的前提下，实验室环境舒适性要求的温湿度范围可为：温度18～28℃；相对湿度≥70%。

实验室应有充足的电力供应，并保证电力供应的可靠性；应配备适用的通信设备。实验室照明应适合所有实验活动。可通过有效利用日光以节能。应避免不良反射和眩光。应急照明应满足国家相关规范，可保障人员安全停止工作和安全撤离。

实验室供水和排水管道系统应不渗漏，排水应有防回流设计。

设计时还应考虑实验室消防安全及地震、洪水等自然灾害的防范措施。

第四节　二级生物安全实验室

二级生物安全实验室，通常称为 BSL-2 实验室，操作对人体、动植物或环境具有中等危害或具有潜在危险，传播风险有限，实验室感染后很少引起严重疾病，并且具备有效治疗和预防措施的致病因子，对健康成人、动物和环境不会造成严重危害。

BSL-2 实验室设施要求范围较宽，有可开启外窗的自然通风实验室，也有采用机械通风装置的实验室。我国行业标准 WS 233—2017《病原微生物实验室生物安全通用准则》中明确了加强型 BSL-2 实验室的要求，规定应通过机械通风系统加强实验室生物安全防护要求，须对实验室内部气流组织进行控制。

适用时，BSL-2 实验室的设计和建造均应满足上述 BSL-1 实验室的基本要求。对于加强型 BSL-2 实验室，其各项建筑技术指标在满足 GB 19489—2008《实验室 生物安全通用要求》中 6.2 的基础上，还应满足 WS 233—2017《病原微生物实验室生物安全通用准则》中关于加强型 BSL-2 实验室的相关要求。表 6-4 中给出了普通型 BSL-2 和加强型 BSL-2 实验室主要技术指标对比。

当实验室采用自然通风时，应满足现行国家标准 GB 50736—2012《民用建筑供暖通风与空气调节设计规范》中有关要求。可根据操作人员穿着防护设备适当调节 BSL-2 实验室的温度和相对湿度。

加强型 BSL-2 实验室核心工作间不应设可开启的外窗。核心工作间及其相邻缓冲间应对大气保持负压状态，负压房间应在入口显著位置安装压力显示装置，并标识压力合格范围。

表 6-4 普通型 BSL-2 和加强型 BSL-2 实验室主要技术指标对比

类型	通风方式	缓冲间	核心工作间相对于相邻区域最小负压 /Pa	高效过滤排风	高效过滤送风	温度 /℃	相对湿度 /%	噪声 /dB（A）	核心工作间平均照度 /lx
普通型 BSL-2 实验室	应保证良好通风。可自然通风，设机械通风时，可使用循环风	根据需要设置	—	—	—	18～26	—	≤60	≥300
加强型 BSL-2 实验室	机械通风，不应自然通风；且不宜使用循环风	应设置	不宜小于 −10Pa	有	宜设置	18～26	宜 30～70	≤60	≥300

一、平面布局及围护结构

（一）普通型 BSL-2 实验室设计要求

实验室主入口的门、放置生物安全柜实验间的门应可自动关闭；实验室主入口的门应有进入控制措施，工作区域外应有存放备用物品的条件，核心工作间宜设缓冲间。图 6-1 为 BSL-2 实验室平面布局示意图。

对于 BSL-2 实验室而言，由围护结构（墙壁、门、窗、地板和天花板等）组成的防护区物理封闭边界可以适当地灵活确定。在图 6-1 中，北侧四间实验室为一个独立的加强型 BSL-2 实验室防护区，区域内所有房间以及连接房间的走廊 1 均等同于生物安全二级防护水平。此时防护区的周界为沿着实验室一侧的外墙。进入加强型 BSL-2 实验室区域的两个出入口须设置适当的生物危害警告标志和可关闭上锁的门。

图 6-1 南侧走廊 2 对应四个房间，其中 BSL-2 实验室（细菌）和 BSL-2 实验室（细胞）为可自然通风的普通型 BSL-2 实验室。可将两个 BSL-2 实验室分别设计为各自独立的防护区，各实验室均应考虑出入控制要求（须设置可上锁的门、生物危害标识等）。办公室和洗消间未被定性为防护区，因此无

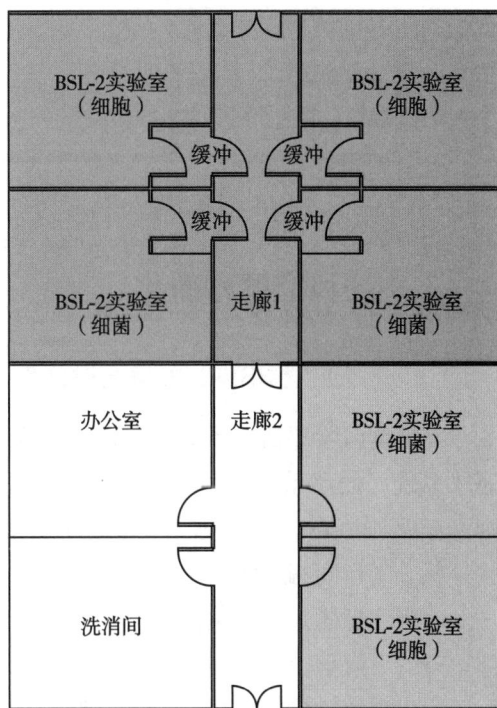

图 6-1 BSL-2 实验室平面布局示意图

须满足二级生物安全实验室相关规定要求。

BSL-2 实验室应有防止节肢动物和啮齿动物进入的措施。当实验室设置可开启外窗时，应设防虫纱网。

应设计并明确标识紧急撤离路线。

实验室应在操作病原微生物样本的实验间内配备生物安全柜。应在实验室或其所在的建筑内配备高压蒸汽灭菌器或其他适当的消毒灭菌设备，所配备的消毒灭菌设备应以风险评估为依据。

应考虑设备的安装、使用、维修以及清洁要求。

（二）加强型 BSL-2 实验室设计要求

适用时，应符合普通型 BSL-2 实验室关于平面布局及围护结构的相关规定。

核心工作间应设缓冲间，且不应设置可开启外窗。缓冲间设置互锁时，应在门附近设置紧急解除互锁开关，实验室围护结构应能承受送风机或排风机异常时导致的空气压力载荷，应在实验室内配备消毒灭菌设备。

加强型 BSL-2 实验室平面布局示意见图 6-2。

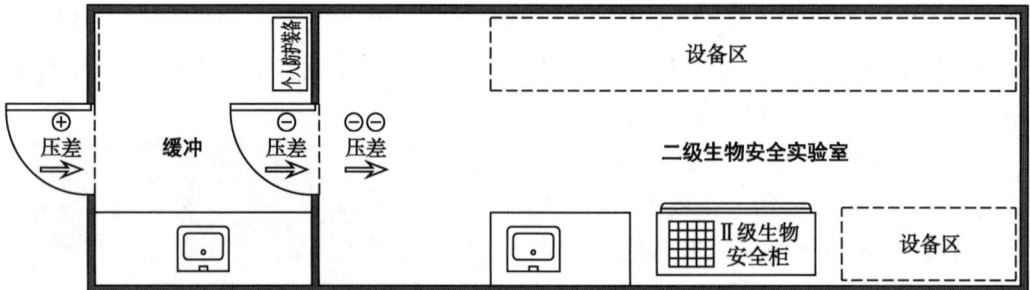

图 6-2 加强型 BSL-2 实验室平面布局示意图

二、通风空调和净化

（一）普通型 BSL-2 实验室设计要求

应根据风险评估选择实验室采用自然通风或机械通风方式。但需要注意，如采用机械通风系统，通风系统应独立设置，防护区内送风口和排风口的布置应符合定向气流的原则。应保证核心工作间及其相邻缓冲间相对大气为负压，并保证气流从辅助区流向防护区，核心工作间相对大气压力最低。

应当注意的是，相关标准、规范中关于负压值、围护结构严密性参数等要求，均指实际运行的下限值，设计和实施时应考虑一定的余量。

应根据实验操作类型、对象、实验设备、实验室功能定位与需求等因素来配置生物安全柜、排风柜、排气罩等局部通风设备。当有生物安全柜时，应按产品的设计要求安装和使用，避免对生物安全柜等设备的窗口气流流向产生干扰。如果生物安全柜的排风在室内循环，室内应具备通风换气的条件；如果使用需要管道排风的生物安全柜，应通过独立于建筑物其他公共通风系统的管道排出。

当使用ⅡA2型生物安全柜且需将安全柜的排风排至室外时，宜通过非密闭排风罩的方式连接至实验室排风系统。

生物安全柜的安装位置除须满足实验操作需求外，还应考虑设备运输通道和检测、运维空间。

（二）加强型 BSL-2 实验室设计要求

适用时，应符合普通型 BSL-2 实验室关于通风空调和净化的相关规定。

加强型 BSL-2 实验室排风应经高效空气过滤器过滤后排出，排风高效空气过滤装置应具备可进行原位消毒和检漏的功能，所采用设备应能满足 RB/T 199—2015《实验室设备生物安全性能评价技术规范》中关于生物安全关键防护设备排风过滤装置的评价要求。

三、给水排水和气体供应

（一）普通型 BSL-2 实验室设计要求

实验室应设洗手池，水龙头开关宜为非手动式并设置在靠近出口处。

实验室应配备洗眼装置，如存在腐蚀性或危险性化学品操作的应在走廊等疏散路径合适位置设紧急喷淋装置。

防护区内水槽存水弯、地漏应保持畅通，装满水或适当消毒剂。

实验室专用气体宜由高压气瓶供给，气瓶应有内容物的明确标识以及颜色等区分措施，气瓶宜设置于辅助工作区，应有固定措施，通过管道输送到各个用气点，并应对供气系统进行监测。

（二）加强型 BSL-2 实验室设计要求

适用时，应符合普通型 BSL-2 实验室关于给水排水和气体供应的相关规定。

在满足工艺使用需求的前提下，实验室应尽量减少给水点和用水量，避免大量活毒废水的产生。给水应主要考虑实验活动的需要，设备仪器清洗用量，工作人员淋浴、洗手或创口冲洗用量等，另外对于少量或大量化学品喷溅处理应有给水考虑。实验室洗手池水嘴应为非手动式。

防护区的给水管道应设置倒流防止器或其他有效的防止回流污染的装置，并且这些装置应设置在辅助工作区。

实验室排水根据排水量情况设计处理策略。对于少量排水，可就地收集高压处理。对于较大规模排水，则需要专门设置独立的排水系统，排至独立的活毒废水处理系统处理。

生物安全实验室的专用气体宜由高压气瓶供应，气瓶间应有固定位置，且通风良好。供气管穿越防护区处应安装防回流装置或 HEPA 过滤器。

通常情况下气体管路工程包括从气钢瓶总阀门到实验室内各用气点全部范围，涉及的所有气体切换装置、紧急放空、压力传感报警、紧急切断减压装置、管路、二次减压装置等。应重点关注气体管路工程，包括气体管路的设计、供货、安装和验收等方面的内容。

四、电气

（一）普通型 BSL-2 实验室设计要求

实验室应有可靠的电力供应，必要时，一些重要设备如培养箱、生物安全柜、冰箱等应设置备用电源。长时间运行且无断电记忆的检测设备应设置不间断电源。

实验室应设专用配电箱，专用配电箱应设置于辅助工作区。实验室内应设置足够数量的固定电源插座，避免多台设备使用共同的电源插座。实验室内应设应急照明装置，同时应考虑在合适的位置安装，以保证人员在应急情况下安全离开实验室。

实验室的关键部位应设置监视器，需要时，可实时监视并录制实验室活动情况和实验室周围情况。实验室入口的门应有进入控制措施，进入实验室的应仅限于获得授权的人员。正在检验高风险样本时应有进入限制。实验室宜配备适用的通信设备，当安装对讲系统时，宜采用向内通话受控、向外通话非受控的选择性通话方式便于通信。

（二）加强型 BSL-2 实验室设计要求

适用时，应符合普通型 BSL-2 实验室关于电气的相关规定。

空调净化自动控制系统应能保证实验室压力和压力梯度稳定，并可对异常情况报警。

实验室送排风系统应设置连锁，排风机先于送风机启动，后于送风机关闭。

五、消防

实验室耐火等级应与所在建筑相同且不宜低于二级。

实验室的所有疏散出口都应有消防疏散指示标志和消防应急照明措施。

实验室应设置火灾自动报警装置和合适的灭火器材。

第五节　三级生物安全实验室

三级生物安全（BSL-3）实验室，是操作对人体、动植物或环境具有高度危害性，通过直接接触或气溶胶使人传染上严重的甚至是致命疾病，或对动植物和环境具有高度危害，较容易直接或者间接在人与人、动物与人、动物与动物间传播的微生物的实验室。适用时，BSL-3 实验室的设计和建造均应满足上述 BSL-2 实验室的基本要求。

一、建筑与布局

BSL-3 实验室与其他实验室可共用建筑物，共用时应独立成区，设在一端或一侧。实验室区域采用隔墙等物理隔离措施，进出应有门禁系统，只有经授权的人员可以进入实验室工作区域。条件允许时，实验室区域应设于建筑物顶层，有利于高空排放，减少对其他楼层的影响。BSL-3 实验室所在建筑物室外排风与相邻建筑间距不小于 20m。

目前我国新建的适用于 GB 19489—2008《实验室 生物安全通用要求》中 4.4.3 及以上的 BSL-3 实验室多为独立建筑，适用于 4.4.2 及以下的 BSL-3 实验室多与其他建筑物共用。

当 BSL-3 实验室为独立建筑时，建筑物内不同的实验室区域宜按其生物安全风险等级形成递进关系，防护区由次级围墙或保护方式与外部分开，在布局上可采用由低风险区域包围高风险区域的"盒中盒"原理，以确保最高风险区域被包围在"盒子"中间，建筑物内总体气流应形成由外向内、由低风险到高风险的定向气流，由此将建筑物内风险降至最低，更加有效地保障生物安全。BSL-3 实验室建筑布局方式示意见图 6-3。

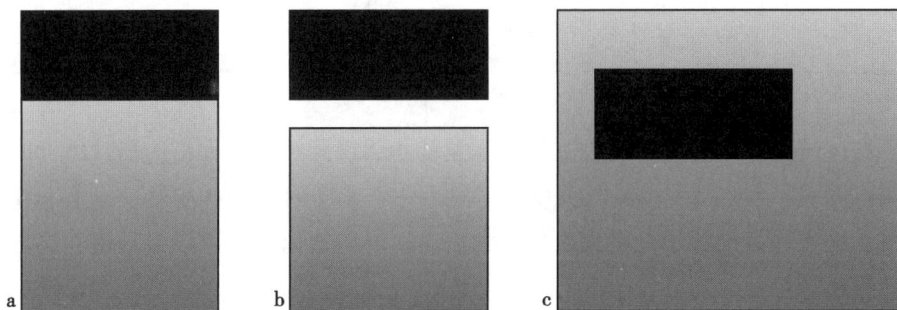

图 6-3　BSL-3 实验室建筑布局方式示意图

a. 共用建筑方式；b. 独立建筑方式；c. 独立生物安全实验室建筑内高风险区的"盒中盒"布局方式。黑色区域为实验室区域。

BSL-3 实验室应明确区分辅助工作区和防护区，应在建筑物中自成隔离区或为独立建筑物，应有出入控制。

在设计初期应根据实验规划方案和使用需求确定防护区内核心工作间的间数、面积和类别，由于投资及防护操作的复杂程度有较大差别，不同生物安全等级的主实验室不宜设在同一单元内，可相互毗邻，通过负压走廊或传递窗进行衔接。

应将 BSL-3 实验室整体区域划分为实验室区域、配套用房区域和交通核区域，其中实验室区域主要为防护区，承担实验室操作功能，其余区域均为实验室的支持区域，如监控室、清洁衣物更换间、淋浴间等。应在实验室设计阶段就明确防护区和辅助区的范围，并考虑与实验室相邻区域的隔离措施。

适用于 GB 19489—2008《实验室 生物安全通用要求》中 4.4.1 的 BSL-3 实验室辅助工作区应至少包括监控室和清洁衣物更换间；防护区应至少包括缓冲间（可兼作脱防护

服间）及核心工作间。适用于 GB 19489—2008《实验室 生物安全通用要求》中 4.4.2 的
BSL-3 实验室辅助工作区应至少包括监控室、清洁衣物更换间和淋浴间等；防护区应至少
包括防护服更换间、缓冲间及核心工作间，且 4.4.2 的 BSL-3 实验室核心工作间不宜直接
与其他公共区域相邻。各功能区域组成详见表 6-5。

表 6-5   BSL-3 实验室功能区域组成表

序号	区域	功能	组成	备注
1	实验室区	实验操作	主实验室及相邻缓冲、人 / 物流通道、淋浴间、实验室走廊、高压灭菌前室、解剖间、尸体处理间（上游）、活毒废水间等	防护区
2	配套用房区	辅助配套	清洗准备区、动物饲料 / 垫料库房、笼具清洗间、垃圾处理间、监控值班室、动物尸体处理间（下游）、空调 / 动力 / 电气等设备用房及管道层等	普通区
3	交通核区	交通、参观、运输	楼梯、电梯、门厅、参观走廊、大型设备进出通道等	普通区

实验室区域由主实验室（核心工作间）及其相邻缓冲组成，人员应通过缓冲间进入核
心工作间。图 6-4 为加拿大相关国家规范给出的一个典型的 BSL-3 生物安全实验室单元布
局示意图，该实验室设置了专用人员进出的更衣、淋浴通道，大型设备通道，高压灭菌的
污物运出通道。

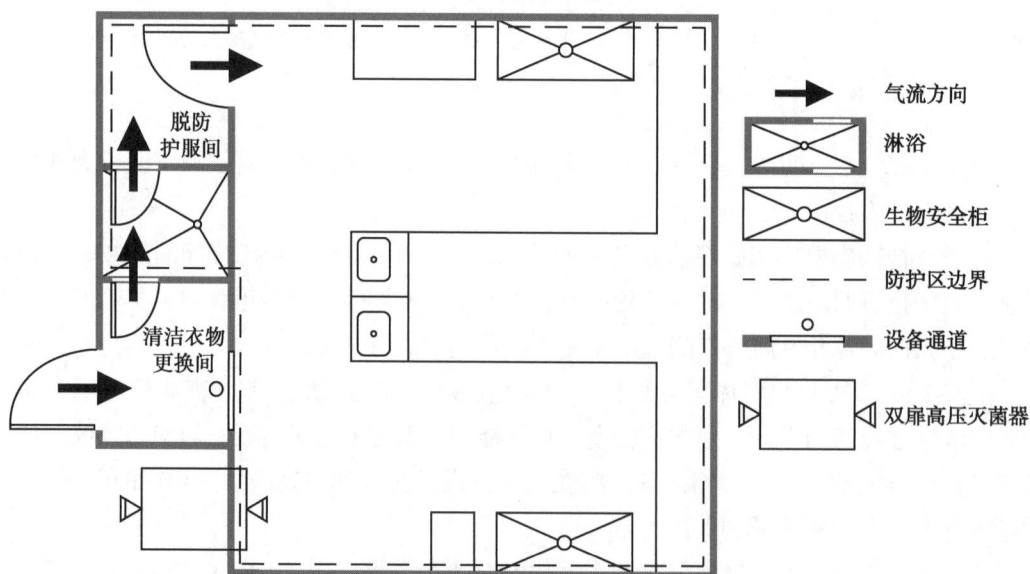

图 6-4   加拿大三级生物安全实验室单元布局示意图

多个核心工作间可共用人、物流通道，通过共用走廊连接，节省空间和造价，但各个核心工作间均须设置其专用的相邻缓冲，否则在不同房间不能同时开展不同病原微生物的操作。某 BSL-3 实验室多个核心工作间共用辅助用房布局方案见图 6-5。

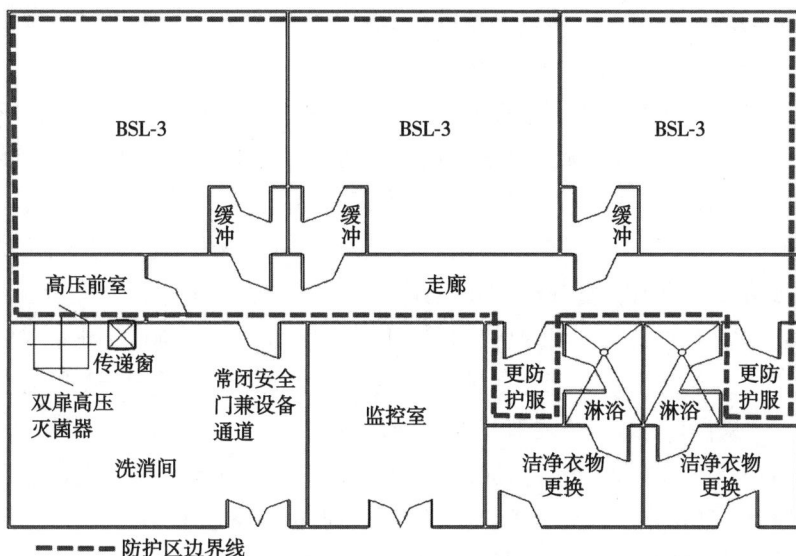

图 6-5　某 BSL-3 实验室多个核心工作间共用辅助用房的布局示意图

二、围护结构

围护结构（包括墙体）应符合国家对该类建筑的抗震和防火要求。无论是围护结构的抗震要求还是防火要求，均有其相对成熟的技术要求和监管体系，在其相关工程建设领域的建筑技术标准、设计规范及监管法规中均有明确描述，因此本章节不再赘述，但特别强调，在实验室的设计和建造过程中，抗震和防火方面均必须满足相关国家标准规范。

根据 GB 50346—2011《生物安全实验室建筑技术规范》相关规定，生物安全实验室结构设计应符合现行国家标准 GB 50068—2018《建筑结构可靠性设计统一标准》有关规定。BSL-3 实验室的结构安全等级宜不低于一级。生物安全抗震设计应符合现行国家标准 GB 50223—2008《建筑工程抗震设防分类标准》的有关规定，BSL-3 实验室抗震设防类别宜按特殊设防类。特别针对研究、中试生产和存放剧毒生物制品和天然人工细菌与病毒的建筑，其抗震设防类别应按特殊设防类。因此，在条件允许的情况下，新建的 BSL 3 实验室抗震设防类别按特殊设防类，既有建筑物改建为 BSL-3 实验室的，必要时应进行抗震加固，以达到标准要求。

所谓特殊设防类，应按高于本地区抗震设防烈度一度的要求加强其抗震措施，但抗震设防烈度为 9 度时应按比 9 度更高的要求加强其抗震措施。同时，应按批准的地震安全性评价报告的结果并高于本地区抗震设防烈度要求确定其抗震措施。

生物安全实验室围护结构有密封要求，因此，在考虑震动对围护结构的影响时，不仅仅要考虑结构安全的问题，在发生低烈度地震或其他震动后，应及时检查围护结构的密封性能。

BSL-3 实验室围护结构（包括墙体）的防火设计应参照 GB 50016—2014《建筑设计防火规范》等相关国家标准中的有关规定。

GB 50346—2011《生物安全实验室建筑技术规范》规定 BSL-3 实验室应设在耐火等级不低于二级的建筑物内，应采取有效的防火防烟分隔措施，并应采用耐火极限不低于 2.00h 的隔墙和甲级防火门与其他部位隔开。

实验室防护区围护结构的可靠密封是生物安全防护的基本要求，须通过围护结构的物理密封方式防止气溶胶向外扩散。实验室防护区对大气为绝对负压，围护结构缝隙和贯穿处的严密性是保证实验室压力、压差及洁净度不受外界空气干扰的前提条件，其密封措施应可靠。当围护结构采取打胶密封方式时，漆层及密封胶应耐老化、耐化学腐蚀、耐紫外线、防水、防霉、不收缩、不开裂、外表光洁和严实。也可采用预制穿墙密封装置的方式，近年来随着技术的发展，我国已出现适用于无气密性压力测试要求的 BSL-3 实验室专用轻质结构（如彩钢板）穿墙密封装置，通过专用垫圈，将缝隙压紧，该方式密闭性好、耐高温、效果保证周期长，更加安全和稳定。

实验室防护区内围护结构的内表面应光滑、耐腐蚀、防水，以易于清洁和消毒灭菌。防护区内的地面应防渗漏、完整、光洁、防滑、耐腐蚀、不起尘。

实验室内所有的门应可自动关闭，需要时，应设观察窗；门的开启方向不应妨碍逃生。所有窗户应为密闭窗，玻璃应耐撞击、防破碎。

实验室及设备间净高应能满足生物安全柜等大型设备的搬运和安装要求，生物安全柜上方应留有不小于 300mm 的高度空间，以便排风高效空气过滤器的完整性测试和更换。

实验室吊顶之上与本层屋顶之间的空间为实验室技术夹层，服务于实验室的电气系统、各类公用工程系统、空调系统（包括通风管道、阀门、高效送风口、排风高效过滤装置等）均设于其中。技术夹层的高度应能满足各类管道及设备的安装要求，并应根据安装设备的类型，留出一定空间，以便于维护和检测验证（图6-6）。此外，实验室和设备间应有足够的清洁空间。

实验室净高在满足工艺使用要求和基本舒适性要求的前提下不宜过高，否则会带来

图 6-6 技术夹层内的管道安装

投资和能耗的增加，同时由于缝隙长度增加，对围护结构的严密性和空调系统的稳定性也会提出挑战。另外，在建筑物楼层高度既定的情况下，实验室净高与空调系统管道安装会出现一个矛盾：实验室净高（即吊顶高度）越高，则房间所需的风量越大，所需风管尺寸越大，而用于通风管道系统敷设的技术夹层高度反而减小，使得技术夹层内安装和运行维护的空间更加狭小，除不利于施工、设备维护、清洁等外，亦会给工作人员造成压抑感，

可能导致运维工作失误率的增高。

在通风空调系统正常运行状态下，采用烟雾测试等目视方法检查实验室防护区内围护结构的严密性时，所有缝隙应无可见泄漏。烟雾测试法是一种定性、直观的检查生物安全实验室围护结构严密性的方法，国外也同样采用，如加拿大标准规定可用发烟管或其他视觉方法检测 BSL-3 实验室围护结构的严密性。

采用烟雾测试法检查实验室围护结构的严密性时，需要在被检处，利用人工烟源（如发烟管、水雾发生器等）造成可视化流场，根据烟雾流动的方向判断所查位置的严密程度。如果烟雾定向流动，则提示存在泄漏；如烟雾呈自然的自由扩散状，则被检处基本严密。检测时，应关注围护结构的接缝、窗户缝隙、插座、开关、所有穿墙设备与墙的连接处等容易发生泄漏的位置，图 6-7 为高压蒸汽灭菌器的测试情况。

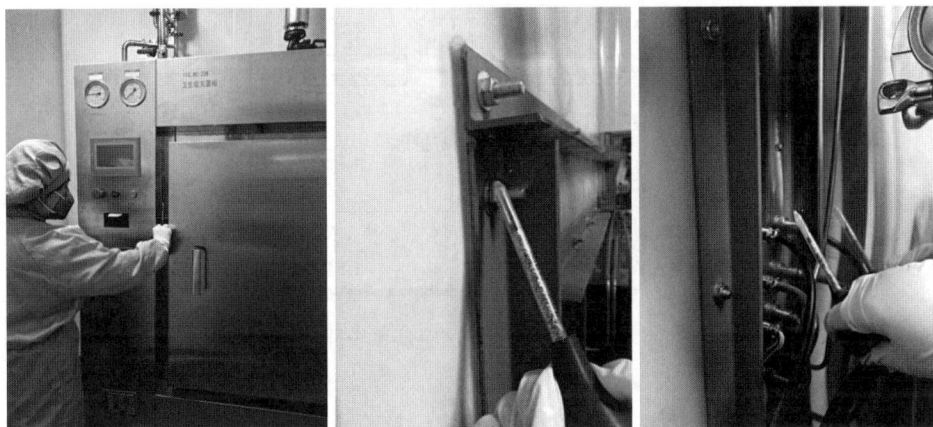

图 6-7　高压蒸汽灭菌器的发烟法测试实例

近年来，我国开始逐步出现生产企业用于疫苗生产工艺放大研究的高级别生物安全实验室，与从事病原微生物基础研究或检验检疫类实验室不同，该类实验室的一个主要功能是服务于疫苗生产。实验室内工艺设备众多，操作体量从几十升到上千升不等，具备疫苗生产小试甚至中试的潜在功能，带有非常明显的生产属性，会设置大量公用工程及物料原液的穿管。大量现场实际检测经验显示，各类公用工程介质管道穿墙处的密封处（图 6-8）往往是薄弱环节，应作为发烟法测试的重点环节予以考虑。

图 6-8　各类公用工程介质管道穿墙处的密封处

三、通风空调

BSL-3 实验室应安装独立的实验室全新风系统，应确保在实验室运行时气流由低风险区向高风险区流动，送风应经过高效空气过滤器过滤，宜同时安装粗效和中效过滤器。室内排风只能通过高效空气过滤器过滤后经专用的排风管道排出，根据风险评估确定设置一道或两道排风高效空气过滤器过滤。BSL-3 实验室通风空调系统原理示意见图 6-9。

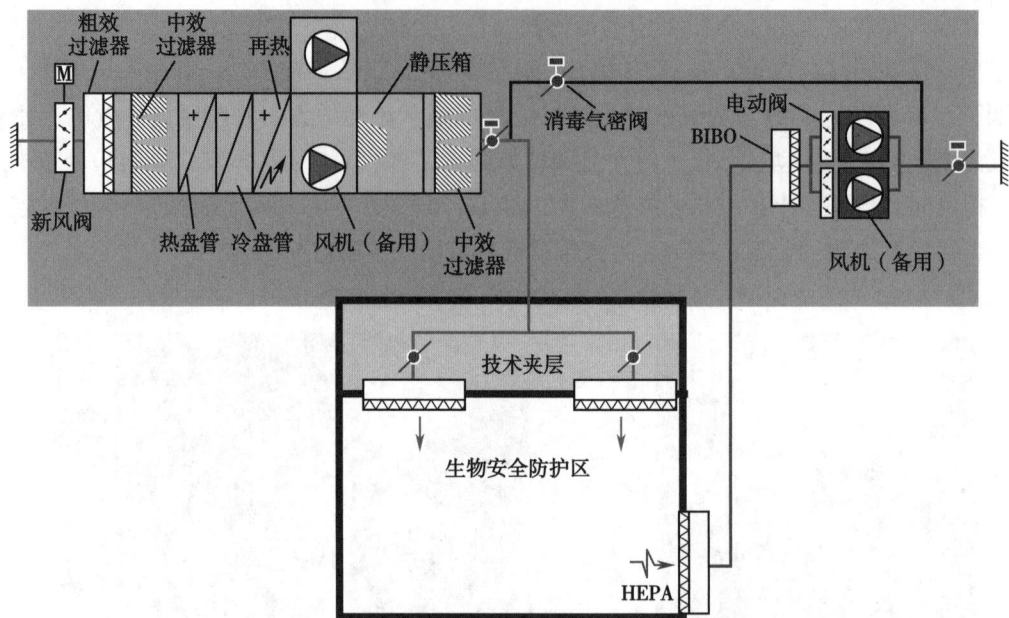

图 6-9 BSL-3 实验室通风空调系统原理示意图

实验室防护区房间内送风口和排风口的布置应符合定向气流的原则，利于减少房间内的涡流和气流死角，高效空气过滤器的安装位置应尽可能靠近送风管道在实验室内的送风口端和排风管道在实验室内的排风口端，见图 6-10。

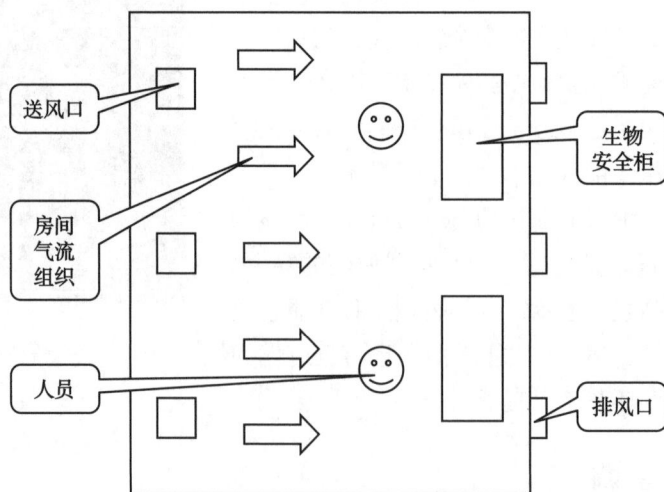

图 6-10 室内定向气流（由低风险流向高风险）示意图

应按产品的设计要求安装生物安全柜和其排风管道，可以将生物安全柜排出的空气排入实验室的排风管道系统。送、排风应不影响其他设备（如Ⅱ级生物安全柜）的正常功能，见图 6-11。

图 6-11　有生物安全柜房间的气流组织示意图

Ⅱ B2 型生物安全柜采用柜内单向流的全新风系统，在 BSL-3 实验室中得以应用。目前，国家规范要求系统运行时应确保生物安全柜与实验室送排风系统之间的压力关系和必要的稳定性，并应在启动、运行和关停过程中保持有序的压力梯度。由于高等级生物安全实验室围护结构严密性较高，而安全柜排风量较大，因此在实际应用过程中，安全柜的启停以及排风机发生故障及自动切换，均会导致实验室排风量的瞬时剧烈变化，如控制不当，会对其所在的核心工作间的压力产生较大影响，甚至可能导致安全柜内空气外溢以及实验室出现短时正压，从而形成人员及环境安全隐患。常见Ⅱ B2 型生物安全柜的气流控制模式如下。

1. **变送定排模式**　该模式房间送风量可变，通过房间送风主管上的变风量阀进行控制；房间排风量恒定，排风主管设置定风量（CAV）阀；安全柜排风量恒定，排风管道设置定风量阀。系统原理如图 6-12 所示。

在核心工作间设压力传感器，根据房间压力调节房间送风主管上的变风量阀，通过调节房间送风量来稳定房间压力。安全柜启闭时，送风主管上的变风量阀根据安全柜的启闭调节开度，送风机根据设于系统送风总干管的压力传感器调节风机频率，从而增加（开启时）或降低（关闭时）房间送风量（与安全柜排风量相当），保证在工况转换后房间的压力平稳。

安全柜开启时，根据其窗口限位信号，启动安全柜排风机组及其电动阀门，安全柜瞬时达到其额定排风量，此时房间排风量加大，绝对负压值急剧升高；送风主管上的变风量阀根据房间压力调节开度，增加房间送风量；随着送风量的加大，系统逐渐恢复至原有压力范围。安全柜关闭时，以安全柜窗前玻璃门下拉封闭柜体为信号，安全柜排风机组及其电动阀门关闭，送风系统随之进行反向操作。

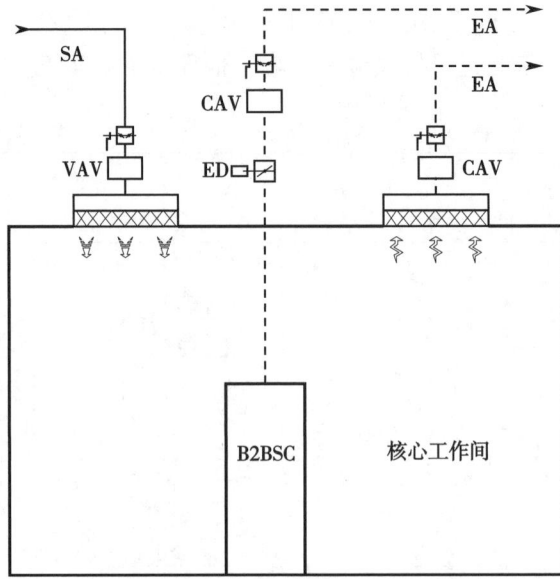

SA：送风；EA：排风；ED：电动密闭阀；CAV：定风量阀；VAV：变风量阀；B2BSC：B2型生物安全柜

图 6-12 变送定排模式系统原理示意图

2. **定送变排模式** 该模式房间送风量恒定，房间排风量可变。送风量恒定是为了保证核心工作间的送风量和换气次数满足设计和规范的要求，排风量可变是指排风采用变风量系统。为了维持房间压差满足规范要求，ⅡB2 型生物安全柜排风管采用定风量阀控制。房间排风管上的变风量阀根据房间的压差要求来调节开度，消除ⅡB2 型生物安全柜启闭时对房间压差产生的扰动，满足核心工作间运行的压差要求。系统原理如图 6-13 所示。

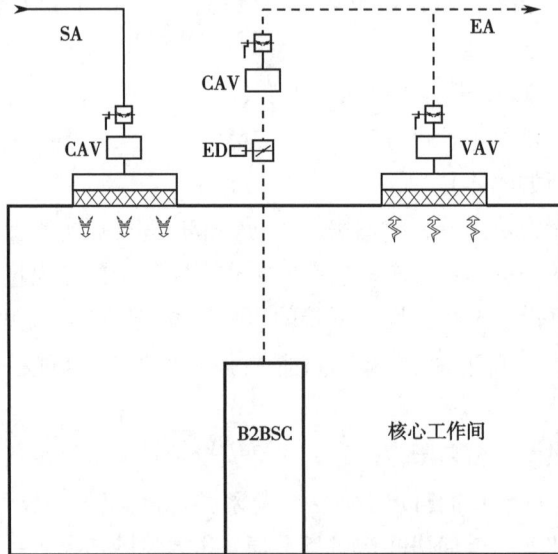

SA：送风；EA：排风；ED：电动密闭阀；CAV：定风量阀；VAV：变风量阀；B2BSC：B2型生物安全柜

图 6-13 定送变排模式系统原理示意图

3. **变送（双稳态）变排模式**　该模式送风设定了高态（安全柜开启）和低态（安全柜关闭）2 种风量，通过房间送风主管上的双稳态阀，保证在每一种工况下风量恒定。房间排风管设置变风量阀，根据房间的压差要求来调节开度，消除ⅡB2 型生物安全柜启闭时对房间压差产生的扰动，满足核心工作间运行的压差要求。系统原理如图 6-14 所示。

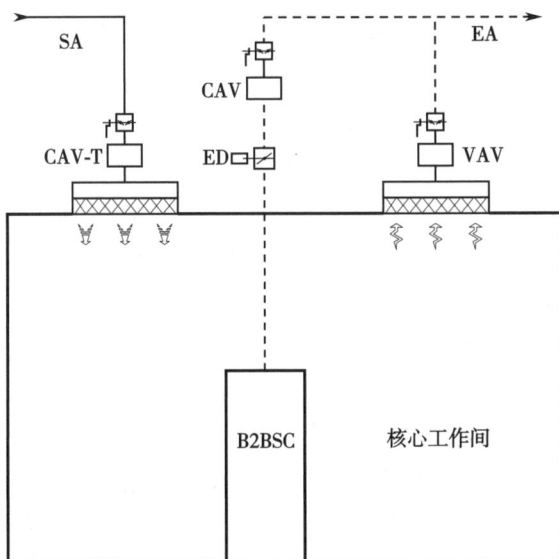

SA：送风；EA：排风；ED：电动密闭阀；CAV：定风量阀；CAV-T：双稳态定风量阀；
VAV：变风量阀；B2BSC：B2型生物安全柜

图 6-14　变送（双稳态）变排模式系统原理示意图

从控制思路的角度讲，该模式实质上仍属于定送变排模式。只要送风阀执行器选型合理、响应及时，根据实测结果也是可行的。

实验室的外部排风口应设置在主导风的下风向（相对于送风口），与送风口的直线距离应大于 12m，应至少高出本实验室所在建筑的顶部 2m，应有防风、防雨、防鼠、防虫设计，但不应影响气体向上空排放。

应可以在原位对排风高效空气过滤器进行消毒灭菌和检漏（图 6-15）。如在实验室防护区外使用高效过滤器单元，其结构应牢固，应能承受 2 500Pa 的压力；高效过滤器单元的整体密封性应达到在关闭所有通路并维持腔室内的温度在设计范围上限的条件下，若使空气压力维持在 1 000Pa，腔室内每分钟泄漏的空气量应不超过腔室净容积的 0.1%。

图 6-15　风口型排风高效过滤器装置检漏测试

此外，应在实验室送风和排风总管道的关键节点安装生物型密闭阀，必要时，可完全关闭。生物型密闭阀与实验室防护区相通的送风管道和排风管道应牢固、易消毒灭菌、耐腐蚀、抗老化，宜使用不锈钢管道；管道的密封性应达到在关闭所有通路并维持管道内的温度在设计范围上限的条件下，若使空气压力维持在 500Pa，管道内每分钟泄漏的空气量应不超过管道净容积的 0.2%。

BSL-3 实验室应有备用排风机。应尽可能减少排风机后排风管道正压段的长度，该段管道不应穿过其他房间。

四、供水供气

应在实验室的给水与市政给水系统之间设置防回流装置。根据给排水国家规范规定，对于高级别生物安全设施，应在建筑内设置断流水箱间，在市政给水与本建筑物供水间形成物理隔离。

应在实验室防护区内的实验间的靠近出口处设置非手动洗手设施；如果实验室不具备供水条件，则应设置非手动手消毒灭菌装置。

进出实验室的液体和气体管道系统应牢固、不渗漏、防锈、耐压、耐温（冷或热）、耐腐蚀。应有足够的空间清洁、维护和维修实验室内暴露的管道，应在关键节点安装截止阀、防回流装置或高效空气过滤器等。

如果有供气（液）罐等，应放在实验室防护区外易更换和维护的位置，安装牢固，不应将不相容的气体或液体放在一起。

如果有真空装置，应有防止真空装置的内部被污染的措施；不应将真空装置安装在实验场所之外。

五、污物处理及消毒灭菌系统

（一）高压蒸汽灭菌器消毒系统

应在实验室防护区内设置生物安全型高压蒸汽灭菌器。高压蒸汽灭菌器的安装位置不应影响生物安全柜等安全隔离装置的气流。宜安装专用的双扉高压灭菌器，其主体应安装在易维护的位置，与围护结构的连接之处应可靠密封。

热力消毒灭菌是最为常用的杀灭微生物的物理手段，因为高温对微生物有明显的致死作用，高温使微生物的蛋白质变性或凝固，使酶失去活性，从而导致微生物死亡。热力灭菌也是最可靠、最成熟的普遍应用的灭菌方法，通常包括干热灭菌和湿热灭菌两种方法。

高压蒸汽灭菌是最典型、最常用，也是最可靠的高温湿热灭菌方法。它利用高温高压蒸汽杀灭微生物，高压蒸汽可以杀死包括细菌芽孢等在内的耐高温的一切微生物，高温高压灭菌的直接因素是温度而不是压力，但灭菌时蒸汽的温度随着蒸汽压力的增加而升高，通过增加蒸汽压力，灭菌所需的时间可大大缩短。

对实验室防护区内不能高压灭菌的物品应有其他消毒灭菌措施。如果设置传递物品的渡槽，应使用强度符合要求的耐腐蚀性材料，并方便更换消毒灭菌液。

（二）实验室、管道及设备空间消毒

应具备对实验室防护区及与其直接相通的管道、实验室设备和安全隔离装置（包括与其直接相通的管道）进行消毒灭菌的条件。

生物安全实验室空气消毒的常用方法有紫外线照射、化学消毒剂气溶胶喷雾等。由于紫外线照射需要对被消毒物体表面或气体进行直接照射才有作用，对被遮挡的墙壁表面、地面、工作台面等不能有效消毒灭菌，故在高等级生物安全实验室的终末消毒中基本采用气体熏蒸的消毒方式。过去常用的消毒剂为甲醛（HCHO），但由于甲醛已被确认具有致癌风险，近年来高等级生物安全实验室主要采用汽化过氧化氢（H_2O_2）、二氧化氯（ClO_2）等进行消毒。

以过氧化氢消毒为例，作为强氧化剂，其通过复杂的自由基反应原理对微生物产生杀灭作用。其解离成具有高活性的羟基和氧自由基，用于攻击细胞的成分，包括破坏细胞膜、脂类、蛋白质，使膜通透性发生改变，破坏细胞骨架结构，也可以作用于 DNA 和 RNA 的磷酸二酯键，使其断裂。因为杀菌方式的非特异性，其不会使微生物产生抗性。

汽化过氧化氢技术分为 VHP（汽化过氧化氢技术）和 HPV（过氧化氢汽体技术），即干法和湿法工艺。干法与湿法工艺均是利用闪蒸工艺，两种工艺的区别主要在于干法工艺有除湿的过程。除湿后的环境下，闪蒸产生的汽体中"气"多，"小液滴"少。两种工艺的典型灭菌过程示意见表 6-6。

表 6-6　过氧化氢消毒两种工艺的典型灭菌过程

	阶段一	阶段二	阶段三	阶段四
干法	除湿	调节（注入）	消毒灭菌	通风
湿法	预热及准备	注入	消毒灭菌	通风

在常规的密闭环境下，纯气态的过氧化氢从机器中（通常高于室温）进入环境中，会与空气中的微粒子结合，形核长大，形成汽态的过氧化氢，即小液体或汽雾。而在物体表面，由于温差、材料表面的形态，气态或汽态的过氧化氢也会形核、吸附及凝结长大，如同冬季的玻璃窗户，表面凝结成雾或冷凝层，这种微冷凝层通常是不可见的。这层微冷凝层是过氧化氢物体表面消毒的核心。

近年来，雾化法的技术有了明显的进步，很多厂家设备产生的过氧化氢液滴已经是微纳米级别，喷出的速度超过 100m/s，加速了过氧化氢在空间环境内的扩散，使用 8%～10% 浓度的过氧化氢可实现实验室消毒。

在隔离器、安全柜、传递仓等小空间，温湿度可严格控制，消毒的要求高，或需要穿透高效过滤器进入腔体，或需要消毒高效过滤器，闪蒸汽化工艺有着明显的优势。从化学品管理合规的角度看，低浓度的过氧化氢属于普通化学品，采购、保管、使用方便。闪蒸汽化工艺与雾化工艺的对比见表6-7。

表6-7　闪蒸汽化工艺与雾化工艺的对比

	闪蒸汽化工艺	雾化工艺（干雾）
液滴粒径	多数小于 0.3μm	多数大于 5.0μm
能否穿透高效过滤器	可以	困难
扩散特性	良好	良好
过氧化氢浓度	大于30%	7% ~ 8%
设备重量	重，移动不便	轻，可便携
典型应用	排风高效过滤装置、隔离器腔体消毒、管道消毒	实验室、病房、高生物安全风险生产车间、车辆内部等的消毒

过氧化氢消毒的优点：①毒性小；②不易燃易爆；③消毒周期短；④无残留，分解成水和氧气。

过氧化氢消毒的不足：①系统形式复杂；②初投资高，运行费用高，须考虑过氧化氢价格；③围护结构及循环管道须考虑防腐蚀。

现今过氧化氢消毒产品已经非常成熟，以 VHP 闪蒸技术为例，设备可置于消毒房间进行消毒，也可设置在空调机房，供气管与空调系统管道旁通连接，在系统消毒时，关闭空调系统送、排风阀，形成自循环系统进行循环消毒。过氧化氢消毒方式对消毒环境的温度、相对湿度及换气次数均有一定要求，各厂家略有不同，应根据所采购厂家根据实际需求开发的程序进行操作。不同过氧化氢消毒方式示意见图 6-16 ~图 6-18。

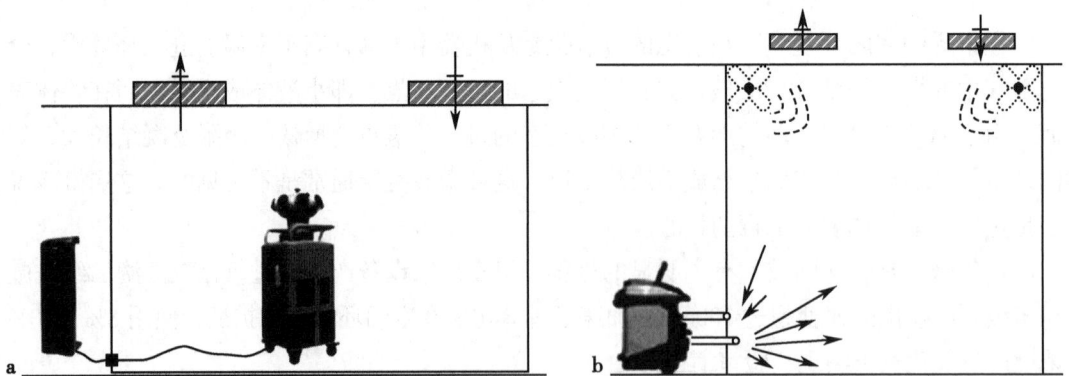

图 6-16　过氧化氢房间消毒示意图
a. 设备置于房间内；b. 设备置于房间外。

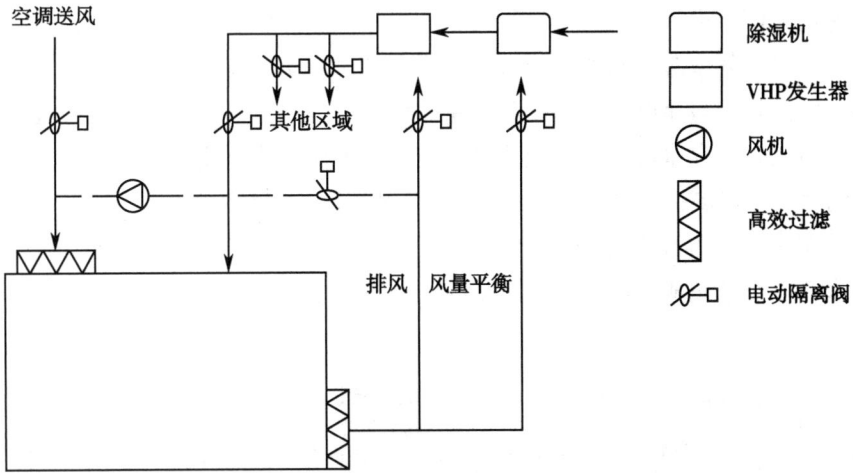

图 6-17 过氧化氢系统消毒示意图（过氧化氢直接注入房间）

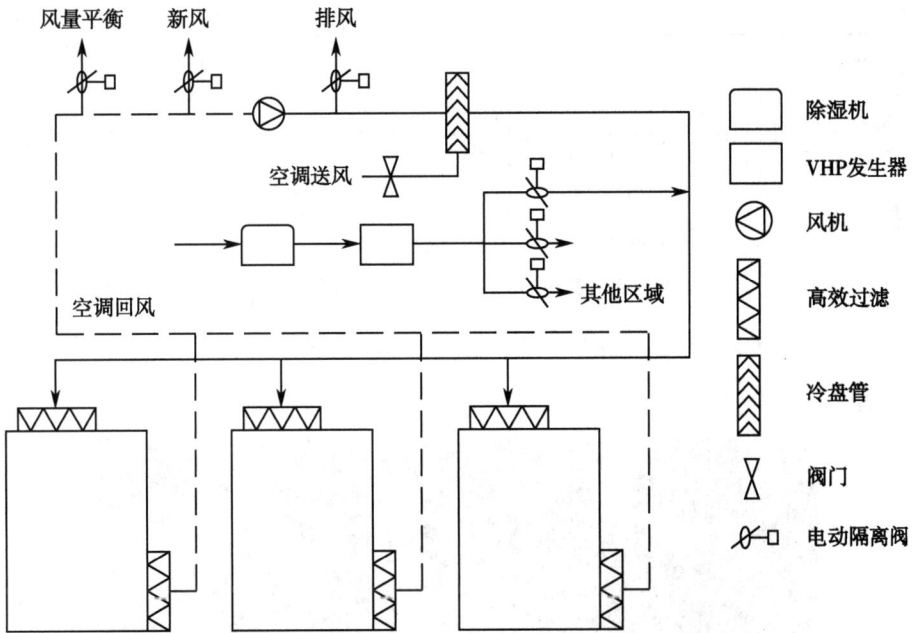

图 6-18 过氧化氢系统消毒示意图（过氧化氢连接至空调系统循环消毒）

　　需要注意，雾化方法通常使用低浓度的过氧化氢（浓度通常低于 8%），汽化法使用高浓度的过氧化氢（浓度通常高于 30%）。对于普通的彩钢板围护结构，过氧化氢消毒方式具有潜在的腐蚀性。因此，围护结构及循环管道材料应能够耐过氧化氢腐蚀，房间消毒时有一定温湿度要求，需要提前考虑设施设置。

（三）活毒废水处理

　　实验室防护区内如果有下水系统，应与建筑物的下水系统完全隔离；下水应直接通向本实验室专用的消毒灭菌系统。淋浴间排水应根据风险评估确定是否排入实验室专用的消毒灭菌系统。淋浴间或缓冲间的地面液体收集系统应有防液体回流的装置。

所有下水管道应有足够的倾斜度和排量，确保管道内不存水；管道的关键节点应按需要安装防回流装置、存水弯（深度应适用于空气压差的变化）或密闭阀门等；下水系统应符合相应的耐压、耐热、耐化学腐蚀的要求，安装牢固，无泄漏，便于维护、清洁和检查。

通常情况下，活毒废水处理系统一般由活毒废水储水罐、灭活罐（图 6-19）、加压水泵、冷却水箱等环节组成。图 6-20 为某活毒废水间实景。

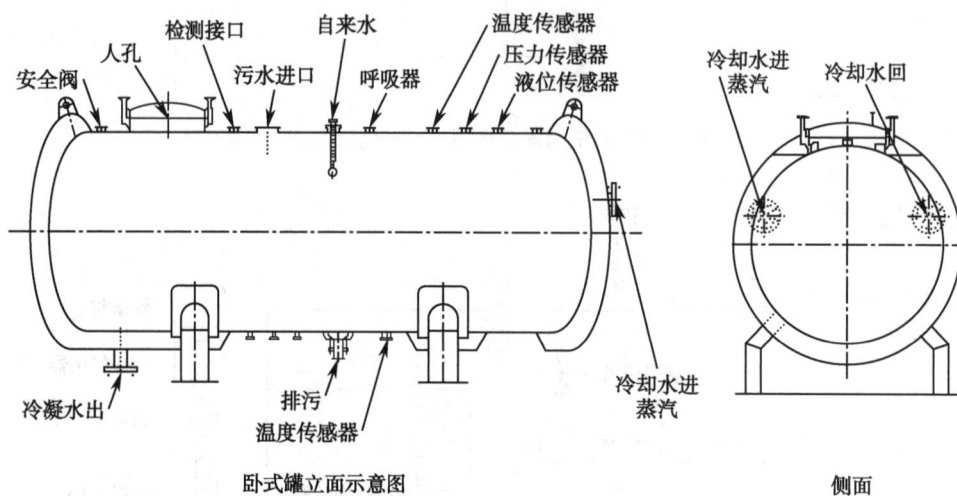

图 6-19 活毒废水灭活罐立面示意图

图 6-20 某活毒废水间实景

六、电力供应与照明系统

电力供应应满足实验室的所有用电要求，并应有冗余。BSL-3 实验室应按一级负荷供电，当按一级负荷供电有困难时，应采用一个独立供电电源，且特别重要负荷（包括但不限于生物安全柜、送风机和排风机、照明系统、自控系统、监视和报警系统等）应设置应急电源；应急电源采用不间断电源的方式时，不间断电源的供电时间不应小于 30min；应急电源采用不间断电源加自备发电机的方式时，不间断电源应能确保自备发电设备启动前的电力供应。

BSL-3 实验室内照明灯具宜采用吸顶式密闭洁净灯，并宜具有防水功能。应避免过强的光线和光反射。

BSL-3 实验室的入口和主实验室缓冲间入口处应设置主实验室工作状态的显示装置。实验室应设不少于 60min 的应急照明系统。

七、自控、报警及通信

（一）门禁与互锁

进入实验室的门应有门禁系统，应保证只有获得授权的人员才能进入实验室。需要时，应可立即解除实验室门的互锁；应在互锁门的附近设置紧急手动解除互锁开关。核心工作间的缓冲间的入口处应有指示核心工作间工作状态的装置（如文字显示或指示灯），必要时，应同时设置限制进入核心工作间的连锁机制。

（二）送、排风系统压力控制

启动实验室通风系统时，应先启动实验室排风，后启动实验室送风；关停时，应先关闭生物安全柜等安全隔离装置和排风支管密闭阀，再关闭实验室送风及密闭阀，最后关闭实验室排风及密闭阀。

当排风系统出现故障时，应有机制避免实验室出现正压和影响定向气流。当送风系统出现故障时，应有机制避免实验室内的负压影响实验室人员的安全、生物安全柜等安全隔离装置的正常功能和围护结构的完整性。

应通过对可能造成实验室压力波动的设备和装置实行连锁控制等措施，确保生物安全柜、负压排风柜（罩）等局部排风设备与实验室送排风系统之间的压力关系和必要的稳定性，并应在启动、运行和关停过程中保持有序的压力梯度。

为满足以上空调系统可靠运行，并在不同工况切换（系统开机 / 关机、房间排风设备启停、备用排 / 送风机切换、备用电源切换等）过程中，核心工作间及其相邻缓冲间不出现正压，核心工作间与缓冲间不出现气流倒灌，必须通过一定的压力控制手段来实现。目前国内基本可分为变送定排、定送变排、定送定排（大压差）三种压力控制模式，三种方法均能通过国家空调设备质量检验中心的第三方检测验收，说明均能满足国家相关规范要求。系统模式、控制策略虽各有不同，但时刻保证房间排风量大于送风量以维持房间负压的核心控制目标是一致的。

所谓"变送定排""定送变排""定送定排"都是针对房间压力控制而言。送排风管道系统均采用定静压控制方法，根据风管静压设定值与实测值的偏差，进行送排风的变频控制。考虑到运行过程中系统阻力的变化（如高效过滤器阻力增加等），可预设不同阻力阶段管道静压设定值，以保障房间风量和压力满足工艺要求。

1. **变送定排**　该模式房间送风量可变，通过房间送风主管上的变风量阀（VAV）进行控制；房间排风量恒定，排风主管设置定风量阀（CAV）。房间压力通过压力控制法或余风量法实现，但均采取了串级控制方式。

（1）压力控制法：根据追踪房间压力设定值来调节房间送风变风量阀开度，维持房间负压，满足工艺要求。以某 BSL-3 实验室为例，其核心实验室的压力与送风管道静压组成串级控制调节送风机变频器输出，其他房间通过变风量控制装置（VAVBOX）来控制压力，通过检测房间静压 - 比对 - PID（实际为 PI 控制）输出控制送风蝶阀开度来调节房间压力，排风管道静压采用 PID 控制。排风压力设定值与压力传感器的实测值相比较，以控制风机变频器的频率，直至排风压力满足设定值。其特点是全过程压力控制相对比较稳定，压力波动小，恢复快。

（2）余风量法：通过余风量控制和房间压差再设定的串级控制来维持房间压力稳定。房间负压通过室内排风与送风之间的风量差而形成动态平衡，由于排风恒定，可根据房间送风量的调节来满足余风量要求。同时，根据压差监测进行房间负压风量差的再设定：每当房间气密性或局部排风量发生变化导致维持固定压差所需余风量变化时，压差控制器根据压差实测值与设定值的偏差，对排风量 / 送风量进行再设定，最终使压力达到设定值。余风量控制可解决系统变风量过程中压力梯度的快速、稳定跟踪问题，但需要随时结合不同工况下余风量的再设定，即需要采用压力控制法随时对设定压力进行微调，以满足压力要求。BSL-3 实验室余风量法控制模式示意见图 6-21。

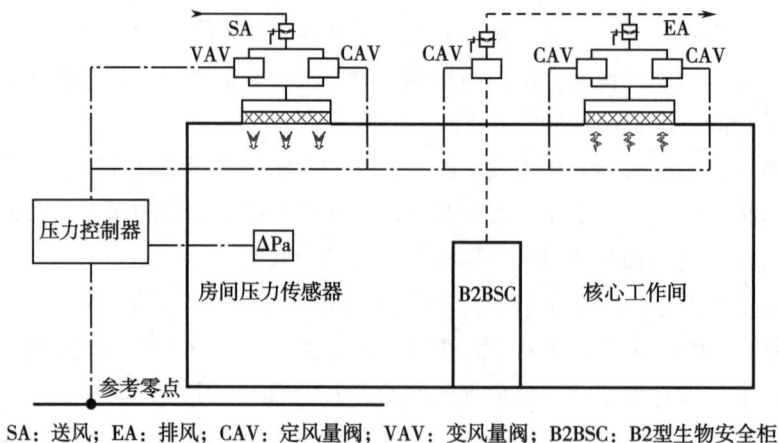

SA：送风；EA：排风；CAV：定风量阀；VAV：变风量阀；B2BSC：B2型生物安全柜

图 6-21　BSL-3 实验室余风量法控制模式示意图

实验室送风、排风均为定风量与变风量阀并联安装。实际调试中将排风 VAVBOX 装置中变风量信号控制取消，改为定风量控制器。房间内 B2 型生物安全柜常开，排风量恒定。根据房间的换气次数及余风量差（经验值，也可调试获得），计算出实际运行过程中房间需要的总送、排风量。总排风量减去生物安全柜排风，即为房间辅助排风量设定值。设于送风 VAVBOX 装置的快速一体化控制器将房间送风量实测和计算设定值进行比较，PI 调节送风 VAVBOX 装置的开度。同时监测房间压力，当房间压力与设定值存在偏差时，修正余风量差值。

2. **定送变排** 与变送定排模式相反，该模式房间送风量恒定，房间排风量可变。恒定的送风量保证实验室换气次数满足设计、规范和工艺要求，房间排风管道上的变风量阀（VAV）根据房间压力进行调节，以满足房间压力要求。定送变排模式依然可以通过压力控制法和余风量法得以实现。

变送定排和定送变排模式在控制理念上并没有实质性的区别：将房间假想为一个密闭壳体，风量的输入侧和输出侧维持一个动态平衡，当输入侧大于输出侧，则壳体可实现正压，反之则为负压。在控制上，恒定其中一侧，对另一侧进行变量调节，均可实现压力的稳定。前已述及，因为房间追求的是负压控制，考虑到管道压力或风速传感器与阀门响应速度滞后等影响，实际工程调试中调节排风更易实现房间的负压控制。BSL-3 实验室定送变排模式示意见图 6-22。

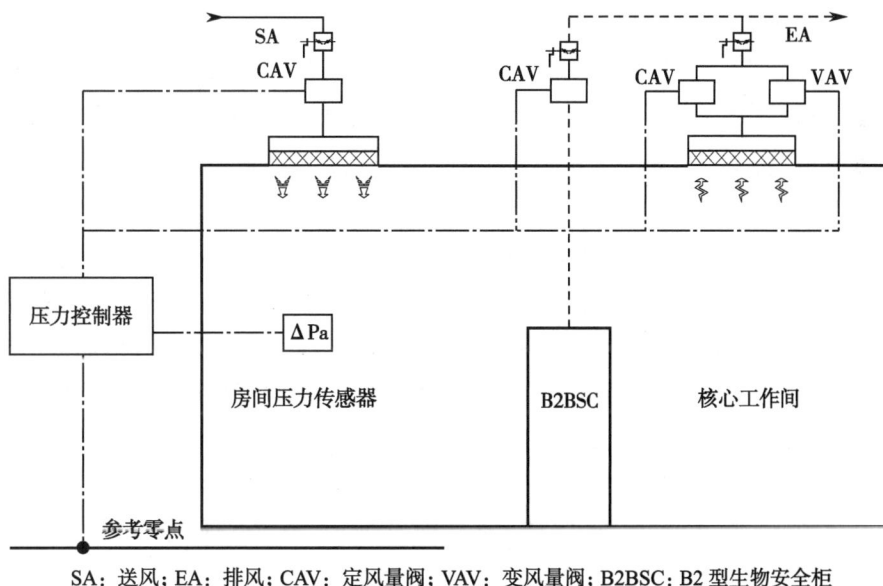

SA：送风；EA：排风；CAV：定风量阀；VAV：变风量阀；B2BSC：B2 型生物安全柜

图 6-22　BSL-3 实验室定送变排模式示意图

图 6-22 中房间送风、ⅡB2 型生物安全柜的排风管均设置定风量阀，房间排风管设变风量阀，根据房间压差调节开度，消除ⅡB2 型生物安全柜启闭时对房间压差产生的扰动。

3. **定送定排（大压差控制模式）** 该模式通风空调系统管道不设置压力无关装置，仅安装手动调节阀。房间压力梯度在系统初始状态下由人工调试获得。在运行过程中，不对房间压力梯度做自动调节，相邻房间通过初始设置较大的静压差来抵御系统压力波动等各类因素带来的正压干扰。系统排风为定静压控制模式，根据压力设置最低的房间（通过风险评估确定）的绝对压力实测值调节排风机频率。控制模式示意见图 6-23。

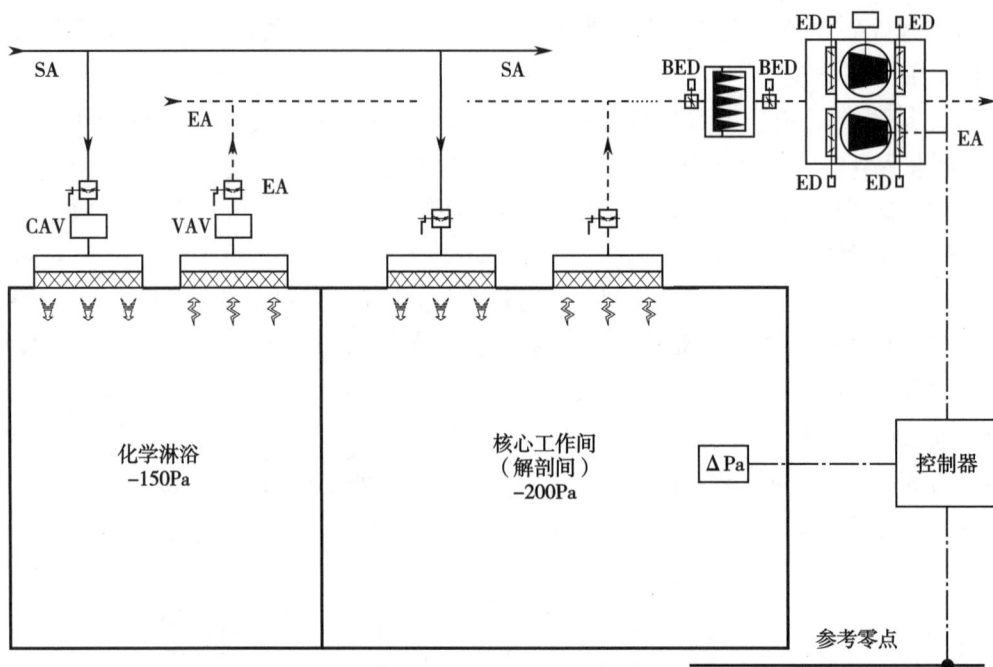

SA：送风；EA：排风；CAV：定风量阀；VAV：变风量阀；ED：电动密闭阀；BED：电动生物型密闭阀

图 6-23　BSL-3 实验室定送定排（大压差）控制模式示意图

该方式的优点是投资经济，设置简单，将复杂的自控系统脱繁化简，房间的压力波动均通过预设的大压差值消化，实测可满足国家规范对工况转换的要求。该方案的基础是认为实验室系统压力波动从长期看是一个相对缓慢的过程，系统阻力的增加也是平缓的，即相当长的一段时期内，系统运行变化不大。另外，基于严格的标准操作流程（SOP）要求，实验室人员的进出方式、数量和时间也相对固定。

由于本方式未设置任何压力无关装置，因此仅适用于工况简单的空调系统，若实验室存在局部外排风（如ⅡB2 型生物安全柜等），则很难控制局部排风设备启停时较大风量变化带来的压力波动。

（三）监测及报警控制

应设装置连续监测送排风系统高效空气过滤器阻力，需要时，及时更换高效空气过滤器。

中央控制系统应可以实时监控、记录和存储实验室防护区内有控制要求的参数、关键设施设备的运行状态；应能监控、记录和存储故障的现象、发生时间和持续时间；应可以随时查看历史记录。

中央控制系统的信号采集间隔时间应不超过 1min，各参数应易于区分和识别。

中央控制系统应能对所有故障和控制指标进行报警，报警应区分一般报警和紧急报警。

紧急报警应为声光同时报警，应可以向实验室内外人员同时发出紧急警报；应在实验室核心工作间内设置紧急报警按钮。

应在实验室的关键部位设置监视器，需要时，可实时监视并录制实验室活动情况和实验室周围情况。监视设备应有足够的分辨率，影像存储介质应有足够的数据存储容量。

（四）实验室通信系统

实验室防护区内应设置向外部传输资料和数据的传真机或其他电子设备。

监控室和实验室内应安装语音通信系统。如果安装对讲系统，宜采用向内通话受控、向外通话非受控的选择性通话方式。

通信系统的复杂性应与实验室的规模和复杂程度相适应。

第六节 四级生物安全实验室

四级生物安全（BSL-4）实验室，是操作对人体、动植物或环境具有高度危害性，通过气溶胶途径传播或传播途径不明，或未知的、高度危险的，能够引起人类或者动物非常严重疾病且没有预防和治疗措施，以及我国尚未发现或者已经宣布消灭的微生物。适用时，四级生物安全实验室的设计和建造均应满足上述三级生物安全实验室的基本要求。

BSL-4 实验室应为独立建筑物，或与其他级别的生物安全实验室共用。实验室宜远离市区，主实验室所在建筑离相邻建筑或构筑物的距离不小于相邻建筑或构筑物高度的 1.5 倍。独立建筑物的实验室区域内多采用"盒中盒"布局方式，防护区围护结构应尽量远离建筑外墙；实验室的核心工作间应尽可能设置在防护区的中部。防护区由次级围墙或保护方式与外部分开，以确保最高风险区域被包围在"盒子"中间，将生物安全风险降至最低。

根据 GB 50346—2011《生物安全实验室建筑技术规范》相关规定，生物安全实验室结构设计应符合现行国家标准 GB 50068—2018《建筑结构可靠性设计统一标准》有关规定，BSL-4 的结构安全等级应不低于一级。生物安全抗震设计应符合现行国家标准 GB 50223—2008《建筑工程抗震设防分类标准》的有关规定，BSL-4 抗震设防类别应按特殊设防类。

实验室的辅助工作区应至少包括监控室和清洁衣物更换间。生物安全柜型防护区应至少包括防护走廊、内防护服更换间、淋浴间、外防护服更换间和核心工作间，外防护服更换间应为气锁。正压防护服型实验室的防护区应包括防护走廊、内防护服更换间、淋浴间、外防护服更换间、化学淋浴间和核心工作间。化学淋浴间应为气锁，具备对专用防护服或传递物品的表面进行清洁和消毒灭菌的条件，具备使用生命支持供气系统的条件。正压防护服型实验室内须考虑配套正压防护服的生命支持系统的设置，在人流环节应将与核心工作间相邻的缓冲间设置为化学淋浴间，设计时应考虑化学淋浴装置的尺寸与房间的结合，以满足功能使用要求。四级生物安全实验室平面布局示意见图 6-24 和图 6-25。

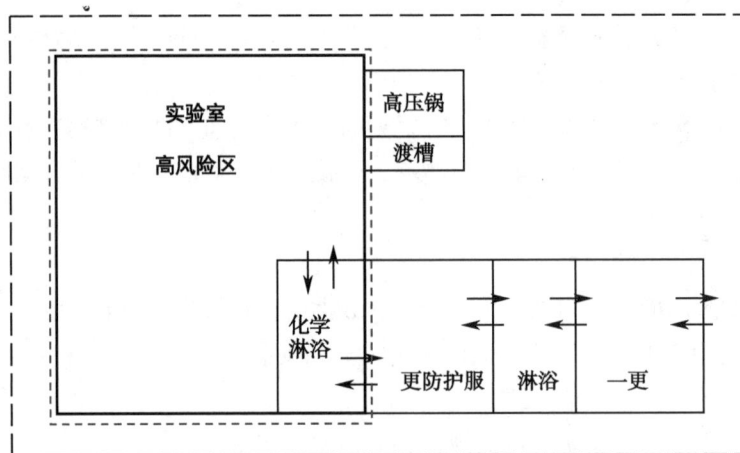

图 6-24　四级生物安全实验室平面布局示意图

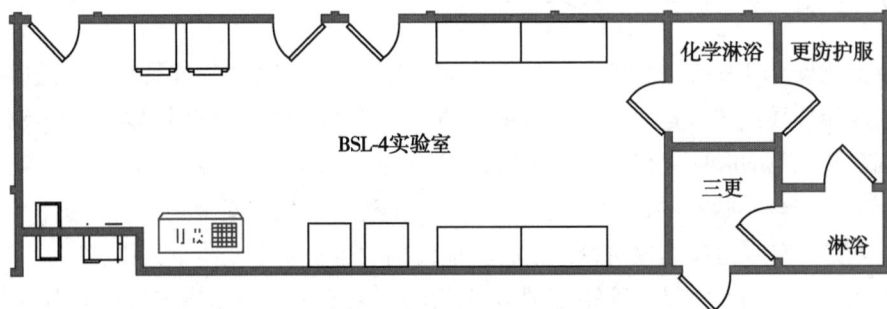

图 6-25　四级生物安全实验室平面布局示意图

　　实验室应建造在独立的建筑物内或建筑物中独立的隔离区域内。应有严格限制进入实验室的门禁措施，应记录进入人员的个人资料、进出时间、授权活动区域等信息；对与实验室运行相关的关键区域也应有严格和可靠的安保措施，避免非授权进入。

　　应在实验室的核心工作间内配备生物安全型高压灭菌器；如果配备双扉高压灭菌器，其主体所在房间的室内气压应为负压，并应设在实验室防护区内易更换和维护的位置。

　　如果安装传递窗，其结构承压力及密闭性应符合所在区域的要求；需要时，应配备符合气锁要求并具备消毒灭菌条件的传递窗。

　　实验室防护区围护结构的气密性应达到在关闭受测房间所有通路并维持房间内的温度在设计范围上限的条件下，当房间内的空气压力上升到 500Pa 后，20min 内自然衰减的气压小于 250Pa。

　　符合 GB 19489—2008《实验室 生物安全通用要求》中第 4.4.4 条要求的实验室应同

时配备紧急支援气罐，其供气时间应不少于 60min/ 人。生命支持供气系统应有自动启动的不间断备用电源供应，供电时间应不少于 60min。

供呼吸使用的气体的压力、流量、含氧量、温度、湿度、有害物质的含量等应符合职业安全的要求。生命支持系统应具备必要的报警装置。

（梁　磊　崔　磊　王燕芹）

参考文献

［1］ 中国建筑科学研究院. 生物安全实验室建筑技术规范：GB 50346—2011［S］. 北京：中国建筑工业出版社，2011.

［2］ 中国合格评定国家认可中心. 实验室 生物安全通用要求：GB 19489—2008［S］. 北京：中国标准出版社，2008.

［3］ 中国建筑科学研究院有限公司，中国合格评定国家认可中心. 医学生物安全二级实验室建筑技术标准：T/CECS 662—2020［S］. 北京：中国建筑工业出版社，2020.

［4］ 中华人民共和国国家卫生和计划生育委员会. 病原微生物实验室生物安全通用准则：WS 233—2017［S］. 北京：中国标准出版社，2017.

［5］ 中华人民共和国住房和城乡建设部. 建筑结构可靠性设计统一标准：GB 50068—2018［S］. 北京：中国建筑工业出版社，2018.

［6］ 中国建筑科学研究院. 建筑抗震设防分类标准：GB 50223—2008［S］. 北京：中国建筑工业出版社，2008.

［7］ 公安部天津消防研究所. 建筑设计防火规范（2018 年版）：GB 50016—2014［S］. 北京：中国计划出版社，2018.

［8］ 中华人民共和国住房和城乡建设部. 民用建筑供暖通风与空气调节设计规范：GB 50736—2012［S］. 北京：中国建筑工业出版社，2012.

［9］ 中华人民共和国住房和城乡建设部. 建筑给水排水与节水通用规范：GB 55020—2021［S］. 北京：中国建筑出版传媒有限公司，2021.

［10］ 北京市医疗器械检验所. Ⅱ级生物安全柜：YY 0569—2011［S］. 北京：中国标准出版社，2011.

［11］ 武桂珍，王建伟. 实验室生物安全手册［M］. 北京：人民卫生出版社，2021.

［12］ 中国兽药协会. 兽药生产质量管理规范（2020 年修订）［M］. 北京：中国农业出版社，2021.

［13］ 张彦国. WHO《实验室生物安全手册》（第 4 版草案）简介［J］. 暖通空调，2020，50（6）：82.

［14］ 梁磊，冯昕，张昆东，等. 高等级生物安全实验室中Ⅱ级 B2 型生物安全柜气流控制模式研究［J］. 暖通空调，2018，48（1）：20-27.

［15］ 梁磊，曹国庆，李屹，等. 高等级生物安全实验室压力控制方法［J］. 暖通空调，2020，50（1）：43-49.

［16］ 曹国庆. 高等级生物安全实验室空间消毒模式风险评估分析［J］. 暖通空调，2017，47（3）：51-56.

［17］ WHO. Laboratory biosafety manual[M]. 4th ed. Geneva: World Health Organization, 2020.

［18］ WHO. Laboratory design and maintenance[M]. Geneva: World Health Organization, 2020.

［19］ Public Health Agency of Canada. Canadian biosafety handbook[M/OL]. [2024-10-15]. https://www.canada.ca/content/dam/phac-aspc/migration/cbsg-nldcb/cbh-gcb/assets/pdf/cbh-gcb-eng.pdf.

［20］ WEIDMANN M, SILMAN N, BUTAYE P, et al. Working in biosafety level 3 and 4 laboratories[M]. Weinheim: Wiley-VCH Verlag GmbH & Co. KGaA, 2013.

［21］ Canadian Food Inspection Agency. Containment standards for facilities handling plant pests[M]. Ottawa: Canadian Food Inspection Agency, 2007.

第七章
动物生物安全实验室分级与设计要求

由于有可能发生病原微生物暴露，涉及从事感染性动物活动的生物安全实验室（以下简称动物生物安全实验室）的风险往往要高于同级别的生物安全实验室。本章分析了动物生物安全实验室的安全防护原理、实验室级别划分原则、各级实验室的设计要求，并介绍了动物生物安全实验室经常用到的关键性设备。

第一节　动物生物安全实验室生物安全防护原理

动物生物安全实验室（animal biosafety laboratory，ABSL），是指通过规范的实验室设计、实验设备的配置、个人防护装备的使用等建造的开展动物实验的实验室。生物安全实验室在结构上由一级防护屏障（安全设备）和二级防护屏障（设施）这两部分硬件构成，实验室生物安全防护的安全设备和设施的不同组合，构成四个级别的生物安全防护水平，一级为最低，四级为最高。

生物安全实验室根据所操作致病性生物因子的传播途径可分为 a 类和 b 类。a 类指操作非经空气传播生物因子的实验室；b 类指操作经空气传播生物因子的实验室。b1 类生物安全实验室指可有效利用安全隔离装置进行操作的实验室；b2 类生物安全实验室指不能有效利用安全隔离装置进行操作的实验室。

以下简要介绍生物安全实验室设施和设备的防护原理。

一、物理隔离分区

用物理屏障（包括墙体）和密封门把实验室与公共的外环境隔离开，如 ABSL-2 实验室用自动关闭的门把实验室与公共走廊隔离开；ABSL-3 实验室由外向里可以划分为非防护区（监控室和清洁衣物更换间等）和防护区（包含防护走廊、淋浴间、防护服更换间、缓冲间及核心工作间等），核心工作间设在防护区最里面，非防护区设在周围。缓冲区的两扇门应为互锁，即同一时间只能打开一扇门。此种系统加上负压通风，可以保证实验室内空气的定向流动，即气流方向永远是非防护区→防护区→核心工作间。

二、负压通风过滤技术

通过控制气流速度和方向，可以使实验室内的空气只能通过 HEPA 过滤器过滤排放。负压通风过滤技术主要应用在 ABSL-2 中的 b2 类实验室、ABSL-3 实验室和 ABSL-4 实室。下面以 ABSL-3 中的 b1 类实验室为例说明负压通风过滤技术的原理。

在 ABSL-3 中的 b1 类实验室的通风系统设计中，要求各区室内的气压保持一定的压力梯度，使空气只能由清洁区流向核心区，呈单向流动。例如，与大气压相比非防护区压差为零，防护区淋浴间压差为 –15Pa，二更压差为 –30Pa，走廊为 –45Pa，核心工作间为 –60Pa，这样就能保证气流向核心区流动。因此在送、排风的程序上要求：开机时先启动排风，后启动送风；停机时先停送风，后停排风。

ABSL-3 实验室防护区的空气一律要经过 HEPA 过滤器过滤后才能排放。HEPA 过滤器安装的位置很重要，原则是应尽量缩小空气污染的范围，即过滤器应尽可能靠近污染源。按照 GB 19489—2008《实验室 生物安全通用要求》的要求，ABSL-3 实验室的气流应从非防护区流向防护区。特别应强调的一点是，ABSL-3 实验室排风口的 HEPA 过滤器应安装在排风口的最前端，使防护区内的空气在排出房间前致病因子已被去除。如果 ABSL-3 实验室排风口的 HEPA 过滤器安装在排风管的末端或者安装在远离排风口的风机前端，则会造成排风管道的污染，且一旦污染很难消毒。

三、生物安全实验室安全设备的防护原理

生物安全实验室中的安全设备主要包括生物安全柜、安全罩以及压力蒸汽灭菌器、动物残体处理系统等设备。实验室内所有的污染物，包括废物、废液和使用过的器材、物品，均须消毒灭菌后才能带出实验室。能够产生微生物气溶胶的实验操作应在生物安全柜中进行，所产生的微生物气溶胶被限制在一个很小的空间范围内，以此将操作人员与污染空气隔离开。

第二节　动物生物安全实验室生物安全级别划分原则

1. 根据对所操作生物因子采取的防护措施，将实验室生物安全防护水平分为一级、二级、三级和四级，一级防护水平最低，四级防护水平最高。具体概念参见前述生物安全实验室章节。

2. 以 ABSL-1、ABSL-2、ABSL-3、ABSL-4 表示包括从事动物活体操作的动物生物安全实验室的相应生物安全防护水平。

3. 根据实验活动的差异、采用的个体防护装备和基础隔离设施的不同，实验室分四种情况，具体概念参见前述生物安全实验室章节。

4. 应依据《人间传染的病原微生物目录》（国卫科教发〔2023〕24 号），在风险评估的基础上，确定实验室的生物安全防护水平。

第三节　动物生物安全实验室关键防护设施设备的风险评估原则

1. 实验室应建立并维持风险评估和风险控制程序，以持续进行危险识别、风险评估

和实施必要的控制措施。

（1）当实验室活动涉及致病性生物因子时，实验室应进行生物风险评估。风险评估应考虑（但不限于）下列内容。

1）生物因子已知或未知的特性，如生物因子的种类、来源、传染性、传播途径、易感性、潜伏期、剂量 - 效应（反应）关系、致病性（包括急性与远期效应）、变异性、在环境中的稳定性、与其他生物和环境的交互作用、相关实验数据、流行病学资料、预防和治疗方案等。

2）适用时，实验室本身或相关实验室已发生的事故分析。

3）实验室常规活动和非常规活动过程中的风险（不限于生物因素），包括所有进入工作场所的人员和可能涉及的人员（如合同方人员）的活动。

4）设施、设备等相关的风险。

5）实验动物相关的风险。

6）人员相关的风险，如身体状况、能力、可能影响工作的压力等。

7）意外事件、事故带来的风险。

8）被误用和恶意使用的风险。

9）风险的范围、性质和时限性。

10）危险发生的概率评估。

11）可能产生的危害及后果分析。

12）确定可接受的风险。

13）适用时，消除、减少或控制风险的管理措施和技术措施，以及采取措施后残余风险或新带来风险的评估。

14）适用时，运行经验和所采取的风险控制措施的适应程度评估。

15）适用时，应急措施及预期效果评估。

16）适用时，为确定设施设备要求、识别培训需求、开展运行控制提供的输入信息。

17）适用时，降低风险和控制危害所需资料、资源（包括外部资源）的评估。

18）对风险、需求、资源、可行性、适用性等的综合评估。

（2）应事先对所有拟从事活动的风险进行评估，包括对化学、物理、辐射、电气、水灾、火灾、自然灾害等的风险进行评估。

（3）风险评估应由具有经验的专业人员（不限于本机构内部的人员）进行。

（4）应记录风险评估过程，风险评估报告应注明评估时间、编审人员和所依据的法规、标准、研究报告、权威资料、数据等。

（5）应定期进行风险评估或对风险评估报告复审，评估的周期应根据实验室活动和风险特征而确定。

（6）开展新的实验室活动或欲改变经过评估的实验室活动（包括相关的设施、设备、人员、活动范围、管理等），应事先或重新进行风险评估。

（7）操作超常规量或从事特殊活动时，实验室应进行风险评估，以确定其生物安全防护要求，适用时，应经过相关主管部门的批准。

（8）当发生事件、事故等时应重新进行风险评估。

（9）当相关政策、法规、标准等发生改变时应重新进行风险评估。

（10）采取风险控制措施时宜首先考虑消除危险源（如果可行），然后再考虑降低风险（降低潜在伤害发生的可能性或严重程度），最后考虑采用个体防护装备。

（11）危险识别、风险评估和风险控制的过程不仅适用于实验室、设施设备的常规运行，而且适用于对实验室、设施设备进行清洁、维护或关停期间。

（12）除考虑实验室自身活动的风险外，还应考虑外部人员活动、使用外部提供的物品或服务所带来的风险。

（13）实验室应有机制监控其所要求的活动，以确保相关要求及时并有效地得以实施。

2. 实验室风险评估和风险控制活动的复杂程度取决于实验室所存在危险的特性，适用时，实验室不一定需要复杂的风险评估和风险控制活动。

3. 风险评估报告应是实验室采取风险控制措施、建立安全管理体系和制定安全操作规程的依据。

4. 风险评估所依据的数据及拟采取的风险控制措施、安全操作规程等应以国家主管部门和世界卫生组织、世界动物卫生组织、国际标准化组织等机构或行业权威机构发布的指南、标准等为依据；任何新技术在使用前应经过充分验证，适用时，应得到相关主管部门的批准。

5. 风险评估报告应得到实验室所在机构生物安全主管部门的批准；对未列入国家相关主管部门发布的病原微生物名录的生物因子的风险评估报告，适用时，应得到相关主管部门的批准。

第四节　动物生物安全实验室的设计

一、ABSL 实验室的设计原则及基本要求

1. 实验室选址、设计和建造应符合国家和地方环境保护和建设主管部门等的规定和要求。

2. 实验室的防火和安全通道设置应符合国家的消防规定和要求，同时应考虑生物安全的特殊要求；必要时，应事先征询消防主管部门的建议。

3. 实验室的安全保卫应符合国家相关部门对该类设施的安全管理规定和要求。

4. 实验室的建筑材料和设备等应符合国家相关部门对该类产品生产、销售和使用的规定和要求。

5. 实验室的设计应保证对生物、化学、辐射和物理等危险源的防护水平控制在经过评估的可接受程度，为关联的办公区和邻近的公共空间提供安全的工作环境，防止危害环境。

6. 实验室的走廊和通道应不妨碍人员和物品通过。

7. 应设计紧急撤离路线，紧急出口应有明显的标识。

8. 房间的门根据需要安装门锁，门锁应便于从内部快速打开。

9. 需要时（如正当操作危险材料时），房间的入口处应有警示和进入限制。

10. 应评估生物材料、样本、药品、化学品和机密资料等被误用、被偷盗和被不正当使用的风险，并采取相应的物理防范措施。

11. 应有专门设计以确保存储、转运、收集、处理和处置危险物料的安全。

12. 实验室内温度、湿度、照度、噪声和洁净度等室内环境参数应符合工作要求和卫生等相关要求。

13. 实验室设计还应考虑节能、环保及舒适性要求，应符合职业卫生要求和人机工效学要求。

14. 实验室应有防止节肢动物和啮齿动物进入的措施。

15. 动物实验室的生物安全防护设施还应考虑对动物呼吸、排泄、毛发、抓咬、挣扎、逃逸、动物实验（如染毒、医学检查、取样、解剖、检验等）、动物饲养、动物尸体及排泄物的处置等过程产生的潜在生物危险的防护。

16. 应根据动物的种类、身体大小、生活习性、实验目的等选择具有适当防护水平的、适用于动物的饲养设施、实验设施、消毒灭菌设施和清洗设施等。

17. 不得循环使用动物实验室排出的空气。

18. 动物实验室的设计，如空间、进出通道、解剖室、笼具等应考虑动物实验及动物福利的要求。

19. 适用时，动物实验室还应符合国家实验动物饲养设施标准的要求。

二、ABSL-1 实验室设计要求

1. 动物饲养间应与建筑物内的其他区域隔离。

2. 动物饲养间的门应有可视窗，向里开；打开的门应能够自动关闭，需要时，可以锁上。

3. 动物饲养间的工作表面应防水和易于消毒灭菌。

4. 不宜安装窗户。如果安装窗户，所有窗户应密闭；需要时，窗户外部应装防护网。

5. 围护结构的强度应与所饲养的动物种类相适应。

6. 如果有地面液体收集系统，应设防液体回流装置，存水弯应有足够的深度。

7. 不得循环使用动物实验室排出的空气。

8. 应设置洗手池或手部清洁装置，宜设置在出口处。

9. 宜将动物饲养间的室内气压控制为负压。

10. 应可以对动物笼具清洗和消毒灭菌。

11. 应设置实验动物饲养笼具或护栏，除考虑安全要求外还应考虑对动物福利的要求。

12. 动物尸体及相关废物的处置设施和设备应符合国家相关规定的要求。

三、ABSL-2 实验室设计要求

1. 适用时，应符合 ABSL-1 实验室的设计要求。

2. 动物饲养间应在出入口处设置缓冲间。

3. 应设置非手动洗手池或手部清洁装置，宜设置在出口处。

4. 应在邻近区域配备高压蒸汽灭菌器。

5. 适用时，应在安全隔离装置内从事可能产生有害气溶胶的活动；排气应经 HEPA 过滤器的过滤后排出。

6. 应将动物饲养间的室内气压控制为负压，气体应直接排放到其所在的建筑物外。

7. 应根据风险评估的结果，确定是否需要使用 HEPA 过滤器过滤动物饲养间排出的气体。

8. 当不能满足前述第 5 条时，应使用 HEPA 过滤器过滤动物饲养间排出的气体。

9. 实验室的外部排风口应至少高出本实验室所在建筑的顶部 2m，应有防风、防雨、防鼠、防虫设计，但不应影响气体向上空排放。

10. 污水（包括污物）应消毒灭菌处理，并应对消毒灭菌效果进行监测，以确保达到排放要求。

四、ABSL-3 实验室设计要求

1. 适用时，应符合 ABSL-2 实验室的设计要求。

2. 应在实验室防护区内设淋浴间，需要时，应设置强制淋浴装置。

3. 动物饲养间属于核心工作间，入口和出口均应设置缓冲间。

4. 动物饲养间应尽可能设在整个实验室的中心部位，不应直接与其他公共区域相邻。

5. 适用于"操作通常认为非经空气传播致病性生物因子"实验室的防护区应至少包括淋浴间、防护服更换间、缓冲间及核心工作间。当不能有效利用安全隔离装置饲养动物时，应根据进一步的风险评估确定实验室的生物安全防护要求。

6. 适用于"不能有效利用安全隔离装置操作常规量经空气传播致病性生物因子"的动物饲养间的缓冲间应为气锁，并具备对动物饲养间的防护服或传递物品的表面进行消毒灭菌的条件。

7. 适用于"不能有效利用安全隔离装置操作常规量经空气传播致病性生物因子"的动物饲养间，应有严格限制进入动物饲养间的门禁措施（如个人密码和生物学识别技术等）。

8. 动物饲养间内应安装监视设备和通信设备。

9. 动物饲养间内应配备便携式局部消毒灭菌装置（如消毒喷雾器等），并应备有足够的适用消毒灭菌剂。

10. 应有对动物尸体和废物进行可靠消毒灭菌的装置和技术。

11. 应具备对动物笼具进行清洁和可靠消毒灭菌的装置和技术。

12. 需要时，应具备对所有物品或其包装的表面在运出动物饲养间前进行清洁和可靠消毒灭菌的装置和技术。

13. 应在风险评估的基础上，对防护区内淋浴间的污水进行适当处理，并应对灭菌效果进行监测，以确保达到排放要求。

14. 适用于"不能有效利用安全隔离装置操作常规量经空气传播致病性生物因子"的动物饲养间，应根据风险评估的结果，确定其排出的气体是否需要经过两级 HEPA 过滤器的过滤后排出。

15. 适用于"不能有效利用安全隔离装置操作常规量经空气传播致病性生物因子"的动物饲养间，应可以在原位对送风 HEPA 过滤器进行消毒灭菌和检漏。

16. 适用于"操作通常认为非经空气传播致病性生物因子"和"可有效利用安全隔离装置（如生物安全柜）操作常规量经空气传播致病性生物因子"的动物饲养间的气压（负压）与室外大气压的压差值应不小于 60Pa，与相邻区域的压差（负压）应不小于 15Pa。

17. 适用于"不能有效利用安全隔离装置操作常规量经空气传播致病性生物因子"的动物饲养间的气压（负压）与室外大气压的压差值应不小于 80Pa，与相邻区域的压差（负压）应不小于 25Pa。

18. 适用于"不能有效利用安全隔离装置操作常规量经空气传播致病性生物因子"的动物饲养间及其缓冲间的气密性应达到在关闭受测房间所有通路并维持房间内的温度在设计范围上限的条件下，若使空气压力维持在 250Pa 时，房间内每小时泄漏的空气量应不超过受测房间净容积的 10%。

19. 在适用于"不能有效利用安全隔离装置操作常规量经空气传播致病性生物因子"的动物饲养间从事可传染人的病原微生物活动时，应根据进一步的风险评估确定实验室的生物安全防护要求；适用时，应经过相关主管部门的批准。

五、ABSL-4 实验室设计要求

1. 适用时，应符合 ABSL-3 实验室的设计要求。

2. 淋浴间应设置强制淋浴装置。

3. 动物饲养间的缓冲间应为气锁。

4. 应具备严格限制进入动物饲养间的门禁措施。

5. 动物饲养间的气压（负压）与室外大气压的压差值应不小于 100Pa；与相邻区域的压差（负压）应不小于 25Pa。

6. 动物饲养间及其缓冲间的气密性应达到在关闭受测房间所有通路并维持房间内的温度在设计范围上限的条件下，当房间内的空气压力上升到 500Pa 后，20min 内自然衰减的气压小于 250Pa。

7. 应具备对所有物品或其包装的表面在运出动物饲养间前进行清洁和可靠消毒灭菌的装置和技术。

第五节   动物隔离设备

一、动物隔离设备的定义

动物隔离设备（中型动物隔离笼见图 7-1）是动物生物安全实验室内防止病原微生物外泄并能有效防止动物逃逸、饲育动物所使用的负压隔离装置的统称。动物隔离设备是动物生物安全实验室中的一级屏障之一，其模式、材质各式各样，但要求其实现的功能是一定的，其主要功能要求如下。

1. **动物生存**   根据实验所需动物的种类、品系、等级要求，满足饲养动物的需要，包括动物活动、采食、饮水、福利等。

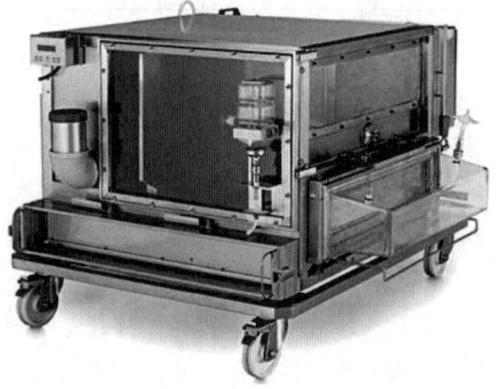

图 7-1   中型动物（雪貂或兔）隔离笼

2. **生物安全**   根据实验受试品的生物安全等级和要求，通过密封、负压、气体单向流、过滤等手段，防止出现生物安全问题，确保生物安全。

3. **方便操作**   任何动物隔离设备在使用过程中都不是静止的，都需要操作其中的动物，比如饲喂动物、给予供试品、采样等，在整个操作过程中既不能伤害动物，又不能出现生物安全问题。

二、动物隔离设备的分类及技术参数

动物隔离设备的分类见表 7-1。各类隔离装置技术参数详见表 7-2。

1. **一级动物隔离设备**   用于对人员及环境进行保护，对受试动物无保护且能满足操作二、三类病原微生物要求的隔离装置。一级隔离装置的工作窗开口向内，吸入的负压气流（单向流）用以保护人员的安全；排出的气流经高效过滤器过滤，以保护环境不受污染。

2. **二级动物隔离设备**   用于对人员、受试动物及环境进行保护且能满足操作二、三类病原微生物要求的隔离装置。二级隔离装置的工作窗开口向内，吸入的负压气流（单向流）用以保护人员的安全；排出的气流经高效过滤器过滤，以保护环境不受污染。排风经过高效过滤器过滤后排入生物安全实验室主管道内或直接排至室外，不允许回到隔离装置和实验室中。所有污染区域均为负压区域或者被负压区域包围。

3. **三级动物隔离设备**   由完全密闭的不漏气结构构成，能满足操作一类病原微生物要求的隔离装置。人员通过与隔离装置连接的密闭手套实施操作。隔离装置内对所处实验室的负压应不小于 120Pa。送风应经高效过滤器过滤后进入隔离装置内，排风应经高效过滤器过滤后排至生物安全实验室主排风管道内或经两道高效过滤器过滤排至室外。

表 7-1　动物隔离设备的分类

级别	工作窗口气流	装置内气流组织	是否使用循环风	送风	排风
一级	自外向内	乱流	—	不使用送风	高效过滤，可直接排入室内或排至室外
二级	自外向内	单向流	不使用循环风	一般不使用送风，使用送风时高效过滤	高效过滤，排入实验室主排风管道或排至室外
三级	—	—	不使用循环风	高效过滤送风	两道高效过滤，排入实验室主排风管道或排至室外

表 7-2　动物隔离设备的技术参数

级别	工作窗口风速 / m·s⁻¹	内外压差 / Pa	洁净度级别	换气次数 / 次·h⁻¹	温度 / ℃	相对湿度 / %	噪声 / dB（A）	工作窗口照度 / lx	结构严密性
一级	0.20	—	—	—	18~28	30~70	≤60	≥200	—
二级	0.40	—	8	≥15	18~28	30~70	≤60	≥200	—
三级	—	120	8	≥15	18~28	30~70	≤60	≥200	负压 −500Pa，20min 自然衰减后不高于 −250Pa

三、手套箱式隔离设备

手套箱式隔离设备属于气密式隔离设备（图 7-2），作为一种生物安全一级隔离屏障，该类设备能够在有效保护实验动物活动所需环境的同时实现动物与外界环境的隔离，避免操作人员暴露于实验操作过程中产生的生物气溶胶和溅出物，可有效防止病原微生物向外界环境的泄漏。目前手套箱式隔离设备被广泛应用于高级别生物安全实验室，特别是高级别动物生物安全实验室，主要用于高致病性病原微生物动物实验活动中实验动物的饲养和实验。

目前我国高级别生物安全实验室使用的手套箱式隔离器按照用途划分，主要分为动物饲养隔离器与动物解剖隔离器；按照动物种类划分，分为啮齿动物隔离器、禽用隔离器、猴隔离器和雪貂隔离器等。

图 7-2　手套箱式隔离设备

（一）原理

手套箱式隔离设备主体为全密封箱体。其工作原理主要是通过送风系统的动力源将外界的空气经过高效空气过滤器过滤后送入隔离器内，也可利用腔体内的负压将过滤后的空气吸入，以保证腔体内的洁净环境，送风过滤为一级中效过滤器和一级高效过滤器；排风系统动力源向外抽吸，腔体内的空气经过高效过滤器过滤后排放到外环境中，使隔离器腔体与外环境之间保持负压状态，排风过滤为两级高效过滤器。风机保持隔离器内部的负压状态。操作人员通过手套袖在隔离器内部操作。物品通过专用的传递门传递。

（二）特点

1. 手套箱式隔离设备是全封闭隔离器，达到 ISO 10648-2：1994《密封箱室 第 2 部分：密封性分级及其检验方法》中规定的三级隔离设备标准。

2. 支架可移动。

3. 通过与箱体密闭连接的手套袖操作，可保证能够触及箱体内部任一角落。能够在不破坏密闭性和不中断实验的情况下更换手套。

4. 拥有独立的通风系统，可保持内部的负压状态（–70Pa），100% 新风，内部压力可调。

5. 隔离设备内部换气次数不小于 20 次 /h。

6. 送风配有一级中效过滤器和一级 HEPA H14 过滤器，排风配有两级 HEPA H14 过滤器，总过滤效率达到 99.995%，H14 过滤器符合欧盟标准 EN 1822-1：2019《高效空气过滤器（HEPA 和 ULPA）第 1 部分：分类，性能试验和标记》。

7. 配备 RTP 快速气密传递门，可与传递筒配合使用。RTP（rapid transfer ports）又称 RTP 阀，直译为快速传递接口。它是隔离器与移动容器对接的一种接口。RTP 可以把菌种从一个控制区域通过安全区转移到另一个控制区域。RTP 是隔离器上技术含量最高的关键部件之一。

8. 采用专用过氧乙酸消毒器灭菌（如图 7-3 所示）。

图 7-3   汽化过氧乙酸消毒器

四、动物隔离设备检测评价

动物隔离设备应在安装后、投入使用前（包括负压动物笼具被移动位置后）、更换高效空气过滤器或内部部件维修后进行检测以及进行年度的维护检测。

动物隔离设备分为非气密性动物隔离设备和手套箱式动物隔离设备。非气密性动物隔离设备现场检测的项目至少应包括：工作窗口气流流向、送风高效过滤器检漏、排风高效过滤器检漏、动物隔离设备内外压差。手套箱式动物隔离设备现场检测的项目至少应包括：手套连接口气流流向、送风高效过滤器检漏、排风高效过滤器检漏、动物隔离设备内外压差、工作区气密性。

独立通风笼盒现场检测的项目至少应包括气流速度、压差、换气次数、气密性、送风高效过滤器检漏、排风高效过滤器检漏。

第六节　独立通风笼盒

一、独立通风笼盒系统

在生物安全实验室中，独立通风笼盒（individually ventilated cage，IVC）是一种以笼盒为单位的独立送、排风的饲养、实验设备，空气经初高效过滤后送入各独立笼盒，废气经初高效过滤后集中排放，笼盒保持与环境之间的一定压力和洁净度，以避免笼内动物污染环境或各笼盒之间交叉污染，实验操作均须在生物安全柜或解剖台等防护设备中进行。该设备主要用于生物安全二级实验室及以下实验室饲养感染型啮齿动物（大鼠、小鼠、豚鼠）等实验动物。

（一）IVC 系统基本结构

IVC 系统的基本结构由主机、笼架、笼盒等组成（图 7-4）。

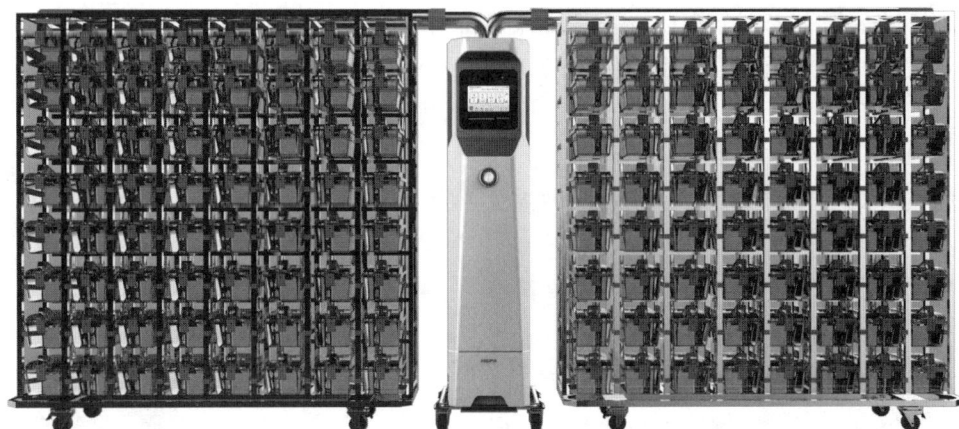

图 7-4　IVC 系统基本结构组成示例

1. **主机** IVC 系统的主机主要由进风机组、排风机组、进风过滤组件、排风过滤组件、控制及检测部分组成。IVC 系统的进排气由相互独立的风机控制，通过控制风机转速间接控制送风量与排风量，以确保笼盒内外的压力差和换气次数符合动物生存和避免笼内动物污染环境的需要。笼盒内与外界的压差，可通过指针或数字式低压压差表直接显示。主机实时检测换气次数、笼内压差、笼内温湿度，并记录进排风高效过滤器的使用时间，具有故障检测和实时报警的功能，部分主机具有内置 UPS 电源，即使断电也能维持笼内的压差梯度，保证 IVC 使用的可靠性。IVC 可配套监控系统，对设备运行参数进行实时记录、监控。

2. **笼架** IVC 系统的笼架主体一般由 304 不锈钢管焊接而成。笼架上安装有导轨，通常为塑料材质注塑而成，是安放笼盒的载体。笼架后部安装有用于笼盒进排气的通风管道，在管道上安装有与笼盒对接的接头，一般采用硅胶材质，能够将进排风管道与笼盒比较紧密地连接在一起，笼架顶部和底部安装有总进风和总排风管，用来对接主机的送排风口。笼架主体用不锈钢管焊接而成，比较稳固；通风总管、支管均可拆卸，方便清理。在侧边立撑和顶部横撑上设置有定位标识，一般采用 A、B、C 和 1、2、3 对层列进行标记，方便操作人员的使用。笼架下安装有脚轮，脚轮带有锁止结构，能够将笼架固定，需要清洗或者移动时，关闭锁止结构，笼架就能轻松移动。

笼架根据饲养量的需求可选用不同的笼位数，常规笼架分为单面、双面两种，层数与列数根据现场实际情况进行布局，笼架与笼盒对接的接头可选用自密封接头，当笼盒从笼架取下时，笼架上的接头自动封闭。自动封闭的接头存在优点也存在缺点，需要根据实际情况进行选择配置，优点是取下部分笼盒仍能保持相对的负压，缺点是取下过多笼盒容易导致局部笼盒的换气次数过高，气流速度过大。

3. **笼盒** IVC 系统笼盒的形式、种类、规格很多（示例见图 7-5）。笼盒由耐高温材料经模具制造而成，采用比较好的材质，一般为 PPSU、PSU、PEI，也有少量用户使用 PC 材质笼盒，PPSU 材质能耐 134℃以上高温，PSU、PEI 耐 121℃以上高温。一套笼盒由笼盒盒盖、笼盒盒底、金属格栅（或网架、食槽等）、饮水瓶、标牌插槽五大部分组成，笼盒盒盖包括盒盖主体、进排气口及其密封件、搭扣等部件，饮水瓶包括瓶体和饮水嘴等，根据笼盒形式的不同，有的密封胶条安装于盒盖上，有的密封胶条安装在盒底上。笼盒的进排气口一般安装于盒盖的后端，采用一侧进气一侧出气的方式。盒底与盒盖能够分别进行叠放，减少占地面积，提高灭菌的效率。盒盖上有生命窗，生命窗附 0.2~0.3μm 滤膜，在断电或者笼盒取下时能够保证小鼠存活一段时间，防止小鼠窒息。

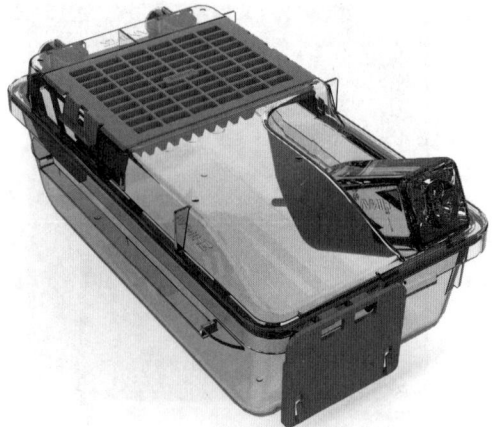

图 7-5 IVC 系统笼盒示例

（二）IVC 系统整机的类型及特点

目前，国内外 IVC 系统的整机型式主要有常规 IVC、集成式 IVC 和集中送排风式 IVC 三种。

1. **常规 IVC 系统**　主机与笼架各自为独立模块，根据使用需要进行笼架主机搭配，进排气一般采用软管相连，连接方式主要有两种，即主机 - 笼架、笼架 - 主机 - 笼架。一般一台主机可供 1 ~ 4 架笼架进排气。超大笼位可选择定制大风量主机，笼架排列可依房间大小、尺寸，排列成直线型、L 型等方式。

常规 IVC 系统的优点是搭配灵活、后期维护使用方便，主机与笼架进行模块化搭配，笼架启用数量可随使用需求进行增减，笼架与主机之间只有风管连接，无共振等现象，噪声相对较小，整机系统参数更为统一，并且操作维护方便，更换过滤器及清理时省时省力。

2. **集成式 IVC 系统**　主机安置在笼架的顶部或底部，这种形式的优点是占地面积小，在不考虑高度的前提下能增加饲养量，主要采用一个笼架对应一个主机的方式，因主机数量增加，并不一定具有更高的经济效益。缺点是由于风机的运转，带动笼架共振、谐振所产生的低频振动噪声以及风机运转产生的空气动力噪声，经笼架固体方式传导，衰减少，直接传入笼盒内，对动物有一定的影响。为减少对动物的刺激，设计时必须采用防震措施和利用极低噪声的风机，这将增加 IVC 系统设备的成本。另外，顶部主机的操作、维护及修理也不如常规 IVC 系统方便，在清洗笼架时需要对主机进行整体拆卸，增加了工作量。

3. **集中送排风式 IVC 系统**　即 IVC 设备上不带送风、排风动力模块，只有笼架和笼盒，通过空调机组集中为所有笼架和笼盒供风、排风，负压模式下部分用户采用只排风的方式。实际上，为保证供排风的质量，在笼架顶部只安装有进排风用的高效过滤器，前后端通过管道连接笼架和空调送排风口，在送排风口均有风阀控制，可调节通风量，排风可直接连接设施的排气系统，利用设施排气系统的负压，使笼盒内保持一定的负压状态，供风采用中央空调集中送风或者动物室内的空气经过高效过滤器过滤后在压差梯度的作用下自然补入笼盒，达到笼盒内换气的目的。

4. **EVC 设备**　属于集中排风式 IVC 的一种，笼盒为扇形，笼盒前端有滤膜，后端有排气口，运行原理是利用排气形成动物室＞笼盒内＞排风管道的压差梯度，进行换气和负压的保证。EVC 只适用于某些特定环境，通用性不高，笼内压差与换气次数相互干预，参数不能根据需求进行调节，但 EVC 成本低，室内空间利用率较高。目前市面上用 EVC 的客户越来越少。

（三）IVC 系统的主要技术参数

1. **换气次数**　IVC 系统的换气次数是指笼盒内的空气每小时的更换次数，一般在 40 ~ 60 次 /h 为最优，标准中要求的动物所处空间的换气次数要≥20 次 /h。

2. **气流速度** IVC 系统的气流速度是指笼盒内动物生活区域的气流速度，现有 IVC 的气流速度一般小于 0.15m/s，标准中要求的气流速度为 ≤0.2m/s。换气次数与气流速度呈一定的线性关系。换气次数低会导致笼内氨气浓度高，影响小鼠的生长；气流速度高会导致小鼠体表热量流失过快，也会影响小鼠生长。换气次数和气流速度均应控制在合理范围内。

3. **笼盒内外压差** 负压 IVC 系统笼盒内外压差为 –20 ~ –5Pa 即可。

4. **空气洁净度** IVC 系统笼盒进入和排出的空气均需要过滤，IVC 笼盒内环境的空气洁净度可达 ≤100 级。

5. **落下菌落数** 笼盒内的落下菌落数一般以 ≤3 个 / 皿为指标。如笼盒内空气洁净度达到 100 级，则落下菌落数应为无检出。

6. **噪声** IVC 系统设备的噪声应指笼盒内的实际噪声，其指标应选择在国标中规定的数值 ≤60dB 为宜。

7. **温湿度** 温度一般控制在 20 ~ 26℃，湿度控制在 40% ~ 70%。

二、生物安全型 IVC 系统

生物安全型 IVC 系统通常用于生物安全三级、四级实验室的动物实验，达到保护操作人员的目的，并满足实验动物的饲养条件。与常规 IVC 系统相比，生物安全型 IVC 需要更优的密封性和更高的负压梯度。

1. 现有的生物安全型 IVC 系统（图 7-6）一般只配有排风机组，排风机组使用双风机，做到一备一用的使用效果。因生物安全型 IVC 系统的高负压，进风不需要配备风机，反而要根据需要对进风进行限流，以保证笼内的高负压。

2. 现有的生物安全型 IVC 笼盒（图 7-7）一般采用盒体长边四点紧固的方式，盒盖压合到盒底上时压力分布相对均匀，并带有锁止装置，能够防止误操作或者笼盒跌落时意外打开。为提高笼盒的密封性，此种生物安全型 IVC 笼盒无生命窗，并且饮水瓶置于笼盒内，在笼内排风口的位置，安装有粗效滤膜和排风高效过滤器，笼内气体经笼盒内粗效滤膜和高效过滤器过滤后由排风管道进入主机，经主机内高效过滤器再次过滤后排出。

3. 生物安全型 IVC 系统在笼内创造并维持一个压差梯度相对较高的负压区域，现在使用的笼内与笼外压差梯度一般为 –100Pa，将笼内同外部环境隔离并尽量减少空气中的

图 7-6 生物安全型 IVC 系统

病原体进入笼盒内。

4. 经主机排出的空气在不同实验室有不同的排出方式。目前在生物安全四级实验室，一般是直接排放到房间内，通过房间再次多重过滤后排出。在生物安全三级实验室，一般是汇总至排风管道，接入集中排气系统。生物安全型 IVC 笼盒后部的进排气口如图 7-8 所示。

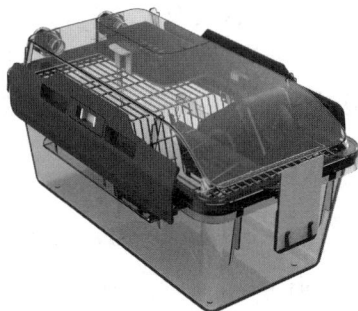

图 7-7　生物安全型 IVC 笼盒　　图 7-8　生物安全型 IVC 笼盒后部的进排气口

5. 主机带有显示屏，实时显示换气次数、压差值、温度、湿度等重要参数。在笼架上特定的位置有一个安装有机械式压力表的检测笼盒（图 7-9），此笼盒放置于笼架最接近进风口的位置，来直接显示所有笼盒中负压值最小的笼盒的压差。

6. RB/T 199—2015《实验室设备生物安全性能评价技术规范》对生物安全型 IVC 系统有更高的要求，主要的检测指标有以下几个。

（1）独立通风笼盒（IVC）气流速度检测结果应不大于 0.2m/s。

（2）正常运行时笼具内应有不低于所在实验室 20Pa 的负压。

（3）笼盒换气次数应不低于 20 次 /h。

（4）笼盒气密性应满足 IVC 笼盒内负压由 –100Pa 衰减至 0Pa 的时间宜不小于 5min。

（5）送风高效过滤器检漏、排风高效过滤器检漏，通过扫描检漏测试或者效率法检漏测试。

1）扫描检漏测试：被测过滤器滤芯及过滤器与安装边框连接处任一点局部透过率实测值不得超过 0.01%。

2）效率法检漏测试：用气溶胶光度计进行测试时，整体透过率实测值不得超过 0.01%；用离散离子计数器进行测试时，置信度为 95% 的透过率实测值置信上限不得超过 0.01%。

图 7-9　检测笼盒位置

第七节 动物残体处理系统

世界各国 ABSL-3、ABSL-4 实验室对动物残体和粪便等固体废弃物的处理主要有以下四种方式。

1. 焚烧处理 由于无法通过我国环境影响评价,一般不采用焚烧处理的方式,本章仅做介绍。焚烧处理固体废弃物是以往 ABSL-3、ABSL-4 实验室最普遍采用的一种方式,其优点是可以彻底灭活所有病原微生物(包括朊病毒),处理后残留体积小,降低了对灭菌后二次垃圾的处理量,但焚烧时产生的废气对环境可造成一定程度的污染。澳大利亚动物卫生研究所采用了这种方式处理固体废弃物。澳大利亚动物卫生研究所的焚烧炉共两台,一备一用。焚烧炉的工作流程为:第一道气密门位于解剖室内,当第一道气密门打开时第二道和第三道气密门处于关闭状态,将动物残体等固体废弃物投入第一道和第二道气密门之间。关闭第一道气密门,打开第二道气密门,固体废弃物掉入第二道和第三道气密门之间。关闭第二道气密门,打开第三道气密门,固体废弃物掉入一次燃烧室,在约600℃的条件下燃烧,产生的烟气在二次燃烧室内 850 ~ 1 200℃的条件下燃烧,分解有害物质。焚烧处理设备如图 7-10 所示。

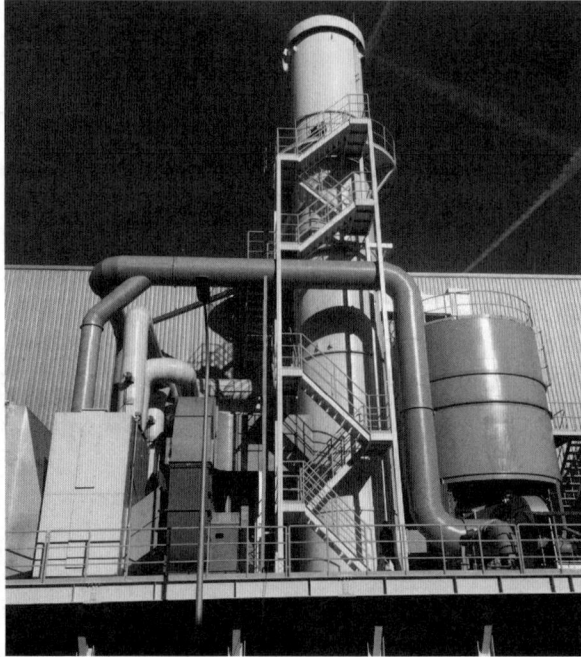

图 7-10 焚烧处理设备

2. 高温高压处理

(1)设备处理流程:动物残体无害化处理设备是一种全封闭的残体无害化自动化处理系统。该系统利用破碎、直热式蒸汽和高温高压技术对实验动物残体进行灭菌,减小其体积，使最终处理的物料符合无害化要求。动物残体无害化处理设备能实现动物残体的无害化处理，减小环境污染，最大限度地使操作人员不接触动物残体，确保对操作人员身体无伤害。动物残体无害化处理设备工作流程如图 7-11 所示。

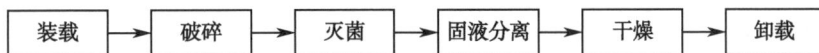

装载 → 破碎 → 灭菌 → 固液分离 → 干燥 → 卸载

图 7-11　动物残体无害化处理设备工作流程示意图

（2）结构：动物残体无害化处理设备（图 7-12）主要由主体、进料门系统、出料门系统、撕碎机系统、管路系统、搅拌装置、检测系统、消毒筐、转运车与控制系统组成。

图 7-12　动物残体无害化处理设备

（3）设备的性能特点

1）动物残体无害化处理设备是一种全封闭的无害化自动化处理设备，避免了操作人员在对动物残体处理过程中与动物残体的接触。

2）灭菌过程中产生的废水废气经过无害化处理后排出，保证了操作人员以及环境的安全。

3）将动物残体破碎和灭菌处理集成到同一设备内部，避免工作人员在肢解和转运动物残体的过程中被污染。

4）动物残体处理过程自动进行，无需人工干预，大大提高了操作便捷性。设备大大减小了动物残体的体积，方便蒸汽的穿透，保证其灭菌的质量。

（4）设备检测与评价：设备安装调试验收时、投入试运行前、动物残体处理系统更换部件和维修后及年度维护时，应对设备进行检测。现场检测的项目至少应该包括灭菌效果、安全阀和压力表检定、温度传感器和压力传感器校准（必要时）。

灭菌效果应每 12 个月至少进行一次生物效果检测（生物指示剂：嗜热脂肪杆菌芽孢）。

安全阀和压力表检定应按照国家相关计量检定规定。

温度传感器和压力传感器校准应按照国家相关计量检定规定。

3. **碱水解处理**　碱水解是一项湿处理技术，在高温条件下（常用温度 150℃）是最有效的。这种技术能够以加热和化学的方法将液体和固体废弃物消毒，并利用碱金属化合物（如 KOH、NaOH 等）将蛋白质（包括朊病毒）、脂肪和核酸消解。已经得到证明，当碱水解过程在足够高的温度下进行时，这种方法在正常组织分解过程中破坏了朊病毒的传染性。通过碱水解方法得到的组织分解产物是一种咖啡色、无菌的氨基酸水溶液、肽、脂肪酸盐、糖类和电解液的混合物。碱水解处理装置（图 7-13）由多个罐体组成，容器的尺寸可以有很大的变化，大的可以处理 4 550kg 动物残体，小的只有 50kg。KOH 和 NaOH 这类碱金属化合物会被泵入容器内部，并在热炼过程中循环。固体残留物约为原体积的 3%。其缺点是排放的液体具备高生化需氧量和高 pH，这会超出政府制定的废弃液体排放标准许多倍，如果就这样排放会被征收额外的罚款或需要在排放前进行额外的处理。注入 CO_2 和 H_2S 并进行 pH 控制可以帮助降低排放物的指标。美国堪萨斯州立大学生物安全研究所采用了碱水解处理动物残体的方式。

4. **高温高压处理后焚烧**　有些研究单位在其 ABSL-3、ABSL-4 实验室建成之前已有

图 7-13　碱水解处理装置

固体废弃物焚烧设备，后建成的生物安全实验室很难直接利用这些设备，另建新的焚烧设备又会导致一定程度的浪费，故采用了对动物残体等固体废弃物高温高压处理后焚烧的处理方式。如日本国家动物卫生研究所的 BSE 研究中心即采取了这种处理方式，该中心对 BSE 实验动物残体等固体废弃物经 135℃ 30min 高温高压灭菌后，再送至焚烧炉焚烧，以达到对朊病毒彻底灭活的目的。

（刘培源　张道茹　王贵杰）

参考文献

［1］　中国合格评定国家认可中心. 实验室 生物安全通用要求：GB 19489—2008［S］. 北京：中国标准出版社，2008.

［2］　祁国明. 病原微生物实验室生物安全［M］. 北京：人民卫生出版社，2005.

［3］　中国国家认证认可监督管理委员会. 实验室设备生物安全性能评价技术规范：RB/T 199—2015［S］. 北京：中国标准出版社，2016.

［4］　刘云波，吕京，史光华，等. 动物生物安全隔离装置及其评价［J］. 中国比较医学杂志，2014，24（7）：79-82.

第八章
生物安全实验室设施与设备

生物安全实验室通过物理手段，结合微生物的标准操作规程和科学规范的管理，在实验室从事病原微生物实验活动时，确保工作人员、样本及外环境的安全。安全设施设备是构成生物安全实验室的基本要素，也是实现实验室生物安全及完成实验室工作的必备条件。生物安全实验室的主要设备包括安全防护设备、科学研究及实验检测设备。本章重点介绍实验室安全防护设备，包括生物安全柜、通风柜、压力蒸汽灭菌器、消毒设备、排风高效过滤装置及活毒废水处理设备等。

第一节　生物安全柜

生物安全柜（biological safety cabinet，BSC）是一种为了保护操作人员及其周围环境，把处理病原体时发生的污染空气隔离在操作区域内的防御性负压过滤通风柜。在操作原代培养物、菌（毒）株以及诊断阳性标本等具有感染性的实验材料过程中会产生感染性气溶胶，正确使用生物安全柜可以有效减少气溶胶对实验室操作人员的感染或对培养物的污染，同时能保护工作环境及外部环境。

摇动、倾注和搅拌培养物；琼脂板划线接种；将感染性培养物转移至细胞培养瓶或微量培养板；感染性物质进行匀浆或涡旋振荡、离心以及进行动物操作时，均会不同程度地产生感染性气溶胶。操作过程中产生的气溶胶或微小液滴直径为 0.01～100μm，远小于肉眼所能分辨的颗粒（100～200μm），而实验室工作人员往往会忽略气溶胶或微小液滴的存在。因此上述相关操作均应在生物安全柜中进行。生物安全柜是防止实验室获得性感染的主要设备。

一、生物安全柜分类

根据生物安全柜的结构、正面气流速度以及送风、排风方式，将生物安全柜分为 I 级、II 级和 III 级。具体分类和相互间的差异见表 8-1。

（一）I 级生物安全柜

I 级生物安全柜可保护操作人员和环境，但不保护样品。其气流原理和实验室通风橱基本相同，不同之处在于排气口安装有 HEPA 过滤器，将外排气流过滤进而防止微生物气溶胶扩散造成污染。

表 8-1　Ⅰ级、Ⅱ级和Ⅲ级生物安全柜之间的差异

生物安全柜	进风面速率 / m · s⁻¹	气流百分数 /%		排风系统
		重新循环部分	排出部分	
Ⅰ级 [a]	0.38 ~ 1.00	0	100	密闭管道连接或排到室内
Ⅱ级 A1 型	0.38 ~ 0.51	70	30	排到房间
外排型Ⅱ级 A2 型 [a]	≥0.50	70	30	排到房间
Ⅱ级 B1 型 [a]	≥0.50	30	70	密闭管道连接
Ⅱ级 B2 型 [a]	≥0.50	0	100	密闭管道连接
Ⅲ级 [a]	NA [b]	0	100	密闭管道连接

注：[a] 所有生物污染的管道均为负压状态，或由负压的管道和压力通风系统包围。

　　[b] 去掉单只手套后其进风面速率≥0.7m/s。

　　图 8-1 为Ⅰ级生物安全柜的原理图。空气从前面的开口处以大于 0.38m/s 的速率进入安全柜，经过工作台表面并经排风管排出安全柜。定向流动的空气可以将工作台面可能形成的气溶胶迅速送入排风管内。

　　Ⅰ级生物安全柜与负压通风柜的不同在于，其排风口安装有高效空气过滤器。安全柜内的空气通过 HEPA 过滤器按下列方式排出：①排到实验室中；②排到实验室中，然后再通过实验室排风系统排到建筑物外；③直接排到建筑物外。HEPA 过滤器可以装在生物

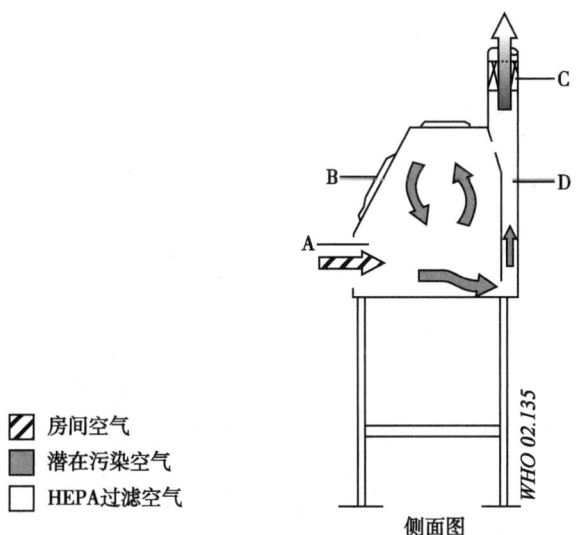

A：前窗口；B：窗口；C：排风HEPA过滤器；D：压力排风系统

图 8-1　Ⅰ级生物安全柜原理图

安全柜的压力排风系统（exhaust plenum）里，也可以装在建筑物的排风系统里。Ⅰ级 BSC 可将排气再循环至防护区，或在硬管道连接至设施的排风系统时直接排放至外部大气。由于空气从未在 BSC 内循环，如果 BSC 为硬管道连接排放至外部大气，则可用于少量挥发性有毒化学品的安全操作。

Ⅰ级生物安全柜能够为人员和环境提供保护。当Ⅰ级生物安全柜的排风排到室外时，也可用于操作放射性核素和挥发性有毒化学品。但Ⅰ级生物安全柜是直接将房间空气通过生物安全柜正面的开口处吸入生物安全柜内，可能带入房间空气中存在的微生物或其他不需要的颗粒物，因此Ⅰ级生物安全柜对操作对象不能提供切实可靠的保护。

Ⅰ级生物安全柜本身无风机，需要单独配置风机带动气流。由于不能保护柜内样品，Ⅰ级生物安全柜的使用在逐步减少。但在许多情况下，Ⅰ级生物安全柜可应用于某些设备（如离心机、震荡培养箱或小型发酵设备等）或可能产生气溶胶的操作（如通气培养或组织搅拌）的防护。

根据生物安全的工作原理，Ⅰ级生物安全柜可用于感染性材料的实验操作，也可用于操作少量放射性核素和挥发性有毒化学品。

（二）Ⅱ级生物安全柜

Ⅱ级生物安全柜是目前应用最为广泛的柜型。YY 0569—2011《Ⅱ级生物安全柜》根据Ⅱ级生物安全柜排气方式、循环空气比例、柜内气流形式和工作窗口进风平均速度等重要特征将其分为四种类型：A1、A2、B1 和 B2 型。Ⅱ级生物安全柜都可提供对操作人员、环境和操作对象的保护。

A 型和 B 型的主要区别在于 BSC 排出的空气与内循环的空气的比率以及排气系统类型的差异。A 型 BSC 在防护区内再循环空气，而 B 型 BSC 均为连接外排系统的安全柜，通过专用管道系统将空气直接排放到外部大气中。Ⅱ级 A 型 BSC 是微生物实验室中最常见的 BSC。

1. **Ⅱ级 A1 型生物安全柜**　Ⅱ级 A1 型生物安全柜如图 8-2 所示，内置风机位于工作区下方，将房间空气经前面的开口引入安全柜内并进入前面的进风格栅，安全柜前窗气流平均速度至少为 0.38m/s。风机从工作区吸入污染气流通过安全柜后壁回风夹道，压入柜体上部静压箱，经过排风高效过滤器过滤后排至柜体外，风机出口到排风高效过滤器之间的区域属于正压污染区，如果柜体密封不严，将使污染气流溢出到柜体外，造成污染环境的可能。所以这种结构目前很少采用。

A1 型 BSC 70% 的空气将经过送风 HEPA 过滤器重新返回到生物安全柜内的操作区域，其余的 30% 则经过排风过滤器进入房间内或被排到室外。

A1 型 BSC 内不应进行挥发性有毒化学品或放射性核素的工作，因为再循环空气可能会导致 BSC 内或防护区内有毒物质的积累，增加危险性。

2. **Ⅱ级 A2 型生物安全柜**　A2 型、B1 型和 B2 型生物安全柜都是由 A1 型生物安全柜演变而来，这些不同类型的Ⅱ级生物安全柜，连同Ⅰ级和Ⅲ级生物安全柜的特点见表 8-1。

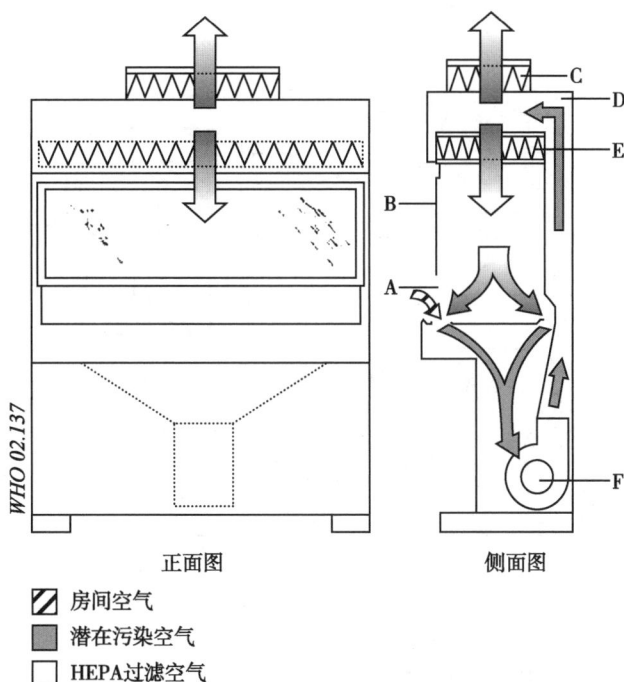

WHO 02.137

正面图　　　　　侧面图

☑ 房间空气
■ 潜在污染空气
□ HEPA过滤空气

A：前窗口；B：窗口；C：排风HEPA过滤器；D：后面的压力排风系统；E：送风HEPA过滤器；F：风机

图 8-2　Ⅱ级 A1 型生物安全柜原理图

A2 型生物安全柜的机柜与 A1 型几乎相同，A2 型安全柜前窗气流平均速度至少为 0.5m/s。70% 的气体通过 HEPA 过滤器过滤后再循环至工作区，30% 的气体通过排气口过滤排放。A2 型生物安全柜的风机设于安全柜的上部，可以使污染的气流均处于负压区，从而防止污染空气向外泄漏到防护区。适用于使用微量挥发性有毒化学品和放射性核素的操作。

3. **B1 型生物安全柜**　B1 型生物安全柜如图 8-3 所示，70% 的气体通过排气口 HEPA 过滤器排出，30% 的气体通过供气口 HEPA 过滤器再循环至工作区。在这种类型的 BSC 中，室内空气和一部分 BSC 的再循环空气被吸入前格栅，通过位于工作表面下方的 HEPA 过滤器，空气向上流动，通过侧增压，然后通过送风 HEPA 过滤器送至工作区域。在工作表面正上方和前后格栅中间，空气分开，70% 的污染空气通过后格栅和 HEPA 过滤器，然后从 BSC 直接排放到外部大气中。剩余空气通过前格栅，与流入的空气混合，通过位于工作表面下方的高效空气过滤器再循环至工作区。B1 型 BSC 为硬管道连接。使用低浓度挥发性有毒化学品和微量放射性核素的工作可在工作面后部进行，空气直接排放到外部大气中。

4. **B2 型生物安全柜**　B2 型生物安全柜为 100% 全排型安全柜，无内部循环气流。送风机通过高效空气过滤器将室内空气吸入机柜顶部，然后向下穿过工作表面。排气系统将柜内污染的空气通过 HEPA 过滤器过滤直接排放到外部大气中。B2 型 BSC 为硬管道连接，

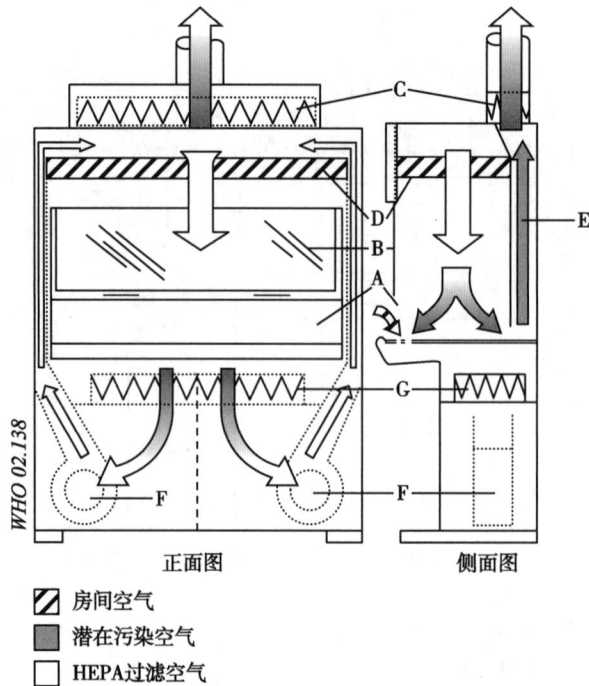

A：前窗口；B：窗口；C：排风HEPA过滤器；D：供风HEPA过滤器；
E：负压压力排风系统；F：风机；G：送风HEPA过滤器

图 8-3　Ⅱ级 B1 型生物安全柜原理图
注：安全柜需要有与独立的建筑物排风系统相连接的排风接口。

可以操作挥发性化学品和挥发性放射性核素作为添加剂的微生物实验。在Ⅱ级 B2 型 BSC
中，若 HVAC 系统、电源或排风机发生故障，BSC 气流将会出现逆转，实验室被认为受
到污染，应对整个房间进行消毒；选用 B2 型 BSC 应考虑其正常运行所需的条件，房间
应有足够的风量，并采取有效措施防止 BSC 气流逆转。

（三）Ⅲ级生物安全柜

　　Ⅲ级生物安全柜是一种完全封闭的、彻底不泄漏的通风安全柜，通过连着的橡胶手
套来进行安全柜内的操作，是目前安全防护等级最高的安全柜。柜体完全气密，100% 全
排放式，所有气体不参与循环，工作人员通过连接在柜体的手套进行操作，俗称手套箱
（glove box），实验材料通过双门的传递箱进出安全柜以确保不受污染，适用于高风险的生
物实验，如进行埃博拉病毒、马尔堡病毒等一类病原微生物相关的实验等。

　　当操作危害程度为一级的病原微生物和相关材料时，采用Ⅲ级生物安全柜（图 8-4）
可以提供最好的个体防护。Ⅲ级生物安全柜的所有接口都是"密封的"，其送风经 HEPA
过滤，排风则经过两个 HEPA 过滤器。Ⅲ级生物安全柜由一个外置的专门的排风系统来
控制气流，使安全柜内部始终处于负压状态（约 –120Pa），当取下一只手套时，应保持
0.7m/s 的向内定向气流。只有通过连接在安全柜上的橡胶手套，手才能伸到工作台面。Ⅲ

级生物安全柜配备了可以经过压力蒸汽灭菌或经化学消毒灭菌，并装有 HEPA 过滤排风装置的密闭传递桶。Ⅲ级生物安全柜也可与双扉压力蒸汽灭菌器相连接，以对进出安全柜的所有污物进行灭菌处理；设有联锁装置，防止高压灭菌器或传递窗同时打开。必要时，可以将多个Ⅲ级 BSC 连接在一起形成Ⅲ级 BSC 序列，作为完全密闭的操作系统，以获得更大的工作区域，满足工作需要。

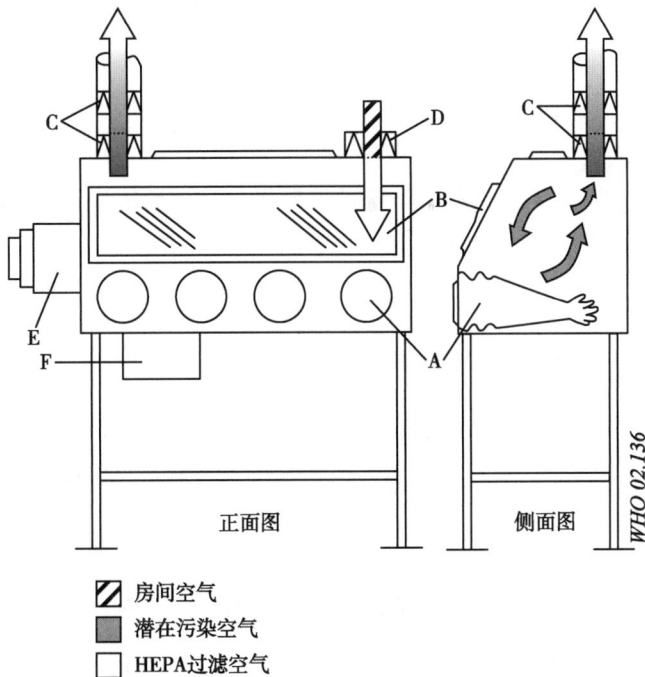

图例：
☑ 房间空气
■ 潜在污染空气
□ HEPA过滤空气

A：用于连接等臂长手套的舱孔；B：窗口；C：两个排风HEPA过滤器；
D：送风HEPA过滤器；E：双扉压力蒸汽灭菌器或传递箱；F：化学浸泡槽

图 8-4　Ⅲ级生物安全柜（手套箱）示意图
注：安全柜需要有与独立的建筑物排风系统相连接的排风接口。

二、生物安全柜的安装

应按产品的设计要求安装生物安全柜，应安装在远离门、开放的窗户、走动比较频繁的区域以及压力蒸汽灭菌器等其他潜在影响生物安全柜性能的位置，以保证生物安全柜的正常运行。在生物安全柜的四周应尽可能留有 30～50cm 的空间，以利于对安全柜的维护。在安全柜的上面应留有 30～35cm 的空间，以便对排风高效过滤器进行扫描检漏，准确测量空气通过排风过滤器的速度，并便于排风高效过滤器的更换。

Ⅱ级 A1 型和Ⅱ级 A2 型生物安全柜通常不要求向实验室外部排风，为防止天花板阻碍排气而增大系统阻力，减少进入安全柜前窗操作口的气流量，满足生物安全柜气流流速、排风 HEPA 过滤器扫描检漏等检测要求，安全柜顶部的排风口和天花板之间的间距宜不小于30cm。

Ⅱ级 B1 型和Ⅱ级 B2 型生物安全柜的排风应排至实验室外部，设置外排风机时应充分考虑到排风管阻力等因素对生物安全柜性能的影响，排风机的配置应满足生物安全柜排风量和静压要求，并留有冗余。排风口及排风管道应使用硬管，通过合理设计的弯头或三通直接牢固、密封连接到独立于建筑物其他公共通风系统的排风管道上。

安装应考虑以下建议。

1. 应在 BSC 的每一侧提供足够的间隙，便于维护操作。

2. BSC 不应位于化学通风柜或其他 BSC 的正对面，根据风险评估确定合理的安全距离，以避免操作员碰撞。

3. BSC 的硬管道连接，应具备进行检测与消毒的条件（例如，用于对密封机柜进行消毒的密闭阀，HEPA 过滤器检测装置等）。

4. B 型 BSC 应在管道系统的末端配备排气风机，管道系统中设置密闭阀，以防止气流逆转；应具备互锁功能及排气故障报警功能。

5. 为 BSC 提供应急电源将有助于在紧急情况下保持安全。

三、生物安全柜的选择原则

主要根据表 8-2 所列需保护类型选择适当的生物安全柜：保护实验对象、操作病原微生物的危害程度及个体防护、暴露于放射性核素和挥发性有毒化学品时的个体防护或上述各种防护的不同组合。

表 8-2 根据不同保护类型对生物安全柜的选择

保护类型	生物安全柜的选择
个体防护，针对二～四类病原微生物	Ⅰ级、Ⅱ级、Ⅲ级生物安全柜
个体防护，针对一类病原微生物，手套箱实验室	Ⅲ级生物安全柜
个体防护，针对一类病原微生物，防护服型实验室	Ⅰ级、Ⅱ级生物安全柜
实验对象保护	Ⅱ级生物安全柜，仅有层流装置的Ⅲ级生物安全柜
少量挥发性放射性核素 / 化学试剂的防护	Ⅱ级 B1 型生物安全柜，对外排风Ⅱ级 A2 型生物安全柜
挥发性放射性核素 / 化学试剂的防护	Ⅰ级、Ⅱ级 B2 型、Ⅲ级生物安全柜

操作挥发性或有毒化学品时，不应该使用将空气重新循环排入房间的生物安全柜。Ⅱ级 B1 型和Ⅱ级 A2 型安全柜可用于操作少量挥发性化学品和放射性核素。Ⅱ级 B2 型安全柜也称为全排放型安全柜，适用于操作放射性核素和挥发性化学品。在提取核酸时，为避免交叉污染，宜选用此类全排放型安全柜。

四、生物安全柜的消毒

甲醛是一种无色、腐蚀性、易燃的气体，作为烷化剂，可与蛋白质、RNA或DNA上的特定位点结合；它是由多聚甲醛解聚产生的，并在水蒸气的存在下有效地用作消毒剂。使用这种杀菌剂的典型去污方案包括在相对湿度为60%~90%、温度在15~32℃之间的条件下暴露12h（BSC暴露6h）。这确保了已知对甲醛气体最具抗性的细菌孢子的存活率低于百万分之一。甲醛气体可以被氨气中和，氨气是由碳酸氢铵或碳酸铵热分解产生的。

汽化过氧化氢（vaporized hydrogen peroxide，VHP）是一种氧化剂，对许多不同类型的病原体有效，包括细菌孢子。它已被提议作为甲醛气体消毒的更安全的替代品。这种消毒方法不会产生有害的副产物，因为VHP被分解成氧气和水。VHP与多种材料和饰面兼容；然而，它已被证明与一些材料不相容，如天然橡胶、一些塑料和油漆。VHP技术的最新进展允许对越来越大的空间进行消毒，从小型传递窗到280m^{3}及以上的区域。

干雾不是气态的，而是由过氧乙酸和过氧化氢（H_2O_2）的超细液滴组成。它是一种强大的氧化剂，可分解微生物的有机成分，破坏其结构。与VHP一样，干雾也会分解成无害成分，不会留下任何残留物。它被认为与大多数材料兼容，包括电子产品；然而，由于雾由颗粒（约7.5μm）组成，它不会穿透材料，对高效空气过滤器的消毒无效。当干雾颗粒小于0.5μm，可穿透材料，对高效过滤器进行消毒。

二氧化氯是一种选择性氧化剂，主要与高度还原的有机化合物（例如醇、醛、酮、叔胺和含硫氨基酸）反应。二氧化氯具有广谱杀菌和杀病毒活性，对细菌孢子有效。与蒸汽不同，二氧化氯在标准室温下是一种真正的气体，因此不受可能导致冷凝和浓度不一致的温度梯度的影响。与VHP相比，二氧化氯的分布更优越，作为一种选择性氧化剂，它与许多标准材料兼容，包括纸张、塑料、聚氯乙烯、阳极氧化铝和木材等。

H_2O_2和干雾消毒尤其需要清洁表面，因为它们穿透力弱。在进行气体消毒之前，对所有表面进行预清洁，以去除表面有机物和污垢，从而使气体有效接触所有表面。将生物指示剂放置在各种位置，包括气体难以到达或穿透的区域（例如角落、抽屉、裂缝等），提供了一种评估气体消毒过程有效性的方法。化学指示剂可与生物指示剂结合使用，以立即确认气体已到达所有目标区域，但在已知生物指示剂的结果之前，该区域不被视为已消毒。嗜热脂肪杆菌芽孢是检测甲醛、VHP和二氧化氯功效的首选生物指示菌。房间空间和BSC内的去污目标值是活孢子减少99.9999%。

目前，对生物安全柜高效过滤器的消毒主要采用汽化过氧化氢、二氧化氯气体进行消毒，而甲醛熏蒸消毒趋于减少。

生物安全柜在进行检测、高效过滤器更换或存在生物污染的元器件更换时，应对生物安全柜进行原位消毒，待消毒结束后方可进行检测、更换和维修工作。

1. **汽化过氧化氢消毒**　采用管道式过氧化氢空气消毒器，经管道与生物安全柜连接，通过过氧化氢蒸汽循环对生物安全柜进行消毒。图8-5为过氧化氢蒸汽消毒器，可用于生物安全实验室及生物安全柜的消毒。

2. **二氧化氯气体消毒**　二氧化氯是一种选择性氧化剂，具有广谱杀菌和杀病毒活性，对细菌孢子有效。采用二元制剂反应快速生成纯净的气体二氧化氯，二氧化氯气体具有优良的穿透性，可以穿透高效过滤器，实现对高效过滤器前后端的消毒。图 8-6 为便携式二氧化氯消毒器，可用于生物安全柜的消毒。

图 8-5　过氧化氢蒸汽消毒器　　　　图 8-6　便携式二氧化氯消毒器

五、生物安全柜的检测

生物安全柜安装后，应在投入使用前（包括生物安全柜被移动位置后）、更换高效空气过滤器或内部部件维修后进行性能检测并进行年度的维护检测。检测项目至少应包括垂直气流平均速度、气流模式、工作窗口气流平均速度、送风高效过滤器检漏、排风高效过滤器检漏、柜体内外的压差（适用于Ⅲ级生物安全柜）、工作区洁净度、工作区气密性（适用于Ⅲ级生物安全柜），具体可参照国家相关的标准等。

第二节　通风柜

通风柜最主要的功能是将实验操作时产生的各种有害气体、水蒸气、气味、余热等，控制在通风柜内并排至室外，达到保护使用者的安全、防止实验中的污染物质向实验室扩散的目的。

通风柜通常以捕捉效率、抑制效率和排除有害气体的效率衡量其性能。捕捉效率通过通风柜开口合理的面风速及通风柜的合理布置实现。合理的通风柜柜体设计以及保持通风柜开口合理的面风速是获得较高抑制效率的关键。排除有害气体的效率则通过室外排放口的高度和适当风速来达到。

一、通风柜的类别

（一）按排风方式分类

通风柜按照排风方式分为上部排风式、下部排风式和上下同时排风式三种类型。为保证工作区风速均匀，对于冷过程的通风柜应采用下部排风式，对于热过程的通风柜应采用上部排风式，对于发热量不稳定的过程，可在上下均设排风口，随柜内发热量的变化调节上下排风量的比例，从而得到均匀的风速。

（二）按进风方式分类

通风柜根据进风方式分为全排风式、补风式及变风量式通风柜。通过室内进风在柜内循环后排出室外的称为全排风式，这是实验室应用非常广泛的一种类型。当通风柜设置于采暖或对温湿度有控制要求的房间时，为节省采暖、空调能耗，采用从室外取补给风在柜内循环后排出室外的方式，称为补风式通风柜。变风量控制式的通风柜，其变风量控制通过调节阀门的传感器改变风量，达到设定的面风速，适用于要求精度高的场合。

二、通风柜的选择与布置

通风柜在各种生化和理化实验室中有着非常广泛的应用，在保护实验样品的纯度、保证实验结果的准确、维护实验室环境的清洁、改善劳动卫生条件和提高工作效率等方面，发挥着至关重要的作用。

（一）通风柜的选择

根据实验性质和实验室工艺要求，选择通风柜类型，确定通风柜数量。应以安全、实用、有效、经济为原则，使有害气体尽快就近排走，不污染环境和操作者，并使实验中的气态污染物全部控制在通风柜以内。应与工艺和建筑专业结合，合理确定通风柜在实验室的位置。通风柜应设置在受气流干扰少的地方，尽量远离门口、送风口和人员频繁往来的通道，避免无组织气流对通风柜排风流场形成干扰；同时，也应远离精密仪器，避免通风柜排风影响仪器操作。

在实验室建设时，选择通风柜以及确定通风柜的安装位置，需要根据实验内容来选择通风柜的类型、材质、形状等，通常要考虑下列内容。

1. 当使用药品、有机物或其他特殊试剂实验时，要充分考虑其控制风速，涉及带热源的设备时，应考虑排出热量所需的通风量，从而确定通风机的功率。

2. 涉及放射性物质或氯酸等实验时，应选用专用的通风柜，其进风风速必须设定为大于 0.5m/s。

3. 根据实验内容选择其外形尺寸，体积太大会造成浪费，体积过小会影响使用。使用大型设备时应考虑柜内有效尺寸，为排风留出必要的空间。

4. 通风柜排出的有害气体必须确保符合国家环保要求，如果超过国家卫生标准的要求，应安装相应的净化装置。

作为实验室里重要的实验设施，必须选择满足各项技术指标的通风柜，重视通风柜的功能性与安全性，确保符合安全要求。

（二）通风柜的布置

通风柜的布置应考虑以下因素。

1. 在通风柜安装位置上应该避免人员频繁走动的通道、出入口、窗户及通风采光不利的地方。

2. 排风机材质应耐腐蚀，应选择离心风机，使电动机置于排风气体以外。

3. 风机风量和压头均要考虑留有一定的余量。

4. 为减少噪声和振动，风机安装地点应尽量远离对噪声和振动有限制的房间，宜布置在机房内，靠近排放口处，如顶层或屋顶，使室内的排风管道保持负压，避免对其他房间造成不利影响。

5. 确定通风柜排风系统和补风系统的控制方式。空调房间应考虑房间压力控制，并与整个实验楼的楼宇控制系统相结合。

通风柜可用于理化实验室和生物实验室，也可以用于洁净实验室，但不适用于生物安全三级和四级实验室。

用于生物安全三级和四级实验室的，应根据实验室的实际需求定制生物安全型负压通风柜，其设计应充分考虑风量、风速、负压值等技术参数的设定和系统控制，其排风应设置高效过滤器，高效过滤装置应具备对 HEPA 过滤器进行原位检漏和消毒的条件，符合实验室生物安全要求。

第三节　压力蒸汽灭菌器

压力蒸汽灭菌器装置严密，输入蒸汽不外逸，温度随蒸汽压力增高而升高，当压力增至 103 ~ 206kPa 时，温度可达 121.3 ~ 132℃。压力蒸汽灭菌法就是利用压力蒸汽和高热释放的潜热（指当100℃的水蒸气变成100℃的水时，释放出 2 255.2J 的热量）进行灭菌。压力蒸汽灭菌属于湿热灭菌，是目前可靠而有效的灭菌方法，适用于耐高温、耐压力、不怕潮湿的物品，如防护服、手术器械、药品、细菌培养基等的灭菌，以及感染性物品、废物的灭菌处理。

一、压力蒸汽灭菌器的分类

根据工作原理，压力蒸汽灭菌器主要可以分为下排气式压力蒸汽灭菌器和预真空式压力蒸汽灭菌器。其中，脉动真空灭菌器（属于预真空灭菌器的一种）因其冷空气排除彻底，容易实现真空，应用最为广泛。

（一）下排气式压力蒸汽灭菌器

下排气式压力蒸汽灭菌器也称重力置换式压力蒸汽灭菌器，该灭菌器利用重力置换的原理，使蒸汽在灭菌器中从上而下，将冷空气由下排气孔排出，排出的冷空气由饱和蒸汽取代，利用蒸汽释放的潜热使物品达到灭菌。此类灭菌器设计简单，且空气排除不彻底，所需的灭菌时间较长。

下排气式压力蒸汽灭菌器的灭菌工艺流程为置换、升温、灭菌、排气、结束，其工艺曲线如图 8-7 所示。

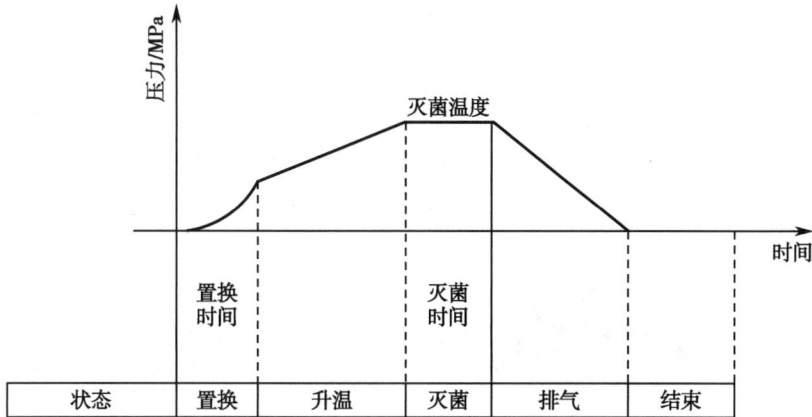

图 8-7 下排气程序工艺曲线

（二）预真空式压力蒸汽灭菌器

压力蒸汽灭菌的关键问题是为热的传导提供良好条件，而其中最重要的是使冷空气从灭菌器中排出。因为冷空气导热性差，阻碍蒸汽接触欲灭菌物品，并且还可降低蒸汽分压，使之不能达到应有的灭菌温度。预真空灭菌器的工作原理是利用机械抽真空的方法，可以较彻底地排除灭菌器内室以及待灭菌物品内的冷空气，使灭菌柜室内快速形成负压，蒸汽得以迅速穿透到物品内部进行灭菌，此方式无死角和明显温差。

预真空式压力蒸汽灭菌器温度可达 132～135℃，具有灭菌周期短、效率高，完成整个灭菌周期只需 25min；冷空气排除较彻底，对物品的包装、摆放要求较宽，而且真空状态下物品不易氧化损坏的特点。但其对柜体密封性要求较高，漏气量每分钟不得使负压升高值超过 0.13kPa。存在小装量效应，即欲灭菌物品放得过少，灭菌效果反而较差。小装量效应的发生主要由于物品体积愈小，在柜内残留空气愈多，对蒸汽接触物品的阻隔作用愈大所致，瓶装液体不能用此法灭菌。

预真空式压力蒸汽灭菌器对于多孔性物品的灭菌效果很理想，但由于要抽真空而不能用于液体的压力蒸汽灭菌。

预真空式压力蒸汽灭菌器的灭菌工艺流程为脉动、升温、灭菌、排气、干燥、回空、结束，其工艺曲线如图 8-8 所示。

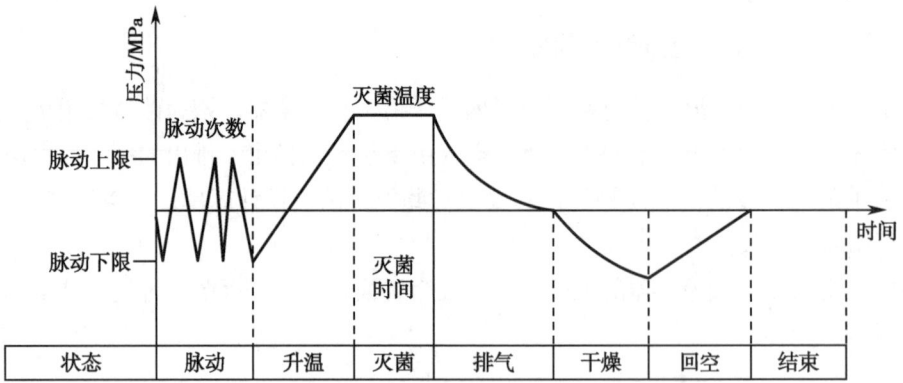

图 8-8　脉动程序工艺曲线

　　根据灭菌器的形状特性，目前常见的灭菌器有手提式、台式、立式和卧式蒸汽灭菌器，具体样式如图 8-9、图 8-10、图 8-11 及图 8-12 所示。

图 8-9　手提式蒸汽灭菌器

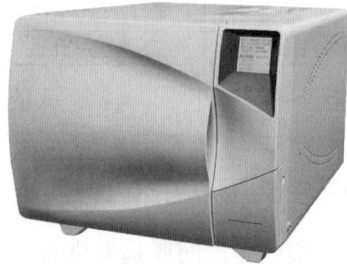

图 8-10　台式蒸汽灭菌器

图 8-11　立式蒸汽灭菌器

图 8-12　卧式蒸汽灭菌器

二、生物安全型压力蒸汽灭菌器

生物安全实验室专用的双扉压力蒸汽灭菌器与普通双扉脉动真空高压灭菌器不同,它具备下列两个系统。

(一)冷空气处理系统

生物安全实验室专用灭菌器设有冷空气处理系统,即在抽真空过程中排出舱体内污染的冷空气,经 HEPA(对 $0.01 \sim 0.03\mu m$ 微粒的过滤效率为 99.999%)过滤器过滤或经过高温处理后排放,确保排出的气体符合生物安全要求。

(二)冷凝水灭菌系统

生物安全实验室所用双扉压力蒸汽灭菌器具有一套冷凝水回收灭菌处理系统或集于灭菌器舱体的底部,在对灭菌器舱体内物品灭菌的过程中,同时对冷凝水进行灭菌,其灭菌温度、压力与时间等控制参数与灭菌仓完全相同,保证了冷凝水达到灭菌要求,保证其排放的安全。

三、压力蒸汽灭菌器的生产、安装、维护与使用要求

压力蒸汽灭菌器的主体属于压力容器,其作为特种设备要按照规范标准进行设计、制造、检验、安装和使用。

压力蒸汽灭菌器的生产商必须具备《特种设备制造许可证》,设备安装的单位必须具备相应的安装资质,应具有《特种设备安装改造维修许可证》,设备安装前,从事设备安装的单位应向使用单位所在地的特种设备安全监管部门书面告知。

压力蒸汽灭菌器的使用单位应当按照《特种设备使用管理规则》的有关要求,对设备进行使用安全管理,并申请办理《特种设备使用登记证》。在高压蒸汽使用过程中,使用单位应对灭菌器本体及其安全附件、安全保护装置、附属仪器仪表进行经常性维护保养,安全阀及压力表等附件按照国家法规规定,定期去特种设备监管部门校验。

四、压力蒸汽灭菌器评价

压力蒸汽灭菌器安装后,应在投入使用前、更换高效过滤器或内部部件维修后进行检测并进行年度的维护检测。其检测项目至少应包括灭菌效果检测、B-D 检测、压力表和安全阀检定、温度传感器和压力传感器校准(必要时)。

每次运行均应采用压力蒸汽灭菌化学指示卡检测灭菌效果;每 12 个月至少进行一次生物效果检测(生物指示剂:嗜热脂肪杆菌芽孢)。

B-D 检测应每 3 个月至少进行一次(脉动真空或预真空型压力蒸汽灭菌器)。

压力表和安全阀检定应按照国家相关计量检定规定。温度传感器和压力传感器校准应按照国家相关计量检定规定。

五、灭菌效果的监测

（一）化学监测法

将既能指示蒸汽温度，又能指示温度持续时间的化学指示管（卡）放入待高压处理物品的合适位置，如果是大包或难以消毒部位的物品，还应增加一个化学指示管（卡）放入包中央，在每个待高压处理的包装封口处贴上指示胶带，根据其颜色及性状的改变判断是否达到灭菌条件。结果判定：检测时，所放置的指示管（卡）、胶带的性状或颜色均变至规定的条件，判为灭菌合格；若其中之一未达到规定的条件，则灭菌过程不合格。

对预真空和脉动真空压力蒸汽灭菌器进行 B-D 测试。

注意事项：检测所用化学指示物应为经相关部门批准的合格产品，并在有效期内使用。

（二）生物监测法

1. **指示菌株**　指示菌株为耐热的嗜热脂肪杆菌芽孢（ATCC 7953 或 SSIK 31 株），菌片含菌量为 $5.0 \times 10^5 \sim 5.0 \times 10^6$ CFU/ 片，在 121℃ ± 0.5℃条件下，D 值为 1.3 ~ 1.9min，杀灭时间（KT 值）≤19min，存活时间（ST 值）≥3.9min。

培养基：试验用培养基为溴甲酚紫葡萄糖蛋白胨水培养基。

2. **检测方法**　将两个嗜热脂肪杆菌芽孢菌片分别装入灭菌小纸袋内，置于标准试验包中心部位。分别在下排气压力蒸汽灭菌器灭菌柜室内和排气口上方放置一个标准试验包（由 3 件平纹长袖手术衣、4 块小手术巾、2 块中手术巾、1 块大毛巾、30 块 10cm × 10cm 8 层纱布敷料包裹成 25cm × 30cm × 30cm 大小）；在预真空和脉动真空压力蒸汽灭菌器灭菌柜室内和排气口上方各放置一个标准测试包（16 条全棉手术巾，每条 41cm × 66cm，将每条手术巾的长边先折成 3 层，短边折成 2 层，然后叠放，做成 23cm × 23cm × 15cm 大小的测试包）；手提压力蒸汽灭菌器用通气贮物盒（22cm × 13cm × 6cm）代替标准试验包，盒内盛满试管，指示菌片放于中心部位的两支灭菌试管内（试管口用灭菌牛皮纸包封），将贮物盒平放于手提压力蒸汽灭菌器底部。

经一个灭菌周期后，在无菌条件下，取出标准试验包或通气贮物盒中的指示菌片，投入溴甲酚紫葡萄糖蛋白胨水培养基中，经 56℃ ± 1℃培养 7d（自含式生物指示物按说明书执行），观察培养基颜色变化。检测时设阴性对照和阳性对照。

3. **结果判定**　每个试验组和阴性对照组指示菌片接种的溴甲酚紫蛋白胨水培养基都不变色，阳性对照组由紫色变为黄色时，判定为灭菌合格；否则灭菌过程不合格。

注意事项：检测所用菌片须经国家卫生主管部门认可或符合备案要求，并在有效期内使用。

第四节　气（汽）体消毒设备

生物安全实验室的核心是"安全"，包括个人安全、环境安全以及实验样本安全。采取消毒灭菌措施是实验室生物安全的重要保障，贯穿于整个实验过程及实验结束。生物安全实验室的消毒灭菌具有消毒对象种类多、影响消毒效果的因素多、确认消毒效果所需时间长以及各种消毒措施实施前需要进行验证评估等特点。选择经过验证的高效、环保、安全的消毒新技术、新方法，对于保障实验室生物安全、实验室人员身心健康具有非常重要的意义。

近年来，过氧化氢气（汽）体消毒设备、二氧化氯气体消毒设备已用于生物安全实验室的消毒。

一、气化过氧化氢消毒器

气化过氧化氢消毒器又称为干雾过氧化氢消毒器，利用高压高速气流与文丘里原理让气体与消毒液在喷嘴处高速碰撞产生粒径在 $10\mu m$ 以内的干雾颗粒，让消毒液以干雾颗粒的形式弥散在需要灭菌的空间，对空间内的空气和物品表面进行灭菌。图 8-13 为便携式气化过氧化氢消毒器。

图 8-13　便携式气化过氧化氢消毒器

过氧化氢消毒的基本原理：过氧化氢雾化后形成的干雾在物体表面形成微冷凝，覆盖全部的物体表面，同时会释放强氧化性的羟基，以杀灭各种微生物。

过氧化氢干雾消毒器正被广泛地应用于微生物实验室、制药、生物技术、医疗卫生等行业；此消毒方式对嗜热脂肪杆菌芽孢的杀灭率≥99.999 9%。

干雾过氧化氢灭菌技术相比其他消毒方法具有明显的优点，见表 8-3。

表 8-3 过氧化氢灭菌技术与其他消毒方法的对比

对比项目	过氧化氢	甲醛	臭氧	过氧乙酸
熏蒸方式	移动式/管道式	移动式/管道式	管道式	移动式
有效性	对细菌芽孢杀灭率达到 99.999 9%	可杀灭细菌芽孢,但对温度要求高,浓度高	不能杀灭细菌芽孢、霉菌孢子	可杀灭细菌芽孢
安全性	无毒,无残留,对人员很安全	强致癌性	有毒,对呼吸系统、神经系统有损伤	刺激性大
腐蚀性	对大部分材料安全,对碳钢、黄铜等材料轻度腐蚀	对高效过滤有影响,甲醛对金属材料有腐蚀性	加速硅胶、橡胶、密封垫圈、电缆等老化	对多种金属材料有腐蚀性
杀菌周期	快速(2～5h)	2～3d	12～24h	>12h
残留	无	多聚甲醛残留物	无残留	乙酸残留

该类型设备采用 7.5%～8.0% 浓过氧化氢消毒液。干雾灭菌方案可安全地用于洁净室空间和设备的消毒灭菌,适用领域包括实验室、微生物室、无菌传递舱的消毒灭菌。干雾灭菌方案可安全地用于不锈钢、塑料、玻璃、地板、墙壁等各种表面和空间消毒。

气化过氧化氢消毒器所产生的干雾粒径小于 1μm(应在 0.3～0.5μm 区间),气态过氧化氢具有对不锈钢、铜等金属和普通彩钢板基本无腐蚀性的特点,已经应用于国内外的高等级生物安全实验室消毒,经实验室模拟消毒效果验证评价及实际使用效果证实,对黑色枯草杆菌芽孢达到 6log 杀灭效果,能够满足高等级生物安全实验室消毒、终末消毒及生物安全柜、动物 IVC 等关键防护设施设备排风高效原位消毒的要求。

二、过氧化氢汽化消毒器

(一)消毒原理

经闪蒸作用后产生的高温(50～70℃)过氧化氢蒸汽不断被发生器喷射出来,直至达到空间内过氧化氢蒸汽的饱和状态,高温饱和过氧化氢蒸汽接触到较冷的被消毒物品表面会达到微冷凝状态,在各种微生物表面形成微米级的包围层,过氧化氢分子会释放出强氧化性的自由基,对各种微生物进行杀灭。自由基可对微生物达到 6log 的杀灭效果。

(二)消毒过程

消毒过程分为准备、汽化、维持和通风四个阶段。

1. **准备阶段** 对闪蒸板、管道和喷嘴进行预热,达到适宜的工作温度。

2. **汽化阶段** 过氧化氢溶液滴落到闪蒸板上后,迅速汽化成蒸汽,喷射入灭菌空间内。过氧化氢蒸汽通过喷嘴扩散至隔离器各个角落,直至达到饱和状态。饱和状态被称为

"凝露点"——空气中无法再容纳更多的过氧化氢蒸汽。此时,过氧化氢蒸汽就会变成微冷凝状态,对微生物具有最好的杀灭效果。

3. **维持阶段** 在此阶段,会有过氧化氢蒸汽不断被喷射入空间内,维持蒸汽的饱和状态,以实现对灭菌物体表面的持续覆盖和对微生物的持续杀灭。

4. **通风阶段** 灭菌空间内的过氧化氢蒸汽通过催化过滤器,被分解为氧气和水蒸气,也可采用辅助通风设备将蒸汽排至传递舱外,直至监测到的过氧化氢浓度低于 1×10^{-6} mg/L。

(三)汽化消毒器的特点

1. 使用非特定的 30% 或 35%(质量分数)过氧化氢溶液。
2. 蒸汽发生率为 20g/min,快速达到消杀状态。
3. 通风效率高,保证房间尽早恢复使用。
4. 设备一体化,控制单元可通过电缆连接实现远程操作。
5. 精确的测量泵保证准确释放过氧化氢。
6. 包含气流传感器、液体传感器、相对传感器和过氧化氢蒸汽传感器。
7. 独特的过氧化氢蒸汽监测和控制,可探测和维持蒸汽的饱和状态。
8. 具有循环参数自动控制系统,只需测量房间大小和体积。
9. 可另外与通风单元或中央空调系统连接,加快通风过程。

三、二氧化氯消毒设备

气体二氧化氯发生器采用氯气 / 氮气混合气体与亚氯酸钠颗粒反应现场制备二氧化氯,经循环消毒管路注入消毒空间。在循环消毒管路上安装紫外光吸收气体二氧化氯浓度监测器,实时监测消毒空间的气体二氧化氯浓度。在整个消毒过程中,消毒空间的气体二氧化氯浓度、温湿度、压力,以及消毒设备的使用工况均可进行设定、显示和控制。

气体二氧化氯空气消毒机具有消毒迅速彻底、无腐蚀和残留、结构紧凑、操作便捷、易于维护的特点,适合高等级生物安全实验室、生物安全柜、高效过滤单元、传染病房和手术室、电子敏感元件及各类器械的气体消毒。

(一)消毒机基本构造

气体二氧化氯空气消毒机由气体二氧化氯发生器、紫外光吸收气体二氧化氯浓度监测器、消毒人机交互系统、环境湿度调节系统、消毒循环系统、安全辅助元件等部分组成。

(二)工作原理

气体二氧化氯空气消毒机工作时,首先根据消毒空间的性质、需要消毒的对象及消毒级别在人机交互系统中设置气体二氧化氯消毒浓度、空间湿度、消毒时间等参数;开启风机和消毒机加湿器,使消毒空间湿度达到设定值;开启电磁阀气体二氧化氯反应器,向消毒空间注入气体二氧化氯,同时系统监测消毒空间气体浓度、湿度和压力变化;消毒空间气体二氧化氯浓度达到设定值后，电磁阀关闭，反应器停止运行；在整个消毒过程中，除参数输入、启动机器和关闭氯气 / 氮气混合气瓶需要手动以外，其余动作切换均由人机交互平台自动完成。

气体二氧化氯空气消毒机适用于小型密闭空间及空间内设备的消毒，尤其适用于生物安全柜、隔离器、传递窗等小型空间的消毒，采用二元制剂反应快速生成纯净的气体二氧化氯，且反应过程中产生水蒸气使空间内相对湿度满足消毒条件，消毒后残液可直接排放至下水管道，空间内气体二氧化氯可通过吸收器吸收或直接排入大气。该装备采用循环注入方式，内置风机和残余气体吸收装置，一键操作，用户可定义消毒时间，遥控反应物加注过程。

四、消毒评价

气（汽）体消毒设备应在投入使用前、主要部件更换或维修后进行消毒评价并进行定期的维护检测。

现场检测的项目至少应包括模拟现场消毒、消毒剂有效成分测定。

1. **模拟现场消毒**　模拟现场消毒指示菌通常选用枯草杆菌黑色变种芽孢（ATCC 9372）或嗜热脂肪杆菌（ATCC 7953），但在污染对象很明确的前提下，可根据实验微生物的种类，选择抗力相似的微生物作为消毒指示物。如单纯为病毒对象时，可选用脊髓灰质炎病毒 - Ⅰ型疫苗株；如单纯为结核分枝杆菌污染时，可选用龟分枝杆菌脓肿亚种（ATCC 93326）；如单纯为真菌污染时，可选用黑曲霉菌（ATCC 16406）。按消毒设备使用说明书及现场测定的实际消毒剂量进行消毒。

2. **消毒剂有效成分测定**　消毒剂有效成分测定按照《消毒技术规范（2002 年版）》相关方法进行。

按照《消毒技术规范（2002 年版）》规定的方法进行消毒效果的判定。

第五节　排风高效过滤装置

排风高效过滤装置是指用于特定生物风险环境，以去除排风中有害气溶胶为目的的过滤装置。高级别生物安全实验室主要依靠隔离屏障设施防止病原微生物的外泄，确保实验人员和周边环境的安全，排风高效过滤装置是最为关键的设施。

用于高级别生物安全实验室的排风高效过滤装置按其结构及其安装位置分为风口式和管道式（也称单元式）。风口式安装于实验室围护结构的排风口，而管道式则安装在实验室防护区外，通过密闭管道与实验室相连。

一、风口式高效过滤装置

风口型扫描检漏高效空气过滤装置（即扫描检漏高效排风口，以下简称扫描风口）主要应用于高等级生物安全实验室排风高效过滤系统，满足 GB 19489—2008《实验室生物安全通用要求》中"应可以在原位对排风高效空气过滤器进行消毒灭菌和检漏"的要求。

扫描风口由孔板、风口箱体、扫描驱动机构、生物型气密隔离阀组成，如图 8-14 所示。风口箱体内安装高效空气过滤器，高效空气过滤器下游设置线扫描机构。箱体设置扫描驱动机构及接口箱，设置过滤器阻力监测仪表、阻力监测压力开关、电气接口、生物型气密隔离阀状态指示、消毒验证口、气体消毒口和扫描采样口，如图 8-15 所示。

扫描风口采用自动扫描检漏技术，对高效空气过滤器及安装边框进行原位扫描检漏，适用于需要改造排风处置设备或设备层空间较小的高等级生物安全实验室。其采用气体消毒剂在实验室内循环往复穿透 HEPA 过滤器的方式对过滤器进行原位气体消毒灭菌，可实时显示高效空气过滤器阻力和生物型气密隔离阀开或关的状态，操作、维护简便。

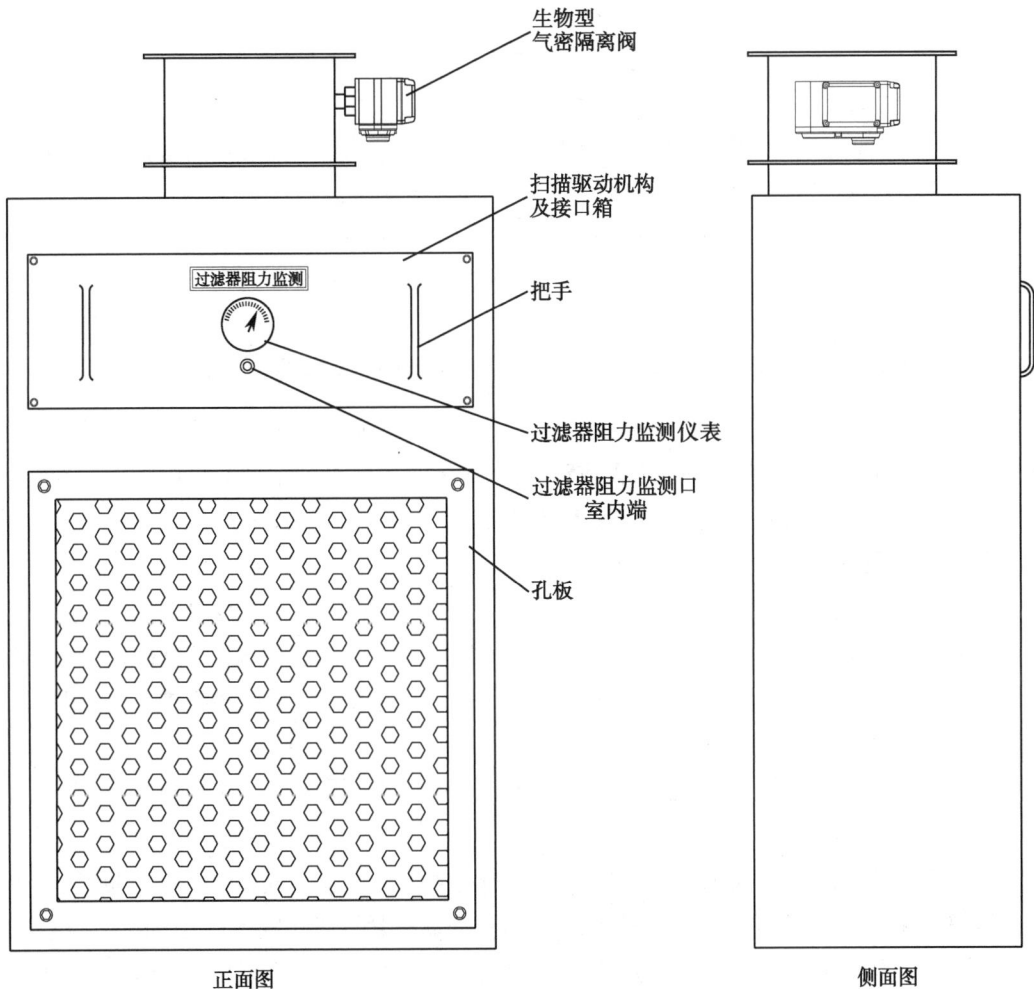

图 8-14　扫描风口（侧排式）结构图

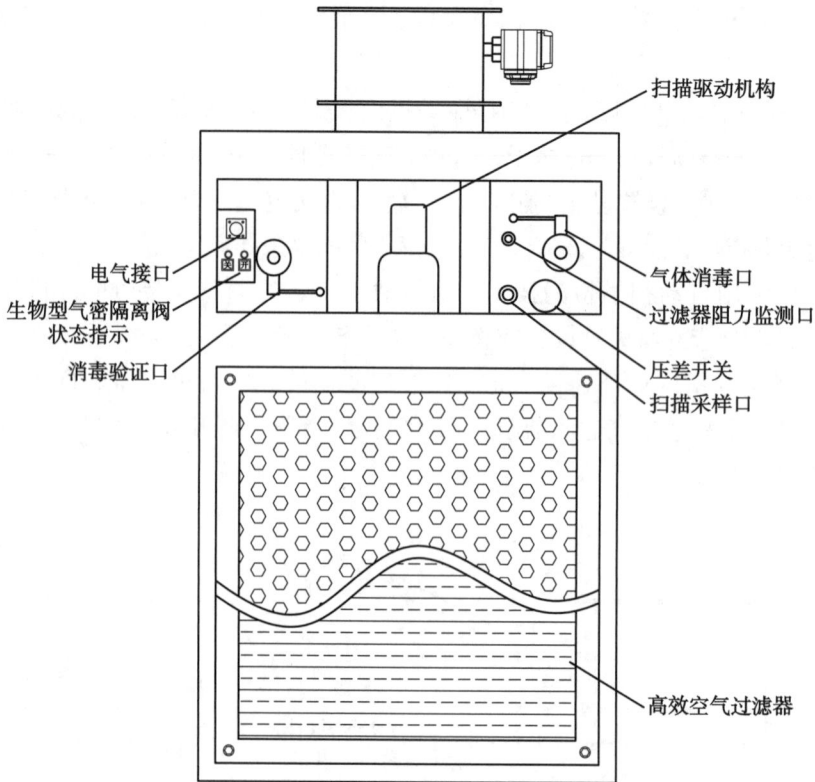

图 8-15　扫描风口（侧排式）各接口示意图

二、管道式高效过滤装置（袋进袋出高效过滤单元）

袋进袋出高效过滤单元（以下简称高效单元）主要应用于高等级生物安全实验室排风处置系统，依据 GB 19489—2008《实验室 生物安全通用要求》中"应可以在原位对排风高效过滤器进行消毒灭菌和检漏"的规定要求设计，由检测气溶胶发生段、混合段、上游采样段、扫描段等功能部分组成。

该设备采用线扫描检漏技术，对高效过滤器进行原位检漏，并实现单独对 HEPA 过滤器进行消毒灭菌，采用偏心压紧方式对过滤器进行装卸和袋进袋出式更换，安全、方便；并可实时显示高效过滤器阻力，满足生物安全标准要求，便于操作维护，满足我国高等级生物安全实验室建设的需要。

高效单元由箱体、HEPA 过滤器、密闭门、生物型气密隔离阀、支架和各个接口、阀门组成，如图 8-16 所示。

高效单元箱体内安装 HEPA 过滤器，HEPA 过滤器上游设置（气溶胶）混匀装置，下游设置线扫描检漏机构。箱体设置扫描驱动机构、过滤器压紧机构、生物安全防护袋、过滤器阻力监测表、电气接口、气体消毒口（进、出）、消毒验证口、消毒泄压口、气溶胶发生口、上游采样口和扫描采样口，箱体后部设置上游气溶胶混匀检测口（8 点），如图 8-17 所示。

过滤器阻力监测装置由压力采样口（过滤器前、后端）、截止阀、（生物膜）过滤器、阻力监测表、管路组成。阻力监测表两端连接截止阀门；生物膜过滤器一端连接截止阀门，另一端连接箱体压力采样口；生物膜过滤器与阻力监测表之间设置截止阀，如图 8-17 俯视图所示。

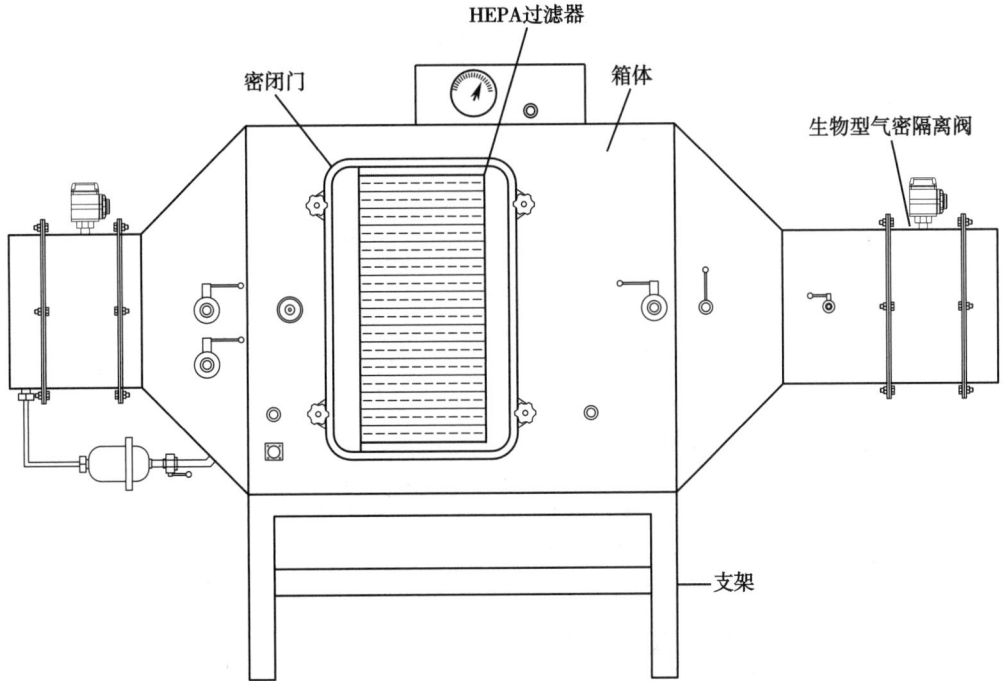

图 8-16　高效单元结构图

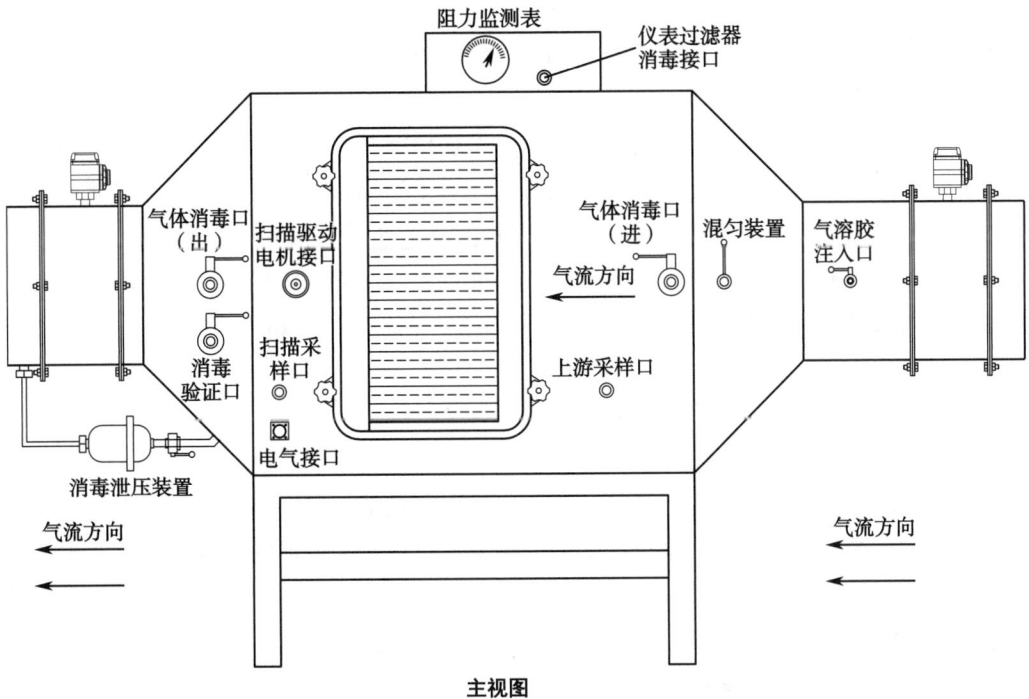

主视图

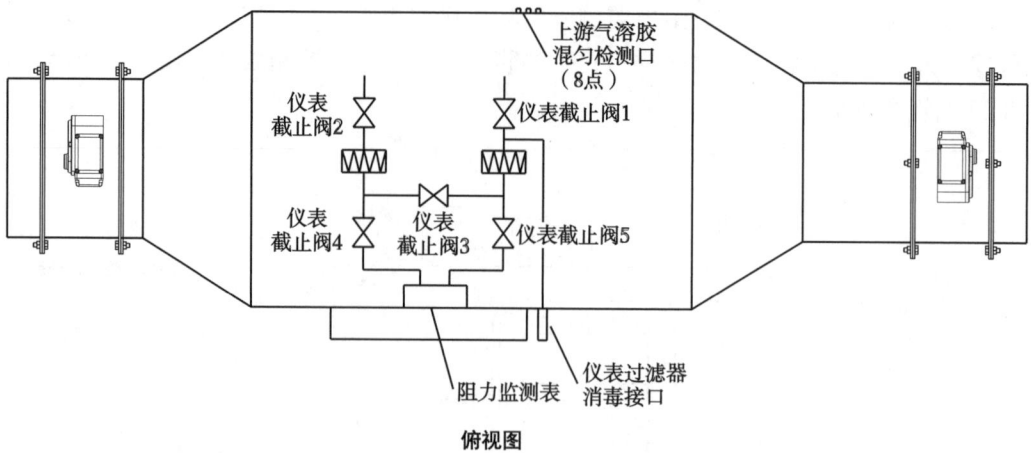

图 8-17　高效单元各接口示意图

三、排风高效过滤装置评价

排风高效过滤装置安装后，应在投入使用前、对高效空气过滤器进行原位消毒后及更换高效空气过滤器或内部部件后进行检测评价。

检测项目至少应包括箱体气密性（适用于安装在防护区外的排风高效过滤装置）、扫描检漏范围（适用于扫描型排风高效过滤装置）、高效过滤器检漏。

箱体气密性应按照 JG/T 497—2016《排风高效过滤装置》进行检测，检测结果应符合GB 19489—2008《实验室 生物安全通用要求》、JG/T 497—2016《排风高效过滤装置》及RB/T 199—2015《实验室设备生物安全性能评价技术规范》的要求。

扫描检漏范围应按照 JG/T 497—2016《排风高效过滤装置》进行检测，应能覆盖产品说明书指定范围。高效过滤器检漏测试，对于可进行扫描检漏测试的，进行扫描检漏测试；对于无法进行扫描检漏测试的，可选择效率法检漏测试。应按照 JG/T 497—2016《排风高效过滤装置》进行检测，检测结果应符合：对于扫描检漏测试，被测过滤器滤芯及过滤器与安装边框连接处任意点局部透过率实测值不得超过 0.01%。对于效率法检漏测试，当使用气溶胶光度计进行测试时，整体透过率实测值不得超过 0.01%；当使用离散粒子计数器进行测试时，置信度为 95% 的透过率实测值置信上限不得超过 0.01%。

第六节　生物安全型传递窗

物品传递装置被广泛应用于各种行业的洁净室建设中，在生物安全领域也是一种重要的设备。在生物安全实验室，生物安全型传递窗主要用于两个不同区域之间小件物品、器材及样品等的传递，其双门采用互锁装置，不能同时打开，避免两区域直接连通，可有效减少传递过程中发生的污染，是构成实验室隔离屏障设施的重要组成部分，也是保证实验室围护结构密封性的关键设备。

一、生物安全型传递窗的组成

生物安全型传递窗主要由箱体、前后密封门、隔离密封装置、人机交互系统、过氧化氢消毒单元、消毒管路、箱体支架组成。如图 8-18 所示。

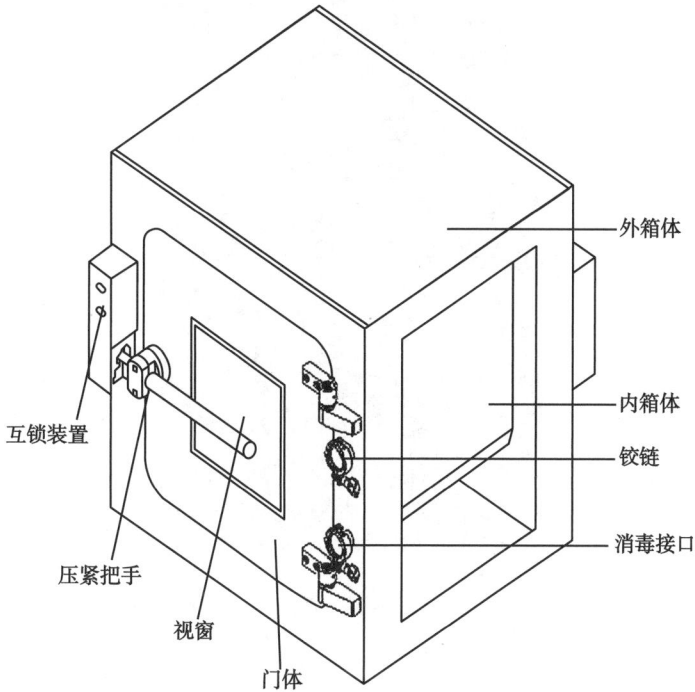

图 8-18　生物安全型传递窗基本构成示意图

二、生物安全型传递窗的消毒功能

在传递窗舱体内壁装有紫外灯，可以实现基本的紫外线辐射消毒。但由于紫外线穿透性弱，辐射存在较多死角，难以确保消毒效果，因此传递窗设置循环熏蒸消毒接口或配置过氧化氢汽化单元，通过管路连接舱体，可以实现过氧化氢蒸汽循环消毒。生物安全型传递窗如图 8-19 所示。

三、设备检测与评价

传递窗安装后，投入使用前、设备的主要部件（如压紧机构、紫外线灯管、互锁装置、密封元件等部件）更换或维修后、实验室围护结构（含气密门等）不能满足气密性要求时均须进行检测并进行年度的维护检测。

现场检测的项目至少应包括外观及配置、门互锁功能、紫外辐射强度（适用于设置紫外线灯管时）、气密性（当设置于有气密性要求的房间时）、消毒效果验证（当具备气体消毒功能时，仅在投入使用前或更换消毒剂类型及浓度时进行）。

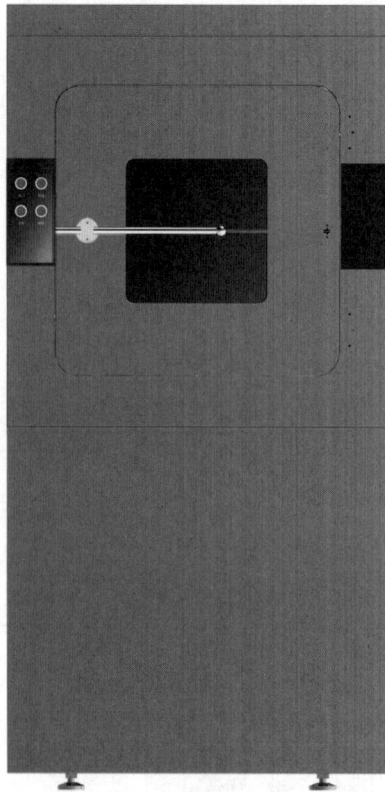

图 8-19 生物安全型传递窗

第七节 活毒废水处理设备

生物废水灭活处理设备是针对生物制药、生物安全实验室和医疗机构排出的感染性废水采用物理高温加热灭菌的方式进行处理的系统。此系统充分考虑处理过程中的各种安全因素，采取各项安全设施和应急保护措施，在对微生物有效灭活的同时，保证了处理设备和操作环境的安全性。

一、生物废水灭活处理设备分类

生物废水灭活处理设备按照处理废水的批次不同可以分为序批式和连续式；序批式根据罐体组合方式的不同可以分为储液罐＋灭活罐、灭活罐＋灭活罐；根据升温方式的不同可以分为罐体通蒸汽加热和夹套加热；根据冷却方式的不同可以分为换热器循环降温和夹套降温；根据排放方式的不同可以分为管道泵排空和压缩空气排空。

（一）序批式废水灭活处理设备

序批式废水灭活处理设备通常由一个或几个罐体组成，废水先进入储液罐内然后转移到灭活罐，在灭活罐内进行升温灭活处理，处理完毕后排放。如图 8-20 所示。

图 8-20　序批式废水灭活处理设备

序批式废水灭活处理设备是使用最早，也是应用最广泛的废水处理设备。目前常用的设备有以下几种。

1. **储液罐+灭活罐**　此种类型的设备由一个或几个储液罐和灭活罐组成。废水先进入储液罐进行收集，然后转移到灭活罐。其优点是废水收集量大，成本相对较低；缺点是储液罐检修时需灭菌，储液罐到灭活罐之间的管路灭菌效果较差。

2. **灭活罐+灭活罐**　此种类型的设备由一个或几个灭活罐组成。废水进入灭活罐进行收集，灭活罐承担废水收集的作用。其优点是既可收集也可灭活，废液通过自流进入罐体，安全性高；缺点是成本相对较高。

3. **汽水混合式加热**　此种类型的设备利用蒸汽喷射器对废水进行升温并起到搅动的效果。其优点是加热速度快，蒸汽注入造成涡流，不需要搅拌器而自动混合；缺点是蒸汽与废水混合会造成罐体内水量增加。

4. **夹套热传递加热**　此种类型的设备是将蒸汽通入罐体夹套内，而不是直接通入罐体内部。依靠热传递对废水进行升温。其优点是升温不会造成罐内液体增加，蒸汽不与废水直接接触，安全性高；缺点是加热效率较低，须配置搅拌装置。

序批式废水灭活处理设备主要是利用蒸汽对废水进行热力灭活，灭活罐程序分为进液、升温、灭活、降温及排放五个阶段。废液进入灭活罐，通过液位计控制，当灭活罐内的液位达到设定值时，进液停止；在进液的过程中通过夹层对废水进行预热，当进液停止后通过向罐体底部通入蒸汽对废水进行升温，并使废水的温度均匀。灭活罐上中下三个温度传感器的温度均达到灭活温度时，转入灭活程序；灭菌结束后转入降温程序，灭活罐排水阀、管道泵打开，废水通过降温换热器进行循环降温。当废水的温度降到50℃后，排水阀、管道泵打开，废液在管道泵的作用下，实现有动力的安全排放。

当罐体需要清洗时，可自行配制清洗液进行在线循环清洗，清洗完成后，清洗液通过废液排放管路流出，清水再次注入灭活罐，并在管道泵的作用下循环冲洗掉残余的清洗液。最终废液排放。

（二）连续式废水灭活处理设备

连续式废水灭活处理设备采用物理高温加热灭菌的方式连续不间断运行，对废水进行灭活处理。该设备占地面积小，适用于大量活毒废水的灭活处理。如图 8-21 所示。

图 8-21　连续式废水灭活处理设备

连续式废水灭活处理设备的工作原理是采用超高温灭菌技术，废水在连续流动的状态下利用蒸汽为加热介质通过热交换器加热至 135～160℃，在这一温度下保持一定的时间达到无菌水平，然后利用冷媒通过换热器降温，水温降至 40～60℃排出。如图 8-22 所示。

设备的主要特点如下。

1. **安全性高**　不使用压力罐、安全阀，避免安全阀泄漏的风险。如遇意外情况发生，没有囤积的废液外溢。

2. **占地体积小**　升温、灭菌、降温迅速，可不间断地处理废水，适用于废水产生量大的实验室和疫苗生产企业。

3. **设备管路密封可靠**　适用于高级别生物安全实验室活毒废水的处理。

4. **系统除垢能力强**　设备在每段工艺管路末端都设有 CIP 清洗接口，若由于堵塞造成流量变小，可进行自动除垢。

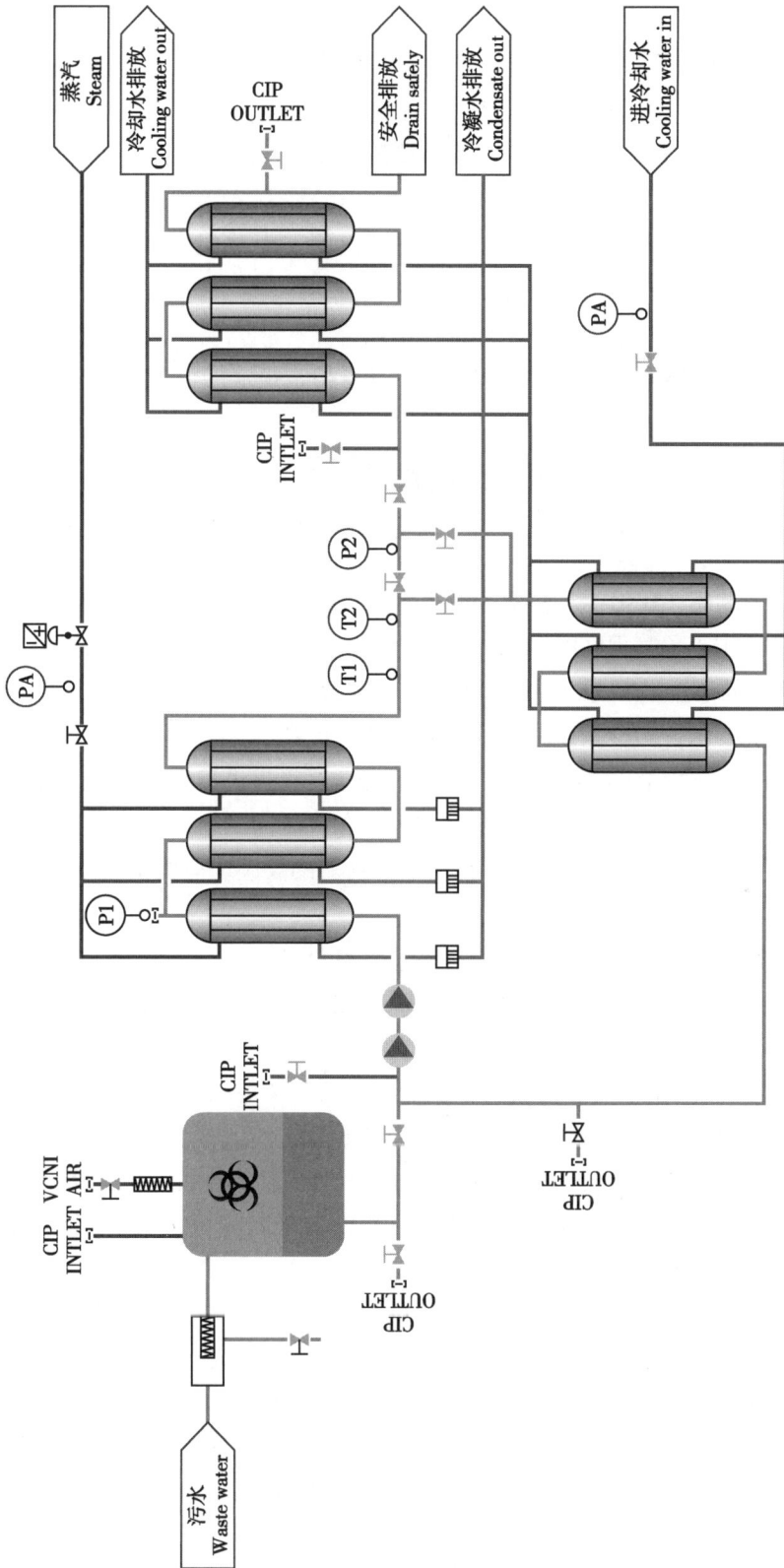

图 8-22　连续式废水灭活处理设备原理图

P1: 换热器升温后压力; P2: 废水升温后的压力; T1、T2: 温度传感器; PA: 蒸汽压力表; VCNI AIR: 储液罐溢气阀; CIP INTLET: 进清洗水接口; CIP OUTLET: 排清洗水接口

二、设备检测与评价

在设备安装后，应在投入使用前、设备的主要部件（如阀门、泵、管件、密封元件等部件）更换或检修后进行检测并进行年度的维护检测。现场检测的项目至少应该包括灭菌效果、安全阀和压力表检定、温度传感器和压力传感器校准（必要时）。

灭菌效果应每12个月至少进行一次生物效果检测（生物指示剂：嗜热脂肪杆菌芽孢）。

安全阀和压力表检定应按照国家相关计量检定规定。

温度传感器和压力传感器校准应按照国家相关计量检定规定。

第八节 生物安全实验室设施设备要求

一、BSL-1 实验室

生物安全一级实验室（BSL-1 实验室）适用于操作在通常情况下不会引起人类或者动物疾病的微生物。适用于危害程度第四类的微生物的教学、研究等工作，实验活动应严格遵守《人间传染的病原微生物目录》中相关要求。实验室所在建筑物的选址和与其他建筑物的间距均没有特殊要求，实验室设施设备应满足以下要求。

1. 应为实验室仪器设备的安装、清洁和维护、安全运行提供足够的空间。

2. 实验室应有足够的空间和台柜等摆放实验室设备和物品。

3. 在实验室的工作区外应当有存放外衣和私人物品的设施，应将个人服装与实验室工作服分开放置。

4. 进食、饮水和休息的场所应设在实验室的工作区外。

5. 实验室墙壁、顶板和地板应当光滑、易清洁、防渗漏并耐化学品和消毒剂的腐蚀。地面应防滑，不得在实验室内铺设地毯。

6. 实验室台（桌）柜和座椅等应稳固和坚固，边角应圆滑。实验台面应防水，并能耐受中等程度的热、有机溶剂、酸碱、消毒剂及其他化学试剂。

7. 应根据工作性质和流程合理摆放实验室设备、台柜、物品等，避免相互干扰、交叉污染，并应不妨碍逃生和急救。台（桌）柜和设备之间应有足够的间距，以便于清洁。

8. 实验室应设洗手池，水龙头开关宜为非手动式，宜设置在靠近出口处。

9. 实验室的门应有可视窗并可锁闭，并达到适当的防火等级，门锁及门的开启方向应不妨碍室内人员逃生。

10. 实验室可以利用自然通风，开启的窗户应安装防蚊虫的纱窗。如果采用机械通风，应避免气流流向导致的污染和避免污染气流在实验室之间或与其他区域之间串通而造成交叉污染。

11. 应保证实验室内有足够的照明，避免不必要的反光和闪光。

12. 实验室涉及刺激性或腐蚀性物质的操作，应在 30m 内设洗眼装置，风险较大时应设紧急喷淋装置。

13. 若涉及使用有毒、刺激性、挥发性物质，应配备适当的通风柜（罩）。

14. 若涉及使用高毒性、放射性等物质，应配备相应的安全设施设备和个体防护装备，应符合国家、地方的相关规定和要求。

15. 若使用高压气体和可燃气体，应有安全措施，应符合国家、地方的相关规定和要求。

16. 应有可靠和足够的电力供应，确保用电安全。

17. 应设应急照明装置，同时考虑合适的安装位置，以保证人员安全离开实验室。

18. 应配备足够的固定电源插座，避免多台设备使用共同的电源插座。应有可靠的接地系统，应在关键节点安装漏电保护装置或监测报警装置。

19. 应满足实验室所需用水。

20. 给水管道应设置倒流防止器或其他有效的防止回流污染的装置；给排水系统应不渗漏，下水应有防回流设计。

21. 应配备适用的应急器材，如消防器材、意外事故处理器材、急救器材等。

22. 应配备适用的通信设备。

23. 必要时，可配备适当的消毒、灭菌设备。

二、BSL-2 实验室

生物安全二级实验室（BSL-2 实验室）适用于操作能够引起人类或者动物疾病，但一般情况下对人、动物或者环境不构成严重危害，传播风险有限，实验室感染后很少引起严重疾病，并且具备有效治疗和预防措施的微生物。

按照实验室的通风方式，一般将 BSL-2 实验室分为常压 BSL-2 实验室和负压 BSL-2 实验室（加强型 BSL-2 实验室）。

BSL-2 实验室所在建筑的选址和与其他建筑物的间距没有特殊要求。如果涉及动物实验，应该满足 GB 14925—2023《实验动物 环境及设施》的要求。BSL-2 实验室设计和设施在满足 BSL-1 实验室要求的基础上，还应满足以下要求。

（一）常压 BSL-2 实验室

1. 适用时，应符合 BSL-1 实验室的要求。

2. 实验室主入口的门、放置生物安全柜实验间的门应可自动关闭；实验室主入口的门应有进入控制措施。

3. 实验室工作区域外应有存放备用物品的条件。

4. 应在实验室或其所在的建筑内配备压力蒸汽灭菌器或其他适当的消毒、灭菌设备，所配备的消毒、灭菌设备应以风险评估为依据。

5. 应在实验室工作区配备洗眼装置，必要时，应在每个工作间配备洗眼装置。

6. 应在操作病原微生物及样本的实验区内配备二级生物安全柜。

7. 应按产品的设计、使用说明书的要求安装和使用生物安全柜。

8. 如果使用管道排风的生物安全柜,应通过独立于建筑物其他公共通风系统的管道排出。

9. 实验室入口应有生物危害标识,出口应有逃生发光指示标识。

(二)加强型 BSL-2 实验室

1. 适用时,应符合常压 BSL-2 实验室的要求。

2. 加强型 BSL-2 实验室应包含缓冲间和核心工作间。

3. 缓冲间可兼作防护服更换间。必要时,可设置准备间和洗消间等。

4. 缓冲间的门宜能互锁。如果使用互锁门,应在互锁门的附近设置紧急手动互锁解除开关。

5. 实验室应设洗手池;水龙头开关应为非手动式,宜设置在靠近出口处。

6. 采用机械通风系统,送风口和排风口应采取防雨、防风、防杂物、防昆虫及其他动物的措施,送风口应远离污染源和排风口。排风系统应使用高效空气过滤器。

7. 核心工作间内送风口和排风口的布置应符合定向气流的原则,利于减少房间内的涡流和气流死角。

8. 核心工作间气压相对于相邻区域应为负压,压差宜不低于 10Pa。在核心工作间入口的显著位置,应安装显示房间负压状况的压力显示装置。

9. 应通过自动控制措施保证实验室压力及压力梯度的稳定性,并可对异常情况报警。

10. 实验室的排风应与送风连锁,排风先于送风开启,后于送风关闭。

11. 实验室应有措施防止产生对人员有害的异常压力,围护结构应能承受送风机或排风机异常时导致的空气压力载荷。

12. 核心工作间温度 18~26℃,噪声应低于 68dB。

13. 实验室内应配置压力蒸汽灭菌器,以及其他适用的消毒设备。

三、BSL-3 实验室

生物安全三级实验室(BSL-3 实验室)适用于操作能够引起人类或者动物严重疾病,比较容易直接或者间接在人与人、动物与人、动物与动物间传播的微生物。

BSL-3 实验室设计和设施方面在满足 BSL-2 实验室要求的基础上,还应满足以下要求。

(一)平面布局

1. 实验室应在建筑物中自成隔离区或为独立建筑物,应有出入控制。

2. 实验室应明确区分辅助工作区和防护区;防护区中直接从事高风险操作的区域为核心工作间,人员应通过缓冲间进入核心工作间。

3. 对于操作通常认为非经空气传播致病性生物因子的实验室,实验室辅助工作区应至少包括监控室和清洁衣物更换间;防护区应至少包括缓冲间及核心工作间。

4. 对于可有效利用安全隔离装置(如生物安全柜)操作常规量经空气传播致病性生

物因子的实验室，实验室辅助工作区应至少包括监控室、清洁衣物更换间和淋浴间；防护区应至少包括防护服更换间、缓冲间及核心工作间；实验室核心工作间不宜直接与其他公共区域相邻。

5. 可根据需要安装传递窗。如果安装传递窗，其结构承压力及密闭性应符合所在区域的要求，以保证围护结构的完整性，并应具备对传递窗内物品表面进行消毒的条件。

6. 应充分考虑生物安全柜、双扉压力蒸汽灭菌器等大设备进出实验室的需要，实验室应设有尺寸足够的设备门。

（二）围护结构

1. 实验室宜按甲类建筑设防，耐火等级应符合相关标准要求。

2. 实验室防护区内围护结构的内表面应光滑、耐腐蚀、不开裂、防水，所有缝隙和贯穿处的接缝都应可靠密封，应易清洁和消毒。

3. 实验室防护区内的地面应防渗漏、完整、光洁、防滑、耐腐蚀、不起尘。

4. 实验室内所有的门应可自动关闭，需要时，应设观察窗；门的开启方向不应妨碍逃生。

5. 实验室内所有窗户应为密闭窗，玻璃应耐撞击、防破碎。

6. 实验室及设备间的高度应满足设备的安装要求，应有维修和清洁空间。

7. 实验室防护区的顶棚上不得设置检修口等。

8. 在通风系统正常运行状态下，采用烟雾测试法检查实验室防护区内围护结构的严密性时，所有缝隙应无可见泄漏。

（三）通风空调系统

1. 应安装独立的实验室送排风系统，确保在实验室运行时气流由低风险区向高风险区流动，同时确保实验室空气通过 HEPA 过滤器过滤后排至室外。

2. 实验室空调系统的设计应充分考虑生物安全柜、离心机、二氧化碳培养箱、冰箱、压力蒸汽灭菌器、紧急喷淋装置等设备的冷、热、湿负荷。

3. 实验室防护区房间内送风口和排风口的布置应符合定向气流的原则，利于减少房间内的涡流和气流死角；送排风应不影响其他设备的正常功能，在生物安全柜操作面或其他有气溶胶发生地点的上方不得设送风口。

4. 不得循环使用实验室防护区排出的空气，不得在实验室防护区内安装分体空调等在室内循环处理空气的设备。

5. 应按产品的设计要求和使用说明安装生物安全柜和其排风管道系统。

6. 实验室的送风应经过粗效、中效过滤器和 HEPA 过滤器过滤。

7. 实验室防护区室外排风口应设置在主导风的下风向，与新风口的直线距离应大于12m，并应高于所在建筑的屋面 2m 以上，应有防风、防雨、防鼠、防虫设计，但不应影响气体向上空排放。

8. HEPA 过滤器的安装位置应尽可能靠近实验室送风管道和排风管道的风口端。

9. 应可以在原位对排风 HEPA 过滤器进行消毒和检漏。

10. 如在实验室防护区外使用高效过滤器单元，其结构应牢固，应能承受 2 500Pa 的压力；高效过滤器单元的整体密封性应达到在关闭所有通路并维持腔室内的温度稳定的条件下，若使空气压力维持在 1 000Pa 时，腔室内每分钟泄漏的空气量应不超过腔室净容积的 0.1%。

11. 应在实验室防护区送风和排风管道的关键节点安装密闭阀，必要时，可完全关闭。

12. 实验室的排风管道应采用耐腐蚀、耐老化、不吸水的材料制作，宜使用不锈钢管道。密闭阀与实验室防护区相通的送风管道和排风管道应牢固、气密、易消毒，管道的密封性应达到在关闭所有通路并维持管道内的温度稳定的条件下，若使空气压力维持在 500Pa 时，管道内每分钟泄漏的空气量应不超过管道内净容积的 0.2%。

13. 排风机应一用一备。应尽可能缩短排风机后排风管道正压段的长度，该段管道不应穿过其他房间。

（四）供水与供气系统

1. 应在实验室防护区靠近实验间出口处设置非手动洗手设施；如果实验室不具备供水条件，应设非手动手消毒装置。

2. 应在实验室的给水与市政给水系统之间设防回流装置或其他有效的防止倒流污染的装置，且这些装置应设置在防护区外，宜设置在防护区围护结构的边界处。

3. 进出实验室的液体和气体管道系统应牢固、不渗漏、防锈、耐压、耐温（冷或热）、耐腐蚀。应有足够的空间清洁、维护和维修实验室内暴露的管道，应在关键节点安装截止阀、防回流装置或 HEPA 过滤器等。

4. 如果有供气（液）罐等，应放在实验室防护区外易更换和维护的位置，安装牢固，不应将不相容的气体或液体放在一起。

5. 如果有真空装置，应有防止真空装置的内部被污染的措施；不应将真空装置安装在实验场所之外。

（五）污物处理及消毒系统

1. 应在实验室防护区内设置符合生物安全要求的压力蒸汽灭菌器。宜安装生物安全型的双扉压力蒸汽灭菌器，其主体应安装在易维护的位置，与围护结构的连接之处应可靠密封。

2. 对实验室防护区内不能使用压力蒸汽灭菌的物品应有其他消毒、灭菌措施。

3. 压力蒸汽灭菌器的安装位置不应影响生物安全柜等安全隔离装置的气流。

4. 根据需要设置传递物品的渡槽。如果设置传递物品的渡槽，应使用强度符合要求的耐腐蚀性材料，并方便更换消毒液；渡槽与围护结构的连接之处应可靠密封。

5. 地面液体收集系统应有防液体回流的装置。

6. 进出实验室的液体和气体管道系统应牢固、不渗漏、防锈、耐压、耐温（冷或热）、耐腐蚀。排水管道宜明设，并应有足够的空间清洁、维护和维修实验室内暴露的管道。在发生意外的情况下，为缩小污染范围，利于设备的检修和维护，应在关键节点安装截止阀。

7. 实验室防护区内如果有下水系统，应与建筑物的下水系统完全隔离；下水应直接通向本实验室专用的污水处理系统。

8. 所有下水管道应有足够的倾斜度和排量，确保管道内不存水；管道的关键节点应按需要安装防回流装置、存水弯（深度应适用于空气压差的变化）或密闭阀门等；下水系统应符合相应的耐压、耐热、耐化学腐蚀的要求，安装牢固，无泄漏，便于维护、清洁和检查。

9. 实验室排水系统应单独设置通气口，通气口应设 HEPA 过滤器或其他可靠的消毒装置，同时应保证通气口处通风良好。如通气口设置 HEPA 过滤器，则应可以在原位对 HEPA 过滤器进行消毒和检漏。

10. 实验室应以风险评估为依据，确定实验室防护区污水（包括污物）的消毒方法；应对消毒效果进行监测，确保每次消毒的效果。

11. 实验室辅助区的污水应经处理达标后方可排入市政管网。

12. 应具备对实验室防护区、设施设备及与其直接相通的管道进行消毒的条件。

13. 应在实验室防护区可能发生生物污染的区域（如生物安全柜、离心机附近等）配备便携的消毒装置，同时应备有足够的适用消毒剂。当发生意外时，及时进行消毒处理。

（六）电力供应系统

1. 电力供应应按一级负荷供电，满足实验室的用电要求，并应有冗余。

2. 生物安全柜、送风机和排风机、照明、自控系统、监视和报警系统等应配备不间断备用电源，电力供应至少维持 30min。

3. 应在实验室辅助工作区安全的位置设置专用配电箱，其放置位置应考虑人员误操作的风险、恶意破坏的风险及受潮湿、水灾侵害等的风险。

（七）照明系统

1. 实验室核心工作间的照度应不低于 350lx，其他区域的照度应不低于 200lx，宜采用吸顶式密闭防水洁净照明灯。

2. 应避免过强的光线和光反射。

3. 应设应急照明系统以及紧急发光疏散指示标识。

（八）自控、监视与报警系统

1. 实验室自动化控制系统应由计算机中央控制系统、通信控制器和现场执行控制器等组成。应具备自动控制和手动控制的功能，应急手动应有优先控制权，且应具备硬件联锁功能。

2. 实验室自动化控制系统应保证实验室防护区内定向气流的正确及压力压差的稳定。

3. 实验室通风系统联锁控制程序应先启动排风，后启动送风；关闭时，应先关闭送风及密闭阀，后关闭排风及密闭阀。

4. 通风系统应与Ⅱ级 B 型生物安全柜、通风柜（罩）等局部排风设备连锁控制，确保实验室稳定运行，并在实验室通风系统开启和关闭过程中保持有序的压力梯度。

5. 当排风系统出现故障时，应先将送风机关闭，待备用排风机启动后，再启动送风机，避免实验室出现正压。

6. 当送风系统出现故障时，应有效控制实验室负压在可接受范围内，避免影响实验室人员的安全、生物安全柜等安全隔离装置的正常运行和围护结构的安全。

7. 应能够连续监测送排风系统 HEPA 过滤器的阻力。

8. 应在有压力控制要求的房间入口的显著位置，安装显示房间压力的装置。

9. 中央控制系统应可以实时监控、记录和存储实验室防护区内压力、压力梯度、温度、湿度等有控制要求的参数，以及排风机、送风机等关键设施设备的运行状态、电力供应的当前状态等。应设置历史记录档案系统，以便随时查看历史记录，历史记录数据宜以趋势曲线结合文本记录的方式表达。

10. 中央控制系统的信号采集间隔时间应不超过 1min，各参数应易于区分和识别。

11. 实验室自控系统报警应分为一般报警和紧急报警。一般报警指过滤器阻力的增大、温湿度偏离正常值等，暂时不影响安全，实验活动可持续进行的报警；紧急报警指实验室出现正压、压力梯度持续丧失、风机切换失败、停电、火灾等，对安全有影响，应终止实验活动的报警。一般报警应为显示报警，紧急报警应为声光报警和显示报警，可以向实验室内外人员同时显示紧急警报，应在核心工作间内设置紧急报警按钮。

12. 核心工作间的缓冲间的入口处应有指示核心工作间工作状态的装置，必要时，设置限制进入核心工作间的连锁机制。

13. 实验室应设电视监控，在关键部位设置摄像机，可实时监视并录制实验室活动情况和实验室周围情况。监视设备应有足够的分辨率和影像存储容量。

（九）实验室通信系统

1. 实验室防护区内应设置向外部传输资料和数据的传真机或其他电子设备。

2. 监控室和实验室内应安装语音通信系统。如果安装对讲系统，宜采用向内通话受控、向外通话非受控的选择性通话方式。

（十）实验室门禁管理系统

1. 实验室应有门禁管理系统，应保证只有获得授权的人员才能进入实验室，并能够记录人员出入。

2. 实验室应设门互锁系统，应在互锁门的附近设置紧急手动解除互锁开关，需要时，可立即解除门的互锁。

3. 当出现紧急情况时，所有设置互锁功能的门应能处于可开启状态。

（十一）参数要求

1. 实验室的围护结构应能承受送风机或排风机异常时导致的空气压力载荷。

2. 对于操作通常认为非经空气传播致病性生物因子的实验室，核心工作间的气压（负压）与室外大气压的压差值应不小于 30Pa，与相邻区域的压差（负压）应不小于 10Pa；对于可有效利用安全隔离装置操作常规量经空气传播致病性生物因子的实验室，其核心工作间的气压（负压）与室外大气压的压差值应不小于 40Pa，与相邻区域的压差（负压）应不小于 15Pa。

3. 实验室防护区各房间的最小换气次数应不小于 12 次/h。

4. 实验室的温度宜控制在 18 ~ 26℃范围内。

5. 正常情况下，实验室的相对湿度宜控制在 30% ~ 70% 范围内；消毒状态下，实验室的相对湿度应能满足消毒的技术要求。

6. 在安全柜开启的情况下，核心工作间的噪声应不大于 68dB。

7. 实验室防护区的静态洁净度应不低于 8 级水平。

四、BSL-4 实验室

生物安全四级实验室（BSL-4 实验室）为最高防护水平的实验室，适用于操作通常能引起人或动物的严重疾病，并且很容易发生个体之间的直接或间接传播，对感染一般没有有效的预防和治疗措施的高致病性生物因子。

根据使用防护装备的不同，BSL-4 实验室分为安全柜型实验室和正压服型实验室。在安全柜型实验室中，所有微生物的操作均在Ⅲ级生物安全柜中进行。在正压服型实验室中，工作人员必须穿着配有生命支持系统的正压防护服。

除了应满足生物安全三级实验室的设施和设备要求外，BSL-4 实验室还要满足以下要求。

（一）建筑位置要求

BSL-4 实验室应为独立建筑物，或与其他级别的生物安全实验室共用建筑物，但应在建筑物中独立的隔离区域内。

（二）平面布局要求

BSL-4 实验室宜远离市区。主实验室所在建筑物与相邻建筑物或构筑物的距离不应小于相邻建筑物或构筑物高度的 1.5 倍。

（三）设施和设备要求

1. 生物安全柜型 BSL-4 实验室

（1）在该类实验室结构中，由多台密封连接的Ⅲ级生物安全柜来提供基本防护。

（2）在进入有Ⅲ级生物安全柜的房间（安全柜房间）前，要先通过至少有两道门的通道。

（3）实验室必须配备带有内外更衣间的个人淋浴室。

（4）对于不能从更衣室携带进出安全柜型实验室的材料、物品，应通过双门结构的高压灭菌器或熏蒸室送入。只有在外门安全锁闭后，实验室内的工作人员才可以打开内门取出物品。

（5）高压灭菌器或熏蒸室的门采用互锁结构，除非高压灭菌器运行了一个灭菌循环，或已清除熏蒸室的污染，否则外门不能打开。

（6）通入Ⅲ级生物安全柜的气体可以来自室内，并经过安装在生物安全柜上的 HEPA 过滤器，或者由供风系统直接提供。

（7）从Ⅲ级生物安全柜内排出的气体在排到室外前须经两个 HEPA 过滤器过滤。工作中，安全柜内相对于周围环境应始终保持负压。

（8）应为安全柜型实验室安装专用的直排式通风系统。

2. 正压防护服型 BSL-4 实验室

（1）实验室应建造在独立的建筑物内或建筑物中独立的隔离区域内。应有严格限制进入实验室的门禁措施，应记录进入人员的个人资料、进出时间、授权活动区域等信息；对与实验室运行相关的关键区域也应有严格和可靠的安保措施，避免非授权进入。

（2）BSL-4 实验室防护区应至少包括主实验室、缓冲间、外防护服更换间等，外防护服更换间应为气锁，辅助工作区应包括监控室、清洁衣物更换间等；设有生命支持系统的 BSL-4 实验室的防护区应包括主实验室、化学淋浴间、外防护服更换间等，化学淋浴间应为气锁，可兼作缓冲间。

（3）实验室防护区的围护结构应尽量远离建筑外墙；实验室的核心工作间应尽可能设置在防护区的中部。

（4）应在实验室的核心工作间内配备生物安全型压力蒸汽灭菌器；如果配备双扉压力蒸汽灭菌器，其主体所在房间的室内气压应为负压，并应设在实验室防护区内易更换和维护的位置。

（5）可根据需要安装传递窗。如果安装传递窗，其结构承压力及密闭性应符合所在区域的要求；需要时，应配备符合气锁要求并具备消毒条件的传递窗。

（6）实验室防护区围护结构的气密性应达到在关闭受测房间所有通路并保持房间内温度稳定的条件下，当房间内的空气压力上升到 500Pa 后，20min 内自然衰减的气压小于 250Pa。

（7）正压服型实验室应同时配备紧急支援气罐，紧急支援气罐的供气时间应不少于 60min/ 人。

（8）生命支持系统应有不间断备用电源，连续供电时间应不少于60min。

（9）供呼吸使用的气体的压力、流量、含氧量、温度、湿度、有害物质的含量等应符合职业安全的要求。

（10）生命支持系统应具备必要的报警装置。

（11）实验室防护区内所有区域的室内气压应为负压，实验室核心工作间的气压（负压）与室外大气压的压差值应不小于60Pa，与相邻区域的压差（负压）应不小于25Pa。

（12）实验室的排风应经过两级HEPA过滤器处理后排放。

（13）应可以在原位对送、排风HEPA过滤器进行消毒和检漏。

（14）实验室防护区内所有需要运出实验室的物品或其包装的表面应经过可靠灭菌，符合安全要求。

（15）化学淋浴消毒装置应在无电力供应的情况下仍可以使用，消毒液储存器的容量应满足所有情况下对消毒液使用量的需求。

（16）根据工作情况，进入实验室的工作人员应配备合体的正压防护服，实验室应配备正压防护服检漏器具和维修工具。

五、装修和施工要求

1. 实验室宜按甲类建筑设防。围护结构（包括墙体）应符合国家对该类建筑的抗震要求和防火要求。

2. 天花板、地板、墙间的交角应易清洁和消毒灭菌。

3. 实验室防护区内围护结构的所有缝隙和贯穿处的接缝都应可靠密封。有压差梯度要求的房间应在合适位置设测压孔，平时应有密封措施。

4. 实验室防护区内围护结构的内表面应光滑、耐腐蚀、防水，以易于清洁和消毒灭菌。

5. 实验室防护区内的地面应防渗漏、完整、光洁、防滑、耐腐蚀、不起尘。

6. 实验室内所有窗户应为密闭窗，玻璃应耐撞击、防破碎。

7. 实验室及设备间的高度应满足设备的安装要求，应有维修和清洁空间。

8. 在通风空调系统正常运行状态下，采用烟雾测试等目视方法检查实验室防护区内围护结构的严密性时，所有缝隙应无可见泄漏。

9. 生物安全实验室中各种台、架、设备应采取防倾倒措施，相互之间应保持一定距离。当靠地靠墙放置时，应用密封胶将靠地靠墙的边缝密封。

10. 实验室防护区的顶棚上不得设置检修口等。

六、安全设备配置要求

1. 应在实验室防护区内设置符合生物安全要求的压力蒸汽灭菌器。宜安装专用的双扉压力蒸汽灭菌器，其主体应安装在易维护的位置，与围护结构的连接之处应可靠密封。

2. 对实验室防护区内不能用压力蒸汽灭菌的物品应有其他消毒、灭菌措施。

3. 压力蒸汽灭菌器的安装位置不应影响生物安全柜等安全隔离装置的气流。

4. 可根据需要安装传递窗。如果安装传递窗，其结构承压力及密闭性应符合所在区域的要求，以保证围护结构的完整性，并应具备对传递窗内物品表面进行消毒的条件，通常包括消毒剂擦拭、气体消毒等方式。

5. 可根据需要设置传递物品的渡槽。如果设置传递物品的渡槽，应使用强度符合要求的耐腐蚀性材料，并方便更换消毒液；渡槽与围护结构的连接之处应可靠密封。

6. 应在实验室防护区可能发生生物污染的区域（如生物安全柜、离心机附近等）配备消毒装置，如消毒喷雾器等，同时应备有足够的适用消毒剂。当发生意外时，及时进行局部消毒处理，有效降低事故的危害程度。

（王贵杰）

参考文献

［1］　中华人民共和国国家质量监督检验检疫总局，中国国家标准化管理委员会. 实验室 生物安全通用要求：GB 19489—2008［S］. 北京：中国标准出版社，2008.

［2］　中华人民共和国住房和城乡建设部，中华人民共和国国家质量监督检验检疫总局. 生物安全实验室建筑技术规范：GB 50346—2011［S］. 北京：中国建筑工业出版社，2011.

［3］　吕京，孙理华，王君玮. 生物安全实验室认可与管理基础知识 生物安全三级实验室标准化管理指南［M］. 北京：中国标准出版社，2012.

［4］　许钟麟，王清勤. 生物安全实验室与生物安全柜［M］. 北京：中国建筑工业出版社，2004.

第九章
生物安全实验室个体防护装备

个体防护装备（personal protective equipment，PPE）是指防止人员个体受到生物性、化学性或物理性等危险因子伤害的器材和用品。使用个体防护装备的目的是保护在有害环境中的个体安全。在生物安全实验室中，穿戴个体防护装备的目的在于保护实验人员的身体、眼睛和脸、脚、手以及呼吸系统和听力。个体防护装备作为风险控制的一种手段，可以最大限度地减少实验室人员暴露于气溶胶、飞溅物或意外接种的可能性，但是使用个体防护装备并不能消除存在的风险。实验活动中使用个体防护装备的类型和使用该设备的具体时间是实验活动风险评估的一部分。

第一节　生物安全实验室的个体防护装备要求

在实验室中使用何种个体防护装备，是由实验活动的风险评估、所操作的病原微生物特性及其他附加风险来确定的；在使用个体防护装备前，实验室工作人员必须接受培训并通过考核，以确保正确有效地使用个体防护装备；使用个体防护装备时，应遵守个体防护装备标准操作规程，按照厂家提供的说明进行佩戴和脱卸。不正确地使用个体防护装备，将无法提供足够的保护。

实验中所需的个体防护装备的选用主要取决于以下因素：①病原微生物的特性、体积和浓度；②是否存在额外的风险（如液氮、高压时极端温度、化学试剂、放射性危害、锐器等）；③工作内容（如使用离心机、冻干机、超声波仪等）；④已采用的其他风险控制措施，如生物安全柜、实验室通风设施；⑤实验室人员的个人需求，国家的法律法规及标准。通过进行一个完整的风险评估确定所需个体防护装备的必要性和类型。

应首选符合国家标准或行业标准的个体防护装备。应根据风险评估，选择与危害匹配的个体防护装备，且个体防护装备不能产生其他额外的风险。在确保有效防护的基础上，也要考虑舒适性。在同时使用多种个体防护装备时，还要考虑其兼容性和功能替代性，不应相互干扰，降低防护功能。所有进入实验室的人员都要配备个体防护装备，进入实验室无论是否工作，都应穿戴好个体防护装备。

不论哪种个体防护装备都没有一种尺寸、类型和/或品牌适合所有人员。在保证防护效果的情况下，组织实验室人员对选定的物品进行反复测试评价，以获得最有效的防护效果的组合及使用者最适合的个体防护装备。当实验室选用的个体防护装备具有一定的舒适度和适合度时，一般会提高佩戴者对个体防护装备的依从性。

一、BSL-1 实验室

实验室人员进入实验室时应穿工作服，进行实验操作时应佩戴手套，穿实验室鞋或鞋套，根据实验活动的风险评估，必要时佩戴头面部护具，如面屏，防止液体喷溅；呼吸器，如 N95 口罩或防挥发性化学品的呼吸器，防止吸入有害气体；眼罩，如防紫外线的护目镜或防冲击的眼罩等；如操作强酸、强碱等危险化学品时，可在工作服外增加防酸碱围裙及手套；当操作超声波仪或其他可产生较强噪声的仪器时，可增加耳部防护用品。离开实验室时，实验服、手套、实验鞋等防护用品不可带出实验室。

二、BSL-2 实验室

BSL-2 实验室的个体防护装备，在符合 BSL-1 实验室的要求基础上，应根据风险评估的结果，选择使用一次性或可重复使用的后系带式手术服或一次性医用防护服，1 层或 2 层一次性医用手套、帽子、工作鞋、外科手术口罩或 N95 或以上一次性医用防护口罩，根据实验活动在防护设备（如生物安全柜）内、外操作的情况，为防止感染性材料的喷溅，必要时佩戴面屏或眼罩。

三、BSL-3 实验室

BSL-3 实验室除应符合 BSL-2 实验室的要求外，应根据风险评估的结果，佩戴 N95 或以上口罩或一次性医用防护口罩，必要时使用正压呼吸装置，或穿戴面屏（使用面屏时无需戴眼罩）或眼罩、一次性医用防护服、双层一次性医用检查手套、靴套，必要时，可在一次性医用防护服外加防水围裙或防酸碱围裙，实验中有特殊操作时可加戴其他防护手套，如防切割手套、防高温手套等。在外层防护服内，可根据实验室需求，使用可重复使用的防护服（如棉质长袖分体工作服）或一次性防护服（如后系带式手术服或分体手术服），头部戴一次性帽子，足部可使用工作鞋或鞋套。

四、BSL-4 实验室

BSL-4 实验室主要分为生物安全柜型 BSL-4 实验室和正压防护服型 BSL-4 实验室，根据实验室的类型不同，个体防护装备的组成也有所不同。

生物安全柜型 BSL-4 实验室主要由内部设施与Ⅲ级生物安全柜组成，所有操作均在生物安全柜内完成，所有感染性材料均封闭在生物安全柜内，实验人员所穿戴的个体防护装备基本与 BSL-3 实验室一致。

正压防护服型 BSL-4 实验室中，实验人员穿着全封闭的正压防护服，在正压服内可穿重复使用的防护服（如棉质长袖分体工作服）或一次性分体手术服，头部戴一次性帽子，足部可使用工作鞋或鞋套。每次穿正压防护服前，应对正压防护服进行完整性验证，如必要可在正压防护服外佩戴一次性医用手套，以免正压防护服手套破损时污染实验人员。

第二节　生物安全实验室个体防护装备的种类

一、眼面部防护装备

（一）定义及分类

眼面部防护装备（眼面护品）：指防御电磁辐射、紫外线及有害光线、烟雾、化学物质、金属火花和飞屑、尘粒，抗机械和运动冲击等伤害眼睛、面部和颈部的防护装备。

按照结构和样式，职业眼面部防护具分为眼镜、眼罩和面罩。根据其性能又可具有几种特殊功能，包括紫外衰减滤光功能、红外衰减滤光功能、防护高速粒子冲击、防高重物体冲击、液滴防护和防雾功能。

（二）眼面部防护装备的选择及注意事项

选择眼面部护具时应根据实际工作需要选择具有合适保护功能的护具，如果可能产生多种危害，应选用具有多种组合功能的护具。选择护具时应注意护具镜片的质量，不应引起视力损害，若佩戴镜片矫正视力的眼镜，在选择眼面部护具时，应根据需求进行选择。在微生物实验室中，宜选择眼罩或面罩，可以全面防止感染性材料直接接触眼部。

矫正眼镜不能作为眼部防护装备，因为不能对眼部进行全面覆盖，同时也不能覆盖脸的侧面，矫正眼镜一般也不具备防紫外线或防冲击功能。隐形眼镜无法及时摘除，为防止实验室内意外发生时眼部受到损伤，从而产生额外伤害，实验室内不宜佩戴隐形眼镜。

由于护眼用具一般可重复使用，因此必须定期用适当的消毒剂清洗和消毒。当镜片或面屏清晰度受到损害时，应及时更换护眼用具，避免由于视物不清产生其他潜在风险。

二、呼吸防护装备

（一）定义及分类

呼吸防护装备，简称呼吸器，是防御缺氧空气和空气污染物进入呼吸道的装备。按照气源不同可分为过滤式和隔绝式两种。

过滤式呼吸防护用品：把吸入的作业环境空气通过净化部件的吸附、吸收、催化或过滤等作用，除去其中有害物质后作为气源的呼吸防护用品。

隔绝式呼吸防护用品：使佩戴者呼吸器官与作业环境隔绝，靠本身携带的气源或者依靠导气管引入作业环境以外的洁净气源的呼吸防护用品。

密合型面罩：能罩住鼻、口的与面部密合的面罩，或能罩住眼、鼻和口的与头面部密合的面罩。

送气头罩：应用于正压式呼吸防护用品的送气导入装置，能完全罩住头、眼、鼻、口至颈部，也可罩住部分肩或与防护服连用。

佩戴者气密性检查：由呼吸防护用品使用者自己进行的一种简便密合性检查方法，用以确保密合型面罩佩戴位置正确。

适合性检验：检验某类密合型面罩对具体使用者适合程度的方法。适合性检验分为定性适合性检验和定量适合性检验。

指定防护因数（assigned protection factor，APF）：指一种或一类适宜功能的呼吸防护用品，在适合使用者佩戴且正确使用的前提下，预期能将空气污染物浓度降低的倍数。

在病原微生物实验室一般使用的为过滤式呼吸防护用品，但是在正压服型的 BSL-4 实验室内，使用的正压服类似于隔绝式呼吸防护用品。

我们经常使用的过滤式呼吸防护用品按照面屏的特点又可分为自吸过滤式呼吸防护用品和送风过滤式呼吸防护用品。自吸过滤式呼吸防护用品是靠佩戴者呼吸克服部件阻力的过滤式呼吸防护用品，如随弃式面罩（可设呼气阀），可更换式半面罩、全面罩。送风过滤式呼吸防护用品是靠动力（如电动风机或手动风机）克服部件阻力的过滤式呼吸防护用品，如密合型面罩（包括半面罩、全面罩）、开放性面罩、送气头罩。一般在微生物实验室内主要使用的 N95 口罩属于自吸过滤式中的密合型随弃式面罩，可设呼气阀，可以提高佩戴者使用时的舒适感，但是由于呼出气体未经过滤，存在污染环境的风险。而一次性医用防护口罩同样属于自吸过滤式中的密合型随弃式面罩，不可设呼气阀，不会产生污染环境的风险。在 BSL-3 实验室内使用的正压呼吸装置为电动送风式过滤式呼吸器（powered air-purifying respirator，PAPR）和送风头罩式送风过滤式呼吸器。

（二）呼吸器的选择及注意事项

在选定呼吸器时，应对实验室环境进行评估，对实验室环境中的有害物质进行识别和评价。首先识别有害物，包括气溶胶形式的感染性材料、有害化学试剂、缺氧等；其次确定有害物的形态，如颗粒物、气体或与蒸气的组合形式，是否为刺激性物质；然后进行呼吸器的选择。如果可以确定实验室内有害物质的具体数值，可以根据呼吸器的指定防护因数选择呼吸器。一般微生物实验室内的危害物数值是不清楚的，因此在选择呼吸器的类型和等级时，选择与所识别的风险相适应的呼吸器，使用人员在佩戴时应能够正常工作，没有额外风险（如肺功能受损等）产生；人员佩戴前应接受呼吸防护装备佩戴、脱卸、适用性、禁忌证等相关培训；佩戴者应能够按照制造商的说明正确佩戴，呼吸器应与其他个体防护装备相互兼容，尤其是佩戴眼面部护具时，不能降低呼吸器的防护效率。

当实验室环境中含有有机蒸气或特定有害气体时，如进行甲醛熏蒸的实验室，可根据风险评估选择使用自吸过滤式防毒面具，此类呼吸器分为半面罩和全面罩，可根据需求购买相应的过滤件（过滤盒或过滤罐）。所有过滤件都有防护时限，使用时应按照防护时限及时更换过滤件，以防止使用者暴露于有害气体环境中。防毒面具所使用的普通过滤件和多功能过滤件不能提供对病原微生物的防护，因此，如果在实验室内同时需要对有毒气体和病原微生物进行防护，可选择综合过滤件。

病原微生物实验室内最常使用的呼吸器是一次性医用防护口罩，该口罩应覆盖佩戴者的口鼻部，应有良好的面部密合性，不应有呼气阀，属于密合型面罩。密合型面罩呼吸器的防护效果依赖于面罩和佩戴者面部之间的有效密封，所以做口罩适合性检测是必要的。由于妊娠后的身体变化、体重的减少或增加，或任何其他重大的身体变化都可能会影响呼吸防护装备的适合性，因此需要每年进行一次适合性检测，根据适合性检测结果，为不同实验人员采购不同类型的呼吸防护装备；开放型面罩或送风型面罩等呼吸器不需要做口罩适合性检测；可重复使用的呼吸防护设备使用后应适当清洗和去污，并妥善保存和维护；当与眼部防护装备同时使用时，不应影响呼吸器的密合性。

医用外科口罩不属于呼吸防护装备，用于覆盖住使用者的口、鼻及下颌，为防止病原微生物、体液、颗粒物等直接透过提供物理屏障，其对非油性颗粒物的过滤效率不小于30%。

在使用呼吸器前，应对实验活动进行风险评估，选择适合的呼吸器类型，对需要使用密合型面罩呼吸器的实验人员进行适合性检测，确定适用的品牌、规格，按照呼吸器供应商的说明进行培训，培训内容包括但不限于呼吸器的佩戴/摘卸、维护、处理、消毒、禁忌证等。使用密合型面罩呼吸器时，佩戴好后要做佩戴气密性检查，也就是由呼吸防护用品使用者自己进行的一种简便密合性检查方法，用以确保密合型面罩佩戴位置正确。

呼吸器佩戴的注意事项如下。

1. 佩戴前应检查呼吸器的类型和规格。按照供应商的说明书正确佩戴呼吸器。有明显损坏迹象的呼吸器不可使用，如头带断裂、滤膜破损等。如果使用随弃式呼吸器，由于此类呼吸器全部由过滤材料构成，佩戴时要注意防止过滤材料的损坏。如使用带呼气阀的呼吸器，需要检查呼气阀位置是否正确，使用 PAPR 时电池要充好电，面罩完整，无划痕。

2. 佩戴密合型呼吸器时，男性佩戴者应将胡须剃干净，否则会影响密合型呼吸器的防护效果，留长发的人员应将长发扎在脑后，将面部密合部位的任何饰物取下。下颌应该舒适地位于口罩的下边缘。头带必须以制造商定义的角度放置，而不能以任何其他角度放置，头带不能扭曲，否则可能会降低防护效果，需要调整头带时，应该成对地一起收紧（先调整下头带）。头带应在两侧相等的拉力下绷紧，以使面罩位于面部中心。头带应足够紧绷，以牢牢地固定在面部，但不能过紧。佩戴完成后不应有明显的压迫或压痛。双手沿鼻梁按压鼻夹，使鼻夹与鼻梁形成密封，不要用单手捏压鼻夹。

3. 检查呼吸器的密合性。双手尽可能多地覆盖滤料，急速吸气并保持10s，面罩应该向面部塌陷。或者双手盖住滤料，轻轻稳定地呼气，面罩会向外部鼓出。如果气体从呼吸器与面部接触的边缘漏出，请检查鼻部周围是否密合、下颌周围的贴合度及头带的位置和松紧，如果调整后仍有漏气，说明该呼吸器不适合佩戴者。

4. 应根据制造商的说明脱卸呼吸防护设备，目的是确保穿戴者在去除呼吸防护设备的过程中不会暴露在呼吸防护设备外表面的潜在污染或其他潜在污染源中。一般摘取随弃式呼吸器时，先取下头后部的底部头带，向上移动以抓住顶部系带。微微向前倾，取下头后的带子，使面罩垂下来。手部无论是否佩戴手套，都不要接触呼吸器的过滤材料。

三、手部防护装备

（一）定义及分类

手套：用来保护手部免受伤害的防护装备，可以增加长度覆盖前肢和整个手臂。

微生物防护手套：能够对不包括病毒在内的其他各类微生物形成有效屏障，从而阻止其穿透的防护手套。通过 ISO 374-5：2016《防止危险化学品和微生物的防护手套 第 5 部分：微生物风险的术语和性能要求》认证的手套可防止病毒、细菌和真菌的穿透。

手套的材质包括聚乙烯（PE）、乳胶、丁腈、皮革、金属等。一次性医用检查手套根据材质主要分两种类别，即天然橡胶乳胶制作的手套和丁腈橡胶乳胶、丁苯橡胶溶液、氯丁橡胶乳胶、丁苯橡胶乳液或热塑弹性溶液制造的手套。根据表面形式可分为麻面和光面、有粉和无粉。根据灭菌情况分为灭菌和非灭菌，橡胶检查手套可在医用检查和诊断治疗过程中防止患者和使用者之间交叉感染，也可用于处理受污染的医疗材料。按照功能可分为普通防护手套、防寒手套、防高温手套、防酸碱手套、防震手套、防切割手套等。

（二）手套的选择及注意事项

大多数实验室工作都需要处理和操作与微生物相关的材料。因此在做实验室工作时，手是最容易被污染的部位。在所有可能涉及直接或间接接触潜在感染性材料的实验中，都必须佩戴适当的手套。乳胶、乙烯基、氯丁橡胶或丁腈手套广泛用于一般实验室工作。一次性手套不可重复使用。

在实验活动中，不仅会接触到感染性材料，也可能接触到各种化学试剂，这些试剂将可能损害手套的完整性，因此在选择手套时，不仅要考虑手套的大小，还要考虑手套的材质以及可能对使用者产生皮肤过敏的现象等。因此在选择手套前应对实验活动进行评估，如感染性材料的特点、使用的浓度体积、实验过程中可能用到的化学试剂、使用的仪器机械损伤、锐器切割或穿刺、实验动物对人员的抓咬、极端温度的损害等。没有一种手套能够具有所有功能，因此可以使用不同功能的手套进行组合，从而达到预期目的。

每个人的手大小不同，甚至每个人手的大小也会随着时间的推移而改变。因此实验人员需要选择佩戴正确尺寸的手套。如果手套太紧，会导致手套过度拉伸，增加手套破损的可能性，弹性相对较小的手套则会影响手部的灵活性。如果太大，手套可能会从佩戴者的手上脱落，手套多余的部分可能卡在设备上或实验器材上，增加撕裂或污染的可能性。因此，实验室应提供各种尺寸的手套供实验室人员佩戴。由于有些实验人员对手套的某些材质过敏，因此也需要根据实验人员提供不同材质，并且能够符合微生物操作要求的手套。当接触有机溶剂时，应注意手套的降解和抗渗透时间，以防感染性材料穿透手套与皮肤接触。

在使用不同组合的手套时，应注意可能会影响佩戴者的灵活性，从而产生额外风险，因此使用前应进行充分培训。有些功能性手套是可重复性使用的，在使用过程中可能会受到感染性材料的污染，正确佩戴、摘除及处理手套有助于降低感染风险。在功能性手套内佩戴防微生物手套也可以降低被污染的可能。

佩戴及摘脱手套的注意事项如下。

在佩戴手套前应对手套的完整性进行检查，检查手套是否有瑕疵，如变色、明显的洞或撕裂，使用充气法对手套手掌及手指进行充气，并观察是否漏气。由于任何批次的手套都有一定的破损率，因此每个手套都要进行检查。不要用嘴吹气，潮湿的空气会使手套佩戴困难，同时应避免在实验室内出现手口接触。

佩戴前应摘除戒指或其他手部饰品，以防破坏手套；检查手套的有效期、品种规格；佩戴时，不要过度拉伸手套，以防手套撕裂；佩戴时应尽量将手套的袖口部分覆盖到工作服的袖口上。如需要佩戴双层手套，可使用不同颜色的手套，用以区别内外层手套；在佩戴外层手套时，可使用滑石粉或爽身粉以方便佩戴。

在实验过程中，如果发现手套出现破损、污染等现象，应及时更换手套，更换手套前要对手套的污染部位进行消毒处理，防止个体防护装备、仪器设备、标本和环境受到进一步污染，脱去污染或破损手套后，及时使用适合的消毒剂消毒手部皮肤或内层手套，再佩戴新的手套。

在实验过程中，需要避免手套的"接触污染"，戴手套的手要避免接触面部皮肤、眼面部防护装备、呼吸器、眼镜等，同时也要尽量避免接触实验室内与本次实验无关的仪器、工作台、试剂等。

脱手套时，用一只手的拇指和示指捏住另一只手的手套袖口顶部下方，示指向上方挑起手套边缘，与拇指一起向下拉手套，在这个过程中把手套的内侧翻过来，在拉到该手拇指和示指时停止，这样手套被摘下一部分，且手套上半部清洁面朝外。另一只手重复该动作，将手套完全摘下，脱去手套的手捏住另一只手套的清洁面，将手套完全摘下。此时两只手套均是清洁面在外面。使用过的一次性手套应与实验室产生的医疗废弃物一起处理。脱下手套后，必须洗手。

对于可重复使用的手套，在使用前应该检查是否有明显的降解、污染等影响防护效果的现象，佩戴前可先戴一副干净的手套，再戴可重复使用的手套，减少对可重复使用手套的潜在的污染。可重复使用的手套在使用完成后应进行适当清洁和消毒，再储存备用。因此，此类专用手套的重复使用需要遵守严格的清洁和消毒规程，以确保清除可能危及手套完整性的生物危害和 / 或化学残留物。这种清洗必须始终按照制造商的说明进行。在存储前应对手套的完整性进行检查，如有化学渗透、破洞、磨损或撕裂等情况，应按照规定进行处理或报废。

四、躯体防护装备

（一）定义及分类

躯体防护装备即通常讲的防护服，是防御物理、化学和生物等外界因素伤害的躯体装备。

防护服根据其功能可分为化学防护服、防静电服、职业用防雨服、隔热服、冷环境防护服、阻燃服等。一次性医用防护服适用于在接触具有潜在感染性的血液、体液、分泌物、空气中的颗粒物时提供阻隔、防护作用。

（二）防护服的选择及注意事项

1. 防护服的选择　根据实验活动风险评估，确定在实验室中使用的工作服、手术服（分体／一体、一次性使用／可重复使用）、一次性医用防护服、正压服。

一般情况下，BSL-1 及 BSL-2 实验室中使用的工作服或根据风险评估使用的后开口的手术衣（一次性使用／可重复使用）应为长袖，袖口为缩口，同时袖子不应有卷边，以免出现潜在风险，长度宜盖到膝盖，但不可拖到地面。穿工作服时，应系好扣子或系带，当发现被污染时，应及时脱去并去除污染，工作服或手术服需要定期清洗。工作服存放在指定区域，不与个人衣物放置在同一柜内，使用过的工作服不要叠放，防止交叉污染。更换个人衣物前应进行手部消毒。

在 BSL-3 实验室中，根据风险评估一般使用一次性医用防护服或一次性手术服（如操作 HIV）。如果选用化学防护服，除符合化学防护服的一般要求外，还应符合 ISO 22612：2005《抗生物污染粉尘穿透性》、ISO 16603：2004《抗合成血液渗透》的要求，且有门襟胶条。当实验活动中使用较多的化学试剂时，还应当注意选择防护服的化学物质耐压穿透或渗透性能，用以防护化学伤害。选择防护服的材料和组件应确保不会使穿戴者产生不良反应，如有刺激性气味、对皮肤产生刺激作用等。在满足防护要求的同时，应使穿戴者尽可能舒适，一般可通过考核透气性、重量等指标来评价舒适度。防护服与其他防护装备应可以很好地兼容，不降低各个防护装备连接处的防护效果，防护服的设计应便于穿脱。

防护服应穿着大小合适，易于穿脱，尽可能使穿戴者在工作过程中可能出现的运动和姿势不受限制，防护服过大会造成行动不便，过小容易撕裂，实用性能的评估可参考 GB 24539—2021《防护服装 化学防护服》。要根据实验人员的身材贮备不同规格的防护服，并让实验人员进行试穿，确定每个人适合的防护服型号。在同等防护条件的前提下，尽量选择透气性好且轻便的防护服，降低人员可能发生热休克的风险。

2. 注意事项

（1）连体防护服穿脱的注意事项：在穿防护服前，应检查其完整性，如有无破损、裂缝、污渍、粘连，及防护服连接部位缝线有无松散或撕裂等，一次性医用防护服的前襟有无胶条，拉锁拉合是否顺畅。如果发现问题，一次性使用的防护服应丢弃，可重复使用的防护服应进行修补处理。

检查防护服的型号、规格，摘除身上所有饰品，脱下鞋子，小心地把双脚依次伸入连体服的裤腿中，再穿鞋子，将连体服拉到腰部，然后把双臂伸入袖子中，再拉上连体服的拉链。戴上头套，将连体服的拉链拉至顶端，并按下拉片以锁定拉链，用胶带封住所有缝隙和连接处。

在实验过程中，如果发现防护服受到污染，应立即对污染部位进行消毒处理，消毒时间应低于防护服渗透性能等级的时间，更换防护服，应注意避免触碰到污染区域。

穿戴者应在戴着干净的防护手套的情况下，拉开连体服拉链至最低处，向后卷起头套，避免让防护服外侧触碰到头部。由里朝向外卷起连体服，卷至肩部以下。将双手放到背后，从两条手臂上完全拉下防护服，向下卷动至膝盖以下，直到完全脱下防护服，必要时连带手套及足部防护装备一起脱掉。在完成脱卸防护服前，应避免双臂在胸前交叉，产生潜在污染。

穿着可重复使用的工作服、手术服等，应尽量减少与防护服外部的接触，以防因上次使用而未完全消除污染而受到污染。脱卸前要更换手套，或者消毒，保持手部处于清洁状态，然后脱去可重复使用的防护服，脱防护服时应尽量不要污染防护服内侧，将防护服挂好。

（2）正压防护服的穿脱与日常维护注意事项：正压防护服的穿脱及维护至少要注意三个方面，包括使用前的检测验证、日常检查与维护以及气密性检查的特别说明。

1）使用前的检测验证：正压防护服在投入使用前、更换过滤器及内部部件维修后，均须进行性能检测。检测项目至少包括两方面，一是外观及配置检查，包括确认标识清晰，防护服表面无破损；二是性能检测，涵盖内压力、供气流量、气密性、噪声等，确保符合 RB/T 199—2015《实验室设备生物安全性能评价技术规范》要求。

2）日常检查与维护

a. 完整性检查：穿戴前检查防护服有无撕裂、脱胶、孔洞或严重磨损。

b. 头罩视窗应清晰，气密性按厂商方法检测，可用专用工具或充气法检查，发现渗漏须修补或更换。

c. 通气性能检查：检查风量调节阀、供气接口、进气过滤装置、单向排气阀及内部供气管道是否松动、功能是否正常。供气接口采用内外螺旋密封圈时，应安装缓冲装置防止松动和撕裂。

d. 穿戴与连接：正确穿戴防护服，必要时两人配合，实验室内至少 2 人。

e. 进入实验室后，就近选择供气软管正确连接。

f. 正确操作：避免突然下蹲或快速直立，以防压力变化导致防护服破裂。正确使用听觉保护器应对内部噪声。

g. 使用后消毒：退出实验室前，对防护服表面进行化学淋浴消毒，根据病原体和风险评估确定消毒剂和消毒时间。

h. 密闭性检查：脱去防护服后检查内部是否有湿点，有则立即处理并记录。

i. 测试验证：更换病原体或消毒剂时，重新验证消毒效果。防护服每使用 7 ~ 10 次建议进行完整性测试。外层手套更换频次由风险评估决定，至少 7 天更换一次，拉锁每周上蜡。

j. 正确储存：禁止长时间折叠防护服，使用间隙应悬挂存放。

3）气密性检查的特别说明：如正压防护服配有专用检查工具，应使用专用工具进行检查。如无专用检查工具，可采用充气法：用胶带密封所有气阀，拉锁外侧涂蜡并拉紧，充气至防护服完全鼓起，通过听、摸、按压检查漏气情况，尤其关注接缝和磨损处，保持充气状态至少 5min。检查后取下密封物品，以防防护服爆裂。

五、足部防护装备

（一）定义及分类

足部防护装备：保护穿用者的小腿及足部免受物理、化学和生物等外界因素伤害的防护装备。

一次性使用医用防护鞋套：用于保护医务人员、疾控和防疫等工作人员的足部、腿部，防止直接接触含有潜在感染性污染物的一类靴状保护套。

按功能分为保护足趾鞋、防刺穿鞋、防水鞋、防静电鞋、导电鞋、电绝缘鞋、耐化学品鞋等。实验室中常用的工作鞋、长筒胶靴、鞋套、防水靴套等应防滑、防穿刺、防水、防静电。

（二）足部防护装备的选择及注意事项

在实验室中需要穿合适的、合脚的、封闭的鞋头，以最大限度地降低滑倒和绊倒的可能性，并防止坠物伤害。当有外来人员需要进入实验室时，可以使用鞋/靴套代替工作鞋。实验人员在进入实验室之前，需要更换鞋子或鞋套，以防止个人鞋子受到污染。如果需要额外的足部保护，则根据风险评估，选择鞋子、靴子或鞋/靴套。选择实验室的工作鞋时，应大小合适，脱鞋时可以不借助外力直接脱卸，适合行走，不造成负担，穿着舒适，鞋子的材料易于消毒和清洁，鞋底可根据需求，选用抗化学品渗透的、防锐器刺穿的，防静电、隔热、防水等材质。使用鞋套应能覆盖脚面，防滑、防水；靴套，尤其是用于 BSL-3、BSL-4 实验室时，应使用符合 YY/T 1633—2019《一次性使用医用防护鞋套》且能够满足防护要求的产品。

六、听力防护装备

听力防护装备：保护听觉，使人耳免受噪声过度刺激的防护装备。包括耳塞、耳罩和挂安全帽式耳罩。耳塞又可分为随弃式耳塞、可重复使用的耳塞、塑形耳塞等。

应考虑环境和个体条件选择合适的护听器，既能降低噪声，又不影响工作。佩戴及摘取时不应影响其他个体防护装备的使用。使用前应进行培训，正确掌握佩戴及摘取方法，以达到护听器的防护效果。耳道有疾病的人员不应使用插入式耳塞。佩戴护听器时应先清洁手部，再佩戴护听器。

七、头部防护装备

防护帽是使头部免受冲击、刺穿、挤压、绞碾、擦伤和脏污等伤害的各种头部防护装备的总称。工作帽是防御头部脏污、擦伤、长发被绞碾等伤害的防护用品。

一次性使用医用防护帽：用于保护医务人员、疾控和防疫等工作人员的头部、面部和颈部，防止直接接触含有潜在感染性污染物的一类医用防护产品，但不包括医用防辐射帽、一次性使用医用帽和一次性使用手术帽。

在微生物实验室使用的头部防护装备主要为一次性使用医用帽或一次性使用手术帽，主要为了防止头部或头发受到潜在污染物的污染。在进入实验室前，应将长发系于脑后，如必要时，戴上一次性使用医用帽或一次性使用手术帽，将所有头发都放入帽子中。如果使用一次性使用医用防护帽，则要把防护帽下拉至防护服／工作服领子外，以防止污染物的溅洒。

八、佩戴及脱卸个体防护装备的风险点

在实验活动中穿戴个体防护装备是减少人员与感染性物质接触，降低人员感染风险的一种控制手段。因此，正确佩戴、使用、脱卸个体防护装备是控制实验室污染的重要环节。

由于人员在实验过程中，有被病原微生物污染的风险，因此需要在脱卸个体防护装备前正确评估个体防护装备存在的风险，也就是日常所说的"污染"和"清洁"部位。一般情况下个体防护装备暴露于实验室中的为污染部位，与人员接触的为清洁部位。而污染部位，根据实验活动、个人操作习惯等进一步评估后，又可分为相对清洁部位和污染部位，与病原微生物可能直接接触的身体前部如手部、前臂、前胸可视为污染部位，身体背部可视为清洁部位，并且个体防护装备的外表面的清洁和污染部位是相对的。

在脱卸个体防护装备时，应根据风险评估，宜最先脱掉污染最严重的部位的防护用品，最后脱掉最需要保护部位的防护用品。因此个体防护装备的脱卸需要根据所操作的病原微生物的特性、实验活动内容、实验室的布局进行充分评估后，才能确定一个相对合理的脱卸流程。

第三节　个体防护装备的去污染

一、一次性用品

所有一次性用品不得重复使用。使用完成后，按照实验室制定的相应标准程序进行消毒灭菌处理，并且按照医疗废弃物统一处理。

二、可重复使用的防护用品

实验室内可重复使用的防护用品在清洗前应进行消毒灭菌处理。灭菌处理的方法首选高压灭菌，对不可高压处理的用品可根据供应商提供的说明书采用有效的化学消毒方法进行消毒，亦可根据病原、实验活动及材料的特点，选用含氯消毒剂、过氧乙酸、医用乙醇、季铵盐类消毒剂浸泡消毒，去污染后再清洗、晾干、保存。

由于高压消毒、消毒剂浸泡等操作可能损坏防护用品的材质，反复消毒会缩短防护用

品的保质期，并随着时间的推移导致其降解，从而使个人防护用品失效。因此，可重复使用的个人防护用品必须在清洁消毒后，再重复进行使用前检查。

三、手卫生

手卫生是医务人员在从事职业活动过程中的洗手、卫生手消毒和外科手消毒的总称。

在脱卸防护装备时，尽管进行了严格的培训，手依然有被污染的风险，因此在脱卸防护用品后进行手卫生是非常必要的。依据 GB 19489—2008《实验室 生物安全通用要求》，实验室应设洗手池，宜设置在靠近实验室的出口处，在可能的情况下应使用肘部或足部操作水龙头，以避免洗手后再次污染双手。在不具备洗手池的实验室，可以用免洗手消毒剂替代，待到洗手池时再进行洗手。不论是使用皂液洗手，还是使用免洗手消毒剂消毒，都应遵循 WS/T 313—2019《医务人员手卫生规范》附录 A，进行手卫生，尤其是手指之间、拇指背、指甲、手掌和手腕的皱纹等容易被忽略的部位。

（周为民　刘培培）

参考文献

［1］ 中华人民共和国国家质量监督检验检疫总局，中国国家标准化管理委员会. 实验室 生物安全通用要求：GB 19489—2008［S］. 北京：中国标准出版社，2008.

［2］ 中华人民共和国国家质量监督检验检疫总局，中国国家标准化管理委员会. 个体防护装备术语：GB/T 12903—2008［S］. 北京：中国标准出版社，2008.

［3］ 国家市场监督管理总局，国家标准化管理委员会. 眼面防护具通用技术规范：GB 14866—2023［S］. 北京：中国标准出版社，2023.

［4］ 中华人民共和国国家质量监督检验检疫总局. 呼吸防护用品的选择、使用与维护：GB/T 18664—2002［S］. 北京：中国标准出版社，2002.

［5］ 国家市场监督管理总局，国家标准化管理委员会. 呼吸防护 自吸过滤式防颗粒物呼吸器：GB 2626—2019［S］. 北京：中国标准出版社，2019.

［6］ 国家食品药品监督管理局. 医用外科口罩：YY 0469—2023［S］. 北京：中国标准出版社，2023.

［7］ 中华人民共和国国家质量监督检验检疫总局，中国国家标准化管理委员会. 呼吸防护 动力送风过滤式呼吸器：GB 30864—2014［S］. 北京：中国标准出版社，2014.

［8］ 国家市场监督管理总局，国家标准化管理委员会. 手部防护 化学品及微生物防护手套：GB 28881—2023［S］. 北京：中国标准出版社，2023.

［9］ 中华人民共和国国家质量监督检验检疫总局，中国国家标准化管理委员会. 一次性使用医用橡胶检查手套：GB 10213—2006/ISO 11193.1：2002［S］. 北京：中国标准出版社，2006.

［10］ 中华人民共和国国家质量监督检验检疫总局，中国国家标准化管理委员会. 手部防护 防护手套的选择、使用和维护指南：GB/T 29512—2013［S］. 北京：中国标准出版社，2013.

［11］ 国家市场监督管理总局，国家标准化管理委员会. 个体防护装备配备规范 第1部分：总则：GB 39800.1—2020［S］. 北京：中国标准出版社，2020.

［12］中华人民共和国国家质量监督检验检疫总局，中国国家标准化管理委员会. 医用一次性防护服技术要求：GB 19082—2009［S］. 北京：中国标准出版社，2009.

［13］中华人民共和国国家质量监督检验检疫总局，中国国家标准化管理委员会. 防护服 一般要求：GB/T 20097—2006［S］. 北京：中国标准出版社，2006.

［14］中华人民共和国国家质量监督检验检疫总局，中国国家标准化管理委员会. 个体防护装备 足部防护鞋（靴）的选择、使用和维护指南：GB/T 28409—2012［S］. 北京：中国标准出版社，2012.

［15］中华人民共和国国家质量监督检验检疫总局，中国国家标准化管理委员会. 个体防护装备 护听器的通用技术条件：GB/T 31422—2015［S］. 北京：中国标准出版社，2015.

［16］中华人民共和国国家卫生健康委员会. 医务人员手卫生规范：WS/T 313—2019［S］. 北京：中国标准出版社，2019.

［17］国家市场监督管理总局，国家标准化管理委员会. 呼吸防护 自吸过滤式防毒面具：GB 2890—2022［S］. 北京：中国标准出版社，2022.

［18］国家市场监督管理总局，国家标准化管理委员会. 防护服装 化学防护服：GB 24539—2021［S］. 北京：中国标准出版社，2021.

［19］国家药品监督管理局. 一次性使用医用防护鞋套：YY/T 1633—2019［S］. 北京：中国标准出版社，2019.

［20］国家药品监督管理局. 一次性使用医用防护帽：YY/T 1642—2019［S］. 北京：中国标准出版社，2019.

［21］中华人民共和国国家质量监督检验检疫总局，中国国家标准化管理委员会. 医用防护口罩技术要求：GB 19083—2010［S］. 北京：中国标准出版社，2010.

［22］WHO. Laboratory biosafety manual[M]. 4th ed. Geneva: World Health Organization, 2020.

［23］WHO. Personal protective equipment[M]. Geneva: World Health Organization, 2020.

第三篇

实验室基本
操作规范

第十章
病原微生物操作技术规范

病原微生物实验室工作人员的生物安全意识不强、实验操作及仪器使用不规范等是造成生物安全事故的重要原因，实验室规范化操作是避免病原微生物造成实验室人员感染及伤害的关键环节。为减少上述原因导致的事故或事件，各实验室应结合自身实际及需求制定详细的标准操作技术规范。

第一节　基本要求

实验室的生物安全技术规范，包括但不限于实验室运行的基本规范，仪器设备的使用规范，针对感染性材料、危险化学品、放射性核素等的操作规范以及个人防护用品的使用规范等。本节介绍病原微生物实验室操作的基本要求。

一、实验室操作的基本要求

生物安全实验室的设施、设备和装备组成了生物安全实验室的硬件环境，但并不能完全保证实验室的生物安全。作为实验室活动主体的操作者，履行良好的行为规范才是实现实验室生物安全的最主要的保障。

良好的生物安全实验室技术规范要满足保护操作者和实验室环境的要求，必要时还要考虑对操作对象的保护。对于每一个新进入实验室的工作人员都应该给予严格的训练，以使其掌握正确的要领，避免养成不良的习惯，从而保证以正确的意识、技术和习惯开展工作。正确的生物安全意识来自长期的训练以及知识和经验的积累。从事实验室活动都应遵循下列基本原则。

（一）持证上岗

所有操作人员必须经过培训，通过考核合格后，获得上岗证书。

（二）危害评估

在开始实验操作前，应对所操作的病原微生物和其他危险物质及其相关操作开展危害评估，根据国家对于病原微生物操作的危害等级划分、防护要求以及危害评估的结果，制定全面、细致的标准操作规程和程序文件，对风险环节设计出可行的防护措施，并熟练掌握操作和控制的细节。

（三）熟悉规则与操作规范

熟悉各级生物安全实验室运行的一般规则，掌握各种仪器、设备的操作步骤和要点，进行正确的操作和使用，对于各种可能的危害和操作风险应非常熟悉。

（四）掌握技术要点

应掌握各种感染性物质和其他危险物质操作的一般准则和技术要点。强化避免或减少操作中产生气溶胶的意识，明确操作可能产生气溶胶危害的仪器时应采取的防护措施等。

二、病原体使用的防护屏障等级及个人防护要求

生物安全实验室的个人防护用品应符合 GB 39800.1—2020《个体防护装备配备规范 第 1 部分：总则》。根据操作对象的性质进行风险评估后，确定生物安全实验室等级及个人防护用品配置。

第二节　不同操作类型的防护规范

一、感染性标本的处理

（一）标本的接收、传递、保藏及销毁

接收感染性材料包括自行到相关单位领取和 / 或其他单位送交感染性材料。不论是何种形式，均需要在感染性材料接收之前执行审批程序。标本接收人员必须经过生物安全培训，尤其是对破碎或泄漏的容器进行处理的培训，并取得实验室上岗证，了解感染性材料对身体健康的潜在危害，掌握接收程序和意外事故处理程序。

接收标本时应由 2 人共同操作，紧急情况下可由 1 人完成。使用的转运箱其外表面应经过有效消毒剂的消毒，转运箱内应放置浸有消毒液的纱布或吸水性材料，在其上放置固定样品管的装置如管架或冻存盒。实验室应有专门的房间或区域接收标本。

接收标本时在规定的标本接收处填写接收记录。包装开启时操作人员应采取合适的防护措施，包括戴手套、护目镜或面罩，必要时在防护服外要再穿上塑料围裙。疑似含有高致病性感染性材料的标本应在 BSL-2 及以上级别的实验室的生物安全柜内操作。

接收的标本 24h 内进行操作的，需要放置在 BSL-2 实验室专用冰箱内或冰箱内专用空间。血浆、血清、鼻咽拭子、核酸、菌毒种等保存在专用房间的低温冰箱内。房间外有 24h 影像监控，存放房间钥匙与存放标本的冰箱钥匙由两人分别管理。

标本销毁前应认真核对待销毁材料的名称、数量和体积。销毁感染性材料至少需要 2 名专业人员共同完成。销毁过程需要填写《感染性材料销毁记录表》。

（二）对血液和其他体液、组织及排泄物的操作

应由受过专门培训的人员来采集患者或动物的血液及其他有感染性的标本。采集应遵循个人标准防护原则，在风险评估基础上，佩戴合适的防护装备。所有操作过程均应戴手套。

为避免意外泄漏或溢出，传递标本应当使用有垫圈并耐高压灭菌或化学消毒剂的二级辅助容器，主容器放入辅助容器后应始终保持直立状态。

分装与处理应在生物安全柜内进行。装有感染性材料的初级容器在移出辅助容器后，应置于稳固、可靠的支撑架上保持直立。操作时应避免感染性材料及提取物之间发生交叉污染。应采用移液管移取液体，不倾倒感染性液体，操作要轻柔缓慢。应用带滤芯的长吸头移取含有感染性材料的液体，可阻止气溶胶产生。避免剧烈震荡而产生气溶胶。感染性液滴溅出时，立即用有效消毒剂进行消毒处理。组织标本应采用甲醛溶液等固定剂完成固定，应避免冰冻切片。

每次感染性材料操作结束后，应对工作区进行消毒，去除污染。建议使用次氯酸盐或其他对感染性物质有效的消毒剂清除污染。如用含氯消毒剂，须用新鲜配制的含有效氯 $0.5 \sim 1g/L$ 的次氯酸盐溶液，处理有机物较多的感染性材料，如溢出的血液标本，有效氯浓度应达到 $1g/L$。

（三）装有冻干感染性物质安瓿的开启及储存

冻干的感染性材料保存在安瓿时，安瓿内部为负压状态，在开启安瓿时，突然进入的空气会使内容物的一部分扩散到空气中，所以安瓿的开启始终在生物安全柜内进行，可采用以下操作步骤。

用合适的消毒剂擦拭消毒安瓿外表面。若安瓿内有棉花或纤维塞，可在安瓿表面靠近棉花或纤维塞的中部用小砂轮锉一划痕，再用酒精棉包起安瓿，以避免污染或安瓿断端割伤手部皮肤。从标记的锉痕处用力掰开安瓿，小心移去安瓿顶部，若棉花或纤维塞仍然在安瓿上，用消毒镊子除去。向安瓿中缓慢加入液体，重悬冻干物，避免泡沫产生。残余瓶体按污染锐器处理。

含有感染性物质的安瓿不要浸入液氮，因为破损的或密封不好的安瓿在移动时可能发生破裂或爆炸。感染性材料应该保存在低温冰柜或干冰中，如需要以非常低的温度保藏安瓿，也只应保存在液氮气相中。实验室人员从冷藏处拿出安瓿时，要佩戴手部和眼部保护装置。

（四）装载感染性标本的玻片的操作

需要放置在玻片上的标本具有感染性时，应根据风险和危害评估的结果，在相应等级的生物安全实验室的生物安全柜内进行操作，含有感染性材料的标本在生物安全柜内灭活后，在安全柜内自然风晾干。对于确认灭活的标本或未经确认的标本，按危害评估的结果在适当的生物安全防护条件下进行后续操作。

用显微技术检测经过固定和染色的血液、痰和排泄物等标本时，可能并未杀死涂片上的所有病原体，操作感染性玻片时，应用镊子夹取，尽量避免用手直接拿取玻片。操作者应注意手部的防护，需要戴手套。传送这类玻片时需要使用玻片盒进行运送，避免意外跌落导致玻片碎裂。感染性玻片类废物的处理需要先进行消毒和 / 或高压灭菌。

感染性玻片不仅具有潜在的传播病原体的可能性，还能导致操作者的意外划伤，故属于锐器类医疗废弃物，应按锐器类废弃物进行管理。

（五）对可能含朊病毒的物质的防护

由于朊病毒（prion）具有很难彻底灭活的特殊生物特性，对朊病毒的实验室操作必须严格遵守相应的操作和防护要求。应正确处理朊病毒病患者标本，特别是来源于脑组织的标本，严禁该类标本直接接触人体。朊病毒对多种理化因子有很强的抵抗力，目前尚未找到能杀灭朊病毒的确切方法。因此，在操作时尽可能使用一次性器材。所有相关的实验操作必须在生物安全柜中进行，且生物安全柜的工作台表面要使用如隔离垫等保护性遮盖物。在操作来源于被感染的或潜在被感染的人或动物的标本时，应严格按照朊病毒的实验室防护要求从事相关工作。操作过程中须动作轻柔，以防止气溶胶生成、意外摄入以及皮肤划伤或刺伤等暴露风险的发生。需要强调的是，即使是长时间经甲醛溶液浸泡过的含有朊病毒的组织，也应视作具有感染性。

二、病毒的分离及培养

（一）病毒的分离与鉴定

病毒的分离与鉴定操作需要根据其危害等级和风险评估的结果，确定操作的生物安全实验室防护级别。病毒阳性的标本，接种在易感细胞上，在适宜温度、湿度和 CO_2 浓度下培养，每日观察细胞病变，对不导致细胞病变的病毒则可用免疫学等方法分析病毒是否复制。对病毒的鉴定，可以用细胞培养液进行病毒核酸的提取和分子检测，固定细胞进行形态学与免疫学分析。操作过程应严格按照实验室安全规范进行，尽量减少气溶胶的产生和扩散。

分离鉴定后的病毒一般需鉴定到型或亚型，可使用空斑纯化等方法进行纯化，确定无细菌和支原体等污染，测定滴度后进行保存。分离的毒株进行种子保存时，在记录中应明确毒株来源的标本信息，以及分离培养所需的细胞、培养基、培养温度、培养方法、代次和病毒滴度等信息。

（二）毒种的保存与销毁

毒种的保存须根据其种类和特点确定适宜的保存方法，同一毒种应选用两种或两种以上方法进行保存。只能采用一种方法保存的毒种应备份并存放于两种以上的适宜条件的存储设备中，防止因冰箱停电或液氮不足造成毒种的变异或死亡。

毒种的销毁须经审批批准，根据待销毁的感染性材料特征选择销毁方式。一般采用压力蒸汽灭菌的方式销毁。销毁前认真核对所销毁物品名称、批次、编号等重要信息，确定销毁物品与申请单内容相符，销毁后的废弃物按照医疗废物处理；毒种等的销毁需要双人执行，填写销毁记录，销毁过程由生物安全员监督。

（三）毒种的备份与出库

经鉴定确定的毒种为原始种子，可根据毒种保藏要求扩增培养形成可使用的主种子库和工作库；原始库、主种子库和工作库三个库至少双备份，若保藏设备发生故障，及时将保藏样本转移至备用库进行保藏，确保保藏质量。

菌（毒）种及样本的出入库记录、使用记录、样本的发放记录等应实时更新，并做电子版记录保存。纸质版资料和电子版资料相互备份，由专人负责管理。

申请使用毒种的人员提交申请及相关证明材料，经审核批准后才可使用毒种。

感染性材料的出库管理由专人负责。取用感染性材料时个人须穿戴防护用品，从超低温冰箱中取拿时，须戴防冻伤手套。感染性材料出库时，库管人员须记录感染性材料出入库及转移信息，并按照感染性材料包装运输要求对出库材料进行三层包装，确保感染性材料不溢洒；库管人员将感染性材料交由申请人时，须认真核对接收人的身份信息。

三、意外事故的处理

（一）意外接种

实验人员在操作感染性材料过程中发生锐利物刺伤、切割伤或擦伤等，人员暴露的风险极大，应采取以下处理措施。立即停止工作，脱掉最外层手套，在污染区出口处的洗手池处，在同操作者的配合下用清水和肥皂水清洗伤口。如果可能，尽量挤出损伤部位的血液，取出急救箱，对污染的皮肤和伤口用聚维酮碘或75%的乙醇擦洗多次，根据情况，对伤口进行适当的包扎。在同操作者的配合下，暴露人员按退出程序退出实验室，如具有潜在感染性风险，须及时就医，告知医生受伤的原因及潜在暴露的微生物。

（二）皮肤、黏膜、眼睛与感染性物质的接触

感染性培养物或标本组织液外溢到皮肤、黏膜被视为存在很大危险，应立即停止工作，在同操作者的配合下对溢洒处的皮肤、黏膜，采用75%的乙醇进行消毒处理，然后用大量水冲洗。处理后人员撤离，视情况隔离观察，其间根据条件进行适当的预防治疗。

眼睛溅入感染性液体后，立即在同操作者的配合下，转移到缓冲间，用洗眼器进行冲洗，注意动作要轻柔，避免眼睛二次损伤。在同操作者的配合下安全撤离，视暴露后果评估情况进行隔离或接受健康观察。

（三）感染性物质的意外泄漏

感染性材料外溢在台面、地面和其他物体表面，应用纱布或纸巾覆盖污染的部位并吸收溢出物，向纱布上倾倒适当的消毒剂。使用消毒剂时，从溢出区域的外围开始，向中心进行喷洒处理。消毒剂作用 30min 后开展清理工作。如果含有锐器，则要使用镊子等辅助进行清理，并将其置于可防刺透的锐器盒中高压灭菌。随后，对溢出区域再次清洁并消毒。如有必要，重复消毒清理步骤。如果纸质材料被污染，应把这些材料的内容记录下来，被污染的原件按照医疗废弃物处理。在处理溢洒的感染性材料时，操作人员应注意自身防护，避免再次暴露。

感染性材料溅洒到操作者防护衣物上，如污染手套，则应立即停止操作，脱去外层手套，将污染的手套放入生物安全垃圾袋中，更换新手套后，对污染物进行高压消毒。污染到防护服时，如污染没有渗透防护服，应立即停止操作，在污染处喷洒 75% 医用乙醇进行消毒后，人员退到缓冲间更换新的防护服，将污染的防护服放入生物安全垃圾袋中，用压力蒸汽灭菌器消毒；如污染渗透到内层衣物，则立即脱去污染的衣服，用 75% 医用乙醇喷洒消毒内层衣物，进入淋浴间淋浴，现场由共同操作者按程序完成消毒处理，污染的防护衣物和产生的垃圾按照医疗废弃物处理。

第三节　设备的使用规范

仪器设备的规范使用是保证实验室生物安全的关键环节。各实验室应制定仪器设备的管理文件和标准操作程序（standard operating procedure，SOP），避免实验仪器设备的不当操作导致人员暴露而发生实验室感染事件。

生物安全实验室设备、器材和仪器等产品要符合标准。生物安全设备须定期进行维护和检测，管理要求体现在体系文件和 SOP 中。

生物安全柜、压力蒸汽灭菌器等安全设备只有在培训合格的操作者采用正确的操作技术方法时，才能保证其保护功效。所有操作者均应掌握并严格遵守这些 SOP，在 SOP 中对于有可能造成感染性物质泄漏的操作步骤应特别注明，防止使用过程中感染性物质对操作者的侵害和对环境的污染（如气溶胶释放）。针对潜在的风险配备适当的实验室设施、设备和个人防护装备；建立明确的去污染程序和出现意外事故时的应对程序；建立仪器设备的维护保养程序。

本节对与操作病原微生物密切相关的常用仪器设备的使用原则做简要介绍。

一、生物安全柜的使用

生物安全柜应按照国家要求进行强制年检，检测内容包括生物检测和物理检测。生物安全柜只有在检测指标正常时才可使用，正确使用生物安全柜可使操作者避免暴露于气溶胶。任何造成安全柜内气流紊乱的不良操作，都会危及实验操作者的安全。生物安全柜的使用并不能避免容器破裂或操作过程中感染性材料的溅出给操作者带来的风险。

（一）操作准备

生物安全柜每次使用前必须检查其运行参数，确保风速、气流量和负压在正常范围内。安全柜内仅放置必要的实验器材和材料，合理摆放实验用品，避免影响柜内气流。用安全柜开展实验之前，要准备一张实验工作所需的材料清单，将本次实验工作所需物品一次性放入，避免操作过程中双臂频繁横向穿过气幕破坏气流。放入生物安全柜的物品表面用75%乙醇进行擦拭或者喷洒消毒，去除表面污染。工作期间，操作者需要调整好座椅高度，将可移动的前窗滑动到适合的位置，确保操作者面部在可视滑动窗窗口之上。待风机运行至少5~10min，确保安全柜内空气得到净化后开始工作。工作人员将双臂垂直、缓慢伸入安全柜中静止至少1min，确保空气"扫过"双手和双臂净化表面，且柜内气流调整稳定后方可开始操作。

（二）操作注意事项

部分安全柜具有可滑动的前窗，在安全柜运行时，前窗窗口高度不宜超过规定界限，操作者的头面部始终要高于窗口。安全柜内勿使用酒精灯或其他明火，可使用微型电加热器或一次性无菌接种环。所有感染性材料的操作须在工作台面的中后部进行，且必须能够通过可视滑动窗看到操作范围；在进行抽吸液体等容易导致气溶胶的操作时，动作要轻柔，避免产生气溶胶；为吸收可能溅出的感染性液滴，可在工作台面上铺一层吸水材料，但不能盖住安全柜格栅，否则易导致气流紊乱。不要让移液器、移液管及其他物品阻挡空气格栅。操作时手臂不可快速频繁地移出、伸进或挥动，以免破坏柜内气流。

根据工作风险程度将安全柜台面划分清洁区、操作区和消毒区，避免洁净物品与感染性材料和废弃物相互接触，宜按照从清洁区到消毒区的方向进行实验操作。安全柜内须放置大小适当的垃圾桶，以收集实验废物和废液。不要将记录纸、记录簿或其他文件放在安全柜内，避免被污染。每次实验操作结束后，需要开展清场工作，对柜内物品进行表面消毒后移出安全柜，对安全柜内台面、侧壁和后壁进行擦拭消毒，如使用含氯等腐蚀性消毒剂后，还须用无菌水再次擦拭，防止消毒剂对柜体的腐蚀。

（三）清洁与消毒

应定期对生物安全柜进行消毒和清洁。当生物安全柜出现故障，应立即停止工作，经消毒后由有资质的专业人员进行检测和维修，经安全性检测合格后方可再次使用。在维修、检测或更换过滤器之前，应对安全柜进行消毒，去除污染，确保人员的安全。

二、压力蒸汽灭菌器的使用

使用压力蒸汽灭菌器时，须用纯水作为蒸汽的水源，以防水中杂质在蒸汽中产生稀有气体而影响灭菌效果。压力容器腔体内加入的水量要按照使用说明进行操作，不宜加入过多，压力容器内水应定期更换。使用中设备出现故障时应切断电源，及时联系维修人员。应根据风险评估结论，确定待高压物品的压力程序，134℃高压3min、121℃高压15min、115℃高压25min组合可确保正确装载的物品的灭菌效果。当高压液体时，应采用液体灭菌程序。当灭菌器内部加压时，互锁安全装置可以防止压力容器门被打开，而没有互锁装置时，应当关闭主蒸汽阀并待温度下降到60℃以下时再打开容器门。应保持高压灭菌器腔体内部和外表面的清洁。不得使用pH5～8范围以外的去污剂或含氯去污剂进行容器清洗，以免腐蚀灭菌器，灭菌器如果有排水过滤器应定期进行清洗。

压力蒸汽灭菌器腔体装载的灭菌物品要松散、有序，不应超过腔体容积的80%（下排气式）或90%（预真空），以便蒸汽可以均匀作用。装载待高压物品时，应将所有物品放在空气能够排出且具有良好热渗透性的容器中。待高压的液体体积不得超过容器额定容积的2/3，容器盖子不得拧紧，须保持松动状态。装载后，保证压力蒸汽灭菌器的安全阀不要被待高压物品堵塞。通常采用温度观察和化学指示卡进行高压效果的监测。定期采用生物指示剂监测灭菌效果。

三、离心机的使用

离心机应处于正常的工作状态并具有合格的机械性能，避免发生伤害事故。根据离心机的使用说明，制定相应的SOP。离心机应放到适宜的位置和高度，以方便工作人员观察离心桶、更换转头、放置离心管或离心桶、旋紧转头盖等各项操作。离心管或容器应根据离心机的要求选用，优先使用塑料制品，尽量用螺旋盖管。在使用前应检查管体管盖有无破损，明确使用的离心管或容器须能耐受所设定的离心力或转速，防止离心过程中离心管或标本容器破裂。使用转子时应注意转子盖与转子体型号是否匹配。操作感染性物质时，须使用生物安全型离心机，用封闭的离心桶（安全杯），离心桶的装载、平衡、密封和打开必须在生物安全柜内进行。离心管放到恰当位置后，离心桶要配平，以保持平衡。空离心桶配平应该用蒸馏水或70%乙醇、异丙醇，不应使用盐水和次氯酸盐溶液，避免腐蚀机体金属。离心管内液面水平距管口应留出一定空隙，以确保离心过程中液体不会溢出。离心桶、转子和离心机腔每次用后都应消毒。使用后，应把离心头或转子口朝下倒置，以排净离心配平的液体或防止冷凝水残留。应每天检查转子和离心桶有无腐蚀点和极细的裂缝，以确保安全。

对于高致病性病原微生物的离心，须高度警惕离心过程中产生气溶胶的风险。大型离心机上应加装负压罩，以及时将离心过程中产生的可能带有病原微生物的气体通过实验室的过滤通风系统排出。微型离心机则可放在安全柜内离心，但要注意放置在柜内靠后壁处，以降低对安全柜气流的影响。如不能在安全柜内离心也无法为离心机配置负压罩，则须将转子放到安全柜内再打开，去除离心管。所有的离心管必须带盖密封，在安全柜内开启离心管。

四、匀浆器、摇床、搅拌器和超声处理器的使用

应使用实验室专用的搅拌器和匀浆器等设备，最大限度减少或避免使用易产生气溶胶的封闭型设备。使用这些设备时，容器内的压力会增大，含有感染性物质的气溶胶可能会从盖子和容器间缝隙逸出。玻璃容器可能因压力破碎导致操作者的暴露，因此，建议使用塑料材质的容器，如聚四氟乙烯（polytetrafluoroethylene，PTFE）容器等。

管子、盖子、杯子或瓶子应无裂缝或变形，盖子、圈垫应匹配以保证密封性。操作上述设备时，应使用结实透明的塑料箱覆盖设备，使用后进行清场消毒。上述设备也可根据体积大小，放置在生物安全柜内并覆盖塑料罩进行操作。使用涡旋振荡器振荡感染性材料时，必须在生物安全柜内进行，操作的容器必须密闭，容器中液体体积不得超过容器总体积的 2/3，操作时手握住容器的位置应低于管口，以防液体意外溅出污染手部。

匀浆、搅拌或超声破碎等操作完成后，需要再次使用时，建议间隔约 30min，待气溶胶沉降后，再重新开启设备。完成操作后应对设备及容器表面进行消毒处理。使用超声处理器的人员应注意听力保护，应备有耳部听力保护装置。

五、组织研磨器的使用

使用组织研磨器处理有感染性的组织材料时，应在生物安全柜内进行操作。手工操作研磨器时应戴手套并用吸收性材料包住研磨器外部，建议使用 PTFE 的塑料研磨器代替玻璃材质的研磨器。应注意研磨组织的体积不宜过大，防止研磨过程中发生溢出而造成污染。如果发生溢出，应立即采用有效的消毒剂进行消毒。建议使用新型电动组织研磨器替代手工研磨，前者可一次同时处理多份样品，更加便捷、高效和安全。

六、冰箱与冰柜的维护和使用

使用冰箱与冰柜时，应进行温度监控、定期除霜和清洁。冰箱内储存物品的所有容器应清楚标明内装材料/物品的名称、储存日期和储存者姓名。应定期清理冰箱，清理出过期的、容器已破碎或标识模糊不清的材料/物品，经消毒后再弃掉。清理时应进行面部防护、佩戴厚橡胶手套，清理后要对冰箱内表面进行消毒。标本及感染性材料必须盛装在标记好的足够大的容器中，不超过全部容积的 3/4，并置于专门存放感染性材料的冰箱里。感染性材料应有使用和出入记录。感染性材料储存时应为三层包装，高致病性感染性材料第二、三层包装必须为密封型、材质可靠的包装，然后再放入冰箱，并进行双人双锁管理。非感染性材料不得与感染性材料混放在一个冰箱中。高致病性感染性物质应单独存放。除非有防爆措施，严禁将易燃液体保存在冰箱里，冰箱的门上应张贴相关注意事项。

（任丽丽 肖 艳 王 营）

参考文献

［1］ 祁国明. 病原微生物实验室生物安全［M］. 2 版. 北京：人民卫生出版社，2014.

［2］ 武桂珍，王健伟. 实验室生物安全手册［M］. 北京：人民卫生出版社，2020.

［3］ WHO. Laboratory biosafety manual[M]. 4th ed. Geneva: World Health Organization, 2020.

［4］ CDC. Biosafety in microbiological and biomedical laboratories[M]. 6th ed. Atlanta, GA: Centers for Disease Control and Prevention, National Institutes of Health, 2020.

第十一章
危险化学品操作技术规范

危险化学品的保存和使用过程中，可能发生泄漏、火灾、爆炸等事故，不仅会导致人中毒和窒息、灼伤、造成暂时性或永久性的功能性或器质性损害（影响本人，也有可能影响后代），甚至死亡；除此之外还会造成环境污染。危险化学品的管理关乎生命、财产、环境乃至社会安全，是实验室生物安全防控不可或缺的部分。

第一节　危险化学品相关管理规定

为此，我国不仅制定了一系列涉及危险化学品管理的条例、规范、标准等，还在《中华人民共和国刑法修正案（九）》中，将第一百三十三条修改为："在道路上驾驶机动车，有下列情形之一的，处拘役，并处罚金：（四）违反危险化学品安全管理规定运输危险化学品，危及公共安全的。"将第三百五十条第一款、第二款修改为："违反国家规定，非法生产、买卖、运输醋酸酐、乙醚、三氯甲烷或者其他用于制造毒品的原料、配剂，或者携带上述物品进出境，情节较重的，处三年以下有期徒刑、拘役或者管制，并处罚金；情节严重的，处三年以上七年以下有期徒刑，并处罚金；情节特别严重的，处七年以上有期徒刑，并处罚金或者没收财产。"

一、危险化学品的安全管理

（一）《危险化学品安全管理条例》

《危险化学品安全管理条例》于 2002 年 1 月 26 日中华人民共和国国务院令第 344 号公布，自 2002 年 3 月 15 日起施行。2011 年 2 月 16 日国务院第 144 次常务会议修订通过，于 2011 年 3 月 2 日中华人民共和国国务院令第 591 号公布，自 2011 年 12 月 1 日起施行。2013 年 12 月 4 日国务院第 32 次常务会议通过了《国务院关于修改部分行政法规的决定》，对职能部门的职责进行了调整，下放了行政许可权限，充实了危险化学品运输安全管理事项，明确了与社会管理和公共安全密切相关的剧毒化学品、易制爆危险化学品管理的特定要求，确立了危险化学品安全使用许可制度，增加了对危险化学品使用和储存环节的管理要求。2013 年 12 月 7 日中华人民共和国国务院令第 645 号公布，自公布之日起施行。

（二）危险化学品的定义

危险化学品是指具有毒害、腐蚀、爆炸、燃烧、助燃等性质，对人体、设施、环境具有危害的剧毒化学品和其他化学品。

（三）化学品分类和标签规范

危险化学品种类繁多，性质各异，其定义既包含其毒性特征，也包含了对人体和环境的危害。2013年10月，国家标准化管理委员会分别以公告2013年第20号和第21号发布了《化学品分类和标签规范》系列国家标准（GB 30000.2—2013 ~ GB 30000.29—2013），自2014年11月1日起实施。于2024年7月24日发布，2025年8月1日起实施的GB 30000.1—2024《化学品分类和标签规范 第1部分：通则》（以下简称《通则》）规定了与化学品分类和标签相关的术语和定义以及化学品危险性分类、标签和化学品安全技术说明书的通用要求。该系列国家标准将危险性种类从物理危险、健康危害和环境危害三个方面分为28类；GB 30000.2—2013 ~ GB 30000.29—2013分别针对一个特定的危险种类或一组密切相关的危险种类进行了详细规定，化学品的分类和标签规范详见表11-1。

表11-1　化学品的分类和标签规范

标准号	标准名称
GB 30000.1—2024	化学品分类和标签规范 第1部分：通则
GB 30000.2—2013	化学品分类和标签规范 第2部分：爆炸物
GB 30000.3—2013	化学品分类和标签规范 第3部分：易燃气体
GB 30000.4—2013	化学品分类和标签规范 第4部分：气溶胶
GB 30000.5—2013	化学品分类和标签规范 第5部分：氧化性气体
GB 30000.6—2013	化学品分类和标签规范 第6部分：加压气体
GB 30000.7—2013	化学品分类和标签规范 第7部分：易燃液体
GB 30000.8—2013	化学品分类和标签规范 第8部分：易燃固体
GB 30000.9—2013	化学品分类和标签规范 第9部分：自反应物质和混合物
GB 30000.10—2013	化学品分类和标签规范 第10部分：自燃液体
GB 30000.11—2013	化学品分类和标签规范 第11部分：自燃固体
GB 30000.12—2013	化学品分类和标签规范 第12部分：自热物质和混合物
GB 30000.13—2013	化学品分类和标签规范 第13部分：遇水放出易燃气体的物质和混合物
GB 30000.14—2013	化学品分类和标签规范 第14部分：氧化性液体

续表

标准号	标准名称
GB 30000.15—2013	化学品分类和标签规范 第 15 部分：氧化性固体
GB 30000.16—2013	化学品分类和标签规范 第 16 部分：有机过氧化物
GB 30000.17—2013	化学品分类和标签规范 第 17 部分：金属腐蚀物
GB 30000.18—2013	化学品分类和标签规范 第 18 部分：急性毒性
GB 30000.19—2013	化学品分类和标签规范 第 19 部分：皮肤腐蚀／刺激
GB 30000.20—2013	化学品分类和标签规范 第 20 部分：严重眼损伤／眼刺激
GB 30000.21—2013	化学品分类和标签规范 第 21 部分：呼吸道或皮肤致敏
GB 30000.22—2013	化学品分类和标签规范 第 22 部分：生殖细胞致突变性
GB 30000.23—2013	化学品分类和标签规范 第 23 部分：致癌性
GB 30000.24—2013	化学品分类和标签规范 第 24 部分：生殖毒性
GB 30000.25—2013	化学品分类和标签规范 第 25 部分：特异性靶器官毒性 一次接触
GB 30000.26—2013	化学品分类和标签规范 第 26 部分：特异性靶器官毒性 反复接触
GB 30000.27—2013	化学品分类和标签规范 第 27 部分：吸入危害
GB 30000.28—2013	化学品分类和标签规范 第 28 部分：对水生环境的危害
GB 30000.29—2013	化学品分类和标签规范 第 29 部分：对臭氧层的危害

危险化学品三方面 28 大类 81 个类别危险性如下。

1. 物理危险

（1）爆炸物：不稳定爆炸物、1.1、1.2、1.3、1.4。

（2）易燃气体：类别 1、类别 2、化学不稳定性气体类别 A、化学不稳定性气体类别 B。

（3）气溶胶（又称气雾剂）：类别 1。

（4）氧化性气体：类别 1。

（5）加压气体：压缩气体、液化气体、冷冻液化气体、溶解气体。

（6）易燃液体：类别 1、类别 2、类别 3。

（7）易燃固体：类别 1、类别 2。

（8）自反应物质和混合物：A 型、B 型、C 型、D 型、E 型。

（9）自燃液体：类别 1。

（10）自燃固体：类别 1。

（11）自热物质和混合物：类别 1、类别 2。

（12）遇水放出易燃气体的物质和混合物：类别 1、类别 2、类别 3。

（13）氧化性液体：类别 1、类别 2、类别 3。

（14）氧化性固体：类别 1、类别 2、类别 3。

（15）有机过氧化物：A 型、B 型、C 型、D 型、E 型、F 型。

（16）金属腐蚀物：类别 1。

2. 健康危害

（1）急性毒性：类别 1、类别 2、类别 3。

（2）皮肤腐蚀 / 刺激：类别 1A、类别 1B、类别 1C、类别 2。

（3）严重眼损伤 / 眼刺激：类别 1、类别 2A、类别 2B。

（4）呼吸道或皮肤致敏：呼吸道致敏物 1A、呼吸道致敏物 1B、皮肤致敏物 1A、皮肤致敏物 1B。

（5）生殖细胞致突变性：类别 1A、类别 1B、类别 2。

（6）致癌性：类别 1A、类别 1B、类别 2。

（7）生殖毒性：类别 1A、类别 1B、类别 2、附加类别。

（8）特异性靶器官毒性 - 一次接触：类别 1、类别 2、类别 3。

（9）特异性靶器官毒性 - 反复接触：类别 1、类别 2。

（10）吸入危害：类别 1。

3. 环境危害

（1）危害水生环境

1）急性危害：类别 1、类别 2。

2）长期危害：类别 1、类别 2、类别 3。

（2）危害臭氧层：类别 1。

（四）标签要素

《通则》中规定了标签要素的内容，包括信号词、危险说明、防范说明、象形图、产品标识符（应当包括物质的化学名称）和供应商标识等。信号词是用于表示危险相对严重程度并提醒使用者注意标签上潜在危险的词语，直接借鉴联合国《全球化学品统一分类和标签制度》（简称 GHS），使用"危险"和"警告"作为信号词。危险说明是对某个危险种类和类别所做的陈述，用于描述危险品的危险性质，根据情况可包括危害程度，所有指定的危险说明均应出现在标签上，除非另有规定。危险说明和专用于识别每项说明的编码分别列于 GB 30000.2—2013 ~ GB 30000.29—2013。防范说明用于说明建议采取的措施，以最大限度地减少或防止因接触危险品，或因不正确地存储或搬运危险品而造成有害影响，包括一般、预防、应对（在意外溢漏或接触情况下为紧急反应或急救）、存放和处置 5 类防范说明。防范说明和专用于识别每项说明的编码分别列于 GB 30000.2—2013 ~ GB 30000.29—2013。

（五）危险化学品安全使用要求

1. 对单位安全条件、规章制度和人员的要求　《危险化学品安全管理条例》第四条规定：危险化学品单位应当具备法律、行政法规规定和国家标准、行业标准要求的安全条件，建立、健全安全管理规章制度和岗位安全责任制度，对从业人员进行安全教育、法制教育和岗位技术培训。从业人员应当接受教育和培训，考核合格后上岗作业；对有资格要求的岗位，应当配备依法取得相应资格的人员。

2. 危险化学品的购买许可制度 《危险化学品安全管理条例》第三十八条规定：依法取得危险化学品安全生产许可证、危险化学品安全使用许可证、危险化学品经营许可证的企业，凭相应的许可证件购买剧毒化学品、易制爆危险化学品。民用爆炸物品生产企业凭民用爆炸物品生产许可证购买易制爆危险化学品。前款规定以外的单位购买剧毒化学品的，应当向所在地县级人民政府公安机关申请取得剧毒化学品购买许可证；购买易制爆危险化学品的，应当持本单位出具的合法用途说明。个人不得购买剧毒化学品（属于剧毒化学品的农药除外）和易制爆危险化学品。

3. 危险化学品的安全使用要求 《危险化学品安全管理条例》第二十八条规定：使用危险化学品的单位，其使用条件（包括工艺）应当符合法律、行政法规的规定和国家标准、行业标准的要求，并根据所使用的危险化学品的种类、危险特性以及使用量和使用方式，建立、健全使用危险化学品的安全管理规章制度和安全操作规程，保证危险化学品的安全使用。

《危险化学品安全管理条例》第四十二条规定：使用剧毒化学品、易制爆危险化学品的单位不得出借、转让其购买的剧毒化学品、易制爆危险化学品。

4. 危险化学品事故应急处置 《危险化学品安全管理条例》第七十条规定：危险化学品单位应当制定本单位危险化学品事故应急预案，配备应急救援人员和必要的应急救援器材、设备，并定期组织应急救援演练。

二、《易制毒化学品管理条例》

2005年8月17日国务院第102次常务会议通过了《易制毒化学品管理条例》，自2005年11月1日起施行，分别于2014年7月29日、2016年2月6日、2018年9月18日进行了三次修订。其总则的第二条规定："国家对易制毒化学品的生产、经营、购买、运输和进口、出口实行分类管理和许可制度。易制毒化学品分为三类。第一类是可以用于制毒的主要原料，第二类、第三类是可以用于制毒的化学配剂。"其中第二类和第三类易制毒化学品在病原微生物实验室均可能用到，第二类包括苯乙酸、醋酸酐、三氯甲烷、乙醚、哌啶，第三类包括甲苯、丙酮、甲基乙基酮、高锰酸钾、硫酸、盐酸。该条例发布实施后，其附表中的三类易制毒化学品名录一直在动态列增。截止到2024年，第一类已包括18种和1类（麻黄素类），第二类已包括22种，第三类已包括8种。

三、《危险化学品目录（2022调整版）》

《危险化学品目录（2015版）》将原有的《危险化学品名录（2002版）》和《剧毒化学品目录（2002年版）》合并。列入《危险化学品名录（2002版）》的危险化学品有3 828

种，列入《剧毒化学品目录（2002 年版）》的剧毒化学品有 335 种，《危险化学品目录（2015 版）》将其合并后，共涉及危险化学品 2 828 种，其中包括剧毒化学品 148 种。2022 年 11 月 7 日，十部委正式发布公告调整修订《危险化学品目录（2015 版）》，将"1674 柴油［闭杯闪点≤60℃］"调整为"1674 柴油"，这就意味着所有柴油被列入《危险化学品目录（2022 调整版）》，需要危险化学品相关行政许可（生产许可证、经营许可证），新规已于 2023 年 1 月 1 日起施行。

危险化学品的品种，依据《化学品分类和标签规范》系列国家标准（GB 30000.2—2103 ~ GB 30000.29—2103），从物理危险、健康危害和环境危害特性类别确定。同时给出了剧毒化学品的定义和剧烈急性毒性判定界限。

剧毒化学品是指具有剧烈急性毒性危害的化学品，包括人工合成的化学品及其混合物和天然毒素，还包括具有急性毒性易造成公共安全危害的化学品。在栏目中以"备注"的形式对剧毒化学品做了特别注明。

剧烈急性毒性判定界限：即满足下列条件之一的急性毒性类别 1：大鼠实验，经口 $LD_{50} \leqslant 5mg/kg$，经皮 $LD_{50} \leqslant 50mg/kg$，吸入（4h）$LC_{50} \leqslant 100mL/m^3$（气体）或 0.5mg/L（蒸气）或 0.05mg/L（尘、雾）。经皮 LD_{50} 的实验数据，也可使用兔实验数据。

四、《易制爆危险化学品名录（2017 年版）》

《易制爆危险化学品名录（2017 年版）》由公安部根据《危险化学品安全管理条例》编制，于 2017 年 5 月 11 日发布公告公布。

《易制爆危险化学品名录（2017 年版）》包括酸类、硝酸盐类、氯酸盐类、高氯酸盐类、重铬酸盐类、过氧化物和超氧化物类、易燃物还原剂类、硝基化合物类和其他等易制爆危险化学品 74 种，其中硝酸、高氯酸、过氧化氢等在病原微生物实验室可能用到。《易制爆危险化学品名录（2017 年版）》栏目表中按类别列出了品名、别名、CAS 号及主要燃爆危险性分类。

第二节　危险化学品库的安全管理

一、危险化学品库的安防要求

剧毒、易制爆化学品使用单位建立的危险化学品库应符合 GA 1511—2018《易制爆危险化学品储存场所治安防范要求》，应采取隔热、防止阳光直射等措施，须安装通风设备，通风管应采用非燃烧材料制作，通排风系统应设有导出静电的接地装置，以保证危险化学品库内空气流通、干燥凉爽，避免可燃气体积聚，消除静电。应根据库房内物品的种类和性质，采取相应的防爆（使用符合要求的防爆柜）、泄压、防火、灭火、防雷、报警、调温、防潮、防护围堤等安全措施。库房安防系统应设置综合管理平台、入侵报警、视频监控、出入口控制、钥匙管控、紧急报警、通信与传输等，使用前应取得相关机构评价验收报告。

二、技防监控室要求

应制定剧毒化学品、易制爆化学品等危险物品库报警控制室安全管理规定（含突发事件应急处置流程）、值守人员职责，并张贴在墙上；建立技防值守人员值班登记记录和技防监控室进入登记记录，落实技防值守人员 24h 双人值守，值守人员不得擅离职守；值守人员应熟练掌握技术防范系统的操作、使用方法，以及应急措施和应急处理器材的使用方法，技防监控图像应至少保留 30 天，并可随时调取；值守人员接到报警信号后应及时核实，采取相应的有效措施，并按流程报警；技术防范系统发生故障、系统需要维护、入侵报警或视频监控不能满足正常工作需求时，值守人员应及时向主管领导上报，并详细记录故障发生的时间、原因及处理情况等。

三、危险化学品的贮存要求

（一）互为禁忌化学品

化学性质相抵触或灭火方法不同的化学品称为互为禁忌化学品。

（二）危险化学品的贮存方式

1. **隔离贮存**　在同一房间或同一区域内，不同的化学品之间分开一定的距离，非禁忌化学品间用通道保持隔离空间的贮存方式。
2. **隔开贮存**　在同一建筑或同一区域内用隔板或墙将互为禁忌化学品分离开的贮存方式。
3. **分离贮存**　在不同的建筑物或远离所有建筑的外部区域内的贮存方式。

互为禁忌的危险化学品应进行隔开贮存。

四、安全责任落实

剧毒、易制爆化学品使用单位须建立申领、使用及审批等制度；剧毒化学品、易制爆化学品等危险物品库须张贴危险物品管理四个责任公示牌；危险化学品库须设两名保管员，实行双人双锁、双人收发、双人登记管理制度，入库人员须填写入库登记表；危险化学品出入库须进行核查登记，对品种、数量、时间、领用人、用途等信息进行详细登记，出入库危险化学品时，领用人、保管员应在危险化学品账册和流向记录上签字；危险化学品按需出库，当日用不完的及时退库；危险物品库应建立剧毒、易制爆化学品总台账，按照危险化学品"日清月结"的管理要求，每月开展一次自查，逐一清点核对库存危险化学品数量，于月末填写汇总表，每月一张，装订成册；每一种剧毒化学品、易制爆化学品均应单独建立详细台账（出入库流向登记表），每次领用按要求进行登记，装订成册；单位应每月开展一次安全自查；每年至少开展一次应急演练。

第三节　危险化学品使用要求

一、进入实验室前的安全培训

新入职人员、研究生、进修人员进入实验室前，均要进行实验室安全和事故处理培训及考核，使其树立安全第一、预防为主的安全意识；了解警告（当心触电、当心火灾、当心爆炸、当心腐蚀、当心中毒等）、禁止（禁止吸烟、禁止烟火、禁止带火种、禁止用水灭火、禁止放置易燃物等）、指令（必须戴防毒面具、必须戴防护眼镜、必须戴防护帽、必须戴防护手套、必须穿防护鞋等）、提示（紧急出口）等实验室安全标志；掌握相应的安全知识和实验技能后方可进入实验室从事相关实验工作。

二、实验室危险化学品的储存要求

实验室危险化学品储存柜应避免阳光直晒，并应避免靠近暖气、高温电器设备等热源，保持通风良好。互为禁忌的化学品应隔开储存。腐蚀性化学品应单独存放在具有防腐蚀功能的储存柜内，并有防溢洒托盘。存放易燃易爆化学品的实验室或防爆试剂柜应有明显的危险标识，应避免产生电火花或静电，需低温存放的易燃易爆化学品应存放在具有防爆功能的冰箱内。易燃液体、遇湿易燃物品、易燃固体不得与氧化剂混合储存，具有还原性的氧化剂应单独存放。压缩气体和液化气体必须与爆炸品、氧化剂、易燃物品、自燃物品、腐蚀性物品隔开储存。易燃气体不得与助燃气体、剧毒气体同储；氧气不得与油脂混合储存。

三、使用危险化学品实验室的通用要求

使用危险化学品的实验室应有明显的安全标识，标识应保持清晰、完整，包括：化学品危险性质的警示标识；消防安全标志；禁止、警告、指令、提示等安全标志。应在显著位置张贴或悬挂安全操作规程和现场应急处置方案。

实验人员应熟悉化学品安全技术说明书，掌握化学品的危险特性，使用时做好个人防护。应根据实验室存在的职业危害风险为实验人员配备防护口罩、防护眼镜、防毒面具、防护手套、防护服等必要的个体防护用品。

使用或产生可燃气体、有毒有害气体的实验室，应设置相应的可燃气体、有毒有害气体测报仪与风机，并与风机联锁，使用或产生可燃气体的实验室使用防爆风机。实验产生的废气应通过管路引至室外安全区域高空排放，废气排放应符合国家和地方的相关法规标准。

实验室应安装通风橱；经常使用强酸、强碱，有化学品烧伤危险或有液体毒害危险的实验室应安装淋洗器，在实验台附近应安装洗眼器。

四、危险化学品操作要求

（一）实验前的准备

开始实验前，需要了解实验目的和使用的实验方法；对实验使用的化学品，通过查看

化学品安全标签或查阅化学品技术说明书，查找其理化特性及危险性、稳定性和反应性、毒理学信息、生态学信息、操作处置与储存、接触控制和个体防护、泄漏应急处理、急救措施、消防措施、废弃处置等信息；了解样本的类型（环境样本、血液、尿液、粪便、唾液、呼出气冷凝液、痰液、头发、组织器官、咽拭子、鼻拭子、肛拭子等）；了解实验目的、样品预处理和实验的方法，以及预处理（分离、纯化、富集）和实验使用的仪器设备；在此基础上制定详细的实验方案、操作规范和应急处置措施；按照要求准备好相应的实验防护用品等。

（二）剧毒、易燃、易爆化学品的操作要求

严格遵守剧毒化学品的"五双"制度，即双人双锁、双人收发、双人记账、双人领取至实验室、在实验室操作时也必须双人使用。配制稀释后也不得私自保存，严禁"库中库"，当日用不完的，必须双人一起退回至危险化学品库。

操作、倾倒易挥发、易燃液体时，应远离火源；加热易燃液体必须在水浴或密封电热板上进行，严禁用火焰或电炉直接加热；以上操作均应在通风橱中进行。

使用易发生爆炸的化学品时应严格按规定操作，实验室及其相关区域禁止使用明火；易发生爆炸化学品的操作，不得对着人进行，必要时操作人员应戴防护面罩，在通风橱中操作时应将防护挡板拉下。过氧化物应记录两组日期（收到和打开的日期）；乙醚老化和干燥形成结晶后极不稳定，可能会爆炸，须定期检查；加热含有高氯酸或高氯酸盐的溶液时，应防止蒸干或引进有机物，以免产生爆炸；苦味酸和苦味酸盐在加热和撞击时会发生爆炸，使用中应避免将溶液蒸干或对苦味酸盐进行撞击。

五、实验室用电安全管理要求

使用高电压、大电流的实验室，应设立警示标识，不得擅自进入。实验室电路容量、插座等应满足仪器设备的功率需求；大功率的用电设备须单独接线。不得擅自拆、改电气线路和修理电器设备。不得乱拉、乱接电线，不准使用闸刀开关、木质配电板和花线等。电器设备应有良好的散热环境，远离热源和可燃物品，确保电器设备接地良好。

使用电器设备前，应该用试电笔检查电器设备是否漏电，凡是漏电的仪器，一律不能使用。确认仪器设备状态完好后，方可接通电源。使用电器设备（如烘箱、恒温水浴、离心机、电热板等）时，应保持手部干燥。当手、脚或身体沾湿或站在潮湿的地板上时，切勿启动电源开关、触摸通电的电器设施。对于长时间不间断使用的电器设施，须采取必要的预防措施。

发生电器火灾时，首先要切断电源，尽快拉闸断电后再灭火。在无法断电的情况下应使用干粉、二氧化碳等不导电灭火器灭火。

六、高压气瓶的安全管理要求

使用和/或存放易燃气体钢瓶的房间应在门上用警示标志标明。高压气瓶运输时应装

上防震垫圈，旋紧安全帽，以保护开关阀，防止其意外转动和减少碰撞。搬运气瓶要轻拿轻放，防止摔掷、敲击、滚滑或剧烈振动，最好用钢瓶车或特制的小推车运送。实验室内存放的高压瓶应尽可能少，直立放置时须固定稳妥，以确保高压气瓶不会因为自然灾害或人为行为而移动、倾倒。高压气瓶应远离热源，避免日光直射。高压气瓶须分类分处保管，充装有互相接触后可引起燃烧、爆炸气体的高压气瓶（如氢气瓶和氧气瓶）不能同存一处，也不能与其他易燃易爆物品混合存放。

使用高压气瓶时，操作人员应站在高压气瓶接口处垂直的位置上；操作时严禁敲打撞击，并应经常检查有无漏气（普通气体可以用肥皂水；如果检测氧气或一氧化二氮，需要用专用的测漏液），注意压力表读数。高压气瓶上选用的减压器要分类专用，气瓶阀门和调节器、压力表须保持完好无损，安装时螺扣要旋紧，防止泄漏。使用时应先旋动开关阀，后开减压器；用完，先关闭开关阀，放尽余气后，再关减压器。切不可只关闭减压器，不关闭开关阀。

易起聚合反应的气体钢瓶，如乙炔等，应在储存期限内使用；存放乙炔气瓶的地方，要求通风良好；使用时应装上回闪阻止器，还要注意防止气体回缩；如发现乙炔气瓶有发热现象，说明乙炔已发生分解，应立即关闭气阀，并用水冷却瓶体，将气瓶移至远离人员的安全处加以妥善处理。氧气瓶或氢气瓶等，应配备专用工具，并严禁与油类接触；操作人员不能穿戴沾有各种油脂或易感应产生静电的服装手套操作，以免引起燃烧或爆炸。气瓶内的气不可用尽，以防再充气时发生危险：不燃气体留 0.05MPa 以上的残余压力，可燃性气体应剩余 0.2～0.3MPa（约 2～3kg/cm^2 表压），氢气应保留 2MPa。

七、实验结束后废弃物分类收集及处置要求

1. 各实验室内有害气体应经适当的无害化处理后才能排放；不许直接将废弃化学溶液倒于下水道，废弃化学品应进行分类收集，容器外加贴标签，注明废弃物品名，应保证容器不易破碎、密闭、不造成泄漏；采血管、接触人体血液样品的注射器、枪头等须高压灭菌后，按医疗废弃物收集（利器专门收集到利器盒中）。

2. 收集的实验室废弃物应定期交有资质的单位处置。

八、实验室发生危险化学品泄漏、溢洒、喷溅、火灾等安全事件/事故时的处置措施

（一）不同实验室配备的灭火设备、处理事件/事故用具和用品及防护装备

灭火设备包括：沙，泡沫、二氧化碳、干粉、1211、四氯化碳灭火器等；处理事件/事故用具和用品包括：化学品溢出处理工具盒、铲子和簸箕、用于夹取碎玻璃的镊子、拖把、擦拭用的布和纸、桶，用于中和酸及腐蚀性化学品的碳酸钠或碳酸氢钠、用于覆盖碱性溢出物等的沙子、不可燃的清洁剂等；防护装备包括：口罩、护目镜、防毒面具、各种类型的手套等；发生意外割伤，刺伤，烫伤，腐蚀性试剂烧伤、灼伤等时，消毒用碘酒或

医用乙醇，1%～2% 醋酸或 3% 硼酸溶液（皮肤）、2%～3% 硼酸溶液（眼睛）、2%～5% 碳酸氢钠溶液，纱布、创可贴等。

（二）安全事件/事故的处置

处理危险化学品泄漏、溢洒、喷溅等事故时，首先须穿戴好防护装备；发生少量化学溶液溢洒、喷溅时，可使用前面介绍的化学品溢出处理工具进行收集、擦拭；发生大量化学品溢出时，如酸及腐蚀性化学品溢出，可用碳酸钠或碳酸氢钠中和，碱性溢出物可用沙子覆盖，用化学品溢出处理工具进行收集，最后采用不可燃的清洁剂进行去污处理；易燃性气体泄漏时，需要熄灭所有明火，关闭房间及相邻区域的煤气，打开窗户（可能时），并关闭那些可能产生电火花的电器；如果安全允许，启动排风设备。当发生较小火情时，实验人员应立即切断电源，移走可燃物，用湿布、石棉布、灭火毯覆盖火源或用适当的灭火器进行灭火；若火势较猛，应立即报告有关部门，同时拨打"119"，详细说明地点、起火原因。

（三）自救或送医等处置

发生玻璃碎片、针头等锐器的划割伤，较浅的、长度在 0.5cm 以内的切割伤，伤口须压迫止血，后用碘酒或医用乙醇消毒，外贴创可贴；较深的切割伤，要先镇静，将伤指上举，捏紧指根两侧，压迫止血，用干净纱布包扎，紧急送医院。发生强酸、强碱等腐蚀性危险化学品烧伤、灼伤，应立即用大量水冲洗，再选择适当的中和药物，如 1%～2% 醋酸或 3% 硼酸溶液（皮肤）、2%～3% 硼酸溶液（眼睛）、2%～5% 碳酸氢钠溶液、淡石灰水或肥皂水进行中和。当溢出物产生有毒气体和气溶胶时，应立即佩戴能有效防护有毒蒸气和气溶胶的带滤毒罐的全面罩式防毒面具，避免吸入。衣服着火时，不可慌张乱跑，应立即用湿布或石棉布灭火，如果燃烧面积较大，可躺在地上打滚。

（徐东群）

参考文献

[1]　武桂珍，王健伟. 实验室生物安全手册［M］. 北京：人民卫生出版社，2020.

第十二章
放射性物质操作技术规范

随着科技发展和社会进步，放射性物质、放射源以及射线装置在医疗卫生、教学与科学研究等领域应用广泛，接触电离辐射的工作人员越来越多。电离辐射技术在医学领域的发展应用广泛、影响巨大，已成为当前医学和生物学实验的重要手段。放射性同位素在实验室应用最多，其发出的射线可对人体造成一定的影响，包括内照射和外照射两种途径。放射性物质通过血液、皮肤、消化道或呼吸道进入人体内，对人体产生照射，称为内照射（internal exposure）。放射性物质在人体外，对人体产生照射，称为外照射（external exposure）。

在实验室常接触的射线中，α射线的电离能力强、射程短，进入机体内照射的危害最大，β射线次之；γ射线的穿透能力最强，外照射危害性最大，β射线次之。电离辐射由于具有无色、无味的特点，容易被工作人员忽视，但是暴露于电离辐射可对人体甚至后代造成危害，因为射线可通过激发和电离作用，使机体内生物大分子（主要是DNA）遭到破坏，诱发基因突变和染色体畸变，导致细胞功能损伤。机体受照剂量较大时，可造成急性或慢性放射病。

因此，须规范放射性实验室管理和放射工作人员操作，严格做好工作人员个人防护，以保护工作人员身心健康。放射防护的目的是通过采取各种有效的放射防护措施，降低受照剂量，从而有效地避免确定性效应的发生，并将随机性效应发生率合理降到尽可能低的水平，以便有效地保护工作人员。

放射性物质具有放射性，这种特殊性要求放射性物质的操作须在专门的实验室或专门设计的装置和设施内进行。同时，产生的放射性废物处理不当，会对环境造成污染，直接或间接对人体造成危害。因此，放射性实验室应重点加强放射性同位素的管理，防止放射性事故发生，这是放射性实验室安全管理的重要内容。

第一节　放射性物质操作相关基础

一、基本概念

1. **放射性**　有些核素的原子核能自发地发生衰变，放出不同的射线或粒子，而变成另一种核素，这种性质称为放射性。发出的射线有α射线、β射线、γ射线和中子射线等。

2. **放射性物质**（radioactive substance）　能够自发释放出各种射线（α射线、β射线、γ射线和中子射线）或粒子的物质。一般情况下，放射性物质主要包括放射性核素、由放射性核素标记或含有放射性核素的化合物等。

3. **放射性同位素**（radioisotope） 某种可以发生放射性衰变的元素中具有相同原子序数而质量数不同的核素。如 ^{131}I 和 ^{125}I 均为碘的放射性同位素。按其来源可分为天然放射性同位素和人工放射性同位素。目前可利用的放射性同位素约有 100 种，制成的放射源可达 1 500 多种，包括金属元素如 ^{226}Ra、^{60}Co、^{137}Cs、^{119}Ag、^{59}Fe 等，非金属元素如 ^{14}C、^{32}P、^{35}S、^{131}I 等。生物学实验室常用的放射性同位素为 ^3H、^{14}C、^{32}P、^{131}I、^{40}K 等。放射性同位素不包括作为核燃料、核原料、核材料的其他放射性物质。

4. **放射源**（radioactive source） 可作为电离辐射源使用的任何放射性物质。按照包装形式可分为密封源和非密封源；按照物态可分为固态源、液态源和气态源；按照射线种类可分为 α 源、β 源、中子源和 γ 源等。按照放射源对人体健康和环境的潜在危害程度（即放射源放射性活度水平），从高到低将放射源分为 Ⅰ、Ⅱ、Ⅲ、Ⅳ 和 Ⅴ 五类。放射性物质与射线装置都可称为放射源。

5. **射线装置**（radioactive device） 使用电能可产生预定水平 X 射线、γ 射线、电子束、中子射线等电离辐射的电器设备（如加速器、中子发生器和 X 射线机等，不包括高能加速器），或内含放射源的装置。

6. **确定性效应**（deterministic effect） 又称有害组织反应（harmful tissue reaction），是辐射诱发的一类健康效应，通常存在阈剂量水平，超过该阈剂量水平，效应的严重程度随辐射剂量的增加而增加。阈剂量水平是某种健康效应的特征，但在有限程度上也依赖于受照射个体。确定性效应包括红斑和急性放射病（皮肤损伤、脱发、贫血、胃肠系统损伤以及白内障等）。若该效应是致命的、有生命威胁的或可降低生活质量的永久性损害，则称为严重确定性效应。

7. **随机性效应**（stochastic effect） 辐射诱发的一类健康效应，其发生概率随辐射剂量的增加而增加，而效应的严重程度与辐射剂量大小无关。随机性效应可能是躯体效应或遗传效应，其发生一般无阈剂量水平。包括各种实体癌和白血病等。

8. **放射性实验室**（radioactive laboratory） 从事放射性工作的实验室或场所。所操作和接触的放射性同位素会产生射线，防护和使用不当会对人体产生危害。

9. **密封源**（sealed source） 密封在包壳里或紧密地固结在覆盖层里并呈固体形态的放射性物质。密封源的包壳或覆盖层应具有足够的强度，使密封源在设计使用条件和磨损条件下，以及在预计事件发生时，均能保持密封性能，不会有放射性物质泄漏。

10. **非密封源**（unsealed source） 又称开放源或非密封放射性物质（unsealed radioactive material），在使用过程中放射性物质与环境介质相接触，其特点是极易于扩散，在使用时会污染工作场所或环境介质，存在可能导致内照射的危险。

二、常用电离辐射量和单位

电离辐射量和单位，一般由国际辐射单位与测量委员会（ICRU）发展和推荐。以下是生物安全实验室常用的电离辐射量和单位。

1. **放射性活度**（radioactivity） 单位时间内放射性核素发生核衰变的总数，符号 A。国际单位是秒的倒数，专用名称为贝可勒尔，简称"贝可"，以符号 Bq 表示。放射性同位素每秒钟发生 1 次核衰变，其放射性活度为 1 个贝可。

2. **吸收剂量**（absorbed dose） 单位质量被辐照物质吸收的电离辐射能量，符号 D。国际单位是焦耳 / 千克（J/kg），专用名称为戈瑞，以符号 Gy 表示。

3. **当量剂量**（equivalent dose） 组织或器官接受的平均吸收剂量与辐射权重因数的乘积。如该组织或器官受到多种电离辐射照射，其当量剂量为各种电离辐射产生的当量剂量之和。国际单位是焦耳 / 千克（J/kg），专用名称为希沃特，以符号 Sv 表示。

4. **有效剂量**（effective dose） 人体各组织或器官的当量剂量与相应的组织权重因数乘积之和。有效剂量在当量剂量的基础上进一步考虑了全身非均匀照射情况下各组织器官的辐射危险度差异。国际单位是焦耳 / 千克（J/kg），专用名称为希沃特，以符号 Sv 表示。

三、放射性物质实验室工作场所分级

1. **开放型放射性物质实验室分级** 从事非密封放射性同位素操作的实验室称为开放型放射性物质实验室。按照 GB 18871—2002《电离辐射防护与辐射源安全基本标准》非密封放射源工作场所分级规定（附录 C），按照日等效最大操作量将开放性实验室划分为甲、乙、丙三级（表 12-1），放射性核素的日等效操作量等于放射性核素的实际日操作量（Bq）与该核素毒性组别修正因子的积除以与操作方式有关的修正因子所得的商。开放型放射性物质实验室应采取有效措施，严防放射性同位素经由食入、吸入、皮肤、黏膜和伤口等途径进入体内，以避免或降低内照射危害。在任何时间段内操作场所存在放射性同位素的总活度或活度浓度不超过 GB 18871—2002《电离辐射防护与辐射源安全基本标准》给出的豁免水平，经审核管理部门审批，可予豁免，不作为放射性工作场所。

表 12-1 非密封源工作场所分级

级别	日等效最大操作量 /Bq	管理方式
甲	$>4 \times 10^9$	参照 I 类放射源
乙	$2 \times 10^7 \sim 4 \times 10^9$	参照 II、III 类放射源
丙	豁免活度值以上~ 2×10^7	参照 II、III 类放射源

2. **使用密封放射源场所分级**

（1）密封放射源分类原则：按照放射源对人体健康和环境的潜在危害程度（即放射源放射性活度水平），从高到低将放射源分为 I、II、III、IV 和 V 五类。

I 类放射源属极危险源。没有防护的情况下，接触这类放射源几分钟到 1 小时可致人死亡。

II 类放射源属高危险源。没有防护的情况下，接触这类放射源几小时至几天可致人死亡。

Ⅲ类放射源属中危险源。没有防护的情况下，接触这类放射源几小时就可对人造成永久性损伤，接触几天至几周也可致人死亡。

Ⅳ类放射源属低危险源。基本不会对人造成永久性损伤，但对长时间、近距离接触这些放射源的人员可造成可恢复的临时性损伤。

Ⅴ类放射源属极低危险源。不会对人造成永久性损伤。

在我国被盗或失控的放射源多数属于Ⅳ类放射源或Ⅴ类放射源。当前，在医学和生物学实验室中常见的射线主要为α射线、β射线、γ射线、X射线、质子线、重离子射线等。

（2）国家环保总局 2005 年发布的《放射源分类办法》中公布了 64 种常用核素放射源分类表。表 12-2 列出了医学生物学实验室部分常用核素放射源分类。

表 12-2　医学生物学实验室常用核素放射源分类表

核素名称	Ⅰ类放射源 /Bq	Ⅱ类放射源 /Bq	Ⅲ类放射源 /Bq	Ⅳ类放射源 /Bq	Ⅴ类放射源 /Bq
Am-241	$\geqslant 6 \times 10^{13}$	$\geqslant 6 \times 10^{11}$	$\geqslant 6 \times 10^{10}$	$\geqslant 6 \times 10^{8}$	$\geqslant 1 \times 10^{4}$
Am-241/Be	$\geqslant 6 \times 10^{13}$	$\geqslant 6 \times 10^{11}$	$\geqslant 6 \times 10^{10}$	$\geqslant 6 \times 10^{8}$	$\geqslant 1 \times 10^{4}$
Ba-133	$\geqslant 2 \times 10^{14}$	$\geqslant 2 \times 10^{12}$	$\geqslant 2 \times 10^{11}$	$\geqslant 2 \times 10^{9}$	$\geqslant 1 \times 10^{6}$
C-14	$\geqslant 5 \times 10^{16}$	$\geqslant 5 \times 10^{14}$	$\geqslant 5 \times 10^{13}$	$\geqslant 5 \times 10^{11}$	$\geqslant 1 \times 10^{7}$
Cf-252	$\geqslant 2 \times 10^{13}$	$\geqslant 2 \times 10^{11}$	$\geqslant 2 \times 10^{10}$	$\geqslant 2 \times 10^{8}$	$\geqslant 1 \times 10^{4}$
Co-57	$\geqslant 7 \times 10^{14}$	$\geqslant 7 \times 10^{12}$	$\geqslant 7 \times 10^{11}$	$\geqslant 7 \times 10^{9}$	$\geqslant 1 \times 10^{6}$
Co-60	$\geqslant 3 \times 10^{13}$	$\geqslant 3 \times 10^{11}$	$\geqslant 3 \times 10^{10}$	$\geqslant 3 \times 10^{8}$	$\geqslant 1 \times 10^{5}$
Cs-134	$\geqslant 4 \times 10^{13}$	$\geqslant 4 \times 10^{11}$	$\geqslant 4 \times 10^{10}$	$\geqslant 4 \times 10^{8}$	$\geqslant 1 \times 10^{4}$
Cs-137	$\geqslant 1 \times 10^{14}$	$\geqslant 1 \times 10^{12}$	$\geqslant 1 \times 10^{11}$	$\geqslant 1 \times 10^{9}$	$\geqslant 1 \times 10^{4}$
Fe-55	$\geqslant 8 \times 10^{17}$	$\geqslant 8 \times 10^{15}$	$\geqslant 8 \times 10^{14}$	$\geqslant 8 \times 10^{12}$	$\geqslant 1 \times 10^{6}$
H-3	$\geqslant 2 \times 10^{18}$	$\geqslant 2 \times 10^{16}$	$\geqslant 2 \times 10^{15}$	$\geqslant 2 \times 10^{13}$	$\geqslant 1 \times 10^{9}$
I-125	$\geqslant 2 \times 10^{14}$	$\geqslant 2 \times 10^{12}$	$\geqslant 2 \times 10^{11}$	$\geqslant 2 \times 10^{9}$	$\geqslant 1 \times 10^{6}$
I-131	$\geqslant 2 \times 10^{14}$	$\geqslant 2 \times 10^{12}$	$\geqslant 2 \times 10^{11}$	$\geqslant 2 \times 10^{9}$	$\geqslant 1 \times 10^{6}$
Ir-192	$\geqslant 8 \times 10^{13}$	$\geqslant 8 \times 10^{11}$	$\geqslant 8 \times 10^{10}$	$\geqslant 8 \times 10^{8}$	$\geqslant 1 \times 10^{4}$
Nb-95	$\geqslant 9 \times 10^{13}$	$\geqslant 9 \times 10^{11}$	$\geqslant 9 \times 10^{10}$	$\geqslant 9 \times 10^{8}$	$\geqslant 1 \times 10^{6}$
P-32	$\geqslant 1 \times 10^{16}$	$\geqslant 1 \times 10^{14}$	$\geqslant 1 \times 10^{13}$	$\geqslant 1 \times 10^{11}$	$\geqslant 1 \times 10^{5}$
Po-210	$\geqslant 6 \times 10^{13}$	$\geqslant 6 \times 10^{11}$	$\geqslant 6 \times 10^{10}$	$\geqslant 6 \times 10^{8}$	$\geqslant 1 \times 10^{4}$
Pu-238	$\geqslant 6 \times 10^{13}$	$\geqslant 6 \times 10^{11}$	$\geqslant 6 \times 10^{10}$	$\geqslant 6 \times 10^{8}$	$\geqslant 1 \times 10^{4}$
Pu-239	$\geqslant 6 \times 10^{13}$	$\geqslant 6 \times 10^{11}$	$\geqslant 6 \times 10^{10}$	$\geqslant 6 \times 10^{8}$	$\geqslant 1 \times 10^{4}$

续表

核素名称	Ⅰ类放射源/Bq	Ⅱ类放射源/Bq	Ⅲ类放射源/Bq	Ⅳ类放射源/Bq	Ⅴ类放射源/Bq
Pu-240	$\geq 6 \times 10^{13}$	$\geq 6 \times 10^{11}$	$\geq 6 \times 10^{10}$	$\geq 6 \times 10^{8}$	$\geq 1 \times 10^{3}$
Ra-226	$\geq 4 \times 10^{13}$	$\geq 4 \times 10^{11}$	$\geq 4 \times 10^{10}$	$\geq 4 \times 10^{8}$	$\geq 1 \times 10^{4}$
Ru-103（Rh-103m）	$\geq 1 \times 10^{14}$	$\geq 1 \times 10^{12}$	$\geq 1 \times 10^{11}$	$\geq 1 \times 10^{9}$	$\geq 1 \times 10^{6}$
Ru-106（Rh-106）	$\geq 3 \times 10^{14}$	$\geq 3 \times 10^{12}$	$\geq 3 \times 10^{11}$	$\geq 3 \times 10^{9}$	$\geq 1 \times 10^{5}$
S-35	$\geq 6 \times 10^{16}$	$\geq 6 \times 10^{14}$	$\geq 6 \times 10^{13}$	$\geq 6 \times 10^{11}$	$\geq 1 \times 10^{8}$
Se-75	$\geq 2 \times 10^{14}$	$\geq 2 \times 10^{12}$	$\geq 2 \times 10^{11}$	$\geq 2 \times 10^{9}$	$\geq 1 \times 10^{6}$
Sr-89	$\geq 2 \times 10^{16}$	$\geq 2 \times 10^{14}$	$\geq 2 \times 10^{13}$	$\geq 2 \times 10^{11}$	$\geq 1 \times 10^{6}$
Sr-90（Y-90）	$\geq 1 \times 10^{15}$	$\geq 1 \times 10^{13}$	$\geq 1 \times 10^{12}$	$\geq 1 \times 10^{10}$	$\geq 1 \times 10^{4}$
Tc-99^{m}	$\geq 7 \times 10^{14}$	$\geq 7 \times 10^{12}$	$\geq 7 \times 10^{11}$	$\geq 7 \times 10^{9}$	$\geq 1 \times 10^{7}$

注：1. Am-241用于固定式烟雾报警器时的豁免值为1×10^{5}Bq。

2. 核素份额不明的混合源，按其危险度最大的核素分类，其总活度视为该核素的活度。

第二节 放射性物质操作实验室的建设要求及管理原则

一、开放型放射性实验室的建设要求

开放型放射性实验室的建设一般需要考虑以下几点要求。

1. 实验室应位于建筑物底层一端或单独建筑，明确划分控制区（辐射危害较大，须进行严格管理的区域）和监督区（通常不需要专门的防护手段或安全措施，但需要经常对职业照射条件进行监督和评价），以防止放射性污染向未污染区扩散。

2. 应与其他性质实验室有明确划分区域，以防止交叉污染。

3. 应合理组织整个实验室气流方向，确保非密封放射性物质操作场所处于低压区。

4. 非密封放射性物质操作所用的通风橱，工作中应有足够风速（一般不小于1m/s），排气口应高于本建筑物屋脊，同时根据需要设置活性炭或其他专用过滤，排到空气中的放射性物质总活度和活度浓度应符合GB 14500—2002《放射性废物管理规定》中的要求。

5. 非密封放射性物质操作场所的装修要有利于清洁，便于除去污染，实验室墙面、天花板、地板和实验台面等应光滑、无孔，化学交换能力小，不仅能耐酸碱、辐射和有机溶液，还便于去除放射性污染。材料表面应耐热，因在加热时去污效果普遍较好。对材料的磨光是不必要的，因为经过一次去污后就完全破坏了其光洁度。

6. 应有安全可靠的储存放射源的场所和设备，并有明显标志。

7. 应有储存高活性废液的储存容器。

8. 应分别设置人员通道和非密封放射性物质传递通道，防止发生交叉污染。

二、开放型放射性实验室的一般管理要求

1. 制定并严格实施放射安全与防护相关规章制度，培养和保持工作人员良好的安全素养，使其自觉遵守规章制度，掌握放射防护基本原则、基本知识和基本技能；制定符合放射防护要求的放射事故应急预案。

2. 在操作非密封放射性物质的工作场所，设置醒目的电离辐射警告标志，提醒人员"当心电离辐射"。

3. 做好个人防护。个人防护用品包括工作服、工作靴（鞋）、手套和口罩。在特殊情况下，还应附加薄膜工作服、围裙、防护眼镜、气盔、面盾和气衣等。

4. 参加岗前培训，对工作人员进行安全和防护知识教育培训并进行考核，考核不合格不得上岗。

5. 配备相应的放射防护仪器和具有放射防护知识与技能的专业人员。

6. 加强非密封放射性物质操作人员与场所的各类放射防护监测，并做好放射防护评价。

7. 做好放射性废物的收集与管理。

8. 做好放射工作人员的职业健康监护。

三、开放型放射性实验室放射安全防护要求

开放型实验室分为甲、乙、丙三级，其放射防护设施也有不同要求，其中经常遇到的是丙级场所，要求地面、表面易清洗，室内通风良好，配有清洁设备。甲级、乙级场所的要求参考相关资料。

操作非密封放射性物质时工作人员面临同时存在的内照射和外照射危险。外照射主要来自场所存在的 γ 射线，由于 α 粒子的穿透能力很弱，通常不会引起外照射危害；内照射则多由放射性污染物形成的表面污染及空气污染，直接或间接地进入人体而导致。医用放射性核素的非密封放射性物质污染多为 β、γ 射线污染。

（一）非密封放射性物质

1. **操作非密封放射性物质的防护基本原则**　积极采取有效措施，切断放射性物质进入人体的各种途径，减少放射性核素进入人体内的机会，以使进入人体内的放射性物质不超过 GB 18871—2002《电离辐射防护与辐射源安全基本标准》的放射性核素年摄入量限值，减少或防止人体受到内照射危害。

2. **操作非密封放射性物质的防护措施**　为达到安全操作非密封放射性物质的目的，遵循内照射防护原则，做好内照射防护。有效的内照射防护基本措施包括围封包容、保洁去污、个人卫生防护、妥善处理放射性废物。

（1）围封包容：对于开放型放射性工作场所，必须采取严密而有效的围封包容措施，在非密封放射性物质周围设立一系列屏障，以限制可能被污染的空间和表面，防止放射性

物质向周围环境扩散，将可能产生的放射性污染限制在尽量小的范围。

（2）保洁去污：任何放射性核素操作者都必须遵守安全操作规定，防止或减少污染发生，保持工作场所内清洁与整洁，对受到污染的表面应及时去污，对污染的空气进行合理组织通风，宜安装空气净化装置。

（3）个人卫生防护：操作开放型放射性核素的人员，应根据工作性质正确穿戴相应的个人防护衣具，如工作服、工作帽、工作靴/鞋、手套和口罩，必要时可穿戴隔绝式或活性炭面具或特殊防护口罩。限制暴露于污染环境中的时间，遵守个人卫生规定，不留长发和长指甲，禁止在开放型放射性工作场所或污染区存放或食用食品、饮用水，禁止吸烟等。

（4）妥善处理放射性废物：任何开放型放射性工作都会产生一定量放射性废物。采取合理而有效的措施治理放射性废物，是保护工作环境、减少放射性核素体内转移的重要内容。

3. 操作非密封放射性物质的防护要求

（1）操作前做好各项准备工作，拟定详细的工作计划，检查仪器设备是否正常、通风是否良好、个人防护用品是否完备。

（2）液态放射性物质的操作，应在铺有吸水纸的塑料或不锈钢等易去污的台面上或搪瓷盘内进行。

（3）移取放射性液体时，应用移液器、橡皮球或注射器吸取，严禁用嘴吸取。

（4）严禁裸手直接进行非密封放射性物质的操作和去除放射性污染的操作。

（5）伴有强γ外照射的操作，应合理使用时间防护、距离防护和屏蔽防护；做好晶状体与皮肤防护，可使用有机玻璃做防护屏蔽或戴眼镜保护眼睛。

（6）操作γ放射性物质时，应使用铅、铅玻璃、钢铁或混凝土等制作移动式或固定式护屏进行屏蔽。尽可能使用远距离操作器械进行远距离操作。

（7）易挥发性物质和放射性气体以及伴有发烟、发尘、蒸发、沸腾等操作，应在通风橱、工作箱内进行。

（8）应制定符合放射防护与安全要求的非密封放射性物质操作规程。新的或改进的密封放射性物质操作程序必要时应进行模拟实验、冷试验。在进行较大难度操作、新项目操作或事故处理及检修时，事先要进行训练和预演，以提高操作技巧和熟练程度，缩短工作时间。

（9）实验室内应进行湿式清扫，清扫工具及洗刷清扫工具的水池应固定、专用。

（10）工作中产生的废物应按要求分类贮存在专门器具内，按管理要求定期或不定期送到放射性废物库内存放待处理。

（11）少量放射性物质洒落时，应及时进行去污处理。

（12）实验完毕后，应及时处理现场，分类处理实验废弃物，在专用水池内洗刷实验用品。

（13）检查个人防护用品是否完整无损，同时进行放射性水平检测，确认安全后放回贮存柜内。

（14）在满足医学和生物学实验要求的基础上，选用的放射性同位素活度尽量小，毒性尽可能低。

（二）使用密封放射源工作场所的放射防护原则

使用密封放射源进行工作的实验室或场所，对工作人员和公众产生的主要危害是外照射危害，但是，一旦密封源破裂，也有产生内照射危害的可能。

对于外照射危害，其防护方法包括时间防护、距离防护、屏蔽防护。外照射屏蔽防护材料的选择要根据辐射类型和应用特点，同时要考虑经济成本和材料的易获得性（表12-3）。X射线和γ射线要采用铅等高原子序数材料进行防护。β射线较容易防护，有机玻璃、铝等低原子序数的材料即可阻挡。中子的防护复杂，要先用含氢较多的材料（如水等）慢化，再用锂、硼等将其吸收，还应考虑对产生γ射线的屏蔽。

表 12-3　不同射线屏蔽材料的选择

射线类型	作用的主要形式	材料选择原则	常用屏蔽材料
α	电离、激发	一般低 Z 材料	纸、铝箔、有机玻璃等
β	电离、激发、轫致辐射	低 Z+ 高 Z 材料	有机玻璃、铝、混凝土、铅
X、γ	光电效应、康普顿效应、电子对形成	高 Z 材料	铅、铁、钨、铀；混凝土、砖、去离子水等
中子	弹性碰撞、非弹性碰撞、弹性吸收	含氢、含硼材料	水、石蜡、混凝土、聚乙烯；碳化硼铝、含硼聚乙烯等

第三节　放射性物质操作的安全管理

一、放射性物质操作工作的安全要求

在开放型放射性实验室从事放射性物质操作工作，放射防护安全应重点考虑以下方面。

（一）辐射区域

1. 应限定放射性物质操作区域，只能在指定区域使用放射性物质，严禁在非指定区域操作。

2. 在放射性核素和放射性废物的储存场所和放射工作场所出入口应设置明显的电离辐射警示标志，在使用强辐射源和射线装置的房间门外，应设置显示放射源或射线装置工作状态的指示灯。

3. 进行放射性核素标记、示踪和化学分析的实验室应有通风设备，地板、墙壁应使用便于去污的材料。

4. 只允许必要的、辐射防护培训合格的工作人员参与操作放射性物质，无关人员不得进入。

5. 妥善使用个体防护装备（包括铅围裙、铅眼镜等铅防护用品，也包括实验室工作服、安全眼镜以及一次性手套等），放射性核素实验室应便于清洁和清除污染。严禁徒手操作放射源、用嘴吸移液管等方式移取放射性液体以及在放射性工作场所吸烟、饮水和进食。

6. 应对实验室操作放射性物质的工作人员进行个人剂量监测，以获得其辐射暴露水平。工作时应佩戴个人剂量计，进入带有 ^{60}Co 等强辐射源的工作场所时还应携带剂量报警仪。

（二）实验操作区域

1. 为避免液态放射性物质污染，应使用溢出托盘，内衬一次性吸收材料，随时吸收溅出或溢出的放射性物质。

2. 限制放射性核素用量。应限制操作大量放射性核素，并有一定的剂量限制。

3. 在辐射区域、实验操作区域以及放射性废弃物区域设置辐射源的隔离防护装置和通风设施。出入口应设有放射性标志、防护安全联锁、报警及工作信号装置。工作人员应经常对防护设施、报警系统进行检修，使其处于正常状态。

4. 辐射容器应用辐射警示标志来标示（包括放射性核素种类、活性及检测日期）。

5. 工作结束后，用辐射计测量工作区域、防护服和手的辐射情况并做记录。

6. 运输容器应经过适当保护，以防止污染。

（三）放射性废弃物区域

1. 放射性实验室应设定专门的区域和容器进行放射性废物集中存放和管理。应具备保障临时存放设施的安全条件，保持通风，远离火源，避免高温、日晒、雨淋。

2. 应及时从实验操作区域清除放射性废弃物。放射性废弃物应有警示标志，不能将放射性废弃物混入其他实验室废物，避免不相容性危险废弃物近距离存放。

3. 废弃放射源要单独收集，按照生态环境部相关要求密封收集，进行屏蔽和隔离处理，存放地点要有明显的辐射警示标志，防火防盗，由专人管理。废弃射线装置在报废前须经环保部门核准，按照国家有关规定处置。

4. 装液体放射性废弃物的容器内须保留足够空间，确保容器内液体不能超过容器容积的 70%。

（四）记录和应急处置

1. 应对放射性物质使用、废弃物处理以及意外事故处理过程进行详细记录。

2. 应对筛查超过剂量限度物质的剂量测定结果进行详细记录，并予以改进。

3. 发生意外事故时首先要帮助受伤人员尽快就医并报告本单位。

4. 发生放射性物质污染时要彻底清洁受污染区域，可请求有关机构、专家进行协助和指导。

二、放射性物质操作工作前的准备工作

1. 工作人员在操作放射性物质前，应作充分准备，拟定周密的工作计划和操作流程，检查仪器是否正常，通风是否良好，个人防护用品是否齐全，以及如发生事故的应急方案是否完善。凡采用新技术、新方法时，在正式操作前应熟悉操作的内容及放射性物质的性质（电离辐射种类、能量、物理化学状态等）。

2. 对于难度较大的操作，应先用非放射性物质做空白实验（也叫冷实验），经反复练习成熟后，再开始正式工作。对于危险性操作，必须有两人以上在场，不得一个人单独操作。

3. 凡开瓶、分装及煮沸、蒸发等产生放射性气体、气溶胶及粉尘的操作，应在通风橱或操作箱内进行。应采取预防污染的措施，根据射线性质和辐射强度，使用相应的防护屏和远距离操作器械。操作 4×10^7 Bq 以上的 β、γ 核素，应佩戴防护眼镜。

4. 凡装有放射性核素的容器，均应贴上明显放射性标志的标签，注明放射性核素名称、活度等信息，以免与其他非放射性试剂混淆。

5. 放射性工作场所要保持清洁。清扫时，要避免灰尘飞扬，应用吸尘器吸去灰尘或用湿拖把。场所内设备和操作工具，使用后应进行清洗，不得随意携带出工作场所。

6. 经常检查人体和工作环境污染情况，发现超限值水平的污染，应及时妥善处理。

7. 严格管理制度，防止放射性溶液泼洒、弄错或丢失。

第四节　放射性物质安全操作规范

一、放射性物质安全操作原则

1. 操作放射性核素时，要严格遵守操作规程，防止放射污染、核素外泄等意外事故。制备用于实验室动物的注射制剂时，尚须注意无菌操作。

2. 在进行可能产生放射性气溶胶、蒸气、粉尘的操作时，应在有抽出式通风设备的通风橱和手套箱内进行。通风应在操作前启动。

3. 放射性核素操作应在玻璃、塑料或不锈钢制成的工作台面上及搪瓷盘内进行。在操作放射性液体时搪瓷盘内应铺垫吸水纸。

4. 抽取放射性液体时，应使用适当的吸液器具（如注射器、带橡皮球的吸管、自动分装器具等），严禁用口对着吸管吸取。用于不同性质或浓度放射性液体的吸取器具，应加贴明显标签以免混淆。

5. 操作 γ 放射性核素时，应利用铅玻璃或混凝土屏蔽；操作 β 射线放射性核素时，应采用有机玻璃或铝板屏蔽。注意保持远距离操作，动作应准确、迅速。

6. 严格区分有放射性沾污的器皿和清洁器皿，不得混淆。操作高活性或低活性的放

射性核素，应分别在不同的实验室或实验台进行。

7. 分装或稀释放射性核素液体时，应先根据比放射性活度和稀释倍数准确地计算出所需放射性核素原始溶液及稀释液的容积。将稀释后所得溶液的比放射性活度、容积、日期填在瓶签上，并先把稀释液注入瓶内，后加入放射性核素溶液。

8. 标记、分装完毕的放射性核素应封存于无菌瓶，并置入有盖的铅容器内；容器外应有明显标签，注明内容品名、放射性活度、体积、标记时间。

9. 放射性核素操作结束后，及时清理不用的器具、用品，清除有放射性污染的纸张、棉签等，关闭通风、照明设备。

10. 放射性物质造成污染时，应将污染区域加以标识，以免其他人员受污染，并按放射性污染的去除规定处理。

二、放射性表面污染的去除

操作非密封放射性物质过程中，特别是开放型操作，往往不可避免地会使建筑物、设备、工具，甚至人体表面沾染上放射性物质。这些污染常常是工作场所放射性气溶胶浓度和外照射剂量升高的重要原因。操作放射性同位素时，一旦放射性物质对个人或周围环境及物品造成污染，应及时进行去污染处理。特别是工具、防护用品和环境污染，如不及时加以控制和清除，就会蔓延扩大，可能导致严重后果。

在大多数情况下，工具或设备污染不会太严重。经过仔细去污，使其污染水平降至控制水平以下的，就能继续使用。但是，在少数情况下，由于污染严重，无法清洗到控制水平以下，或从经济上考虑可直接更换，这时被污染物件只能作为废弃物处理。

（一）放射性表面污染的去除原则

放射性表面去污工作应做得恰当，否则会扩大污染。去污时应遵守以下一般原则。

1. 尽早去污，以免遗忘并减少被污染物体吸附。污染时间较短的放射性物质容易去除，单次去污效率较高，也可减少污染。

2. 合理选择和使用适当的去污方法。一般的去污方法有浸泡、冲刷、淋洗和擦拭等，均可在常温下进行。其具体方法，一般应根据污染物件特点、污染元素和表面介质的性质、去污设施和废弃物（包括废液）处理的条件等因素选择。将超声波发生器放在去污液中，用超声波去除零件上的放射性物质。

3. 需要配制合适的去污试剂。不同种类试剂，其去污作用也不同，应选择去污效果好、费用低、操作安全的去污试剂。

4. 防止交叉和扩大污染面积。去污程序一般应由污染较弱处开始，逐渐向污染较强处伸展。有时为减少外照射或污染扩散，首先应对污染最强处做一次粗略去污。在大多数情况下，去污剂和擦拭材料均不能反复使用，擦拭物的每个擦拭面也不能在不同地点反复擦拭，否则容易将去污剂或擦拭物上的放射性物质扩散。

5. 去污处理之后，应立即进行除污后表面污染水平检测，从而判断是否达到污染去除的要求。除污后的表面污染水平，最好达到或接近本底水平，至少要达到国家标准规定的表面污染控制限值以下。

6. 认真处理去污过程中产生的废物和废液。去除放射性物质污染的过程，实质上是把放射性物质转移到去污剂中或擦拭物上的过程。这些去污剂或擦拭物，极个别情况下还可进行处理，如回收其中有用的放射性物质。但要特别注意，防止因废物处理不当而扩大污染。清除污染后的溶剂或废水应放入专用容器或衰变池内，不得随意排放。

7. 去污时要做好安全防护。去除大面积污染时，应划出"禁区"，严禁任何人随意出入。去污人员首先应注意外照射防护，须采用有效的工具和设备，配备必要的个人防护用品，防止形成内污染，降低内外照射总剂量。

（二）放射性沾污的去除

沾污的器皿、用具和衣物，应按照其品类、核素的种类和性质分别进行处理。

1. 玻璃和搪瓷去除沾污流程

（1）一般先浸泡于 3% 盐酸或 10% 枸橼酸中 1h。被 ^{32}P 沾污的器皿可用 1.5mol/L 硝酸和磷酸浸泡；被 ^{131}I 沾污的器皿可用 56% 碘酸浸泡。

（2）在清水中洗涤。

（3）放入清洁液（重铬酸钾在浓硫酸中的溶液）中浸泡 15min。

（4）用流水冲洗。

（5）用探测仪检查沾污是否已完全清除。

2. 桌面和地面去除沾污流程

（1）液体可用吸管或吸水纸将其吸干；粉末应先滴少量的水使其湿润，然后用吸水纸擦拭。擦拭时，注意勿使沾污面积扩大，严禁用抹布或拖把随意擦抹。

（2）用 10% 稀盐酸溶液滴在沾污处，再用吸管或吸水纸吸干；如此反复 2 ~ 4 次。

（3）用水洗涤 3 ~ 4 次。

（4）用探测仪检查沾污是否已完全清除。

3. 衣服布类去除沾污方法

（1）有沾污的衣服应和普通衣服分开洗涤。

（2）沾污程度轻的（＜ 1 000cpm）可在专用洗衣机内洗涤。一般衣服沾污去除的流程：在热酸（5% 枸橼酸）溶液中洗涤；在热水中洗涤；在含有去污剂的热水中洗涤；在热水中洗涤；在水中洗涤 3 次。以上每步骤约需 5min。

（3）沾污重者，贮放 5 ~ 10 个半衰期，然后按上述方法洗涤。

4. 皮肤表面去除沾污方法

（1）用肥皂和软毛刷刷洗 5min。

（2）经测定如仍有放射性，重复刷洗 5min。

（3）如经两次刷洗后皮肤剂量仍大于允许剂量，可采用 EDTA、EDTA 肥皂、5% 枸橼酸溶液（用于 ^{32}P）或 5% 硫代硫酸钠（用于 ^{131}I）等协助清洗。

第五节　放射性废物处理

在一些生物医学研究活动中，有时会用到少量放射性物质，因此会产生少量放射性废物。实验室产生的放射性废物，如处理不当，会对实验室工作人员造成外照射。放射性气体废物还可能会通过吸入等方式对实验室工作人员造成内照射，影响实验室工作人员健康。放射性废物排入环境中，还会破坏环境，危害公众身心健康。

针对生物学实验室特点，在实验活动中如何处置放射性废物应遵循 GB 18871—2002《电离辐射防护与辐射源安全基本标准》、GB 14500—2002《放射性废物管理规定》、GBZ 120—2020《核医学放射防护要求》、GB 11930—2010《操作非密封源的辐射防护规定》等相关规定，同时也应结合生物学研究特点，考虑放射性危害因素和生物危害因素共同存在的情况。

一、放射性废物处理相关概念

1. **放射性废物**（radioactive waste）　含有放射性核素或被放射性核素污染，其浓度或活度大于国家审管部门规定的清洁解控水平，并且预计不再利用的物质。

2. **清洁解控水平**（clearance level）　由国家审管部门规定的，以放射性浓度、放射性比活度和 / 或总活度表示的一组阈值，当辐射源等于或低于这些值时，可解除审管控制。

3. **豁免废物**（exempt waste）　含放射性物质，并且其放射性浓度、放射性比活度或污染水平不超过国家审管部门规定的清洁解控水平的废物。

对公众成员照射所造成的年剂量值 < 0.01mSv，对公众的集体剂量不超过 1 人·Sv/年的含极少放射性核素的废物属豁免废物，生物学实验室的放射性废物大多属于豁免废物。

二、放射性废物分类

为了管理、收集和处置方便，可将放射性废物分类管理。放射性废物分类或分级比较复杂，要根据废物放射性水平和所含核素的半衰期进行区分。

按放射性废物的放射性活度水平，放射性废物可分为低水平放射性废物、中水平放射性废物和高水平放射性废物三类。2017 年，环境保护部、工业和信息化部、国家国防科技工业局联合发布新制定的《放射性废物分类》，将放射性废物分为极短寿命放射性废物、极低水平放射性废物、低水平放射性废物、中水平放射性废物和高水平放射性废物五类，其中极短寿命放射性废物和极低水平放射性废物属于低水平放射性废物范畴。

按放射性废物的物理性状，放射性废物可分为放射性气载废物、放射性液体废物和放射性固体废物三类。

按放射性废物中所含核素的半衰期，放射性废物可分为长半衰期放射性废物（$T_{1/2}$ > 5 年）、中等半衰期放射性废物（60 天 < $T_{1/2}$ ≤5 年）和短半衰期放射性废物（$T_{1/2}$ ≤60 天）三类。

三、放射性废物管理原则

1. 实验操作人员应尽量减少放射性废物的产生量或体积。

2. 严格区分放射性废物和非放射性废物，并分开放置。

3. 应建立放射性废物临时储存库，收集暂存各实验室产生的放射性废物，定期或不定期送交放射性废物库处置。

4. 配备专（兼）职放射性废物管理人员，负责废物收集、分类、存放和处理。

5. 设置放射性废物储存登记卡，记录各类废物的主要特性和处理过程，建档保存。

6. 制定防止放射性废物丢失、被盗、容器破损和灾害事故发生的安全措施。

7. 放射性废物管理应遵循有关国家标准（GB 18871—2002《电离辐射防护与辐射源安全基本标准》、GB 14500—2002《放射性废物管理规定》、GBZ 120—2020《核医学放射防护要求》）相关规定，并进行优化管理。

8. 放射性废液衰变池应符合 GBZ 120—2020《核医学放射防护要求》规定。

四、放射性废物处置原则

1. 放射性物质操作实验室应按照国家有关标准做好放射性废物分类、记录和标识（种类、核素名称）。

2. 长半衰期放射性废弃物和经环保部门检测认定为解控水平以上的短半衰期放射性废弃物，须经单位审核并向环保部门递交处理申请，按照环保部门的要求进行处理。

3. 经环保部门检测认定为解控水平以下的短半衰期放射性废弃物，可按一般废弃物处理。

4. 必须处理的液态放射性废弃物须经环保部门认证的专业人员进行固化后再妥善处理。

5. 废弃射线装置在报废前须经环保部门核准，按照国家有关规定处置。

6. 核素操作实验室的废物必须贮存在专用容器内，半衰期小于 15 天的核素可采用放置法处理，放置时间应超过 10 个半衰期。半衰期较长的应收集后交专门机构进行处理。

7. 使用过放射性核素的实验动物，其尸体和不需要进一步研究的组织器官标本，均视为放射性废物，连同自使用放射性核素后的整个实验过程中完整收集的动物排泄物，应统一暂存，标明核素名称和施用量。使用短寿命放射性核素的实验动物相关废物可采用放置衰变方法，待放射性物质衰变到清洁解控水平，经检测后，报审管部门批准，作非放射性废物处理。使用长寿命放射性核素的实验动物相关废物参照国家的有关政策要求执行。

五、实验室放射性废物的收集和处理基本要求

按照《放射性废物分类》规定，五类放射性废物对应的处置方式分别为贮存衰变后解控、填埋处置、近地表处置、中等深度处置和深地质处置。此分类办法提供了部分含人工放射性核素固体物质的豁免水平和解控水平、低水平放射性废物活度浓度上限值等内容，需要时可参考使用。

1. **放射性气载废物的处理**　与液态、固态放射性废物相比，放射性气载废物可能造成的污染范围更大，对环境的影响更难预测和控制，其净化处理和排放控制更应引起足够的重视。生物实验室的放射性气载废物一般通过稀释后排出。中等放射性及以上的放射性气体或气溶胶废物应通过净化过滤装置处理后，经由高出建筑物楼顶一定高度的排气口排入大气。低放射性废气可直接排入大气，但也应通过高出建筑物楼顶一定高度的排气口排出。

2. **液体放射性废物的处理**　短半衰期的高水平和中水平放射性废液，可采用放置衰变法，放置若干个半衰期后按低水平放射性废液处理；长半衰期的可采用蒸发浓缩、凝胶沉淀、离子交换等方法减小体积，加水泥固化后，按固体放射性废物处理。

低水平放射性废液为水性或溶于水的有机溶剂时，可用水稀释，经监测达到排放标准后，排放入城市下水道；不溶于水的有机溶剂，不能排入下水道，只能固化后按固体放射性废物处理。放射性同位素实验室应设置放射性废水衰变池，以利于排放的放射性废水经过一段时间的衰变和稀释，进一步降低比活度后，再行排放入城市下水道。

3. **固体放射性废物的处理**

（1）应用专用的放射性废物桶收集固体放射性废物，专用的放射性废物桶由环保部门专门发放，具有密封盖和放射性警示标志，桶内应再放置专用废物袋。

（2）放射性固体废物应按核素种类、半衰期长短、比活度范围等分类收集。

（3）注射器、碎玻璃等锐器物品类的放射性废物，应装入硬壳容器中，再放入放射性废物桶内。

（4）装满固体放射性废物的废物桶，应注明废物类型、核素种类、比活度范围和存放日期，送入本单位放射性废物库内暂存，定期或不定期交由城市放射性废物库运走并处置。

（5）焚烧可燃性固体放射性废物，应在具备焚烧放射性废物条件的焚化炉内进行；有病原体污染的放射性固体废物，应先进行消毒灭菌，再进行焚烧。

（6）含有放射性核素的动物尸体，可采用防腐、干化、焚化或固化处理。含有长半衰期核素的动物尸体，如无焚烧条件，则应进行固化处理。具有较高放射性的动物尸体，一般不应进行防腐处理，直接进行焚化或固化处理。

（7）失去使用价值的废弃密封放射源，不属于放射性废物，应按废弃放射源交由具有废源处理资质的机构处置。

第六节　放射性物质操作中易发事故及相应处理原则

一、放射性物质操作的应急处置原则

在实验室中从事使用放射性核素或放射性核素装置的活动，具有受到电离辐射影响的危险，加强其管理对于控制其危害和对环境的污染，尤其是预防由放射性核素污染、泄漏造成的突发事故具有重要意义。

所有涉及放射性核素的实验活动均必须遵守国务院颁布的《放射性同位素与射线装置安全和防护条例》及有关法规。

在放射性实验室进行实验活动时，应采取适当防护与安全措施，尽可能防止由于人为错误或其他原因导致的事故，并有效减轻事故后果。操作非密封源的单位，应分析可能发生的事故和风险，制定相应的应急预案，加强应急演练，做好应急准备，并报审管部门备案。

发生事故后，应按照报告程序及时向审管部门报告。不缓报、瞒报、谎报或漏报。应配合医疗单位对因事故造成放射损伤的人员进行应急救援和治疗。

二、放射性物质操作中易发事故及相应处理原则

操作非密封放射性物质时，如违反操作流程，可导致物料外溢、喷溅或洒落。发生这类事故时要沉着冷静，既不要惊慌，也不能随意处理，应按照预案进行处置。下面介绍其简单而有效的处理方法。

1. 少许液体或固体粉末洒落的处理原则　如是放射性物质溶液溢出、喷溅或洒落，先用吸水纸吸干净；如是固体粉末放射性物质洒落，则先用湿润棉球或湿抹布擦干净。再用适当去污剂去污。去污时采用与外科皮肤消毒时相反的顺序，即从未受污染部位开始，逐渐向污染较轻部位靠近，最后对污染较重部位去污，切勿扩大污染范围。用过的吸水纸、湿棉球和湿抹布等要放到搪瓷盘内，最后集中到污物桶内，作为放射性废物集中储存。

2. 污染面积较大时的应急处理方法

（1）立即告知在场的其他人员撤离工作场所，报告单位负责人和放射防护人员。

（2）标划出受污染部位和范围，测量出污染表面的面积。

（3）如人员皮肤、伤口或眼睛受污染，立即以流动清洁水冲洗后再进行相应的医学处理。

（4）如人员个人防护衣具受污染，应在现场脱掉，放在塑料袋内，待洗消去污染。

（5）针对污染物理化特性、受污染表面性质和污染程度，采用合适的去污染方法去污。

（6）去污染以后，经过污染检测符合防护要求，方可恢复工作。

（7）分析事故原因，总结教训，提出改进措施，并以书面形式告知当地审管部门。

第七节　放射性实验室的辐射安全管理

一、辐射安全防护的法律保障

我国已经相继出台或修订了一系列与放射安全防护有关的法律、法规及标准，如《中华人民共和国放射性污染防治法》《中华人民共和国职业病防治法》《放射性同位素与射线装置安全和防护条例》《放射性同位素与射线装置安全许可管理办法》和国家标准 GB 18871—2002《电离辐射防护与辐射源安全基本标准》等。

通过以上法律法规和标准的建立，国家对从事放射性作业以及生产、销售、使用放射

性同位素和射线装置的单位和人员，在放射性污染防治、职业病防治以及安全与防护方面实行法制化管理。

二、行政许可

1. **申办辐射安全许可证**　按照国务院《放射性同位素与射线装置安全和防护条例》和生态环境部《放射性同位素与射线装置安全许可管理办法》使用放射性同位素和射线装置的规定，使用单位必须依法取得辐射安全许可证，禁止无许可证或不按照许可证规定的种类和范围从事放射性同位素和射线装置的使用活动。

使用Ⅰ类放射源和Ⅰ类射线装置的辐射工作单位的许可证，由国务院环保主管部门审批颁发；使用Ⅱ～Ⅴ类放射源和Ⅱ、Ⅲ类射线装置的辐射工作单位的许可证，由省级人民政府环保主管部门审批颁发。辐射工作单位在申请领取许可证前，应组织编制或填报环境影响评价文件并报环保主管部门审批。

2. **放射性同位素转让、转移活动的审批与备案**　两个辐射工作单位之间转让放射性同位素时，转入单位应在每次转让前报所在地省级环保主管部门审查批准。分批次转让非密封放射性物质，转入单位可每6个月报所在地省级环保主管部门审查批准。放射性同位素只能在持有许可证的单位之间转让。未经批准不得转让放射性同位素。

3. **豁免管理**　依据GB 18871—2002《电离辐射防护与辐射源安全基本标准》规定，豁免指实践中的放射源经确认符合规定的豁免要求或水平，并经审管部门同意后被本标准的要求所豁免。《放射性同位素与射线装置安全和防护管理办法》第七章规定，省级以上人民政府环境保护主管部门依据GB 18871—2002《电离辐射防护与辐射源安全基本标准》及国家有关规定，负责对射线装置、放射源或非密封放射性物质管理的豁免出具备案证明文件。具体要求如下。

（1）已经取得辐射安全许可证的单位，使用低于GB 18871—2002《电离辐射防护与辐射源安全基本标准》规定豁免水平的射线装置、放射源或少量非密封放射性物质的，经所在地省级人民政府环境保护主管部门备案后，可被豁免管理。办理备案时应提交其使用的射线装置、放射源或者非密封放射性物质辐射水平低于GB 18871—2002《电离辐射防护与辐射源安全基本标准》豁免水平的证明材料。

（2）已取得辐射安全许可证，使用较大批量低于GB 18871—2002《电离辐射防护与辐射源安全基本标准》规定豁免水平的非密封放射性物质的，办理备案时，除提交其使用的射线装置、放射源或者非密封放射性物质辐射水平低于GB 18871—2002《电离辐射防护与辐射源安全基本标准》豁免水平的证明材料外，还应提交射线装置、放射源或非密封放射性物质的使用量、使用条件、操作方式以及防护管理措施等情况的证明。

（3）未取得辐射安全许可证，使用低于GB 18871—2002《电离辐射防护与辐射源安全基本标准》规定豁免水平的射线装置、放射源以及非密封放射性物质的，办理备案时，除提交其使用的射线装置、放射源或者非密封放射性物质辐射水平低于GB 18871—2002《电离辐射防护与辐射源安全基本标准》豁免水平的证明材料外，还应提交射线装置、放射源或非密封放射性物质的使用量、使用条件、操作方式以及防护管理措施等情况的证明。

（4）对装有超过 GB 18871—2002《电离辐射防护与辐射源安全基本标准》规定豁免水平放射源的设备，经检测符合国家有关规定确定的辐射水平的，设备的生产或进口单位向环境保护部门报请备案后，该设备和相关转让、使用活动可被豁免管理。

（5）环境保护部门对已获得豁免备案证明文件的活动或活动中的射线装置、放射源或非密封放射性物质定期公告。经环境保护部门公告的活动或活动中的射线装置、放射源或非密封放射性物质，在全国有效，可不再逐一办理豁免备案证明文件。

三、放射源的贮存要求

1. 放射源可由使用单位统一贮存，也可由各放射性实验室自行贮存。贮存场所应符合国家和地区的相关要求，并安排专人负责，放射源贮存场所应是双人双锁。

2. 可移动放射源应定期进行清点，确保其处于指定位置，具有可靠的安全保障。

3. 贮存的放射源有可能放出放射性气体或气溶胶时，必须放在密闭容器内，并将容器保存在通风橱中。

4. 闲置不用或废弃的放射源，可交由放射性废物中心或取得资质的放射性废源收贮公司处置，不得自行处理。

四、放射性核素的安全管理指南

1. 各单位对放射性核素与射线装置的使用应实行严格的审批、许可制度，建立放射工作管理档案，制定并实施放射防护安全管理规章制度和标准操作流程。

2. 工作人员在接受放射防护法规、专业技术知识培训后考试合格方可上岗从事放射性核素工作。各单位应定期对工作人员进行安全教育，组织必要的安全管理技术培训，提高全体管理人员的安全管理水平。

3. 应对本单位放射防护安全状况和防护管理制度执行情况每年定期进行全面检查，有计划、有步骤地采取防范措施，消除隐患，防止事故发生。定期对放射源、工作场所及周围环境进行放射防护监测和检查，并记录存档。

4. 应制定并落实放射事故预防措施与应急预案，配备应急救援人员和必要的应急救援器材和设备，并定期组织演练。

5. 放射性核素的贮存应有专人负责，有完善的存入、领取、归还登记和检查的制度，做到交接严格、检查及时、账目清楚、账物相符、记录资料完整。

6. 放射性核素不得与易燃、易爆和其他非放射性物品混放，其贮存场所应采取有效的防盗、防火、防泄漏等安全防护措施。应在装有放射性核素的仪表、容器上贴有电离辐射标志（图 12-1）。

图 12-1　电离辐射标志

7. 放射性核素调进、调出及报废处理，须向所在单位提出申请，经批准后办理有关手续，严禁私自将放射性核素调出、调进和进行报废处理等。

8. 对放射性废物、废水、废气的处理，应符合国家放射卫生防护和环境保护规定。废放射源及污染物应存入当地放射废物库，不得自行焚烧和掩埋。在其活度衰变到豁免水平以前，不得作为普通废物处理。

五、放射防护监测

为保障放射工作人员健康，及时发现安全隐患，对放射工作人员和工作场所及周围环境进行有效的辐射剂量监测十分必要。

1. **个人剂量监测**　个人剂量监测包括外照射和内照射两部分。根据《中华人民共和国职业病防治法》和《放射工作人员职业健康管理办法》，放射工作人员应接受个人剂量监测。在开放型放射性工作场所工作的人员，一般都应进行体内放射性同位素的剂量监测。可用体外测量方法，估算体内放射性同位素积存量；也可用测定工作人员排泄物（尿、粪）及肺呼出气体中的放射性核素含量、活度等方法。外照射个人剂量监测周期一般为 30 天，最长不应超过 90 天。内照射个人剂量监测周期按照有关标准执行。个人剂量监测档案终身保存。

2. **放射工作场所监测**

（1）外照射监测：外照射剂量监测主要是对 γ 射线、X 射线、β 射线或中子射线的监测。可根据工作特点、性质，采用定期的常规监测，也可采用不定期的重点监测，以确定工作场所及周围环境的辐射水平、辐射分布情况是否符合现行有效的国家标准。

（2）表面污染监测：通过常规的表面污染监测，可判断工作场所有无放射性污染、污染程度、污染范围和核素种类等，以便确定是否需要去除污染以及控制污染和消除污染的手段。实验操作结束后应对实验场所，尤其是操作台表面进行放射性污染监测，如监测结果超过 GB 18871—2002《电离辐射防护与辐射源安全基本标准》规定的表面污染控制水平，应及时去污，直至符合要求。操作人员监测包括个人外照射监测、皮肤表面污染和手部污染监测。

（3）工作场所空气污染监测：在实验室内较少发生空气污染问题。但对操作易挥发性同位素（碘、氢、氟）的实验室，也应特别注意对空气污染的监测。

（4）特殊监测：在新实验、新设施运行初始阶段或原有程序有了重大变更或有可能出现异常情况时应进行特殊监测，并对监测结果进行评价，发现异常应及时报告。

六、放射工作人员职业健康管理

放射工作人员职业健康管理应遵守《中华人民共和国职业病防治法》和《放射工作人员职业健康管理办法》有关规定，相关要求如下。

1. 放射工作人员上岗前，应进行全面彻底的上岗前职业健康检查，符合放射工作人员健康标准方可参加相应的放射工作。

2.放射工作人员上岗前，应接受放射防护和有关法律知识培训，考核合格方可参加相应工作。

3.放射工作人员上岗前，放射工作单位负责到所在地人民政府有关行政部门为其申请办理《放射工作人员证》。

4.放射工作单位应按照国家有关标准、规范的要求，安排本单位的放射工作人员接受个人剂量监测，建立个人剂量监测档案，长期保存。

5.放射工作单位应组织上岗后的放射工作人员定期进行职业健康检查，两次检查时间间隔不应超过两年，必要时可增加临时性检查。职业健康检查机构发现有可能因放射性因素导致健康危害的，应通知放射工作单位，并及时告知放射工作人员本人。

6.放射工作单位应为放射工作人员建立并长期保存职业健康监护档案。

（刘青杰 赵 骅）

参考文献

［1］ 徐善东. 医学与医学生物学实验室安全［M］. 3 版. 北京：北京大学医学出版社，2019.
［2］ 涂彧. 放射卫生学［M］. 北京：中国原子能出版社，2014.
［3］ 张维铭. 现代分子生物学实验手册［M］. 北京：科学出版社，2003.
［4］ 环境保护部，工业和信息化部，国防科工局. 关于发布《放射性废物分类》的公告［EB/OL］.（2017-12-01）［2024-10-15］. https://www.mee.gov.cn/gkml/hbb/bgg/201712/t20171212_427756.htm.
［5］ 武桂珍，王健伟. 实验室生物安全手册［M］. 北京：人民卫生出版社，2020.
［6］ 放射医学与防护名词审定委员会. 放射医学与防护名词［M］. 北京：科学出版社，2014.
［7］ 化学名词审定委员会. 化学名词［M］. 北京：科学出版社，2016.
［8］ 潘自强. 辐射安全手册精编［M］. 北京：科学出版社，2014.
［9］ 中华人民共和国国家质量监督检验检疫总局. 电离辐射防护与辐射源安全基本标准：GB 18871—2002［S］. 北京：中国标准出版社，2002.

第十三章
临床实验室操作技术规范

根据 GB/T 22576.1—2018《医学实验室 质量和能力的要求 第 1 部分：通用要求》和 WS/T 442—2024《临床实验室生物安全指南》，临床实验室是以诊断、预防、治疗人体疾病或评估人体健康状况为目的，对取自人体的材料进行生物学、微生物学、免疫学、化学、血液免疫学、血液学、生理学、细胞学、病理学或其他检验的实验室，适用于二级（涵盖一级）生物安全防护水平的病原体检验。此外，依据中华人民共和国国家卫生健康委员会 2023 年制定的《人间传染的病原微生物目录》，从事生物危害程度分类为第三类的病原微生物的实验活动均可在 BSL-2 实验室进行。

临床实验室生物安全管理包括建立完善的生物安全规章制度、设施、设备、人员、清洁卫生相关文件，如规章、标准操作程序、事件的追踪调查等。临床实验室应达到临床实验室管理的基本要求，工作人员在临床实验室操作须严格按照安全操作规程。临床实验室应制定相关生物安全文件，规范临床实验室人员、临床标本及临床仪器的生物安全操作，以避免临床实验室生物安全事件或事故的发生。

第一节　临床实验室工作人员的基本安全操作规范

临床实验室应制定相应标准实验操作程序。制定实验全程各环节的标准实验操作程序，从取样开始到处理所有潜在危险材料的全程以及实验室清洁、消毒、废弃物处理，并确保标准实验操作程序的严格实施；通过标准实验操作程序的执行，实验人员应知道如何正确地完成自己的任务。标准实验操作程序和安全手册必须每年进行审查，必要时进行修订。

一、实验室工作人员管理

（一）人员培训与能力评估

1. 实验室应对人员进行管理并保留所有人员的记录，以证明满足要求。

2. 实验室工作人员须接受上岗培训和能力评估与确认。以下情况下，工作人员须接受再培训，如长期未工作、操作规程或有关政策发生变化等。

3. 工作人员应遵从标准化的操作程序和规程，安全运输（包装容器的正确使用）和操作样本，安全处理废弃物，正确使用安全设备；提高安全操作意识，及时发现潜在隐患，发生突发事件时，能够紧急正确应对。

（二）人员的继续教育及记录

1. 应对从事实验室工作的人员提供继续教育计划。员工应参加继续教育，并定期评估继续教育计划的有效性。

2. 实验室应记录工作人员相关教育和专业资质、培训、经历，以及能力评估结果。

（三）人员的健康记录

1. 工作人员应定期进行健康检查，检查项目包括肝炎标志物、HIV、梅毒螺旋体抗体等。

2. 患有传染性疾病的工作人员，必须确认无传染性后，方可参加工作。

二、临床实验室工作人员的基本安全操作规范

实验室伤害以及与工作有关的感染主要是由于人为失误、实验操作不良以及仪器使用不当造成的。本章将从工作行为、个人行为、意外事件处理三方面介绍规范的操作行为，避免或尽量减少不良事件的发生。

（一）安全规范的工作行为

实验工作中，安全规范的工作行为能有效减少不良事件的发生，工作人员应按照以下几点进行规范化操作。

1. 工作人员进入临床实验室，先在清洁区（更衣室）更换防护服；在二次更衣区加穿白色工作服，更换工作鞋，进入检测区。

2. 离开实验区前脱去白色工作服及工作鞋，存放在二次更衣区固定的更衣柜中。

3. 工作服每周清洗一次，污染的白色工作服立即换掉，根据污染程度决定高压灭菌或用 2 500mg/L 含氯消毒液浸泡消毒后，再由清洗人员对其进行洗涤。

4. 在实验区进行操作时，工作人员必须佩戴一次性乳胶手套，手套应遮住手及腕部。离开实验区前摘掉手套放入黄色医用垃圾袋中，洗手。手套禁止反复使用。

5. 实验室人员应加强一级呼吸道防护装备的应用，实验室操作过程中，吹吸混匀、培养瓶意外跌落、离心等均能产生不同浓度气溶胶。气溶胶传播是在生物安全实验室内工作人员发生获得性感染的重要途径。

6. 工作人员在实验区必须穿鞋面覆盖脚面、鞋底防滑的工作鞋。

7. 实验人员进行操作时，严格按照各项操作规程工作。禁止口吸移液。

8. 实验人员要安全操作尖锐器具及装置。各种锐器包括使用过的针头禁止手工剪、弯、折断，或以手工方式从注射器上移去。包括针头、玻璃、一次性手术刀片在内的锐器应在使用后立即放在锐器盒中。锐器盒应在内容物达到其容量的 3/4 前封闭盒盖，放入医用黄色垃圾袋中。

9. 启动离心机前要检查内、外盖子是否盖严，转速停止指示为"0"时方能打开离心

机盖子，取出样品。样品管帽必须在生物安全柜内进行开启，以防止气溶胶飞溅污染。离心样品时，要确定采血管和管帽稳固相连一起离心，严禁在离心前开启管帽。

10. 生物安全柜使用前检查风速等是否在正常状态并记录，放置物品时避开风栅以免阻碍风的流速，工作结束时用 75% 乙醇消毒工作台面。

11. 化学试剂（易燃易爆、强酸强碱）在实验区内只可存放少量的应用液，原液集中放在专用化学试剂储存柜中（防燃防爆、耐酸碱），领取必须记录，化学试剂柜放置在试剂库，由专人管理。

12. 严禁在气瓶存放点活动，气瓶要用钢链固定，每天检查并记录气瓶的压力情况。

13. 工作人员每天工作结束时用 500mg/L 含氯消毒液消毒工作台面。发生意外时用 2 500mg/L 含氯消毒液消毒处理。具体方法参见第十章第二节"不同操作类型的防护规范"。

14. 每日用干净抹布和清水清理仪器表面，如有污染用 75% 乙醇喷淋作用 30min 再清理。

15. 不要进入正在紫外线或臭氧消毒的空间，以免受到伤害。

16. 实验人员应遵守工作职权范围，不要操作授权范围外的仪器设备。

17. 实验人员须按照要求对工作环境及仪器进行检查，填写工作记录，保证真实性、完整性、及时性。

18. 实验工作结束后，摘除一次性手套，使用专用消毒液消毒双手。推荐使用七步洗手法来保持手部的清洁，详细操作参见论著《个人防护装备》。

19. 临床实验室工作人员必须遵守国家、地区相关法规，对被检测单位或个人提供的与检测有关的资料、数据有保密责任，保护服务对象的相关信息和所有权。

（二）安全规范的个人行为

实验人员的某些不当行为可能引起危害。操作过程中注意以下几点可以有效避免生物因子接触、扩散和污染。

1. 工作人员要充分认识和理解所从事工作的风险，并遵守安全管理规范和要求。

2. 在实验区不得处理隐形眼镜、化妆。

3. 固定头发，防止污染。

4. 按照标准操作规范操作仪器和使用防护设施。在所有可能会发生飞溅（例如在混合消毒剂溶液时）的操作过程中，操作人员应配备安全眼镜、护目镜、面罩或其他防护装置。

5. 严禁穿个人服装进入实验区，同时禁止穿白色工作服在清洁区内活动。

6. 无特殊情况应接受免疫计划并在知情同意书上签字，并记录于工作人员个人档案。

7. 认真参加生物安全培训学习，提高识别危险的能力，遇到问题及时报告。

（三）实验室意外事件的处理措施

1. 皮肤污染时，皮肤污染部位用皂液和流动水冲洗，并用 75% 乙醇或 0.5% 聚维酮碘消毒。

2. 液体进入眼睛时，须在他人的帮助下，迅速用洗眼器连续冲洗 5~10min，且避免揉擦眼睛。

3. 皮肤有损伤或针刺伤口出血时，应立即挤压伤口，尽可能挤出损伤处的血液，避免进行伤口的局部挤压，并用大量流动水冲洗（至少 15min），用 75% 乙醇或 0.5% 聚维酮碘消毒后，再用创可贴包扎。伤口较大时应立即急诊处置。

4. 实验台面或地面污染时，先用含有效氯 2 500mg/L 消毒液由外向内喷洒污染物，并使用消毒液浸过污染物表面，保持 30min 以上，如有锐器应先用镊子取出后放入锐器盒中，再用硬纸板将污物收集于医用垃圾袋中；用于清扫污染物的抹布、拖布必须浸于含有效氯 2 500mg/L 的含氯消毒液 60min。如污染处疑是肝炎病毒污染，应用含有效氯 2 500mg/L 的含氯消毒液消毒 60min；如污染处疑是结核分枝杆菌污染，应用 75% 乙醇溶液消毒 30min。

5. 气动物流系统运输器内溢洒

（1）打开气动物流系统运输器，发现样品溢洒，应立即关闭运输器，置于生物安全柜中，运输器在开放状态下连同内部缓冲垫、样品管一起紫外照射消毒 30min；若无生物安全柜，也可置于固定有隔离装置的地点，运输器在开放状态下连同内部缓冲垫、样品管一起紫外照射消毒 30min。

（2）清洁出其他未发生溢洒的样品管，用 75% 乙醇擦拭样品管 2 次，然后用于检测。

（3）按照溢洒样品管标签提供的临床信息，通知临床重新留取样品送检；溢洒样品管置于医用垃圾袋中。

（4）运输器内的缓冲垫置于 2 500mg/L 含氯消毒液中浸泡 30min 后，清水洗净，晾干备用。

（5）运输器内、外表面用 75% 乙醇擦拭 2 次后备用。

6. 衣物污染

（1）尽快脱去隔离衣，以防止感染物触及皮肤并进一步扩散。脱掉防护手套，洗手，更换隔离衣及手套。

（2）将已污染的隔离衣放入 2 500mg/L 含氯消毒液中浸泡 1h 后清洗，手套放入黄色医用垃圾袋中。

（3）用 2 500mg/L 含氯消毒液消毒污染区域物品。

（4）如果隔离衣内的衣物也被污染，应立即更换，同时将污染衣物浸入 2 500mg/L 含氯消毒液中消毒 60min。

7. 重大事故处理，即严重损伤或职业暴露，请参见第二十一章"应急预案与应急处置"。

第二节　临床实验室标本的安全操作规范

临床实验室应制定接收、储存、使用及保存实验材料的标准操作规程。实验材料包括临床样本、试剂与耗材等。本节介绍实验材料的安全管理，重点介绍临床标本的安全操作。

一、实验材料管理

1. **实验材料的接收与储存** 实验室接收实验材料前，应核实接收地点具备充分的储存和处理能力，以保证实验材料不会损坏或变质。实验室应按制造商提供的存储说明储存试剂及耗材。

2. **实验材料的验收** 当试剂盒的试剂组分或试验过程改变，或使用新批号或新货运号的试剂盒之前，应进行性能验证。影响检验质量的耗材应在使用前进行性能验证。

3. **实验材料的库存管理** 实验室应建立试剂和耗材的库存控制系统。库存控制系统应将未经检查、检查不合格的试剂和耗材与合格的分开保存。

4. **实验材料的不良事件报告** 由试剂或耗材直接引起的不良事件和事故，应尽早按要求进行调查，并及时向制造商和相应的监管部门报告。

5. **实验材料的记录存档** 应保存影响检验性能的每一项试剂和耗材的记录，包括但不限于以下内容。

（1）试剂或耗材的标识。

（2）制造商名称、批号或货号。

（3）供应商或制造商的联系方式。

（4）接收日期、失效期、使用日期、停用日期（适用时）。

（5）接收时的状态（例如：合格或损坏）。

（6）制造商说明书。

（7）试剂或耗材初始准用记录。

（8）试剂或耗材持续可使用的证明材料。

6. **自配试剂的管理** 当实验室使用配制试剂或自制试剂时，记录除上述内容外，还应包括制备人和制备日期。

二、样本接收、传递、处理、存储和灭活

（一）样本的接收

1. **样本接收**

（1）样本可通过申请单和标识明确追溯到确定的患者或地点。

（2）临床实验室应制定样本接受或拒收的标准。

（3）装有样本的试管应置于适当容器中运至实验室（运输要求见第十六章"病原微生物菌（毒）种或样本运输管理"），在实验室内部转运要求相同。检验申请单应分开放置在防水袋或信封内。接收大量样本的实验室应考虑指定专门房间或区域用于接收标本。

（4）应在登记本、工作单、计算机或其他类似系统中记录接收的所有样本。应记录样本接收和/或登记的日期和时间。如可能，也应记录样本接收者的身份。

2. **包装检查** 收到样本后必须仔细检查，确保标本已根据运输要求包装且包装完好无损。

（1）当发现包装不符合要求或不完整时，应将包装置于适当的密封容器中。容器表面消毒后，转移到合适的位置（如生物安全柜）再打开容器。

（2）标本必须带有充分的说明资料，包括标本性质、采集或制备的时间和地点，以及需要进行的检测项目。

（3）如果患者识别或样本标识有问题，或因运送延迟或容器不适当导致样本不稳定、数量不足，而样本对临床很重要或不可替代，实验室仍选择处理这些样本，应在最终报告中注明问题的性质，并在结果的解释中予以说明（适用时）。

（4）样本应有接收、标记、处理和报告急诊样本的相关说明。这些说明应包括对申请单和样本上所有特殊标记的详细记录、样本转送到实验室检验区的机制、应用的所有快速处理模式和所有应遵循的特殊报告标准。

3. **接收强传染性、致病性样本**

（1）按照要求增加防护级别、穿戴防护用品，具体防护用品的选择，参见第九章"生物安全实验室个体防护装备"。

（2）盛装样本的包裹必须在具有处理感染源设备（如Ⅱ级生物安全柜）的实验室内由经培训的工作人员打开，用后的包裹及废弃物应置于牢固塑料高压袋中封闭，进行高压灭菌处理。

（3）核对样本与送检单，检查样本管有无破损和溢漏，如发现溢漏应立即将尚存留的样品移出，对样本管和盛器消毒，同时上报安全负责人。

（4）检查和记录样本的状况，如有无溶血、乳糜、黄疸以及污染等情况。

（5）对高致病性病原微生物样本检测的相关操作（如样品分离）须在Ⅱ级生物安全柜中进行。

（二）样本的传递

1. 按照相关规定穿戴防护用品，具体个人防护用品的选择，参见第九章"生物安全实验室个体防护装备"。

2. 实验室间传递的样本应置于有螺旋盖的塑料管中，以防止开、关样本时产生气溶胶。管上应有明确标记，标明样本的编号、种类、采集时间或受检者姓名。随样本应附有送检单，送检单应与样本分开，不能混放。

3. 传递强传染性、致病性样本时，将容器盖好后用胶带密封处理，并在容器外侧贴上标签，标明样本的种类、受检者姓名、采集时间以及样本中含有或可能含有的病原体名称。包装时样本管须用吸水柔软的纸或纱布包裹，直立放入耐压的牢固坚实的外盒内，防止压碎。盒内加入固体填充物，以防震动倾倒，样本流至管口打开时溅出。运送样本必须有记录。

4. 培养瓶、用真空采血管采集的全血和用封闭比较好的塑料材质的体液采集管采集的体液，放在同样密闭严格、内有缓冲保护的运输器中，通过密封的物流轨道运输，运输器外表面粘贴生物危险标识。

5. 微生物样本、便常规、血气分析样品等由医院或医疗机构接受过培训的送检人员运送，样品传递使用密闭、防渗漏、易清洁、易消毒的容器。

（三）样本的处理

1. 血液及体液样本检测前，样本管帽必须在生物安全柜内进行开启，以防止气溶胶飞溅污染。如果样本是高感染性物质，工作人员须在防护服上再穿戴一层外被服；打开样本管时，应用纸或纱布包住塞子以防止喷溅。离心样本时，要确定采血管和管帽稳固相连一起离心，严禁在离心前开启管帽。

2. 用于显微镜观察的血液、唾液和粪便标本在玻璃片上固定和染色时，不必杀死涂片上的所有微生物和病毒。应当用镊子夹取玻片，妥善储存，经清除污染和 / 或高压灭菌后再置于锐器桶。

3. 取样应尽可能用塑料制品代替玻璃制品，确无替代用品，只能用实验室级别（硼硅酸盐）的玻璃器皿，任何破碎或有裂痕的玻璃制品均应丢弃；不能将皮下注射针作为移液管使用。

4. 对可能含有朊蛋白物质的处理　朊蛋白是一种小的感染性蛋白质颗粒，它能引起人类和动物的一系列渐进性神经退行性变性疾病，包括传染性海绵状脑病（transmissible spongiform encephalopathy，TSE）、克 - 雅病（Creutzfeldt-Jakob disease，CJD，包括新的变异型）、格斯特曼 - 施特劳斯勒尔 - 沙因克尔综合征（Gerstmann-Sträussler-Scheinker syndrome，GSS）、人类致死性家族性失眠症和库鲁病、绵羊和山羊的瘙痒病、家畜的牛海绵状脑病（bovine spongiform encephalopathy，BSE），以及鹿、麋鹿及貂的传染性脑病。朊蛋白热稳定性强，可与金属表面高亲和性结合，在自然环境中可长期存在。当操作传染性海绵状脑病有关的标本时，应根据生物因子和标本的特征来评估生物安全风险，并向国内权威机构咨询后再进行操作。在中枢神经系统组织中有最高浓度的朊蛋白，最近的研究发现，舌和骨骼肌组织也存在潜在朊蛋白感染的危险。对处理传染性朊蛋白标本的工作人员而言，最有可能的传播途径是意外接种或食入受感染的组织。具体操作过程中的注意事项，可参见第十章"病原微生物操作技术规范"。

（四）样本的存储

1. 应根据临床标本的性状、操作和其他要求确定标本的保留时间。

2. 存储样本的容器应满足以下条件。

（1）容器由适合贮存类型的材料制成，尽可能用塑料材质，包装表面不含任何生物材料。

（2）容器具有足够的硬度、完整性和体积。

（3）瓶盖拧紧或加上瓶塞时，容器应处于密封状态。

（4）正确粘贴标签，做好标记，完善标本存储记录，以方便识别。

3. 临床阳性样本的保存

（1）建立阳性样本保存库，以标本编号为唯一标识，放入标本盒中，标本盒装满后置

于冰箱室 –40℃低温保存，冰箱门钥匙与冰箱室门分别由两人保管。

（2）存放或调用阳性样本时，由两名人员共同存放或调用样本，并记录。

4. 临床阴性样本的保存　临床阴性样本保存在 2～8℃冰箱或冷藏室，按照日期、专业放在指定区域。由标本处理人员每日存放，并取出已到保存期的样本，并记录。

5. 样本调用必须由调用人提出书面申请，写明调用样本类型、数量、使用目的等信息，并填写样本调用申请表，提交临床实验室安全负责人审核批准。

（五）样本的灭活

1. **基本要求**　应严格遵循生物安全操作要求灭活生物样本及废弃物，在现场或实验室附近进行灭活处理，最大限度地降低暴露的风险及减少在废弃物运输过程中可能产生的泄漏。用压力蒸汽灭菌器现场灭活生物样本，同时须使用质量控制装置监测灭活效果（如高压指示带）。如果现场无法进行灭活处理，固体废物必须适当消毒处理、包装、储存，并尽快转移到具有灭活能力的场所。感染性废物如需移出实验室进行灭活和处置，首先必须符合感染性物质适用的运输规则。同时应该考虑使用密封和防漏容器运输。根据有关规定，应定期利用嗜热脂肪芽孢杆菌（芽孢）（经过压力蒸汽灭菌器的灭菌处理后是否存活）来直接证明该灭菌器是否保持应有的灭菌效果。

2. **医疗废弃物的处理原则**　所有含有活体微生物的废弃物均应使用压力蒸汽灭菌或者化学消毒剂处理（最少浸泡 30min，最好是过夜）。经灭菌处理或化学处理后的废弃物，可在垃圾填埋场处置，但应符合当地规定。所有涉及转基因生物的处理应符合转基因监督机构的要求物质。有关废弃物管理的详细资料请参见第十七章"消毒灭菌与废弃物处置"，亦可参阅专论《净化和废物管理》。有关运输传染性物质的要求参见 WS 233—2002《微生物和生物医学实验室生物安全通用准则》。

（1）血样本、检验用阳性对照物、质控品、校准品收集于双层黄色医用垃圾袋中，近袋体 3/4 时封闭袋口，与高压灭菌人员交接并记录，在实验室内高压灭菌（121℃，30min）处理。

（2）微生物样品及培养物、使用过的一次性实验耗材，每天由实验人员收集于双层黄色医用垃圾袋中，近袋体 3/4 时封闭袋口，弃于微生物室医疗废物桶内，与高压灭菌人员交接并记录，在实验室高压区内进行高压灭菌（121℃，30min）处理。

（3）体液样本，如尿液、浆膜腔穿刺液、唾液、胃液、肠液、关节腔液、胸腹水等样品应在含有效氯 2 500mg/L 的消毒液中（包括样品管）作用 2h 后，废液弃于废液池中，收集样本容器放入黄色医用垃圾袋，近袋体 3/4 时封闭袋口后交医院或有关部门废物处理站并记录。

（4）各工作区医用废弃物，如废弃手套、各种试管包装、粪便样本及容器直接弃于黄色医用垃圾袋，近袋体 3/4 时封闭袋口后交医院或有关部门废物处理站并记录。

（5）针头、刀片、碎玻璃等尖锐废弃物应放入硬质带盖的锐器盒中，内容物达到盒体 3/4 时封闭盒盖，放入黄色医用垃圾袋中，按照医疗废弃物处理规定处理。

3. **灭菌方式的选择**　加热是最常用的清除病原体污染的物理手段。"干"热没有腐蚀性，可用来处理实验器材中许多可耐受 160℃或更高温度 2~4h 的物品。燃烧或焚化也是一种干热方式。高压灭菌的湿热法则最为有效。煮沸并不一定能杀死所有的微生物或病原体，但其他方法（化学杀菌、清除污染、高压灭菌）不可行或没有条件时，也可以作为一种最起码的消毒措施。灭菌后的物品必须小心操作并保存，以保证在使用之前不再被污染。

4. **高压灭菌的条件**　压力饱和蒸汽灭菌（高压灭菌）是对实验材料进行灭菌的最有效和最可靠的方法。根据物品性质及有关情况，温度达 121℃时，一般维持规定时间 20~30min。常见的高压灭菌器相关内容，详见第八章"生物安全实验室设施与设备"；高压锅的使用及效果评估相关内容，详见第十章"病原微生物操作技术规范"。临床实验室中，使用高压灭菌器的注意事项有以下几点。

（1）应由接受过专门高压灭菌器培训并获得合格证书的专业人员负责高压灭菌器的操作和日常维护。

（2）预防性的维护程序应包括：由有资质人员定期检查灭菌器柜腔、门的密封性以及所有的仪表和控制器。

（3）应使用饱和蒸汽，并且其中不含腐蚀性物质或其他化学品，这些物质可能污染正在灭菌的物品。

（4）所有要高压灭菌的物品都应放在空气能够排出，且具有良好热渗透性的容器中；灭菌器柜腔装载要松散，以便蒸汽可以均匀作用于灭菌物品。

（5）当灭菌器内部加压时，互锁安全装置可以防止灭菌器盖被打开，而没有互锁装置的高压灭菌器，应关闭主蒸汽阀，待温度下降到 80℃以下时再将盖打开。

（6）当高压灭菌液体时，由于取出液体时液体可能因过热而沸腾，故应采用慢排式设置。

（7）即使温度下降到 80℃以下，操作者打开门时也应佩戴适当的手套和面罩来进行防护。

（8）在进行高压灭菌效果的常规监测时，应将生物指示剂或热电偶计置于每件高压灭菌物品的中心。最好在"最大"装载时用热电偶计和记录仪进行定时监测，以确定灭菌程序是否恰当。

（9）灭菌器如果有排水过滤器，应当每天拆下清洗。

（10）应当注意保证高压灭菌器的安全阀通畅，不被高压灭菌物品中的纸等堵塞。

5. **对可能含有朊蛋白的物质的灭活**

（1）灭活条件：在 850℃下焚烧或 150℃条件下用高压容器进行碱性水解的方法，可灭活动物尸体、组织废物、一次性用品及粪便中的朊病毒。其中，850℃焚烧方法是有效灭活所有朊病毒的推荐方法。

（2）一次性废弃物应采用 134℃高压灭菌 1h（如单步去污法），安全柜台面或其他表面用终浓度 20g/L（2%）有效氯的次氯酸钠（如两步去污法）或氢氧化钠处理 1h 以灭活朊蛋白。对于热敏感的可重复使用的仪器和表面，应在 20℃条件下，用 2% 氢氧化钠接触作用 1h 以灭活朊蛋白。

（3）尽管多聚甲醛熏蒸的方法不能有效降低朊蛋白的滴度，且朊蛋白对紫外线照射也具有抵抗力，除须灭活朊蛋白之外，生物安全柜还须用上述消毒方法来灭活可能存在的其他微生物因子。

（4）空气 HEPA 过滤器摘除后需要在至少 1 000℃的温度下焚烧。在焚烧之前推荐进行下述处理：①在摘除前，消毒器与 HEPA 排风箱体的消毒接口连接，采用过氧化氢气雾法或低温甲醛蒸汽熏蒸法，利用循环气流带动蒸汽循环实现原位消毒；②消毒后将 HEPA 卸载，装入医用废物塑料袋中，进行高压灭菌后焚烧。

三、血清的分离

（一）操作人员要求

只有经过严格培训的人员，在熟悉血清分离的完整操作过程，明确操作过程中的注意事项后才能进行操作。

（二）血清分离的安全操作规范

1. 操作时应佩戴手套以及眼睛、黏膜的保护装置。
2. 操作动作轻柔，避免或尽量减少喷溅和气溶胶的产生。
3. 吸取血液和血清时要小心，不要倾倒。严禁用口吸取。
4. 移液管使用后应完全浸入适当的消毒液中。移液管应在消毒液中浸泡适当的时间，然后再弃于垃圾桶中待后续高压灭菌销毁或高压灭菌后清洗重复使用。
5. 带有血凝块等的废弃标本管，在加盖后应当放在适当的防漏容器内高压灭菌和 / 或焚烧。
6. 备有合适的消毒剂来处理喷溅物和溢出的标本。

第三节 临床实验室仪器设备的安全操作规范

临床实验室工作的安全开展与实验室人员的安全意识、技术操作规范和所处理的生物因子密切相关。当实验室人员意识不强、仪器设备使用不规范时，可能造成感染性物质的扩散和泄漏，导致个人伤害甚至发生实验室感染。因此，规范使用实验室仪器设备是保证实验室生物安全的关键环节之一。

临床实验室应建立仪器设备管理文件，制定标准操作程序（standard operating procedure，SOP），并要求所有操作者掌握并严格遵守 SOP，配备适当的实验室防护设施、个人防护装备，以确保实验室工作的顺利进行，保证操作人员、实验室人员的人身安全及设施设备安全。本节对一些与生物安全密切相关的常用实验室设备的使用原则做简要介绍。

一、临床实验室设备管理

（一）设备使用

1. 设备应始终由经过培训的授权人员操作。

2. 设备配有最新的使用、安全和维护说明，包括由设备制造商提供的相关手册和使用指南等，且应便于获取。

3. 实验室应有设备安全操作、运输、储存和使用的程序，以防止设备受到污染或损坏。

（二）设备维护

1. 实验室应制定程序性文件，对直接或间接影响检验结果的设备规定校准方案及校准频率，并进行定期校准。

2. 当发现设备故障时，应停止使用并清晰标识。实验室应确保故障设备得到修复并获得验证，在满足规定的可接受标准后方可使用。实验室应检查设备故障对之前检验结果的影响，并采取应急措施或纠正措施。

3. 在设备投入使用、维修或报废之前，实验室应采取适当措施对设备去污染，并提供适于维修的空间和适当的个人防护设备。

4. 应保存可能影响检验性能的每台设备的记录，包括但不限于以下内容。

（1）设备标识。

（2）制造商名称、型号和序列号或其他唯一标识及说明书。

（3）供应商或制造商的联系方式。

（4）接收日期、投入使用日期、放置地点。

（5）证明设备最初安装在实验室可接受使用的记录。

（6）全部校准和/或验证的报告/证书附件。

（7）设备的损坏、故障、改动或修理记录。

二、临床实验室常用仪器的操作

（一）吸管和移液器的使用

1. 为防止感染，须使用移液器和吸管转移或混匀液体。

2. 在生物安全柜内操作感染性物质时，应使用带有棉塞的吸管以减少对移液器的污染，建议使用带滤芯的吸头。在 BSL-2 及以上级别实验室中，最好使用一次性的无菌塑料吸管，避免使用玻璃吸管。

3. 当移液器、吸管吸入液体时切勿将移液器水平放置。

4. 避免移液器、吸管及转移液体之间的温差，防止排液体积不准。

5. 在使用新的吸管或增加吸液量时，应预先湿润吸管，使吸管的内壁形成同质液膜，避免因挂壁导致排出液体量减少，确保移液工作的精度和准度。

6. 在转移有机溶剂或侵蚀性化学物质时，须检查所用移液器与吸管是否适宜。

7. 为防止气溶胶产生和液体溅洒，不能用吸管反复吹打混匀液体。操作时吸管应置于操作液面下三分之二处，避免产生气泡和气溶胶；排出液体时应尽量靠近管壁或介质表面，不可将液体从吸管内用力吹出，保留尖端预留液，降低产生气溶胶的风险。在转移血清或高黏度液体时，排液应多等待数秒。

8. 已被污染的吸管应立即浸没在含有适当消毒剂的防碎容器中。在处理之前，应浸泡足够长的时间。盛装废弃吸管的容器应当放在生物安全柜内。

9. 在打开隔膜封口的瓶子时，应使用工具开启瓶塞，便于使用移液管转移液体，避免使用皮下注射针头和注射器转移液体。

10. 为避免生物因子从移液管中滴落而扩散，应在工作台面放置一块浸有消毒液的纱布或吸水纸，使用后将其按照感染性废弃物处理。

（二）离心机的使用

1. **离心机的操作**　离心机在高速运转过程中可能会产生气溶胶，气溶胶逸出和扩散会对实验室人员和环境造成一定的风险。以下是临床实验室人员在处理具有感染性的物质时，使用离心机的要求和建议，参照 GB 19489—2008《实验室 生物安全通用要求》。

（1）所有的离心机应处于正常的工作状态并具有合格的机械性能，按照制造商手册使用离心机，并制定标准操作程序，避免因错误操作或机械故障而造成感染性物质外溢，产生感染操作人员和污染环境的风险。

（2）离心机应放到适宜的位置和高度，使工作人员能看见离心桶，便于更换转头、放好离心桶或离心管、拧紧转头盖等各项操作。

（3）使用离心机时须注意转头盖与转头型号是否匹配。处理具有感染性的物质时，要使用密封管以及密封的转子或离心桶，每次使用前，检查并确认所有密封圈都在位并且状态良好。离心结束后，至少等候 5min 再打开离心机盖。离心桶的装载、平衡、密封和打开必须在生物安全柜内进行。处理危险度为 3 级和 4 级的微生物时，必须使用可密封的离心桶。

（4）将离心桶和十字轴按重量配对，按照制造商提供的操作手册，确定离心管内容物液面距管口的高度，并在装载离心管后正确配平。

（5）当使用固定角转子时，应注意不能将离心管装得过满，防止离心过程中液体外溢。

（6）应根据厂家要求选用离心管和标本容器，必须可耐受所设定的离心力或速度，以防止离心管或标本容器破裂。最好选用塑料制品，并在使用前检查是否破损，确保管帽始终牢固盖紧，尽量使用螺旋盖。

（7）转头转动时，禁止移动离心机或开启离心机盖。

（8）在Ⅱ级生物安全柜内禁止使用离心机，否则会扰乱气流，损害生物安全柜提供的安全保护。在Ⅱ级生物安全柜内封闭离心时，可防止气溶胶扩散。大型离心机上应加装负压罩，以及时吸出离心机排出的气体，并排至实验室的过滤通风系统。

（9）每日检查离心桶或角转子内腔是否污染，若有明显污染，须重新评估离心操作规范；检查离心桶或角转子有无腐蚀点以及细微裂痕；检查离心机密封圈有无裂痕；每次用后须对离心机腔、离心桶、角转子消毒，将离心桶倒置存放，使残留液体排净。

（10）其他注意事项，可参考第十章"病原微生物操作技术规范"。

2. 离心机内溢洒的处理　离心机在运行过程中，可能因离心机使用不当或离心管破裂，产生生物因子溢出或喷溅的风险，以下是对离心机内发生溢洒时的一些要求和建议，参照 GB 19489—2008《实验室 生物安全通用要求》。

离心结束时，如果打开离心机盖后发现离心机已被污染，应立即小心关上。如果离心期间发生离心管碎裂，应立即关机，切断离心机电源，静置至少 30min 后，方可打开机盖，开始清理污染。清理人员应着适当的个人防护装备，准备好清理工具，必要时，须佩戴呼吸保护装置。消毒后小心将转子转移至生物安全柜，浸泡在适当的非腐蚀性消毒液内，建议浸泡至少 60min。小心将离心管转移到专用的收集容器中，必须用镊子夹取破碎物，可以用镊子夹着棉球收集细小的破碎物。使用适当的消毒剂擦拭及喷雾的方式消毒离心转子腔和其他可能被污染的部位，空气晾干。如果溢洒物流入离心机的内部，需要评估后采取适用的措施。

（三）组织研磨器的使用

1. 使用玻璃研磨器时，应戴上手套，手里垫上一块柔软的纱布后再开始操作，操作完成后，将玻璃研磨器清洗干净，浸泡在 2 500mg/L 含氯消毒液中至少 1h，高压灭菌后备用。采用塑料（聚四氟乙烯）研磨器操作更安全。

2. 应该在生物安全柜内开启和操作感染性物质。

（四）冰箱和冷冻柜的使用

1. 冰箱、低温冰箱和干冰柜要定期除霜和清洁，及时清理出所有在储存过程中破碎的安瓿、冻存管等物品。处置低温存储标本时，必须穿戴合适的个人防护装置，例如隔热防护围裙和厚橡胶手套，将标本放入液氮或从液氮中取出时要做好面部和眼部防护。清理完样本后，要对冰箱或冷冻柜内表面进行消毒。

2. 所有储存在冰箱和冷冻柜内的容器必须贴上清楚的标签以便于识别，标签应包含内容物的科学命名、储存日期和储存人姓名。冰箱和冷冻柜内存储物品应有详细记录并定期清点。

3. 须每日监测冰箱、冷冻柜的温度变化并及时记录，当温度波动或出现报警，应及时寻找原因，解除危险因素。

4. 采用具有防爆（无火花）功能的冰箱和冷冻柜储存易燃溶液，贮存量应符合国家相关的规定和标准。必须在冰箱或冷冻柜门外侧明确标示。

5. 冰箱和冷冻柜的具体操作规范，详见第十章"病原微生物操作技术规范"。

（五）生物安全柜的安全操作规范

生物安全柜是指具备气流控制及高效空气过滤装置的操作柜，可有效降低实验过程中产生的气溶胶对操作者和环境的危害，以及对操作对象如样本的污染。生物安全柜分为 3 级，临床实验室通常使用Ⅱ级生物安全柜，具体分类参见第八章"生物安全实验室设施与设备"。应参照国家标准和相关文献制定标准操作规程，临床实验室工作人员经培训合格后才可使用生物安全柜。操作人员至少应掌握生物安全柜的防护级别、适用范围、操作步骤、使用方法和出现溅洒、溢出等紧急情况的应急处置程序。正确使用生物安全柜可有效降低气溶胶导致的危害。同时，应定期对生物安全柜性能进行检测和校准，及时更换HEPA 过滤器，并定期维护，以确保生物安全柜的安全和可靠。以下是 SN/T 3901—2014《生物安全柜使用和管理规范》中，使用生物安全柜的一些要求和建议。

1. **生物因子的风险等级及生物安全柜的选择**　临床实验室须根据具体情况，评估生物因子等级，选择合适的生物安全柜。生物因子分 4 个风险等级，Ⅰ级风险因子是指不会使健康工作者或动物致病的微生物和寄生虫等；Ⅱ、Ⅲ、Ⅳ级的风险因子亦可称为"病原体"或"感染因子"，能引起人类和动物发病。如果仅接触Ⅰ、Ⅱ级风险的样本，生物安全柜内的空气在排放前通过 HEPA 高效过滤器过滤可以再循环，可选择Ⅱ级 A 型生物安全柜和Ⅱ级 B1 型生物安全柜；如果实验室工作涉及Ⅲ级或以上风险等级的微生物培养物，则禁止将空气再循环，必须使用Ⅱ级 B2 型或以上级别生物安全柜。

2. **生物安全柜的基本操作要求**

（1）临床实验室须配备必需的生物安全柜。临床实验室工作人员在适当的生物安全柜中进行操作，生物安全柜的规格、型号、位置等须符合操作安全防护的要求。

（2）临床实验室须每年对生物安全柜进行校准，关注其性能（高效过滤器、气流、负压等）是否满足生物安全操作要求。

（3）临床实验室须制定生物安全柜标准操作程序，并对工作人员进行定期培训，保证生物安全柜的正确使用和维护。

3. **临床实验室工作人员**

（1）临床实验室工作人员应接受生物安全柜操作和使用培训，使用恰当的无菌技术和操作方法处理感染性物质，以尽可能降低气溶胶、液体飞溅等风险。

（2）根据对临床标本和有毒有害物质的风险评估情况，准备合适的个人防护装备。至少要达到一级防护（医用外科口罩、乳胶手套、工作服，加手卫生，可戴医用防护帽）。必要时（如操作疑似高风险标本时）应提高个人防护级别，如采用医用防护口罩或 N95口罩、工作服外（一次性）隔离衣，可酌情（比如有喷溅风险时）加护目镜。

（3）实验室工作人员应规范使用生物安全柜。生物安全柜的具体操作要点及注意事项，参见第十章"病原微生物操作技术规范"。

4. **生物安全柜的消毒与灭菌**　临床实验室工作人员在实验结束后，应对生物安全柜的工作台面、内壁、玻璃悬窗内外侧、紫外灯和电源输出口，以及包括实验设备在内的生物安全柜内的所有物品进行消毒。具体消毒灭菌方法及操作，可参见第八章"生物安全实验室设施与设备"。

（六）临床实验室可能产生危害的仪器设备及操作

某些临床实验室常用的仪器设备在操作过程中，可能产生气溶胶、生物因子扩散、喷溅或溢出，造成工作人员感染和实验室污染等风险。表 13-1 列出了可能产生危害的仪器设备和途径，以及可以消除或降低风险的操作。

表 13-1 临床实验室可能产生危害的仪器设备及操作

仪器设备	危害	消除或降低风险的操作方法
皮下注射针头	意外接种、产生气溶胶或生物因子溢出	1. 不要取下一次性注射器针头或回套针头护套 2. 使用针头锁定型注射器，以防针头和注射器分离，或者使用一体的一次性注射器 3. 采用规范的实验室技术，如： （1）小心抽吸液体，尽量减少气泡和泡沫产生 （2）避免使用注射器混匀具有感染性的物质；如果使用，确保针头的尖端在容器的液面下，避免用力过大 （3）从胶塞瓶中拔出针管前，应用经适当消毒剂浸湿的脱脂棉包裹针头和胶塞 （4）注射器竖直向上，将其中多余的液体或气泡排出至经适当消毒液浸湿的脱脂棉或装有脱脂棉的小瓶中 4. 应在生物安全柜中处理具有感染性的物质 5. 使用一次性的针头和注射器后应弃入锐器桶内，高压灭菌
离心机	产生气溶胶、液体喷溅及离心管破裂	使用密封离心桶或者密封转头。待气溶胶沉降后（约30min）或者在生物安全柜内打开离心桶或转头盖
超速离心机	产生气溶胶、液体喷溅及离心管破裂	1. 在离心机和真空泵之间安装 HEPA 过滤器 2. 每个转头均有运行时间记录，定期维修保养可以降低机械故障的风险
厌氧罐	发生爆炸及生物因子扩散	确保催化剂周围电线盒的完整性
干燥器	发生内爆、玻璃碎片及生物因子扩散	存放在坚固的金属筐内
高速搅拌器，组织研磨器	产生气溶胶、生物因子泄漏及容器破裂	1. 在生物安全柜内操作 2. 使用专门用于防止转头轴承和"O"型橡胶垫圈处发生泄漏的仪器，或使用消化器 3. 在打开搅拌器前，等待 30min 使气溶胶沉降。冷却方法可使气溶胶凝结 4. 如果使用手动组织研磨器，管外垫上吸湿性材料后再进行操作
超声仪，超声清洗仪	产生气溶胶、听力损伤及皮炎	1. 在生物安全柜或密封设备中操作 2. 确保隔离，以免受谐波伤害 3. 清洗时戴手套，避免清洁剂对皮肤造成化学伤害

续表

仪器设备	危害	消除或降低风险的操作方法
培养搅拌器，振荡器，搅拌器	产生气溶胶，生物因子喷溅和泄漏	1. 在生物安全柜内或特殊设计的设备中操作 2. 使用耐磨的螺纹盖培养瓶，必要时，安装带有滤膜保护的过滤网口
冻干机（冷冻干燥机）	产生气溶胶及直接接触污染物	1. 使用"O"型密封橡胶圈 2. 使用空气过滤器保护真空管 3. 使用合适的去污方法，如化学方法 4. 使用全金属的脱水器和蒸汽冷凝器 5. 仔细检查所有玻璃真空容器表面是否有划痕，仅能使用真空操作专用的玻璃器皿
水浴锅	微生物生长，叠氮化钠与一些金属形成爆炸性混合物	1. 保证定期清洁和消毒 2. 不用叠氮化钠作抑菌剂

（韩晓旭）

参考文献

［1］　国家卫生健康委. 国家卫生健康委关于印发人间传染的病原微生物目录的通知［EB/OL］.（2023-08-28）［2024-10-15］. http://www.nhc.gov.cn/cms-search/xxgk/getManuscriptXxgk.htm?id=b6b51d792d394fbea175e4c8094dc87e.

［2］　丘丰，张红. 实验室生物安全基本要求与操作指南［M］. 北京：科学技术文献出版社，2020.

［3］　中华人民共和国卫生部. 医院空气净化管理规范：WS/T 368—2012［S］. 北京：中国标准出版社，2012.

［4］　杨瑞军. 微生物检验人员生物安全防护探讨［J］. 中国卫生检验杂志，2010，20（1）：201-202.

［5］　张朝武. 热力消毒与灭菌及其发展［J］. 中国消毒学杂志，2010，27（3）：322-326.

［6］　顾华，朱炜，翁景清. 二级生物安全实验室技术规范的研究［J］. 中国卫生检验杂志，2011，21（6）：1557-1558.

［7］　温占波，陈咏，杜茜，等. 病原微生物实验室实验操作对室内空气产生微生物污染的研究［J］. 军事医学，2013，37（1）：1-5.

［8］　陈丽，柴树红，员静. 浅谈临床实验室中潜在风险及对策［J］. 世界最新医学信息文摘，2015，15（93）：175-176.

［9］　吴锋，王博，赵亮，等. 微生物实验室生物安全规范［J］. 中国医药生物技术，2018，13（2）：128-129.

［10］刘晓辉，刘芳. 解读《生物安全法》对病原微生物实验室的管理要求［J］. 口岸卫生控制，2021，26（6）：34-35.

［11］World Health Organization. Laboratory biosafety manual[M]. 3rd ed. Geneva: World Health Organization, 2004.

［12］ MCDONNELL G. Antisepsis, disinfection，and sterilization[M]. Washington，DC: ASM Press，2007.

［13］ United States Department of Health and Human Services, & United States National Institutes of Health. Biosafety in microbiological and biomedical laboratories[M]. 5th ed. Washington, DC: United States Government Printing Office, 2009.

［14］ World Organization for Animal Health. Manual of diagnostic tests and vaccines for terrestrial animals[M]. Paris: World Organization for Animal Health, 2015.

［15］ Government of Canada. Canadian biosafety handbook[M]. 2nd ed. Ottawa: Government of Canada, 2016.

［16］ World Health Organization. Personal protective equipment[M]. 4th ed. Geneva: World Health Organization, 2020.

［17］ World Health Organization. Decontamination and waste management[M]. Geneva: World Health Organization, 2020.

［18］ World Health Organization. Laboratory biosafety manual[M]. 4th ed. Geneva: World Health Organization, 2020.

［19］ Centers for Disease Control. Recommendations for prevention of HIV transmission in health-care settings[J]. Morbidity and Mortality Weekly Report supplements, 1987, 36(1): 1-18.

［20］ GARNER J. Guideline for isolation precautions in hospitals. Part I. Evolution of isolation practices，Hospital Infection Control Practices Advisory Committee[J]. American journal of infection control, 1996, 24: 24-31.

［21］ BARTZ J, KINCAID A, BESSEN R. Rapid prion neuroinvasion following tongue infection[J]. Journal of virology, 2003, 77: 583-591.

［22］ WIGGINS R. Prion stability and infectivity in the environment[J]. Neurochemical research, 2009, 34: 158-168.

［23］ WOERMAN A L, KAZMI S A, PATEL S. MSA prions exhibit remarkable stability and resistance to inactivation[J]. Acta Neuropathol, 2018, 135(1): 49-63.

第十四章
实验动物操作技术规范

《中华人民共和国生物安全法》中 18 次提到动物，其中 6 次提到实验动物。如第七十七条规定："违反本法规定，将使用后的实验动物流入市场的，由县级以上人民政府科学技术主管部门责令改正，没收违法所得，并处二十万元以上一百万元以下的罚款，违法所得在二十万元以上的，并处违法所得五倍以上十倍以下的罚款；情节严重的，由发证部门吊销相关许可证件。"实验动物涉及的生物安全得到前所未有的重视。

本章重点介绍动物设施环境及生物安全实验室管理规范、动物实验中的生物安全知识和安全操作、动物实验的审查要点、生物安全风险评估，以及依据评估采取相应的防护措施等。

第一节　动物设施环境及生物安全实验室管理规范

一、实验动物设施环境控制

根据实验动物设施功能和使用目的的不同，GB 14925—2023《实验动物 环境及设施》将其分为实验动物繁育、生产设施和动物实验设施。实验动物繁育、生产设施和动物实验设施的要求基本一致，因为只有达到基本一致的条件，才能尽量使实验动物的生理与心理保持稳定，不致影响实验结果。实验动物设施按国标分为普通环境、屏障环境和隔离环境。

（一）普通环境

该环境设施符合动物饲育的基本要求，控制人员和物品、动物出入，不能完全控制感染因子，适用于饲育普通级实验动物。

（二）屏障环境

该环境设施符合动物居住的要求，严格控制人员、物品和空气的进出，适用于饲育清洁级实验动物和 / 或无特定病原体（specific pathogen free，SPF）级实验动物。

（三）隔离环境

该环境设施采用无菌隔离装置，以保持无菌状态或无外源污染物。隔离装置内的空气、饲料、水、垫料和设备应无菌，动物和物料的动态传递须经特殊的传递系统，该系统既能保证与环境的绝对隔离，又能满足转运动物时保持内环境一致。隔离环境适用于饲育无特定病原体级、悉生（gnotobiotic）及无菌（germ free）级实验动物。

二、动物实验室管理规范

在生物安全实验室（biosafety laboratory）配套实验动物相关条件下进行动物感染性操作活动的实验室称为动物生物安全实验室（animal biosafety laboratory，ABSL），以 ABSL-1、ABSL-2、ABSL-3、ABSL-4 表示动物生物安全实验室相应等级，包括从事动物活体操作的实验室的相应生物安全防护水平。动物实验室管理要求及规范主要包括以下内容。

（1）动物实验室或管理单位应有明确的法律地位和从事相关活动的资格。应同时设立生物安全委员会和实验动物使用管理委员会，负责咨询、指导、评估、监督实验室的动物生物安全活动相关事宜以及动物实验活动安全管理。

（2）动物实验室安全管理目标应包括实验室的动物实验范围、对管理活动和技术活动制定的安全指标，应明确、可考核。

（3）实验室安全管理体系应与实验室规模、动物实验活动的复杂程度和风险相适应。

（4）实验室管理人员应负责从事动物实验人员的资格和使用动物的质量。

（5）实验室动物实验操作人员应有培训资质和接受相应监督，应充分认识和理解所从事动物实验工作的风险，自觉遵守实验室的管理规定和要求。

（6）实验人员应主动报告可能不适于从事动物实验的个人状态。如果怀疑个人受到来自动物的损伤和感染，应立即报告。

（7）实验人员应主动识别任何动物实验的危险和不符合规定的工作，并立即报告。

（8）实验室的动物实验方案得到批准后，方可开展动物实验活动。

（9）应制定动物实验的安全计划，包括动物实验涉及的所有环节，并经过管理层的审核与批准。动物实验安全计划应包括：实验室拟进行动物实验工作安排的说明和介绍；涉及动物操作的风险评估计划；动物实验人员培训及能力评估计划，有效实验动物上岗证或培训证明；动物实验消毒灭菌计划、废物处置计划；动物实验安全演习计划（包括泄漏处理、人员意外伤害、设施设备失效、消防、应急预案等）；与实验动物使用管理委员会和生物安全委员会相关的活动计划。

（10）使用的实验动物或实验用动物应经过质量监测，检疫合格，来源明确。进行动物实验之前应了解拟使用动物可能携带或感染的病原；动物必须排除人兽共患病病原污染，并做好防控。

（11）动物实验活动应有相应的操作程序和作业指导书。

（12）应按动物实验生物安全程序控制意外事件发生；应有相应的动物实验风险评估和控制要求。

（13）实验室应具备动物实验相应的饲养、使用、实验用设备和器具。

（14）实验室应有动物实验记录，包括动物饲养、采样、解剖、手术、处死等活动控制记录，以及相应人员防护装备、物品使用记录。

第二节 动物实验的生物安全

动物实验人员必须取得《实验动物从业人员岗位证书》或相关专业培训资质和生物安全专业培训资格后方可上岗，定期体检，不符合从业人员健康标准者不得进行动物实验活动。实验室必须制定动物饲养、使用、管理操作规程，人员必须进行良好的防护，如穿戴工作服、鞋、帽、口罩后方可进入实验室，不得在各动物饲养室之间随意串行，以防止交叉感染。

一、实验动物的生物安全特性

实验动物具有两大特点：一是为人类研究需要改变自己，似像非像原种动物，成为"病态异类"的新品系或品种；二是由于遗传改变，原有抵抗病原的能力呈现不同程度下降，对病原谱系发生改变，更易得病。

实验动物及其分泌物、排泄物、样品、器官、尸体等控制、操作不当会变成病原污染的扩大器，造成更大范围传播，因此，了解实验动物的生物安全特性，就应该首先做好思想准备，注重病原防控，防备于未然。

二、实验动物病原体检测和检疫规范

使用的实验动物或实验用动物应经过质量监测，检疫合格，来源明确。动物实验之前应了解拟使用动物可能携带、感染的病原；动物必须排除人兽共患病病原污染，并做好防控。实验室应动态监控实验动物污染或携带微生物状况，及时了解实验动物健康状态，进行风险评估，并采取一定综合措施保证动物实验安全。实验动物病原体检测和检疫强调：①实验动物饲养必须控制在 GB 14925—2023《实验动物 环境及设施》要求的饲养条件内，将污染的可能性降到最低；②必须按照 GB 14922—2022《实验动物 微生物、寄生虫学等级及监测》和《实验动物 微生物学检测方法》两部分内容进行定期检测监控；③应按照相应卫生检疫、生物安全及管理要求对不合格、不健康实验动物进行相应处理，确保使用的实验动物质量合格。

微生物检测标准和指标是实验动物微生物质量控制的依据，具体检测要求及项目，包括动物的外观指标、病原菌指标和病毒指标，同时要求寄生虫检测同步进行。动物健康外观指标是指实验动物可以通过临床观察到的外观健康状况，如活动、精神、食欲等有无异常；头部、眼睛、耳朵、皮肤、四肢、尾巴、被毛等是否出现损伤、异常；分泌物、排泄物等是否正常。实验动物要求外观必须健康、无异常，实验室检测合格。为确保生物安全，必须使用合格的实验动物。

动物隔离检疫是确保源头控制最有效的方法。为了确保实验动物健康，必须进行隔离检疫。检疫项目根据相关实验动物微生物检查要求进行。啮齿类动物一般施行 2 周隔离，犬猫类为 3 周，兔类为 2 周，灵长类动物应为 3 周。具体检疫时间应遵照我国动植物检验检疫法的规定执行。实验动物应有质量合格证书、最新健康检测报告，应检查运输的包装，注意运输途中是否被病原污染。

三、基因修饰动物管理

1993 年，国家科学技术委员会发布了《基因工程安全管理办法》，目的是防止基因修饰动植物对人类、环境和生态系统的基因污染。该办法规定了生物安全等级和评价、申请、安全控制和奖惩等。农业部在 2001 年发布了经过国务院令第 304 号批准的《农业转基因生物安全管理条例》，同时颁布了几项配套规章，涉及安全评价管理办法、进口安全管理办法、生物标识管理办法等（农业部令第 8、9、10 号）。卫生部在 2001 年发布了《转基因食品卫生管理办法》（卫生部令第 28 号），国家质量监督检验检疫总局在 2004 年发布了《进出境转基因产品检验检疫管理办法》（国家质量监督检验检疫总局令第 62 号）。基因修饰动物的管理应该严格按照上述相关要求进行，同时加强饲养动物的微生物和寄生虫监测。

鉴于基因修饰动物的特殊性，应重点做好三方面工作：①加强保种育种管理，确保原有品质属性规范化管理，杜绝逃逸到环境，带来不可预见的物种污染；②加强遗传监测工作，定期检测遗传组成，确保遗传质量可控；③加强微生物、寄生虫监测工作，定期检测微生物、寄生虫携带情况，确保微生物质量可控。

四、实验动物安全饲养规范

从事实验动物饲育工作的单位，必须根据遗传学、微生物学、营养学和饲育环境方面的标准，定期对实验动物进行质量监测，并应符合国家标准。实验动物的饲育室、实验室应设在不同区域，并进行严格隔离，要有科学的管理制度和标准操作规程（SOP）。实验动物体型不同，饲养设施、设备环境及安全控制存在客观差异。小型动物（小鼠、大鼠、地鼠和豚鼠等）饲养设备如 IVC、隔离器等条件较好，一般易于控制污染。中型动物（兔、犬、猴等）受到体型、特性等限制，应尽量做到有效控制。大型动物（羊、牛、马等实验用动物）尚无微生物、寄生虫等国家检测标准，实验应按相关要求进行。

病原感染性动物实验的设施、设备要求及人员防护取决于病原种类，即病原的烈性程度。高致病性的一、二类病原原则上要求在 ABSL-3 或 ABSL-4 高安全等级实验室中进行。动物饲养应控制在能有效隔离保护的设备或环境内，如 IVC、隔离器、单向流饲养柜、特定实验室等。三类病原感染性动物实验应采用 IVC 或同类饲养设备进行饲养；四类病原应严格控制实验环境，有条件或必要时应采用 IVC 饲养。动物密度不可过高，饮水须经灭菌处理。动物的转运应做到每个环节实行有效防护，避免病原污染环境。

五、动物样本采集中的生物安全要求

实验研究中，经常要采集实验动物的血液等样本，进行常规检查或某些特定指标的生物化学分析，以及病原检测。因此掌握正确的采血和样本采集技术十分必要。良好的动物样本采集技术，既能满足实验需要，也能有效实现生物安全控制。除血液、分泌物、排泄物、体表物质采集外，其他样本往往通过解剖或手术技术取得。为避免意外发生，原则上

活检采样时应对动物进行麻醉。对接种了病原体的中、大型动物进行采血或体检时，要求将动物麻醉。对小型动物进行灌胃、注射和采血时，可不麻醉动物，但要防范动物抓咬受伤。标本的运输要求用防渗漏的容器，放入标本后要确保容器密封。将动物标本转运出实验室应严格按照有关规定程序执行。所有样本采集器具、物品必须严格消毒灭菌后，方可处理。

手术、解剖操作时容易被血液、体液或其他样品污染，或被器械、针头刺伤，存在潜在生物危害，因此必须做到：①操作一定要使用适当的镇静、镇痛或麻醉方法；②尽量减少样本活体采集，禁止不必要的重复操作；③不提倡利用一个动物进行多个手术实验；④严格实验操作规程，防止发生血液、体液外溅，严格控制组织、器官等标本采集处置和意外划伤、针刺伤等；⑤手术后的动物、标本以及所用器具材料等必须按规定程序妥善处置。

动物实验中常用的利器包括手术刀、剪刀、注射器、缝合针、穿刺针和载玻片等，应严格按规范操作，避免划伤、刺伤实验人员。生物安全操作应注意：①当一只手持手术刀、剪刀或注射器等利器操作时，另一只手应持镊子配合操作，不应徒手操作；②应尽可能使用一次性的手术刀和注射器，禁止徒手安装、拆卸手术刀片和回套注射器针帽，必要时必须借助镊子或止血钳辅助；③双人操作时，禁止传递利器；④一次性手术刀和注射器使用后应立即置于利器盒。

六、涉及感染性材料的动物实验操作的生物安全要求

动物实验中会产生各种各样的感染性材料，应该充分识别可能的风险，严格进行生物安全防护，实现有效控制。在感染性材料污染的处置过程中，最可能直接导致操作人员的手、面等部位污染。由于手、手套被污染而导致感染性物质的食入或皮肤和眼睛的污染时常发生，也较易污染门把手、电话、书籍等公用环境。破损玻璃器皿的刺伤、使用注射器操作不当导致的扎伤，可引起经血液感染。血液样本采集时可能因喷溅和气溶胶的产生而导致呼吸道感染或溅入眼睛而发生黏膜感染等。

动物等级、大小、特性、饲养、操作、咬伤、抓伤、气溶胶等所导致的感染均有不同。举例来说，小鼠产生的气溶胶要远远小于犬、猴等较大型动物产生的气溶胶，因此，控制措施也会有所不同。在涉及感染性材料的动物实验操作时，应重点注意以下方面：①动物实验涉及感染性材料的操作要在生物安全柜中进行，并防止泄漏在安全柜底面，操作包括感染动物的解剖、组织的取材、采血及动物的病原接种；②实验后的动物笼具在清洗前应先做适当的消毒处理；③垫料、污物、一次性物品须放入医疗废物专用垃圾袋中，经高压灭菌后方可运出实验室；④动物尸体用双层医疗废物专用垃圾袋包裹后，放入标有动物尸体专用的容器中，用消毒液喷雾消毒容器表面后，运至解剖区域剖检；⑤生物安全柜使用后应用消毒液擦拭、揩干；⑥动物实验相关废液须按比例倒入盛有消毒液的容器中，倒入时须沿容器壁倾倒并戴眼罩，防止溅入眼中；⑦如果有感染性物质溅到生物安全柜台面、地面以及其他地方，应及时消毒处置；⑧每天工作结束后，应用消毒液擦拭门把手和地面等表面区域；⑨动物组织等废弃物在高压灭菌前须同时粘贴灭菌效果指示条，灭

菌后观察指示条，判断是否达到灭菌的要求；⑩在处理含有病原微生物的感染性材料时，如果使用可能产生病原微生物气溶胶的搅拌机、离心机、匀浆机、振荡机、超声波粉碎仪和混合仪等设备，必须进行消毒灭菌处置。

七、废弃物和尸体的处理

动物实验会产生很多废弃物，如动物的排泄物、分泌物、毛发、血液、各种组织样品、尸体以及相关实验器具、废水、废料、垫料、福利丰荣物品等。其处理不当，都会作为病原载体造成人员和环境污染，必须按照生物安全原则，根据不同特点和要求，进行严格消毒灭菌处置。具体分述如下。

（1）血液和体液标本的处理：用于抗体、抗原、病原微生物、生化指标等检查的血液和体液，按照要求进行处理并检测，检测后的标本经121℃ 30min高压灭菌处理。

（2）动物脏器组织的处理：动物器官组织，尤其是用于病原微生物分离的组织按照标准程序进行处理；用于病理切片的组织，均须经过甲醛固定后再进行切片。剩余的组织经121℃ 30min高压灭菌处理。

（3）动物尸体的处理：安乐处死后的动物尸体，取材完毕后，进行121℃ 30min高压灭菌处理，再集中送环保部门进行无害化处理。动物生物安全三级实验室（ABSL-3）及以上级别的实验室，感染动物的尸体须经室内消毒灭菌处置后再经ABSL-3实验室双扉高压灭菌，才能移出实验室。

（4）动物咽拭子的处理：用于病原分离和PCR检测的咽拭子，按照各自的要求处理后，进行病毒分离和PCR检测，剩余的标本经121℃ 30min高压消毒处理。

（5）病原培养物的处理：病原分离时的培养物，不论是阳性还是阴性结果，均须经121℃ 30min高压消毒处理。

第三节　动物实验的风险评估及控制

一、常见生物危害、风险的识别

（一）动物性危害

动物咬伤、抓伤、皮毛过敏原等可造成直接危害。动物感染实验从接种病原体到实验结束的整个过程，包括动物喂食、给水、更换垫料及笼具等，病原体随尿、粪、唾液排出，都会有感染暴露、不断向环境扩散的危险。解剖动物时，实验者还会有暴露于体液、脏器等标本中的病原体的危险。用来做实验研究的野生动物、实验用动物等也可能携带对人类产生严重威胁的人兽共患病病原微生物。

（二）病原性危害

不合格动物携带的人兽共患病病原以及实验所用的各种病原均能在实验过程中或经实

验废弃物造成污染。生物废弃物有实验动物标本，如血液、尿、粪便和鼻咽拭子等；检验用品，如实验器材、细菌培养基和细菌病毒阳性标本等。开展病原检测的实验室会产生含有害微生物的培养液、培养基，如未经适当的灭菌处理而直接外排，会造成病原体及其毒素扩散传播，带来污染，甚至带来严重不良后果。

（三）物理、化学、放射等危害

包括玻璃器皿、注射器、手术刀的直接创伤，或通过伤口感染等。化学药品（如核酸染料 EB）、毒品的误用都能造成损伤。放射性污染常常通过放射性标记物、放射性标准溶液等污染。

（四）生物工程危害

近年来发展快速的基因工程实验所带来的潜在危险以及由肿瘤病毒引起的潜在致癌性等问题也是动物实验中存在的生物危害。

（五）废物危害

实验动物所产生的"三废"与尸体如果处理不当，将会对周围环境造成污染。如果在没有相应污染物和尸体无害化处理设施的条件下开展动物实验，将导致严重的不良后果并产生极坏的社会影响。

（六）不良动物设施危害

实验动物饲养环境条件与动物实验环境条件不合格，导致动物逃逸、病原扩散等造成危害。

二、动物实验的生物安全和福利伦理审查

2006 年，科学技术部发布《关于发布〈关于善待实验动物的指导性意见〉的通知》（国科发财字〔2006〕398 号），规范了饲养管理、应用、运输等过程中善待实验动物的指导性意见及相关措施。在饲养管理和使用实验动物的过程中，要采取有效措施，使实验动物免遭不必要的伤害、饥渴、不适、惊恐、折磨、疾病和疼痛，保证动物能够实现自然行为，受到良好的管理与照料，为其提供清洁、舒适的生活环境，提供充足的、保证健康的食物、饮水，避免或减轻疼痛和痛苦。

动物实验单位应设立生物安全委员会和实验动物使用管理委员会，负责咨询、指导、评估、监督实验室的动物生物安全活动相关事宜以及动物实验活动安全管理。一般实验人员往往注重动物实验本身，对动物福利、伦理和生物安全要求不太关注或不够专业。因此，国际上提倡成立动物实验福利、伦理委员会，负责审查动物实验，对涉及动物保护、动物福利、科学需要、生物安全等各方面的每个环节进行把关。生物安全原则提倡要保证实验人员和环境的安全，良好的福利审查也可从福利伦理方面提供生物安全保障。

动物实验方案审查的内容应该包括：①实验人员是否符合安全操作要求；②设施设备是否符合生物安全要求；③饲料、垫料、饮水是否符合安全要求；④动物尸体处理是否符合无害化环保要求等方面。

实验动物福利、生物安全审查中应注意的问题非常多，主要包括：①人员培训情况：动物实验人员必须经过操作培训，内容应包括动物基本知识、动物操作、麻醉方法、手术方法、给药方法、取材方法、解剖方法、生物安全防护等各种操作，最好持有专业培训证书；②兽医监护：兽医在维护动物权利的同时也应识别可能的生物危害；③动物选择：应该选用微生物等级明确的动物用于实验，提倡在得到足够结果时最大限度地减少实验动物的数量；尽量使用遗传背景一致性好的动物和微生物控制级别高的动物，以做到以质量代替数量；数量减少和质量提高，可缩小生物危害的范围；④动物实验的必要性：提倡替代性生命系统、非生命系统、电脑模拟的应用，离体培养的器官、组织、细胞、微生物在许多研究中得到广泛应用，能够利用替代性材料时不使用活体动物，也较易实现对微生物的控制；⑤动物实验方案的合理性：严谨合理的方案应使动物操作安全合理，减少污染；使用合适的统计学方法，鼓励用少量动物获得较多结果，使污染源尽量缩小范围；⑥感染动物隔离：要避免触碰和惊吓动物，动物的活动量增加，释放的气溶胶、接触面扩大的可能性就增高，暴露风险也随之加大；⑦动物饲养：要正确饲养动物，饲养空间要足够大，保证饮水质量，食物要干净，室内、外环境要保持卫生清洁，降低疾病发生的概率；⑧实验过程：应尽量在麻醉状态下进行动物实验；实验开始前，准备工作要充分，各种可能发生的生物安全意外事故和解决方案均要考虑周全；⑨疾病护理：应判断实验造成动物不适、疼痛的等级；应考虑使用一切手段以减少动物在实验过程中的疼痛，合理使用必要的麻醉剂、镇痛剂或镇静剂；疼痛可使动物不安、活动量加大、相互撕咬、攻击性增强，这些都会带来一定的安全隐患；⑩减少对动物的侵扰：尽量不过多地干扰动物，避免对动物的刺激，减少其应激反应；正确而熟练地抓取、固定动物，减少动物的剧烈反抗；鼓励人性化动物保定技术，必要时对动物进行训练调教，既能使实验结果更加可靠，也能降低许多风险；⑪舒适措施（环境丰荣）：动物福利提倡提供必要的玩具，特别是犬、猴等；有条件时可以给动物增加音乐和色彩环境，对于使用中大型实验动物的实验会产生较好效果；尽量保证恒温恒湿、通风换气以及噪声、光照度等的合理，同时，设置必要的活动场地；但这些要求扩大了生物污染的范围，应该注意玩具等的消毒灭菌；进行高等级病原的动物实验时，应以生物安全为第一要素，可减少或不提供玩具等；⑫动物的处死：实验结束后，对动物要施行安乐死，注意不能在其他动物可视范围内进行动物解剖、处死等操作；如引起其他动物恐惧，同样会增加动物带来的各种生物安全风险。

三、动物实验风险评估

动物实验风险评估，是指对在动物实验过程中，特别是病原研究实验中，动物因素或病原等对实验人员和环境可能造成的危害的评估。针对所识别的各种危害，制定预防控制措施，将风险降到最低水平，确保动物操作的生物安全。风险评估的内容覆盖所有动物实验活动，如动物的种类（包括基因工程动物、基因污染）、来源、等级、检疫；动物操作中可能出现的抓咬伤、皮毛过敏，以及分泌物、排泄物、样本、尸体等污染；实验活动中可能造成的设施设备异常情况、液体溅洒、切割伤、刺破伤；病原感染动物的气溶胶扩散、动物逃逸、笼具污染、防护用品的污染、废物处置等。根据受试病原的种类、类别、剂量、有无有效的药物和疫苗、防护要求等，对不同动物应有针对性的分析、评估，得出良好的评估结论，采取有效、适当、针对性的人员控制措施，保证动物实验的安全防护。

四、动物实验的生物安全防护与控制

动物实验不同于体外实验，任何对动物的不良操作，都会影响实验结果或造成生物危害。要求所有从事实验动物和动物实验的人员，包括临时实验人员，必须经过一定时间的培训，考试合格并取得上岗证后，才能进行动物实验。动物实验的安全控制要求实验人员应该具有良好的动物实验的能力，包括动物饲养能力、对动物的认知能力、操作能力、信息采集能力、分析能力、关护能力、设施设备掌握能力和生物安全防护能力。具备了这些能力，才能良好地完成动物实验，同时保证实验中的生物安全。

实验动物不同于普通动物，其培育严格控制在非常清洁的环境中。因此，相对而言，它们的免疫功能是低下或不健全的。人们往往注重它们的饲育、生产环境，忽视使用、实验环境。如，饲育时在无菌隔离器、层流柜或清洁环境中，但实验时，往往放在普通实验室、一般动物室，甚至在走廊、过道和办公室中。从干净环境中突然到普通环境中，会遇到很多病原微生物和寄生虫的侵袭，加之实验动物本身抗病能力不强，非常容易得病、死亡。实验动物得病后，也会影响人的健康，特别是出血热、结核病、狂犬病、细菌性痢疾、寄生虫病等人兽共患病，更是直接威胁人类健康。

动物实验不可避免地要进行病原感染性实验，这也是感染性动物模型制备的基础。比如艾滋病动物模型要用到猴；流感病毒模型要感染小鼠、雪貂；结核模型动物有小鼠、豚鼠和猴等；肝炎模型动物有树鼩、转基因小鼠、土拨鼠等。做这些感染性实验既要了解病原的危害，也要了解动物感染后的危害和可能的生物安全风险，操作中要提高控制能力，降低风险。

能力，是安全的保证。动物活体检测、外科手术、活体采样、解剖取材等，更是要求实验人员能够熟练掌握操作技能。因此，实验人员必须经过严格培训和考核才能开展相关的实验。

常见的能力不足的表现有以下几个方面：①操作能力不足：动物采血是最常见的操作，如果不了解准确的解剖部位，如通过小鼠的尾静脉取血或注射，不经过反复练习，临时或匆忙上阵，可能会导致动物反复损伤，以及人员意外刺伤；可能在动物手术、取样、解剖时出现人员意外接触，应重点防范；②护理能力不足：如将手术后的动物放回笼具中后，因处理不当，动物抓挠伤口，造成再次伤害；小鼠通过摘除眼球采血后，止血不好，放回笼内后，可能被同笼动物嗜咬，不仅侵害动物福利，更可能导致局部环境污染。

实验人员安全防护最主要的手段是穿戴适合的个人防护装置，适当的个人防护装置的选择要以风险评估为依据。原则是：①对于接触性污染应重点防护皮肤和黏膜，如应穿戴实验服、手套、眼镜、面罩、鞋套等；②经呼吸道途径污染应重点防护可能通过飞沫、空气和气溶胶等的污染，应在穿戴实验服、手套、眼镜、面罩、鞋套等的基础上，必须配备口罩或特殊呼吸防护装置。不同类型的口罩和特殊呼吸防护装置功能不同，一定要事先做好针对性的风险评估。

五、实验动物和动物实验的安全操作及环境控制

在开展动物实验时，针对生物安全要求应重点注意以下三方面内容：①正确选择实验动物，对所用动物必须了解其整体概况，特别是微生物携带情况和免疫情况；②保证动物应享有的福利，在使用动物进行实验研究时，尽量避免给动物带来不必要的痛苦或伤害；痛苦和伤害往往使动物活动增加、暴露增多，加大生物安全风险；③在使用动物进行感染性病原研究时，必须保护好实验人员和周围环境，防止感染和污染。所以，要求实验人员必须了解动物实验的原则和要求。

为防止被动物咬伤、抓伤，在进行皮下、腹腔、尾静脉注射、采血、给药和处死的实验操作时，首先必须正确抓取、保定动物，并应佩戴动物专用防护手套等防护物品。

要进行良好的安全管理，在实验动物饲养和动物实验过程中，采取严格的饲养管理和生物安全控制措施。

（一）日常的预防措施

饲养人员应严格按照不同等级实验动物的饲养管理要求、卫生防疫制度和操作规程，认真做好各项记录，发现情况应及时报告。

实验动物设施周围应无传染源，不得饲养非实验用家畜家禽，防止昆虫及野生动物侵入。

坚持平时卫生消毒制度，降低、消除环境设施中的微生物、病原体含量。

不从无资质单位引进实验动物，特别是实验用动物。

各类动物应分室饲养，以防交叉感染。饲养室严禁非饲养人员出入和各类人员互串，购买或领用动物者不得进入饲养室内。

饲料和垫料库房应保持干燥、通风、无虫、无鼠，饲料应达到相应的国家标准。

饲养人员和兽医技术人员应每年进行健康检查，患有传染性疾病的人员，在痊愈前不应从事实验动物工作。

（二）生物安全措施

及时发现、诊断和报告动物可能在实验过程中出现的严重的人兽共患病。

迅速隔离异常患病动物，污染的环境和器具应紧急消毒。患病动物应停止实验，密切观察，必要时淘汰。

病死和安乐死的淘汰动物应采取高压灭菌等措施处理。如需集中处理，必须先冻存，再行无害化处理。

（三）消毒措施

根据消毒的目的，消毒措施可分以下三种情况：①预防性消毒：结合平时的饲养管理对动物实验室、笼架具、饮水等进行定期消毒，以达到预防病原污染的目的；②实验期间消毒：指为及时消灭患病动物排出的病原体而采取的消毒措施，消毒的对象包括患病动物所在的设施、隔离场所以及被患病动物分泌物、排泄物污染和可能污染的一切场所、笼具等；应进行定期的多次消毒，患病动物隔离设施应每天和随时进行消毒；③终末消毒：在动物实验结束后以及患病动物解除隔离、痊愈或死亡后，为消灭实验室内可能残留的病原体所进行的全面彻底的消毒、灭菌。

六、无脊椎动物实验室生物安全控制

无脊椎动物由于个体小、活动力强，具有携带病原体广泛、易于藏匿、难以控制等特点，应能有效控制动物本身的危害或可能从事病原感染的双重危害。实验室应具备良好的防护装备、技术和功能，能有效控制动物的逃逸、扩散、藏匿等活动。特别是从事节肢动物（尤其是可飞行、快爬或跳跃的昆虫）的实验活动，应采取的主要措施包括：①配备适用的捕虫器、灭虫剂和喷雾式杀虫装置，安装防节肢动物逃逸的纱网；②设制冷控温装置，可以通过降低温度及时降低动物的活动能力；③配备适用于放置装蜱、螨容器的油碟；④操作已感染或潜在感染的节肢动物时，采取使用低温盘等措施，防止动物失控；⑤应具备消毒、灭菌设备和技术，能对所有实验后废弃的动物、尸体、废弃物等进行彻底消毒、灭菌处理；⑥人员应根据动物种类危害和病原危害，以及风险评估结果采取相应水平的防护。

（魏　强）

参考文献

［1］ 中国医学科学院实验动物研究所，中国质检出版社第一编辑室. 实验动物标准汇编［M］. 北京：中国标准出版社，2011.

［2］ 卢耀增. 实验动物学［M］. 北京：北京医科大学中国协和医科大学联合出版社，1995.

［3］ 魏强. 动物实验中的生物安全问题［J］. 中国比较医学杂志，2015，25（6）：75-78.

［4］ WHO. Laboratory biosafety manual[M]. 4th ed. Geneva: World Health Organization, 2020.

［5］ 中国实验动物学会. 实验动物 动物实验生物安全通用要求：T/CALAS 7—2017［S］. 北京：中国标准出版社，2017.

第十五章
病原微生物菌（毒）种及样本保藏管理

病原微生物菌（毒）种是国家重要战略资源，是进行传染病防治、科研、教学、药品和生物制品生产、出入境检验检疫等工作的重要基础和支撑条件。病原微生物保藏是以适当的方式收集、检定、编目、储存菌（毒）种，维持其活性和生物学特性，保持其纯度、活性、基因信息完整性，避免其变异和退化，并向合法从事病原微生物实验活动的单位提供共享服务，是国家生物安全工作的基础和重要内容之一。

只有保护好资源，才能更合理地研究和利用资源，为公众健康、社会稳定、国民经济的可持续发展贡献力量。在新时代新发展背景下，应从国家战略高度认识和看待保藏工作在国家生物安全中的重要基础作用，遵循《中华人民共和国生物安全法》，坚持总体国家安全观，加强规范化、信息化的病原微生物菌（毒）种保藏体系建设，从而不断提高我国病原微生物资源自我保障能力，助力推进我国生物技术产业快速发展，确保国家生物安全。

第一节　菌（毒）种及样本采集

病原微生物菌（毒）种主要包括病毒、细菌、真菌、立克次体等，其侵入人体可引起人感染和/或传染性疾病。病原微生物样本（以下称样本）是指有保存价值的，含有具有感染活性的人间传染的病原微生物的材料，包括人和动物的体液、组织、排泄物等生物源性材料，以及食品和环境样本等材料。

一、采集相关要求

采集病原微生物样本应当具备下列条件。

1. 具有与采集病原微生物样本所需要的生物安全防护水平相适应的设备。

2. 具有掌握相关专业知识和操作技能的工作人员。

3. 具有有效防止病原微生物扩散和感染的措施。

4. 具有保证病原微生物样本质量的技术方法和手段。

采集高致病性病原微生物样本的工作人员在采集过程中应当防止病原微生物扩散和感染，并对样本的来源、采集过程和方法等作详细记录。

二、采集准备工作

1. **采样登记表**　内容包括中文名称、外文名称、样本编号、样本名称、样本量、患者姓名、患者性别、患者年龄、病例类型、采集时间、采集单位、联系人、联系电话、联系人邮箱、联系人所在单位。

2. **采集用品** 常用的采样液有以下5种：普通肉汤、pH7.4～7.6 的 Hank's 液、Eagle's 液（MEM）、水解乳蛋白液或不加抗生素的生理盐水（漱喉液）。为防止采样液生长细菌和真菌，在采样液中须加入抗生素，加入青、链霉素（终浓度为 100～1 000U/mL），庆大霉素（终浓度为 0.1～1mg/mL），抗真菌药物（两性霉素 B，其终浓度为 2μg/mL）。加入抗生素以后重新调节 pH 值至 7.4，配制好以后，每个采样管分装 3mL，-20℃冻存。采集用品包括 10mL 外螺旋带密封垫圈螺口塑料管、医用 5mL 或 10mL 一次性注射器管或 5mL 真空针管、2mL 血清管、带有冰排的冰壶或冰包、止血带、棉拭、乙醇、碘酒。

3. **采集鼻咽拭子用物品** 鼻咽拭子保存管、15mL 螺口管、3～5mL 样本运送液（常用普通采样液、MEM、胍盐液或磷酸盐缓冲液）、棉拭子。

4. **粪便、痰液、尸检组织保存管** 50mL 螺旋带密封垫圈螺口塑料管。

5. **其他** 油性记号笔、一次性纸杯、一次性纸漏斗、冰壶、污物袋、样品编号签纸或条码纸。

三、采集种类及方法

（一）样本种类

1. **上呼吸道标本** 包括鼻拭子、鼻咽拭子、鼻咽抽取物、鼻洗液、咽漱液。最佳采集时间为发病后 3d 内，一般不超过 7d。

2. **下呼吸道标本** 包括呼吸道吸取物、支气管灌洗液、肺组织活检标本。下呼吸道标本最有利于禽流感病毒分离。

3. **尸检标本** 患者死亡后应依法尽早进行解剖，在严格按照生物安全防护要求的条件下，进行尸检。主要包括肺、气管组织标本，条件允许时也可采集肝、肾、脾、心脏、脑、淋巴结等组织标本。每一采集部位分别使用不同消毒器械，以防交叉污染；每种组织应多部位取材，各部位应取 20～50g，淋巴结取 2 个。患者死亡后应尽早进行解剖，无菌采集。

4. **血清标本** 应尽量采集急性期、恢复期双份血清。急性期血样的采集，不能晚于发病后 7d；恢复期血样在发病后第 3、4 周采集。如未能采集到急性期血样，仍应尽早采集第一份血样，并在间隔 2～4 周后采集第二份血样。采集量要求 5mL，以空腹血为佳，建议使用真空采血管。病例诊断需双份血清，密接者需双份血清，高危人群、一般人群抗体水平调查需单份血清。

5. **其他标本** 如病例有腹泻症状，可在病例发病后的 7d 内采集粪便标本，有胸腔积液者采集胸腔积液标本。

（二）采集方法

1. **鼻拭子** 将 1 根带有聚丙烯纤维头的拭子轻轻插入鼻道内鼻腭处，停留片刻后缓慢转动退出。以另一拭子拭另侧鼻孔。将拭子头浸入采样液中，尾部弃去，旋紧盖管。

2. **咽拭子**　用2根带有聚丙烯纤维头的拭子擦拭双侧咽扁桃体及咽后壁，同样将拭子头浸入采样液中，尾部弃去，旋紧盖管。注：亦可将鼻、咽拭子收集于同一采样管中，以便提高分离率，减少工作量。

3. **鼻咽抽取物**　用与负压泵相连的收集器从鼻咽部抽取黏液或从气管抽取呼吸道分泌物。先将收集器头部插入鼻腔或气管，接通负压，旋转收集器头部并缓慢退出。收集抽取的黏液，并用采样液3~5mL涮洗收集器3次。

4. **漱口液**　用10mL生理盐水漱喉。漱喉时让患者头部微后仰，发"噢"声，让生理盐水在咽部转动，然后用平皿或烧杯收集洗液。

5. **鼻洗液**　患者取坐姿，头微后仰，用移液管将5mL生理盐水注入一侧鼻孔，嘱患者同时发"K"音以关闭咽腔。然后让患者低头，使生理盐水流出，用平皿或烧杯收集。

第二节　菌（毒）种及样本管理

2009年7月16日卫生部发布《人间传染的病原微生物菌（毒）种保藏机构管理办法》（卫生部令第68号），自2009年10月1日起施行，我国人间传染的病原微生物菌（毒）种管理工作依据新的规定执行。保藏机构是指由国务院卫生健康主管部门指定，按照规定接收、集中储存与管理菌（毒）种或样本，并能向合法从事病原微生物实验活动的实验室供应菌（毒）种或样本的机构。

一、保藏机构对病原微生物菌（毒）种和样本的保藏要求

保藏机构有权保藏菌（毒）种或样本，保藏机构以外的机构和个人不得擅自保藏菌（毒）种或样本。

未经批准，任何组织和个人不得以任何形式泄漏涉密菌（毒）种或样本有关的资料和信息，不得使用个人计算机、移动储存介质储存涉密菌（毒）种或样本有关的资料和信息。

1. 我国境内未曾发现的高致病性病原微生物菌（毒）种或样本和已经消灭的病原微生物菌（毒）种或样本、《人间传染的病原微生物目录》规定的第一类病原微生物菌（毒）种或样本、国家卫生健康委规定的其他菌（毒）种或样本必须由国家级保藏中心或专业实验室进行保藏。

2. 保藏机构应根据所保藏病原微生物的特点和危害程度分类，进行相应功能分区，应具备以下基本分区：菌（毒）种或样本接收区、实验工作区、菌（毒）种保藏区、菌（毒）种发放区、办公区和数据管理区。且不同区域设施设备及平面布局等，应符合WS 315—2025《人间传染的病原微生物菌（毒）种保藏机构设置技术标准》的要求。

3. 保藏机构应按照要求，建立专门的菌（毒）种或样本保藏和/或生物安全委员会，建立相应的管理制度，制定体系文件，通过管理规范、程序文件、标准操作程序（SOP）

和记录等文件进行管理。保藏机构应对所保藏菌（毒）种或样本采用信息化管理，建立原始库、主种子库和工作库，并分别存放。同时按照 WS 315—2025《人间传染的病原微生物菌（毒）种保藏机构设置技术标准》做好人员管理、个人防护以及保藏安全保障等相关要求。

4. 应制定相应的保管管理制度，包括但不限于人员准入、个人防护、出入库管理、销毁以及记录等内容。记录应全面，除纸质记录表格外，应尽量选择信息化方法对所保管的菌（毒）种或样本进行管理，信息化管理内容应尽量详尽，且操作皆留有痕迹，便于追溯。高致病性病原微生物菌（毒）种和样本的信息，还应满足保密相关要求。

5. 病原微生物菌（毒）种和样本可选择多种保存方法，包括超低温保存法、冷冻干燥法等。同一病原微生物菌（毒）种应选用两种或两种以上方法进行保藏，且应备份保存。保存病原微生物菌（毒）种和样本的材料材质应耐低温，保证在液氮、$-80\,^\circ\mathrm{C}$ 条件等超低温环境下不易破碎、爆裂。

6. 从事病原微生物菌（毒）种及样本保存的实验人员应具备相应的病原微生物专业知识，应经过生物安全培训并合格，确保具备相应实验活动操作技术能力以及处理突发状况的能力。管理人员应熟悉病原微生物菌（毒）种保藏相关管理制度和各项规定。病原微生物菌（毒）种及样本保管人员和管理人员在工作期间应接受必要的健康监测和相关的疫苗接种。

7. 按照所保管的病原微生物菌（毒）种及样本的危害程度以及实验活动内容，配置符合实验室生物安全要求的个人防护用品，如手套、防护服、鞋套等。工作人员从低温设备如液氮罐、$-80\,^\circ\mathrm{C}$ 冰箱中取出菌（毒）种或样本时，应加强面部防护和皮肤防护，防止冻伤和感染性材料的飞溅污染。

8. 病原微生物菌（毒）种保存区域的监控系统应覆盖到各个保藏区域，不留死角，并确保监控系统 24h 运行。

二、技术要求

1. 保藏机构应为鉴定复核后符合保藏条件的菌（毒）种进行编号，建立编号规则，并有数据库可查询。编号包括原始编号、登记编号、保藏编号。

2. 菌（毒）种或样本均应有编号、来源、分离日期、地区、提供者、保藏条件、危害程度分类、表型特征档案、基因型特征档案、药敏谱、初步鉴定结果、提供单位等背景资料信息。

3. 菌（毒）种保藏应建立原始库、主种子库和工作库，并分别存放。采用病原微生物适宜的保藏方法，包括冷冻真空干燥保存法、超低温保存法、液氮超低温保存法、传代培养保存法、载体保存法、其他保存方法等。同一菌（毒）种应选用两种或两种以上方法进行保藏。如只能采用一种保藏方法，其菌（毒）种须备份并存放于两个独立的保藏区域内。

三、病原微生物菌（毒）种和样本的交流

1. 国外引进或共享菌（毒）种时，应按照《病原微生物实验室生物安全管理条例》及配套法规、出入境管理相关规定办理申报审批手续。应配合出入境检验检疫系统做好菌（毒）种使用的事后监督管理。

2. 收到国外菌（毒）种后，应确保生物安全，并在 3 ~ 6 个月内完成鉴定，将结果资料保存管理。

3. 国内机构间病原微生物菌（毒）种及样本的交流，应符合国家、属地及机构相关管理要求，按照《病原微生物实验室生物安全管理条例》及配套法规和文件要求，签订共享协议书，依据不同危害程度分类进行包装并实施运输，交流过程应确保生物安全。

四、病原微生物菌（毒）种和样本的销毁

1. 国家规定必须销毁的、有证据表明保藏菌（毒）种及样本已丧失生物活性或被污染已不适于继续使用的，被认定为无继续保存价值的，应按照相应规定启动销毁程序。不同危害程度分类的菌（毒）种及样本的销毁须按照报批程序，经不同层级批准后方可实施销毁。

2. 保存的菌（毒）种经传代、移种后，销毁原菌（毒）种之前，应仔细检查标签是否正确。

3. 销毁任何一种菌（毒）种时，要先进行验证，防止错误。

4. 菌（毒）种及样本的销毁方式分为物理销毁和化学销毁两种，应确保选择有效销毁方式，应放置灭菌指示标志，以确认灭菌效果，必要时进行灭菌效果验证，确保生物安全。

5. 做好菌（毒）种及样本的销毁记录并存档。

第三节　菌（毒）种及样本低温保藏

菌（毒）种保藏根据微生物的生理、生化特性选择适宜的方式降低代谢，抑制生长繁殖，从而降低菌（毒）种变异率，同时保持生长活性。目前常用的长期保藏方法有传代法、干燥法、低温冷冻法和真空冷冻干燥法。

一、保藏方法

目前微生物菌（毒）种保藏方法有 20 余种，从总体上可分为四类：传代培养保藏法、干燥保藏法、冷冻干燥法和低温保藏法。

传代法菌种保藏时间较短，在反复传代和适应的过程中易发生变异，该方法简便易行，特殊微生物如不耐冷冻和干燥处理的微生物仍用该法保藏。

干燥保藏法适用范围窄，某些苛养菌（厌氧菌、弧菌属等）在保藏过程中出现菌种变异、退化，甚至死亡的现象，直接影响后续工作的开展。

冷冻干燥法是目前长期保藏细菌、酵母、真菌、病毒和立克次体的常用方法，即使对一些很难保藏的致病菌，如脑膜炎球菌、淋病奈瑟球菌等亦能保藏。但该方法操作步骤烦琐，且需专用的设备来冷冻和干燥，成本较高，操作过程中易产生气溶胶等生物风险，普通生物学实验室难以实现。

与上述三种方法相比，低温保藏法在实验室研究中最为常用，该方法保藏时间长，适用范围广，生物信息变异率低。研究表明，与更传统的保藏方法（矿物油保藏和悬浮液保藏）相比，在 –80℃ 下冷冻保藏菌种不产生形态学改变，而通过矿物油保藏的样本中检测到显著的宏观或微观改变。

二、低温保藏的关键因素

菌种低温保藏过程中除生物样本自身种类、形态大小等菌种特异性因素外，低温保护剂的筛选和浓度的确定、升降温速率的控制、保藏温度的选择等因素对低温保藏效果也将产生重要影响。

（一）低温保护剂的筛选

适宜的保护剂可在低温保藏期间减少溶液冻结、融化和渗透压变化对细菌的影响，从而保持其功能与结构的完整性。低温保护剂可分为渗透型和非渗透型。渗透型保护剂包括甘油、二甲基亚砜（DMSO）、乙二醇、乙酰胺、丙二醇等，这类保护剂在溶液中发生水合作用，弱化了水溶液结晶过程，进入细胞，改变细胞内过冷状态，平衡渗透压，缓解升降温过程中的皱缩肿胀损伤。非渗透型保护剂包括聚乙烯吡咯烷酮（PVP）、蔗糖、葡聚糖、白蛋白、聚乙二醇等，这类保护剂溶于水，不进入细胞，使溶液处于过冷状态，降低溶液中低分子溶质的浓度。低温保护剂（CPA）是低温保藏的关键因素之一，理想的低温保护剂应满足以下标准：高度水溶性，渗透性，低毒性，无反应性，并且在高浓度下不沉淀。因此在菌种保护剂的选择上，除针对菌种特异性选择合适的低温保护剂外，还应对保护剂发挥保护作用的机制作进一步探究。

（二）低温保藏过程的控制

升降温速率是低温保藏过程中需要控制的关键点之一。Dumont 等人研究了降温速率对不同类型细胞（酵母、细菌和真核细胞）存活的影响。研究结果表明，在低和高降温速率下的细胞存活多，而中间降温速率对细胞活力有害。他们还得出结论，细胞对冷却的反应不仅取决于冷却速率，还取决于细胞大小、水渗透性和细胞壁的存在。Wang 等人发现，细菌存活强烈依赖于冷冻速率和解冻温度，应用 –10℃/min 降温和 0℃/min 复苏或 –1℃/min 降温和 0℃/min 复苏能得到较高的乳杆菌存活率。冷冻损伤的"两因素假说"中，降温过程是传热和渗透两个因素相互作用的过程，应考虑其综合作用来寻找某一最佳降温速率，对应低温保藏的最佳存活率。

在生物学和医学范畴内，低温范围为稍低于正常体温（37℃）到 –196℃。低温可以抑制生物体的生化活动，随着温度的降低，生命活动代谢速度降低，到达 –196℃时几乎完全停止。有人使用电子显微镜，用血清学和病毒学方法研究了在 –20℃、–70℃和 –196℃低温保藏从 3d 到 8 年的禽传染性支气管炎病毒的超微结构和感染活性，结果表明，低温保藏的温度越低，病毒的超微结构和生物学特性的保藏就越完整。陈远翔等人比较了两种温度下 3 种方法对阴道加德纳菌的保藏效果，其中 –80℃下甘油法保藏，12 个月存活率（84.0%）明显高于同期 –18℃存活率（3.9%），低温对于阴道加德纳菌保藏有明显延长作用。若要长期保藏菌（毒）种资源，适宜的保藏温度为 –80℃或 –196℃，该温度下 DNA 突变的概率几乎为零。有研究将菌种保藏在 –150 ~ –135℃的气相液氮中，可以很好地避免液相氮进入冷冻管，防止爆裂和菌（毒）种污染。除了最佳低温保护剂之外，保藏温度的选择和升降温速率的控制也须得到关注。

（三）其他因素

除上述因素外，菌种低温保藏效果还受到其他一些因素的影响。已有文献报道反复冻融对菌种的活性产生影响。郎剑锋等人通过电镜观察枯草芽孢杆菌的形态得到，反复冻融会加速细菌的消融和裂解，可能原因是随着环境的剧烈变化，细菌产生特殊物质致使细胞壁形变和破裂。因此低温保藏过程中应尽力稳定保藏温度，避免反复冻融。Qiao 提出低温保护剂与细菌悬浮液的比例对于嗜热链球菌冷冻保存至关重要，高浓度菌悬液可提高菌种存活率。此外，冻存样本的处理方法、菌种的生理状态等因素对低温保藏的影响也值得深入探索。

第四节　菌（毒）种及样本保藏信息系统

在保藏管理的整个过程中，保藏资源信息的出入库以及信息的管理是保藏管理的重要内容之一。在信息化技术日新月异的今天，原始人工的管理模式已经完全不适用于飞速发展的新时代。为了减少人工管理所带来的失误、错漏等问题，病原微生物菌（毒）种及样本保藏信息管理系统应运而生，极大地解决了大信息量的存储，以及由于人工管理产生的疏漏而造成的损失等一系列问题。

一、系统特色

病原微生物菌（毒）种及样本保藏信息管理系统是一套服务于病原微生物菌（毒）种及样本保藏业务的信息化软件系统，面对数量庞大的病原微生物菌（毒）种资源，应该满足但不限于以下条件。

（一）数据、空间管理科学化

当菌（毒）种及样本数量积累至一定程度的时候，菌（毒）种及样本管理难度加大，容易发生错误。在这种情况下，软件系统具备良好的数据录入能力和空间管理能力，具有大量数据的批量录入功能，支持市面上各种型号的标签的识别，如条形码、二维码、射频识别技术（RFID）等，可以准确定位菌（毒）种及样本的位置信息，通过本系统对空间储存进行优化，帮助用户提高空间管理的合理性，使空间管理科学化。

（二）流程管理自动化

软件系统应该具备完善的流程化管理，针对保藏业务的收集、整理、鉴定、编号、保存、供应等流程，在系统中设置合理的栏目菜单，妥善分配权限，按照工作流的思路进行设计开发，应用条形码、二维码、RFID等技术，实时了解菌（毒）种及样本在信息管理系统中的状态，并关联相关记录单、操作日志等，使流程管理自动化。

（三）数据统计图形化

软件系统应该具备数据管理统计能力，针对已经保藏的数据进行各种维度的分析，对保藏机构、保藏房间、容器、冻存架、冻存管均有已用空间、剩余空间等维度的统计，并以图形化展示，让保藏工作人员及主管人员及时了解情况并监控。软件系统还应该具备可视化图形操作界面，针对病原微生物及样本的入库、出库等流程，使用图形化操作界面，便于保藏工作人员操作，使页面更人性化。

（四）数据管理自定义化

软件系统应该具备数据字段用户自定义化管理功能，系统根据相关病原数据标准预制数据字段。但病原微生物数据信息的发展日新月异，面对新的数据字段项，用户可根据自己的需要自主定制，完成数据录入。

（五）信息标志统一化、标准化

依据病原数据的标准化采集流程，设置病原微生物数据采集标准项，对病原数据进行系统标准化制定，参照WS 315—2025《人间传染的病原微生物菌（毒）种保藏机构设置技术标准》和T/CPMA 011—2020《病原微生物菌（毒）种保藏数据描述通则》中的病原微生物数据规范和要求进行数据项的设置，设置基本数据描述、特征数据描述和共享数据描述，对系统中的菌（毒）种编码进行统一规范。数据的标准化，可以为已有的按照规范建设的系统进行数据的导入，便于数据查询，也可以为数据汇交、信息共享提供坚实的基础。

（六）数据查询、样本检索快捷

软件系统应该具备良好的数据查询能力，能够简单、快速地检索出用户需要的病原微生物数据信息，并准确定位实物库的位置。系统还应当提供高级筛选功能，包括模糊查询、组合查询，不仅能够根据菌（毒）种本身的数据查询，还能根据任意的流行病学数据及字段组合进行查询。

（七）保障数据安全

病原微生物菌（毒）种保藏信息管理系统存储了大量的菌（毒）种信息和流行病学相关信息，保证其数据安全便成为信息管理中的重要组成部分。在网络的数据安全方面，要对整个运行系统和数据库采取最高级别的加密处理，设置持续更新的防火墙等措施，有效防范非法用户的侵入，保证网络安全。在数据安全设计上，提供本地数据备份与恢复功能，完全数据备份至少每天一次，备份介质场外存放；采用独立的备份系统实现数据的每天完整备份；制定符合业务数据备份策略，并在备份系统中部署实施，同时提供异地数据备份功能，提高数据安全级别。

（八）支持数据汇交，促进信息共享

信息管理系统支持和其他相关系统的数据汇交功能，可以提供对外的数据接口，对本系统保存的菌（毒）种开展业务数据整理、清洗工作，进行数据关联、整合，实现与其他系统之间的信息共享。

二、系统需求与技术框架

（一）业务需求

病原微生物菌（毒）种的保藏管理包括菌（毒）种的收集、整理、鉴定、编号、保存、供应与菌（毒）种及样本资料的保存等工作。因此，需要一套服务于病原微生物菌（毒）种保藏信息管理业务的信息化软件系统产品，实现样本从入库到出库的信息化管理，记录样本的存储位置信息和存量状态变化以及样本信息的汇总分析，辅助样本管理水平的进一步提升。通过建设安全、稳定、便捷的病原微生物菌（毒）种保藏信息管理系统，辅助保藏人员管理库存病原微生物菌（毒）种，帮助实验室管理人员及时了解病原微生物菌（毒）种保藏情况，提高保藏业务能力。

病原微生物菌（毒）种保藏信息管理系统的需求包括功能需求和性能需求。功能需求须涵盖菌（毒）种的基本信息、存放位置、人员管理以及安保设置等内容；性能需求需要病原微生物菌（毒）种保藏信息管理系统具有较高的运行效率，具有可靠性和安全性，能够实现权限管理，界面操作方便，且具有可维护性和可扩充性。因此，还需要采用统一的信息描述规范和标准。

（二）功能设计

病原微生物菌（毒）种保藏信息管理系统需要根据保藏库的硬件设施情况进行功能设计。信息管理系统的基本功能应该包含样本管理、容器管理（存储设备）、项目管理等全方位功能模块，对病原微生物菌（毒）种生命周期相关数据进行系统化记录和管理，对病原微生物菌（毒）种的状态和使用情况进行实时监控。该系统能够符合本地管理、信息共

享、合作利用等实际需要。病原微生物菌（毒）种保藏信息系统功能模块包含以下部分。

1. **系统管理模块**　系统管理是系统的基础模块之一，用于对系统的使用及控制进行设置。拥有不同权限的用户可访问的数据和使用的系统功能不同，可根据病原微生物菌（毒）种的分类、用户所属的不同科室、课题等来进行组别的划分。系统管理内容包含：机构管理、部门管理、角色管理、用户管理、权限管理、菜单管理、模块管理、日志管理（登录日志、操作日志）、常量管理（常量数据、分组管理、字段项管理）。

2. **保藏管理模块**　保藏管理是系统的对于保藏业务的基础管理模块，容器是病原微生物菌（毒）种保藏的基础硬件，针对保藏相关的容器进行数量、规格大小、位置信息管理，可全面掌握保藏机构基本情况。保藏管理还包含病原微生物菌（毒）种数据的统计情况，包括出入库信息、统计查询以及预警等。保藏管理内容包含：预警管理（样本预警）、统计查询（标准化报表、样本量报表、冰箱利用率）、出入库明细管理、标准化管理（房间管理、容器管理、冻存架管理、冻存盒管理）。

3. **用户业务模块**　用户业务是本系统日常使用的模块，包含病原微生物菌（毒）种数据信息的录入、出库、入库、销毁的基本业务的操作。用户业务内容包含：项目管理（项目列表、项目类型管理）、样本管理（样本列表、样本类型管理）、出入库管理（入库管理、出库管理、销毁管理）。

病原微生物菌（毒）种保藏信息管理系统，在保藏领域扮演着不可或缺的重要角色。在病原微生物菌（毒）种保藏信息描述规范与标准的指导下，在保藏数据描述通则的基础上，通过建设病原微生物菌（毒）种保藏信息管理系统，将保藏数量巨大的病原微生物菌（毒）种资源信息实现标准化、数据化、网络化并整合统一，可以更好地为病原微生物菌（毒）种资源的收集、整理、评价、共享与利用研究服务。

第五节　菌（毒）种及样本的共享与利用

新型冠状病毒感染疫情的暴发，使得用更安全、透明、及时的方式进行病原体及其数据信息的共享显得尤为重要。在获取后如何公平公正分享因利用所提供的病原体资源而产生的惠益也值得探讨。目前，国际上如世界卫生组织、美国、中国等已有一些关于新冠病毒等病原微生物资源管理与共享的机制。

一、生物资源获取与惠益分享的国际准则

生物资源是指对人类具有实际或潜在用途和价值的遗传资源、生物体或其部分、生物群体或生态系统中任何其他生物组成部分。加强生物资源保护，保护其自身不断更新和繁殖的能力，对支撑人类生产、生活、研究、共享和利用具有重要意义。

在意识到生物多样性的内在价值、生物多样性对维持生态系统的重要性等问题之后，1992 年联合国通过了《生物多样性公约》（以下简称《公约》）。《公约》提出了三个目标：一是保护生物多样性，二是可持续利用生物多样性的组成部分，三是公正和公平分享利用

遗传资源所产生的惠益。同时，《公约》明确了获取和利用遗传资源的三个基本原则：国家主权原则、事先知情同意原则和共同商定条件下公平分享惠益原则。

为促进《公约》第三项目标即公正和公平分享利用遗传资源所产生的惠益的实现，1998 年生物多样性公约缔约方大会的第五届会议成立了获取与惠益分享（access and benefit sharing，ABS）工作小组。到 2010 年 10 月，COP10（10th meeting of the conference of the parities）在日本名古屋通过了《关于获取遗传资源和公正公平分享其利用所产生惠益的名古屋议定书》（以下简称《名古屋议定书》）。《名古屋议定书》提出惠益包括货币惠益和非货币惠益，大大推进了《公约》三项目标的实施。

综上，《公约》和《名古屋议定书》为遗传资源的使用者和提供者提供了法律上的明确性和透明性，为全球及各缔约国确立了生物遗传资源（含微生物遗传资源）获取和惠益分享的基本法律准则和制度。

二、病原微生物资源的获取与惠益分享的国际现状

目前国际上已有一些关于病原微生物的共享机制，现以世界卫生组织（World Health Organization，WHO）的大流行性流感防范框架（Pandemic Influenza Preparedness Framework，PIPF）和生物中心系统（BioHub System）、美国的生物防御与新兴传染病研究资源库（Biodefence and Emerging Infections Research Resources Repository，BEI 资源库）和管制病原项目（Federal Select Agent Program，FSAP）以及中国的国家病原微生物资源库（National Pathogen Resource Center，NPRC）为例，对新冠病毒等病原微生物的共享机制进行研究，现分述如下。

（一）世界卫生组织框架下的多边病原微生物共享机制

1. **基于 PIPF 的流感病毒多边共享机制**　为加强大流行性感冒（流感）的防范和应对，改善和加强 WHO 全球流感监测和应对系统（Global Influenza Surveillance and Response System，GISRS），在平等的基础上分享甲型 H5N1 流感病毒和其他可能引起人间大流行的流感病毒的资源，以及获得疫苗和分享其他利益，WHO 于 2011 年通过了 PIPF。

PIPF 规定了流感病毒共享机制、疫苗分担机制和惠益分享机制。其中，病毒共享机制通过两种材料转移协议实施：《标准材料转移协议 1》（Standard Material Transfer Agreement，SMTA1）是适用于 GISRS 系统内的流感实验室之间所有 PIP 生物材料（pandemic influenza preparedness biological material）转让的协议；《标准材料转移协议 2》（SMTA2）是与 GISRS 系统以外的机构签订的协议。

SMTA1 规定提供方和接收方都不应谋求与材料有关的任何知识产权。由于 SMTA1 的缔约方为科研机构，协议的价值取向侧重于保护公众健康，而非知识产权，进而，本协议不包括知识产权保护的意见。通过签订 SMTA2，WHO 将在最需要的时候可以有预测性地获得大流行病应对产品，如疫苗、抗病毒药物和诊断包等。SMTA2 中没有不得谋求知识产权的说明，而是规定了可选择承诺的转让技术的义务，由此可见，SMTA2 保护生

产商的知识产权，只是以技术转让的形式予以限制。

PIPF 自 2011 年实施以来，使 WHO 获得了超过 3.5 亿支大流行性流感疫苗的承诺，并得到了生产商超过 1 亿美元的捐款，可见 PIPF 在促进全球疫苗及相关利益公平分配等方面发挥了一定作用，是现有多边系统的良好范例。但该框架严重依赖于现有大流行性流感病毒共享基础设施，不太可能扩展到其他病原体，并具有高昂的行政成本（每年 28 亿美元）。但新型冠状病毒感染疫情暴发后，也有研究建议将框架的范围扩大到新冠病毒。

2. **基于 BioHub 的新冠病毒多边共享机制**　在大流行性流感防范框架运行 10 年之际，全球正在与 2019 年暴发的新型冠状病毒感染疫情作斗争，WHO 意识到现有的全球卫生安全架构存在一定的缺陷，为了紧急发展全球商定的病原体共享机制，需要一个全新的合作时代。在此背景下，WHO 于 2020 年 11 月宣布、2021 年 5 月启动了 BioHub 系统。

该系统不是为了取代现有结构，而是作为现有结构的补充。其目的是鼓励和支持在发现异常事件后快速和广泛地共享具有流行或大流行潜力的生物材料（biological materials with epidemic or pandemic potential，BMEPP）。该系统所依据的原则为以公共卫生为目的公平分配共享 BMEPP 所产生的利益。

BioHub 采用逐步、分阶段的方法建立新系统。截止到 2022 年 5 月，其处于系统试验测试阶段，在此阶段以 SARS-CoV-2 为例，不断进行研究与探索，完成该阶段后将扩大病原体的适用范围，以完善全球治理框架。目前已编制了两份标准材料转移协议（SMTA1 和 SMTA2），以非商业方式来共享 BMEPP。仍有一份用于商业目的的协议（SMTA3）正在研制中。SMTA1 用于提供方自愿为 BioHub 系统提供 BMEPP。SMTA2 用于经批准实体从 BioHub 接收 BMEPP 的过程。两份协议都明确规定不得谋取 BMEPP 上的任何知识产权。

（二）以注册管理为基础的美国病原微生物共享机制

1. **支持传染病研究的 BEI 分级注册共享管理**　BEI 资源库是在 2003 年由美国 NIAID（National Institute of Allergy and Infectious Disease）建立，由 ATCC（American Type Culture Collection）管理，为传染病研究提供试剂（包括新冠病毒等）、工具和信息的资源库。虽由 ATCC 管理，但 BEI 和 ATCC 的其他资源是完全分开并且不同的。

BEI 采用分级分类的方式进行管理。分级是指依据感染性材料的生物安全等级分为 3 级：1 级注册适用于非致病性 BSL-1 级材料，此种注册不包括申请 2 级和 3 级的材料；2 级注册适用于非管制性 BSL-2 级材料，此种注册不包括申请 3 级的材料且需要更多的注册信息；3 级注册适用于管制病原和需要 BSL-3 级实验室的材料，3 级注册也可获得 1 级和 2 级的材料。分类是指依据申请的主体分为机构内单人注册和机构内多人注册。机构内单人注册是指只有机构内一人需使用材料而进行注册的方式，机构内多人注册是指机构内有一人以上的研究者需使用材料而进行注册的方式。

通常，一旦 BEI 资源库工作人员收到所有申请信息，1 级注册将会在 1～2 周内通过，更高级别的注册可能需要一些额外的时间。材料将按照适用的法律法规进行包装和运输。接收方有责任确保拥有获得订单所需的所有许可证，并向 ATCC 提供。

2. 美国管制病原的申请与使用规定　上述的 BEI 3 级注册中包括的材料为管制病原和需要 BSL-3 级实验室的材料。其中，管制病原由 FSAP 单独负责和管理。该项目的目标是规范安全和可靠地拥有、使用和转让有可能对公众、动物或植物健康或动植物产品构成严重威胁的病原和毒素。目前列入管制清单的病原有 67 种，每两年审查一次该清单以确定是否需要增减。

该项目由以下两个部门联合管理：卫生部下的美国疾病预防控制中心（Centers for Disease Control and Prevention，CDC）中的管制病原和毒素司（Division of Select Agents and Toxins，DSAT）、农业部下的动植物卫生检验署（Animal and Plant Health Inspection Service，APHIS）中的农业管制病原和毒素司（Division of Agricultural Select Agents and Toxins，DASAT）。

该项目申请获得的条件与程序为：申请者需要有一个 SAMS（Secure Access Management Services）账户，以保证敏感和非公开的信息不会泄漏。通过 SAMS 账户访问 eFSAP 系统（FSAP 的安全信息系统，网址为 https://www.selectagents.gov/efsap/index.htm），实体通过 eFSAP 提交"APHIS/CDC 表格 1"进行注册，以拥有、使用和转让管制病原和毒素。

FSAP 每年会由 CDC 或 APHIS 或两者联合对使用病原的实体进行审查，并形成年度报告。截止到 2023 年 11 月，FSAP 已发布了 2015—2022 年八年的年度报告。报告是向拥有、使用或转让管制病原和毒素的实体提供关键反馈的重要工具。这些报告包含 FSAP 的检查结果，并且通常要求实体采取纠正措施。及时发布检查报告使实体能够迅速解决观察到的问题，以提高管制病原和毒素的安全性。

该项目对美国的管制病原和毒素进行了生物安全、风险评估、尽职调查、病原灭活、立法及规章制度、人员适宜性评估、申请登记、鉴定报告、盗窃和丢失等多方面的规定，形成了一套完整的管理体系。

（魏　强　姜孟楠　胡黎黎）

参考文献

［1］ 姜孟楠，王嘉琪，魏强. 人间传染的病原微生物菌（毒）种保藏机构运行与管理探讨［J］. 病毒学报，2018，34（3）：399-401.
［2］ 郭玲玲. 微生物菌种保藏方法及关键技术［J］. 微生物学杂志，2019，39（3）：105-108.
［3］ 梁梅娟，陈亚波，苏佩冰. 菌种超低温保藏法与人工传代法的比较［J］. 现代食品，2018（21）：184-186.
［4］ 华泽钊，任禾盛. 低温生物医学技术［M］. 北京：科学出版社，1994.
［5］ 李莹莹，曾伟伟，王英英，等. 锦鲤疱疹病毒保藏方法的筛选及比较［J］. 中国生物制品学杂志，2016，29（11）：1154-1158.
［6］ 廖焕兰，周妙姬，冯辉，等. 不同保藏时间和反复冻融对人乳头瘤病毒 DNA 检测结果的影响［J］. 检验医学与临床，2014，11（21）：3024-3025.
［7］ 中华人民共和国卫生部. 人间传染的病原微生物菌（毒）种保藏机构管理办法［EB/OL］.

（2009-07-31）［2024-10-15］. https://www.gov.cn/flfg/2009-07/31/content_1380550.htm.

［8］ 娜琳，康孟佼，门立强，等. CVCC 菌毒种综合信息化管理系统的建立与应用［J］. 中国兽医杂志，2018，54（10）：126-128.

［9］ 孙蓓，赵四清，陈梅玲. 菌（毒）种保藏管理信息系统的研究与开发［J］. 军事医学，2015，39（1）：64-67.

［10］ 郜恒骏. 中国生物样本库——理论与实践［M］. 北京：科学出版社，2017.

［11］ 兽医微生物菌种资源标准化整理整合及共享试点项目组. 兽医微生物菌种资源描述规范及技术规程［M］. 北京：中国农业科学技术出版社，2008.

［12］ 冀宏，秦艳梅. "市场"与"法治"重于"地位"和"形式"——对"建立社会公正地位的菌种保藏机构"的观点浅析［J］. 中国食用菌，2007，26（5）：64-65.

［13］ 姜孟楠，魏强. 微生物多样性保护与病原微生物资源保藏［J］. 生物资源，2020，42（3）：322-326.

［14］ 刘青. 遗传资源的获取和惠益分享机制研究［D］. 北京：北京大学，2011.

［15］ 武建勇. 生物遗传资源获取与惠益分享制度的国际经验［J］. 环境保护，2016，44（21）：71-74.

［16］ 闫海，吴琼. 生物遗传资源惠益分享的国际立法与中国制度构建［J］. 世界农业，2012（8）：45-49.

［17］ 黄频，魏强，胥义. 病毒样本低温保藏的影响因素及研究进展［J］. 中华实验和临床病毒学杂志，2020，34（6）：683-688.

［18］ JIANG M M, LIU B, WEI Q. Pathogenic microorganism biobanking in China[J]. Journal of Biosafety and Biosecurity, 2019, 1(1): 31-33.

［19］ WHO. What is the WHO BioHub System?[EB/OL]. (2021-09-13) [2025-02-17]. https://www.who.int/initiatives/who-biohub.

［20］ KELLY-CIRINO C D, NKENGASONG J, KETTLER H, et al. Importance of diagnostics in epidemic and pandemic preparedness[J]. BMJ Glob Health, 2019, 4(Suppl 2): e001179.

［21］ Convention on Biological Diversity. The Nagoya Protocol on Access and Benefit-sharing[EB/OL]. (2025-02-03) [2025-02-17]. https://www.cbd.int/abs/.

［22］ SIRAKAYA A. Balanced options for access and benefit-sharing：stakeholder insights on provider country legislation[J]. Front Plant Sci, 2019, 10: 1175.

［23］ GUO N, WEI Q, XU Y. Optimization of cryopreservation of pathogenic microbial strains[J]. Journal of Biosafety and Biosecurity, 2020, 2(2): 66-70.

第十六章
病原微生物菌（毒）种或样本运输管理

病原微生物运输是实验室生物安全管理的重要环节之一。病原微生物运输的实施应当遵从国家相关规定，办理必要的审批手续，按照病原微生物的分类进行正确的包装、标记、标签等，在运输过程中应符合对运输方式、运输人员、运输保障等的要求，确保安全、高效运输病原微生物。

第一节　运输管理概况

在我国，关于病原微生物菌（毒）种或样本的运输，有着明确的、较为系统的管理规定。

一、运输管理有关的法律法规

《中华人民共和国生物安全法》第四十三条规定，从事高致病性或者疑似高致病性病原微生物样本采集、保藏、运输活动，应当具备相应条件，符合生物安全管理规范。《中华人民共和国传染病防治法》第二十六条对运输样本提出了整体要求："对传染病菌种、毒种和传染病检测样本的采集、保藏、携带、运输和使用实行分类管理，建立健全严格的管理制度。对可能导致甲类传染病传播的以及国务院卫生健康主管部门规定的菌种、毒种和传染病检测样本，确需采集、保藏、携带、运输和使用的，须经省级以上人民政府卫生行政部门批准。具体办法由国务院制定。"

2004年11月12日，《病原微生物实验室生物安全管理条例》（中华人民共和国国务院令第424号）发布，条例中对高致病性病原微生物菌（毒）种或样本运输的条件、审批、人员、应急处置等提出了基本原则和要求。

二、卫生健康主管部门制定的运输管理规定

依据《中华人民共和国传染病防治法》《病原微生物实验室生物安全管理条例》等法律法规，为加强可感染人类的高致病性病原微生物菌（毒）种或样本运输的管理，保障人体健康和公共卫生，2005年卫生部颁布《可感染人类的高致病性病原微生物菌（毒）种或样本运输管理规定》（中华人民共和国卫生部令第45号），于2006年2月1日施行。该规定对高致病性病原微生物菌（毒）种或样本的运输管理工作提出了具体要求，进一步明确和细化了可感染人类的高致病性病原微生物菌（毒）种或样本的运输审批范围、包装要求、申请运输单位的性质、接收单位应具备的条件、运输审批程序等内容。

三、农业农村主管部门制定的运输管理规定

为了规范高致病性动物病原微生物实验室生物安全管理的审批工作，2005 年 5 月 20 日农业部发布了《高致病性动物病原微生物实验室生物安全管理审批办法》（农业部令第 52 号），其中对高致病性动物病原微生物的实验室资格、实验活动和运输的审批进行了规定。

四、交通运输部门制定的运输管理规定

在运输行业，我国对危险品运输建立了较为完善的管理规定，其中作为危险货物之一的感染性物质的运输亦应按照规定执行。在航空运输方面，《民用航空危险品运输管理规定》（交通运输部令 2024 年第 4 号）是交通运输部发布的危险品航空运输管理的主要法规，自 2024 年 7 月 1 日起施行。《民用航空危险品运输管理规定》根据《中华人民共和国民用航空法》和有关法律、行政法规制定，适用于中华人民共和国境内的承运人、机场管理机构、地面服务代理人、危险品培训机构、从事民航安全检查工作的机构以及其他单位和个人从事民用航空危险品运输有关活动。在道路运输方面，2013 年 1 月 23 日交通运输部令第 2 号发布《道路危险货物运输管理规定》，2023 年进行了第三次修正。该规定对道路危险货物运输许可、专用车辆、设备管理、道路危险货物运输实施等方面明确了具体要求。

第二节　感染性物质的分类

一、感染性物质定义

感染性物质是指已知或疑似含有活性的病原微生物的物质。病原微生物指能使人或动物感染疾病的微生物（包括细菌、病毒、寄生虫、真菌）及其他因子，如朊病毒。

感染性物质在国际和我国的危险品分类中属第 6.2 项。危险品分类见表 16-1。根据联合国、国际和国内民航组织等的文件，感染性物质分为 A、B 两类。

表 16-1　危险品分类表

分类	名称
第 1 类	爆炸品
第 2 类	气体
2.1 项	易燃气体
2.2 项	非易燃无毒气体
2.3 项	毒性气体

分类	名称
第 3 类	易燃液体
第 4 类	易燃固体、易于自燃物质、遇水放出易燃气体物质
4.1 项	易燃固体
4.2 项	易于自燃物质
4.3 项	遇水放出易燃气体物质
第 5 类	氧化性物质和有机过氧化物
5.1 项	氧化性物质
5.2 项	有机过氧化物
第 6 类	毒害品和感染性物质
6.1 项	毒害品，也称毒性物质
6.2 项	感染性物质
第 7 类	放射性物质
第 8 类	腐蚀性物质
第 9 类	杂项危险物质和物品，包括环境危害物质

二、A 类感染性物质

A 类感染性物质是指以某种形式运输的感染性物质，在与之发生接触（发生接触，是在感染性物质泄漏到保护性包装之外，造成与人或动物的实际接触）时，可造成健康的人或动物永久性失残、生命危险或致命疾病。

A 类感染性物质有两个不同的联合国编码和运输专用名称。

1. 能够引起人类疾病或人类和动物疾病的感染性物质，联合国编码为 UN 2814，运输专用名称为"感染性物质，可感染人"。

2. 仅能引起动物疾病的感染性物质，联合国编码为 UN 2900，运输专用名称为"感染性物质，仅感染动物"。

如果生物因子未知，但被认为符合 A 类感染性物质的定义，则必须在危险货物运输文件单据上的运输专用名称之后用括号注明"疑似 A 类感染性物质"（suspected category A infectious substance）字样，但不必在包装上注明。

三、B 类感染性物质

B 类感染性物质是指能够引起人类或动物感染但不符合 A 类标准的感染性物质。B 类感染性物质的联合国编码是 UN 3373，运输专用名称为"生物物质，B 类"或"B 类生物物质"。感染性物质分类及包装示例见表 16-2。

病毒、细菌、真菌等的 UN 编号和运输包装要求可参考《人间传染的病原微生物目录》及《动物病原微生物分类名录》中的规定。

如果感染性物质被界定为临床或医疗废弃物，并且含有（即使可能性极小）不符合 A 类标准的感染性生物因子，则必须将其划入 UN 3291，并给予可反映其内容物和 / 或来源的运输专用名称。

表 16-2　感染性物质分类及包装示例

UN 编号	运输专用名称	微生物	包装说明
UN 2814	Infectious Substances, affecting humans 感染性物质，可感染人	埃博拉病毒 蜱传脑炎病毒（仅病毒培养物） 人免疫缺陷病毒（Ⅰ型和Ⅱ型，仅病毒培养物） 炭疽芽孢杆菌 鼠疫耶尔森菌	P620
UN 2900	Infectious Substances, affecting animals 感染性物质，仅感染动物	非洲马瘟病毒 非洲猪瘟病毒 口蹄疫病毒 牛瘟病毒 小反刍兽疫病毒	P620
UN 3373	Biological Substance, category B 生物物质，B 类	腺病毒 诺如病毒 麻疹病毒 破伤风梭菌	P650

注：微生物示例以最新版的《人间传染的病原微生物目录》和《动物病原微生物分类名录》运输包装要求为准。

第三节　感染性物质运输包装

一、三层包装系统

感染性物质在运输过程中应使用三层包装系统（图 16-1），基本的三层包装系统包括主容器、辅助容器和外包装。

（一）主容器

主容器是用于直接盛装感染性物质的水密性、防渗漏的最内层容器。主容器应当根据感染性物质的性质贴上适当的标签。如果感染性物质含有液体或半液体物质，主容器必须用足够的吸收性材料包裹，以便在极少数情况下发生破损或渗漏时吸收所有液体。

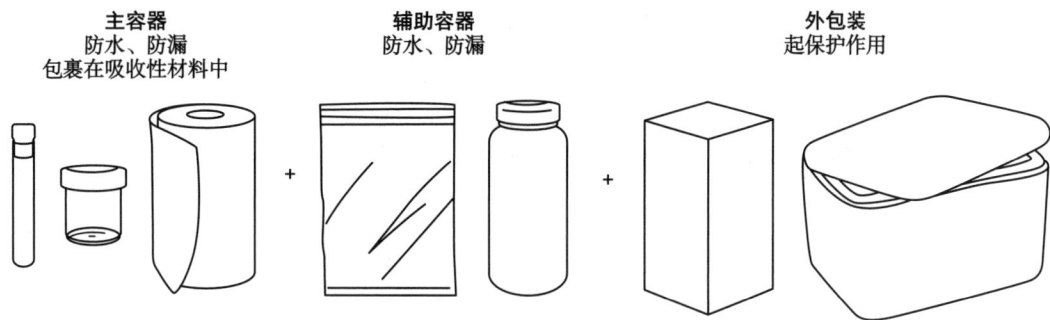

图 16-1　基本三层包装示例
资料来源：WHO《感染性物质运输规章指导（2023—2024）》

（二）辅助容器

辅助容器是对主容器起保护作用的耐用、水密性、防渗漏的第二层包装。多个主容器可以放在同一个辅助容器内，前提是所有主容器内的样本都是同一类别的感染性物质；并且应使用缓冲材料相互隔离多个主容器，防止运输过程中相互挤压和碰撞。同时应放置足量的吸收性材料，以便在发生破损或渗漏时吸收所有液体。

（三）外包装

外包装指使用任何吸附材料、衬垫及任何其他必要的部件来包容和保护内部容器或内部包装的外保护层。外包装外部最小尺寸不得小于 100mm。

样本数据表格、信件、补充文件以及标识或描述感染性物质的其他各类资料应当放在辅助容器和外包装之间。如有必要，可以使用胶带将这些文件粘到辅助容器上。

联合国《关于危险货物运输的建议书：规章范本（第 23 版）》（以下简称《规章范本》）提出了一套安全运输各类危险货物（包括感染性物质）时所应遵循的最基本的规定，其中对危险货物各种类别和分项的详细包装要求进行了说明。A 类感染性物质的包装要求应符合 P620，B 类感染性物质的包装要求应符合 P650。

二、A 类感染性物质包装要求

除基本三层包装系统外，A 类感染性物质的包装（图 16-2）还必须符合以下要求。

主容器或辅助容器均必须承受不低于 95kPa 的内部压差，以及 $-40℃$ ～ $+55℃$ 的温度范围而无渗漏。主容器要配备保证防漏密封的有效装置，例如加热密封、加防护罩的塞子或金属卷边密封。如果使用螺纹盖，还必须采用有效装置加以固定，例如石蜡密封带、胶带或预制闭锁装置。

对于通过客机货舱运输的货物，每个包件中的 A 类感染性物质不得超过 50mL 或 50g。对于通过仅载货飞机运输的货物，每个包件中的 A 类感染性物质不得超过 4L 或 4kg。

外包装必须通过跌落试验、穿刺试验、堆码试验、耐压试验等包装性能测试。跌落试

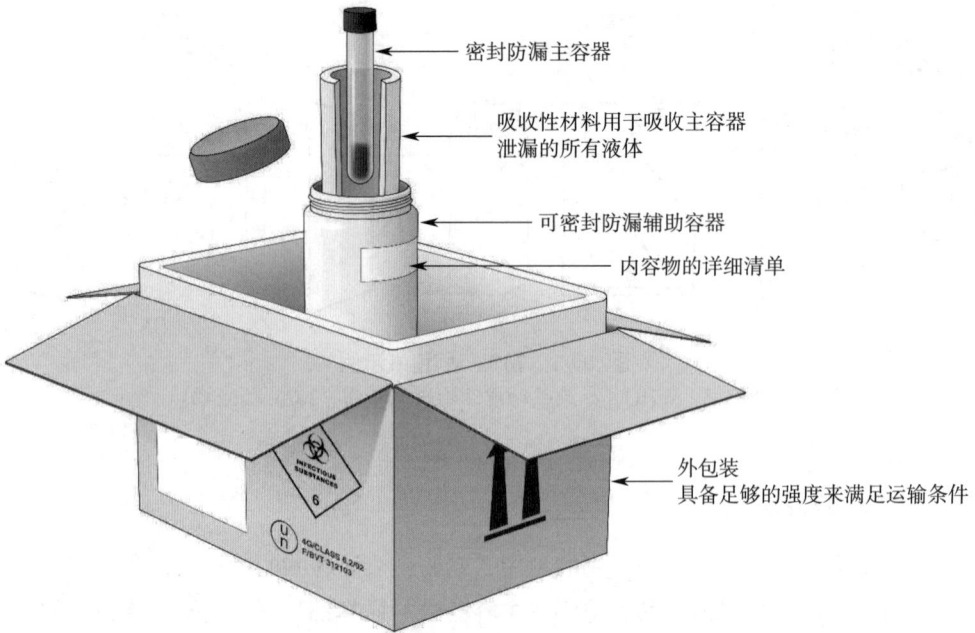

图 16-2 A 类感染性物质的三层包装示例
资料来源：WHO《感染性物质运输规章指导（2023—2024）》

验的高度不低于 9m。外部最小尺寸应不小于 100mm。外包装表面应贴有标签，标签采用方形格式，角度为 45°（菱形），边长尺寸 100mm×100mm，对于较小尺寸的包装，标签可以是 50mm×50mm。标签的背景颜色为白色；前方图形文字颜色为黑色（图 16-3）。

按照联合国《规章范本》要求制造（和批准）的包装应当标有联合国包装标志，后面是一系列数字和标志，提供有关包装制造和批准的方式、时间和地点等信息（图 16-4）。

应在辅助容器和外包装之间附上样本的详细清单，当拟运的感染性物质未知而怀疑其

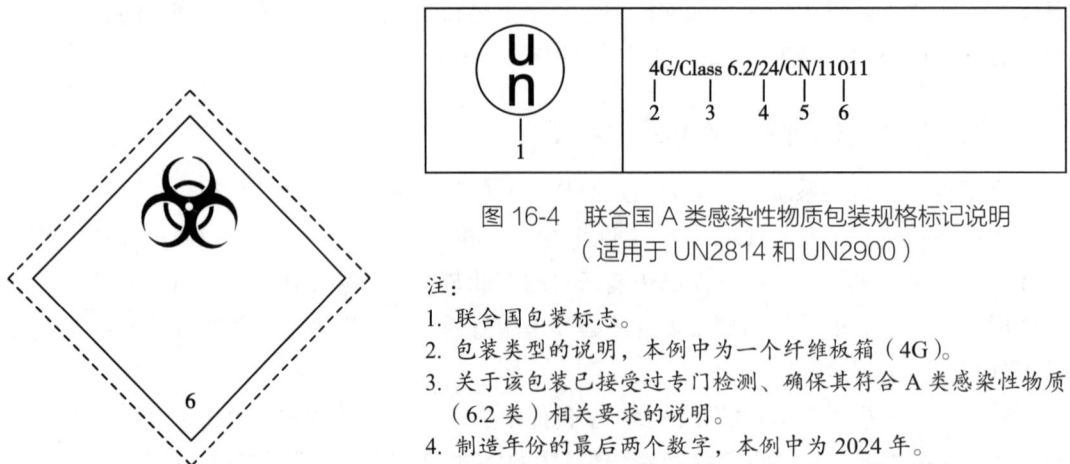

图 16-4 联合国 A 类感染性物质包装规格标记说明
（适用于 UN2814 和 UN2900）

注：
1. 联合国包装标志。
2. 包装类型的说明，本例中为一个纤维板箱（4G）。
3. 关于该包装已接受过专门检测、确保其符合 A 类感染性物质（6.2 类）相关要求的说明。
4. 制造年份的最后两个数字，本例中为 2024 年。
5. 批准标记的国家代码，本例中为 CN，即中国。
6. 由国家主管当局规定的制造商代码，本例中为 11011。

图 16-3 感染性物质标签

达到 A 类感染性物质的标准时，则应在清单上的运输专用名称后注明"疑似 A 类感染性物质"。外包装上应以耐久、清晰的文字标出运输负责人的姓名及电话号码。

三、B 类感染性物质包装要求

除基本的三层包装系统外，B 类感染性物质的包装（图 16-5）还应符合以下要求。

主容器或辅助容器均必须承受不低于 95kPa 的内部压差，以及 –40℃ ~ +55℃ 的温度范围而无渗漏。

外包装必须能够通过跌落高度不低于 1.2m 的跌落试验，以证明包装具备合适的强度和质量。外包装至少有一个面的最小尺寸不小于 100mm × 100mm。外包装表面应有"UN3373"的标记（图 16-6），标记采用方形格式，角度为 45°（菱形），各边的长度至少为 50mm，线宽至少 2mm，字母和数字的高度至少 6mm。在外包装上与菱形标记相邻的地方，必须用至少 6mm 高的字母标注运输专用名称"生物物质，B 类"。

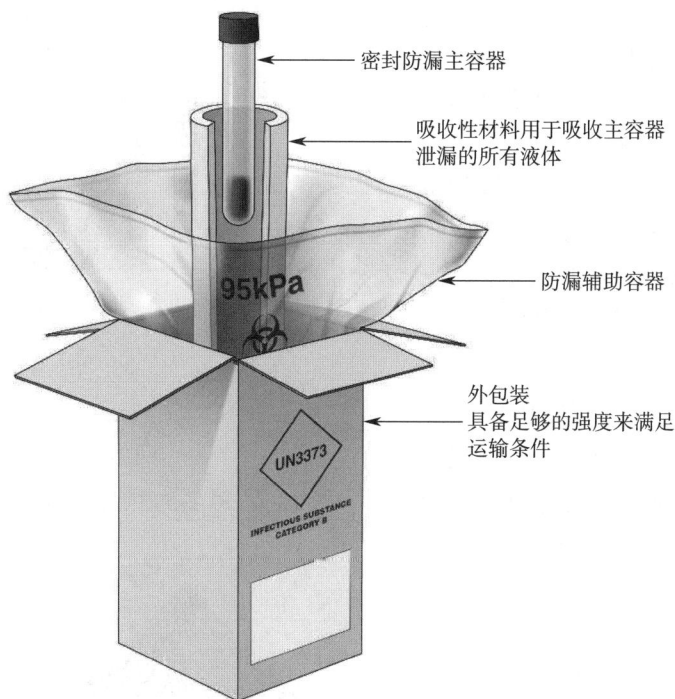

图 16-5　B 类感染性物质的三层包装示例
资料来源：WHO《感染性物质运输规章指导（2023—2024）》

图 16-6　UN3373 标签示例
资料来源：WHO《感染性物质运输规章指导（2023—2024）》

航空运输时，对于液体物质，外包装的容量不得超过 4L，不包括用于样本保持冷却的冰、干冰或液氮。对于固体物质，除装有躯体部件、器官或整个躯体的包装件外，外包装的容量不得超过 4kg，不包括用于样本保持冷却的冰、干冰或液氮。

四、冷藏或冷冻运输的包装要求

冷却剂（也称为制冷剂）是用于保持危险货物周围低温的一类物质，以保持其完整性，直至到达最终目的地。许多常用的冷却剂本身就是危险品。因此，除了遵守感染性物质包装要求外，还应遵守其他包装要求。冷却剂必须放在辅助容器和外包装之间，或集合包装件中。装有冷却剂的包装必须能在冷却剂要求的温度下保持完整。

（一）湿冰

湿冰是用来描述冷冻固态水的术语。湿冰不被视为危险品，因此没有运输专用名称和联合国编码。如果使用湿冰，外包装必须防漏，以防止漏水，因为冰会随着时间的推移而融化。湿冰应放置在辅助容器外，有填充物或支撑材料，在湿冰融化变形后，确保辅助容器仍保持在原来的位置。

（二）干冰

干冰是运输感染性物质的常用冷却剂之一。干冰属于第9类危险品"杂项危险物质和物品"，运输专用名称为"干冰"或"固态二氧化碳"，联合国编码为UN1845，其外包装应粘贴第9类危险品的标签（图16-7）。P620和P650都对含干冰的感染性物质的包装要求进行了说明。干冰必须放置在辅助容器周围，须有填充物或支撑材料，在干冰消散后，确保辅助容器仍保持在原来的位置。

外包装必须由允许二氧化碳气体释放的材料组成，如聚苯乙烯泡沫塑料。因为干冰会随着时间的推移而升华，从固态二氧化碳变成气态二氧化碳，而气态二氧化碳比空气重，会产生压力累积，如果不能有效释放，可能导致爆炸。因此，承载包装件的运输装置应当遵循适当的通风安全规程。

图 16-7 第 9 类危险品标签

（三）液氮

液氮也常用于感染性物质运输，属于第2类危险品"非易燃无毒气体"。液氮的运输专用名称为"冷冻液态氮"，联合国编码为UN1977，其外包装应粘贴第2类危险品的标签（图16-8）。使用液氮运输样本时，主容器应选择耐低温的塑料材质。辅助容器应耐低温，且在大多数情况下，单独放置于主容器周围。在液氮温度下，主容器和辅助容器应保持完好。

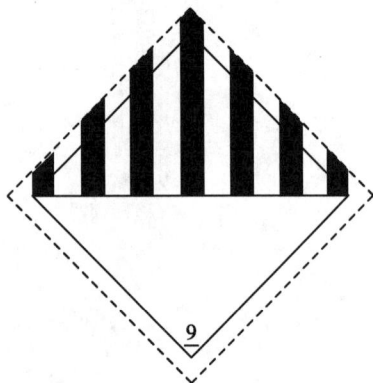

图 16-8 第 2 类危险品标签

（四）液氮装置

液氮装置是一种专门的外包装材料，由一层完全吸收到多孔材料中的液氮来隔热，即使在改变方向时也能很好地将液氮控制在外层壁内，防止压力在内部累积。液氮装置内所含的液氮不受任何其他危险货物要求的限制。这意味着包装件不受游离液氮的包装详细要求的限制，同时仍能保持液氮所能提供的极低温度。

（五）冻干物质

冻干物质运输时，主容器应选择装有金属密封的火焰封口玻璃安瓿或橡胶塞的玻璃瓶。

第四节　运输管理要求

一、运输审批要求

《中华人民共和国生物安全法》中规定："从事高致病性或者疑似高致病性病原微生物样本采集、保藏、运输活动，应当具备相应条件，符合生物安全管理规范。"

运输可感染人类的高致病性病原微生物菌（毒）种或样本，须依据《可感染人类的高致病性病原微生物菌（毒）种或样本运输管理规定》进行审批，第一类、第二类病原微生物菌（毒）种或样本，第三类病原微生物运输包装分类为 A 类的病原微生物菌（毒）种或样本，以及疑似高致病性病原微生物菌（毒）种或样本，应当经省级以上卫生健康主管部门批准。未经批准，不得运输。

运输高致病性动物病原微生物菌（毒）种或者样本的，依据《高致病性动物病原微生物实验室生物安全管理审批办法》（农业部令第 52 号）进行审批。应当经农业农村部或者省、自治区、直辖市人民政府农业农村主管部门批准。

运输非高致病性病原微生物菌（毒）种或样本的，应符合运输申请单位内部管理规定，采用合规的包装，经符合资质的接收单位同意后实施运输。

二、运输审批流程

（一）运输申请

申请运输高致病性病原微生物菌（毒）种或样本的单位（以下简称申请单位），在运输前应当向省级以上人民政府卫生主管部门或兽医主管部门提出申请，并提交以下申请材料。

1. 运输高致病性病原微生物菌（毒）种或样本申请表。

2. 法人资格证明材料（复印件）。

3. 接收高致病性病原微生物菌（毒）种或样本的单位（以下简称接收单位）同意接收的证明文件。

4. 接收单位的有关证明文件（复印件）

（1）法人资格证明材料。

（2）具备从事高致病性（动物）病原微生物实验活动资格的实验室的证明。

（3）取得有关政府主管部门核发的从事高致病性病原微生物实验活动、菌（毒）种或样本保藏、生物制品生产等的批准文件。

5. 容器或包装材料的批准文号、合格证书（复印件）或者高致病性病原微生物菌（毒）种或样本运输容器或包装材料承诺书。

6. 其他有关资料 申请《可感染人类的高致病性病原微生物菌（毒）种或样本准运证书》时，还应提供运输目的、高致病性病原微生物的用途相关材料，运输过程的风险评估和应急预案，以及参与运输人员参加生物安全培训的证明材料。

在固定的申请单位和接收单位之间多次运输相同品种高致病性病原微生物菌（毒）种或样本的，可以申请多次运输。多次运输的有效期为 6 个月；期满后需要继续运输的，应当重新提出申请。

（二）省内运输流程

申请在省、自治区、直辖市行政区域内运输高致病性病原微生物菌（毒）种或样本的，由省、自治区、直辖市人民政府卫生主管部门或兽医主管部门审批。省级人民政府卫生主管部门或兽医主管部门应当对申请单位提交的申请材料及时审查，颁发准运证书后可执行省内运输任务。

（三）跨省运输流程

申请跨省、自治区、直辖市运输高致病性病原微生物菌（毒）种或样本的，由出发地的省、自治区、直辖市人民政府卫生主管部门或者兽医主管部门进行初审后，分别报国务院卫生主管部门或者兽医主管部门批准。获得准运证书后，方可执行跨省运输任务。

（四）向中国疾病预防控制中心运输

根据疾病控制工作的需要，向中国疾病预防控制中心运送高致病性病原微生物菌（毒）种或样本的，首先将申请材料提交运输出发地省级人民政府卫生主管部门进行初审；初审同意后，将初审意见和申报材料报送中国疾病预防控制中心进行审批。获得中国疾病预防控制中心颁发的《可感染人类的高致病性病原微生物菌（毒）种或样本准运证书》后可执行运输任务。

三、运输要求

（一）运输的包装与开启

高致病性病原微生物菌（毒）种或样本在运输之前的包装以及送达后包装的开启，

应当在符合生物安全规定的场所中进行。在包装开启前应当仔细检查容器和包装是否符合安全要求，所有容器和包装的标签以及标本登记表是否完整无误，容器放置方向是否正确。

（二）运输方式的选择

病原微生物菌（毒）种或者样本可以通过航空、道路、水路方式进行运输，承运单位应当经有关部门批准后予以运输。有关单位或者个人不得通过公共电（汽）车和城市铁路运输病原微生物菌（毒）种或者样本。

（三）运输人员要求

参与感染性物质运输的人员均应当接受生物安全知识的培训并合格。道路运输高致病性病原微生物菌（毒）种或样本，应当由不少于2人的专人护送（除航空运输外）。申请单位应当对护送人员进行相关的生物安全知识培训，并在护送过程中采取相应的防护措施。通过民航运输的，托运人应当按照《民用航空危险品运输管理规定》和《危险物品安全航空运输技术细则》（TI）的要求经过培训并合格，按照要求正确进行分类、包装、加标记、贴标签，并提交正确填写的危险品航空运输文件，交由民用航空主管部门批准的航空承运人和机场实施运输。

（四）运输记录

应有病原微生物接收和运出清单，包括病原微生物的种类、数量、运输方式、交接时包装的状态、交接人、收发时间和地点等，确保病原微生物出入的可追溯性。

运输结束后，申请单位应当将运输情况向原批准部门书面报告。

（五）其他要求

需出境或入境高致病性病原微生物菌（毒）种或样本时，应按照卫生健康和出入境管理部门的要求办理相关手续进行运输。

四、机构内转运要求

GB 19489—2008《实验室 生物安全通用要求》中对实验室内、实验室所在机构内转运危险品提出了要求。实验室所在机构应依据相关法律法规，制定在实验室所在机构内或实验室内转运病原微生物的规章制度，对转运的包装、人员、应急措施等提出要求。在机构内转运病原微生物时，应置于防漏容器中运输，容器须经检测合格。适当使用吸收性材料，以便在发生破损或溢洒时吸附所有液体。转运前，应充分对溢洒、摔倒、被盗等情况进行风险评估，依据病原微生物的类别制定相应的应急预案，并适时组织应急演练。转运人员须经过相关生物安全培训。

五、意外事件处置

在运输过程中，当发生感染性物质或潜在感染性物质溢出时，应尽快采取措施对溢洒部位进行清洗或消毒。感染性物质接触到破损的皮肤时，可用肥皂和水或消毒剂清洗接触部位，以降低感染的风险。对于所有感染性物质的溢出物，可采用以下清除程序。

1. 进行必要的个体防护，如戴手套、穿防护服，必要时，进行面部和眼部防护。

2. 用布或纸巾覆盖并吸收溢出物。

3. 向布或纸巾上倾倒适当的消毒剂。

4. 使用消毒剂时，从溢出区域的外围开始，向中心进行处理。

5. 作用适当的时间（如30min）后，清除这些物质。如果现场有碎玻璃或其他锐器，则用簸箕或硬质纸板收集并将其存放于防刺穿容器内以待处理。

6. 对溢出区进行清洁和消毒（如有必要，重复第2～5步骤）。

7. 将受污染的材料置于防漏、防刺穿的废弃物处理容器内。

8. 有效消毒后，向主管部门通报溢出事件，并说明已经完成现场污染清除工作。

六、意外事件报告

承运单位应当与护送人共同采取措施，确保所运输的高致病性病原微生物菌（毒）种或者样本的安全，严防发生被盗、被抢、丢失和泄漏等事件。

高致病性病原微生物菌（毒）种或者样本在运输、储存中被盗、被抢、丢失、泄漏的，承运单位、护送人、保藏机构应当采取必要的控制措施，并在2h内分别向承运单位的主管部门、护送人所在单位和保藏机构的主管部门报告，同时向所在地的县级人民政府卫生主管部门或者兽医主管部门报告，发生被盗、被抢、丢失的，还应当向公安机关报告；接到报告的卫生主管部门或者兽医主管部门应当在2h内向本级人民政府报告，并同时向上级人民政府卫生主管部门或者兽医主管部门和国务院卫生主管部门或者兽医主管部门报告。

县级人民政府应当在接到报告后2h内向设区的市级人民政府或者上一级人民政府报告；设区的市级人民政府应当在接到报告后2h内向省、自治区、直辖市人民政府报告。省、自治区、直辖市人民政府应当在接到报告后1h内，向国务院卫生主管部门或者兽医主管部门报告。

任何单位和个人发现高致病性病原微生物菌（毒）种或者样本的容器或者包装材料，应当及时向附近的卫生主管部门或者兽医主管部门报告；接到报告的卫生主管部门或者兽医主管部门应当及时组织调查核实，并依法采取必要的控制措施。

七、处罚

未经批准运输高致病性病原微生物菌（毒）种或者样本，或者承运单位经批准运输高致病性病原微生物菌（毒）种或者样本未履行保护义务，导致高致病性病原微生物菌

（毒）种或者样本被盗、被抢、丢失、泄漏的，由县级以上地方人民政府卫生主管部门、兽医主管部门依照各自职责，责令采取措施，消除隐患，给予警告；造成传染病传播、流行或者其他严重后果的，由托运单位和承运单位的主管部门对主要负责人、直接负责的主管人员和其他直接责任人员，依法给予撤职、开除的处分；构成犯罪的，依法追究刑事责任。

发生病原微生物被盗、被抢、丢失、泄漏，承运单位、护送人、保藏机构和实验室的设立单位未依照《病原微生物实验室生物安全管理条例》的规定报告的，由所在地的县级人民政府卫生主管部门或者兽医主管部门给予警告；造成传染病传播、流行或者其他严重后果的，由实验室的设立单位或者承运单位、保藏机构的上级主管部门对主要负责人、直接负责的主管人员和其他直接责任人员，依法给予撤职、开除的处分；构成犯罪的，依法追究刑事责任。

（赵赤鸿　李思思）

参考文献

［1］　武桂珍，王建伟. 实验室生物安全手册［M］. 北京：人民卫生出版社，2020.

［2］　World Health Organization. Guidance on regulations for the transport of infectious substances 2021-2022[M]. Geneva: World Health Organization, 2021.

第十七章
消毒灭菌与废弃物处置

病原微生物实验室的主要风险源来自实验室内部操作的生物因子或使用的生物技术及其产物，其可能因为意外或人为因素对操作人员及环境造成危害。有效消毒灭菌与废弃物处置，是降低这种生物危害的技术方法之一，是整个实验室生物安全管理的重要一环。

第一节　实验室消毒灭菌方法

一、概述

去除生物污染的手段按其去除或杀灭微生物的能力由低到高排列，主要有清洁、消毒、灭菌。清洁主要指对病原微生物实验室进行日常的地板、家具、仪器设备等的清洁。还有一种情况是预清洗，指重污物在消毒前需要预先清洗（即清除污垢、有机物和污渍），然后再去污，因为许多消毒剂只对预先清洁的物品有效。预清洗必须小心进行，以避免接触生物污染或造成生物制剂的进一步扩散。

常用消毒方法可分为化学消毒法及物理消毒法。化学消毒法是去污染的一种方法，使用化学品或化学混合物作用于物体表面或材料，杀灭负载的微生物或使其数量减少到安全水平。化学消毒法多用于物体表面、空间、仪器设备的消毒。物理消毒法是依靠例如机械清除，通过冲洗、擦拭等物理作用进行消毒以去除微生物的方法。物理消毒法多使用热力法对生物污染的材料进行处置，杀灭其负载的微生物或使其数量减少到安全水平。物理消毒法通常应用于生物污染的实验材料、液体废水的压力蒸汽灭菌，以及动物尸体的焚烧等。

二、化学消毒法

化学消毒剂通常是物体表面去污染的首选方法，消毒处置的时机为微生物发生溢洒或泄漏后使用，已知或怀疑发生污染时使用。消毒剂应根据实验室所使用的微生物危险等级及其对于消毒剂抗力的高低进行选择。使用化学消毒剂前应开展安全预防措施、使用适当的个人防护设备、危险报告和溢出反应等培训。所使用的消毒剂应为经过消毒效果安全评价并在相关部门备案的正规产品。

1. **常用化学消毒剂的特点**　化学消毒剂基于化学成分的不同，其使用对象及作用方式具有不同的特点，表 17-1 将常用消毒剂的特点及适用微生物进行了归类。消毒剂需要根据现场使用条件和消毒对象的特性，按产品使用说明书选择相应的消毒方式和使用剂量。

表 17-1 不同化学消毒剂的特点及适用范围

消毒剂分类	醇类	醛类	氧化剂			酚类	季铵盐
			卤素类:氯	卤素类:碘	过氧化物		
一般活性成分	乙醇、异丙醇	甲醛、戊二醛、邻苯二甲醛	次氯酸钠（漂白剂）、次氯酸钙、二氧化氯	聚维酮碘	过氧化氢、过氧乙酸	对氯间二甲苯酚	苯扎氯铵、烷基二甲基氯化铵等
作用机制	沉淀蛋白质;脂质变性	蛋白质变性;烷基化核酸	蛋白质变性	蛋白质变性	蛋白质和脂质变性	蛋白质变性;破坏细胞壁	蛋白质变性;结合细胞膜磷脂层
特点	作用快速;蒸发无残留;能使橡胶和塑料膨胀或变硬;易燃	环境危害;稳定不易分解;受pH值和温度影响;具有皮肤/黏膜刺激性,只能在通风良好的地方使用;腐蚀性低;甲醛具有潜在致癌性	作用快速;受pH值影响;容易分解;腐蚀金属、橡胶、织物,具有黏膜刺激性;与强酸或氨混合会释放毒气	存储稳定;受pH值影响;具腐蚀性;使衣物和处理过的表面沾污	作用迅速;可能损坏某些金属(如铝、铜、黄铜、锌);具有黏膜刺激性	可在表面留下残留膜;会损坏橡胶、塑料;对金属无腐蚀性;存储稳定;具有皮肤黏膜刺激性	存储稳定;中性或碱性pH值最佳效果;高温下有效;腐蚀性、刺激性较低
杀细菌繁殖体能力	+	+	+	+	+	+	+
杀病毒能力	+包膜	±	+	+	+	+	+包膜
杀真菌能力	+	+	+	+	±	+	+
杀灭结核分枝杆菌能力	+	+	+	+	±	+	-
杀灭芽孢能力	-	+	+	-	+	-	-
影响消毒效果的因素	受有机物干扰会失去消毒作用	有机物、硬水、肥皂和洗涤剂会导致消毒剂失活	有机物会快速导致消毒剂失活	有机物会快速导致消毒剂失活	有机物、硬水、肥皂和洗涤剂不会导致消毒剂失活	有机物、硬水、肥皂和洗涤剂不会导致消毒剂失活	有机物、硬水、肥皂和洗涤剂会导致消毒剂失活

注:"+"表示有效;"-"表示无效;"±"表示活性可变或有限制条件。

2. 化学消毒剂使用方法

（1）擦拭消毒：将消毒剂按产品使用说明书配制成使用浓度，将清洁抹布沾湿后，对拟消毒物品进行擦拭。适用于物体表面、地面的消毒。使用专用消毒毛巾等对工作区污染部位进行擦拭消毒，从外围向中央擦拭，作用适当时间后，用清水擦拭干净。

（2）浸泡法：消毒剂配制成使用浓度后，将拟消毒物品完全浸没于消毒液中，作用至规定时间。适用于小型物品、不耐热器械等的消毒，对导管类物品应使其内腔充满消毒剂。消毒剂应根据其稳定性和污染情况及时更换。消毒剂溶液宜现配现用，使用前应测试溶液浓度，控制连续使用时间。

（3）喷雾消毒：将消毒剂按产品使用说明书配制成使用浓度，使用常量喷雾器喷洒，或使用超低容量喷雾器、超声雾化装置等生成气溶胶喷雾，作用至规定时间。气溶胶适用于室内空间和物体表面的消毒。生成气溶胶喷雾时消毒剂雾粒小，用量少，均匀性和扩散性好，故消毒效果好。常用消毒剂包括过氧乙酸、二氧化氯、过氧化氢。普通喷雾法适用于物体表面、生物安全柜内等的消毒。喷雾消毒应注意按照自上而下、由左至右的顺序，物品表面应全部湿润。

（4）汽化消毒：将消毒剂通过高温闪蒸片，蒸发作用产生的高温消毒液不断地被发生器喷射出来，或将消毒剂中的化学消毒因子以气体的形式释放出来，弥散到无人的密闭空间，对物体表面和空气进行消毒处理，作用至规定时间。适用于室内空间终末消毒。使用中关闭实验室送排风管道、密闭阀和实验室门，连接消毒管道，设置消毒技术参数（根据空间大小），启动消毒灭菌器，自动完成消毒灭菌过程。

（5）流动冲洗消毒：对于现场制备现场使用的消毒剂，可将拟消毒物品置于消毒液出液口处，连续冲洗至规定时间。

（6）熏蒸法：通过释放消毒剂的形式，使其均匀分布于整个空间，对空间环境进行消毒的过程，可以对空气及物体表面进行消毒。大型空间的熏蒸消毒程序受到病原体类型、空间的结构特征以及空间中存在的材料的显著影响。目前使用的熏蒸剂主要为气体、蒸汽、干雾等。目前实验室应用较多的方法为过氧化氢气雾消毒，二氧化氯、过氧乙酸、甲醛、环氧乙烷等也可以使用该方法。

三、物理消毒法

1. 压力蒸汽灭菌　压力蒸汽灭菌法是使用高温（例如：121℃，134℃）在压力下以湿热（蒸汽）的方式杀死微生物的方法。消毒灭菌对象主要是具有实验室感染风险的废弃物，如实验中产生的具有感染病原微生物的实验材料、个人防护装备、实验用动物及废物等。压力蒸汽灭菌根据蒸汽供应方式分为自带蒸汽灭菌器与外接蒸汽灭菌器；根据物品灭菌后存放房间要求分为单门型和双门型；根据灭菌器灭菌舱内冷空气排出的方式分为下排气式和预真空式。

高等级生物安全实验室应用的压力蒸汽灭菌器主要为生物安全型压力蒸汽灭菌器、脉冲双扉高温高压灭菌锅、污水消毒处理装置等。

2. **干热灭菌**　在干燥环境下，利用高温对物品进行消毒灭菌的方法，包括焚烧、烧灼、干烤法等。如对不耐湿的粉剂进行干烤，对尸体、器官、组织、纸张等废弃物进行焚烧，对接种针（环）进行烧灼。干烤法灭菌温度一般在 160～180℃之间，适用于玻璃制品、金属制品、陶瓷制品、油剂等，不适用于纤维织物、塑料制品等的灭菌。

3. **紫外线消毒**　紫外线是一种电磁波，波长在 10～400nm 之间，以 C 波段杀菌效果最好，可以杀灭各种微生物，包括细菌繁殖体、芽孢、分枝杆菌、病毒、真菌、立克次体和支原体等。紫外线辐照能量低，穿透力弱，仅能杀灭直接照射到的微生物，因此消毒时必须使消毒部位充分暴露。紫外线消毒器材主要包括紫外线消毒灯和紫外线空气消毒器，通常用于室内空气、物体表面的消毒。

4. **过滤除菌**　过滤除菌法是基于惯性撞击、拦截、布朗扩散等截留作用，采用物理阻留的方法去除液体或气体等悬浮介质中的微生物，使介质达到无菌要求，或者使悬浮介质中微生物减少到无害化水平的处理方法。生物安全实验室采用高效过滤器对室内污染空气过滤净化后再排出室外，以减少对环境的污染。不同防护级别的防护口罩均采用过滤原理对人员吸入的空气进行过滤除菌，以免人员受到可能污染的空气的危害。可采用不同滤芯滤膜材料对液体进行过滤，达到除菌目的。

第二节　实验室消毒灭菌应用与实验废弃物处置

一、实验室环境消毒

应定期对实验室工作区环境表面进行喷雾或擦拭消毒。实验台面、桌、椅、门把手、生物安全柜和解剖柜台面、侧壁等常规消毒可使用 0.2%～0.5% 过氧乙酸或 2 000mg/L 含氯消毒剂喷洒、擦拭，消毒作用 10～15min 后，易腐蚀物品可使用清水擦拭干净；若实验台面等明显被传染性物质污染，如传染性标本和培养物外溢、溅泼或容器打碎，洒落于表面，应立即将 0.2%～0.5% 过氧乙酸或有效氯为 2 000～5 000mg/L 的含氯消毒剂喷洒于污染表面，使消毒剂覆盖浸没污染物，保持 30～60min，易腐蚀物品可使用清水擦拭干净。如污染微生物为细菌繁殖体和亲脂病毒，也可使用 2 000mg/L 以上季铵盐消毒剂或75% 乙醇进行小面积擦拭或喷雾消毒。

实验室地面用浸泡 0.2%～0.5% 过氧乙酸消毒剂或 2 000mg/L 含氯消毒剂的湿拖把拖地或消毒剂喷洒，消毒剂的用量不得少于 100mL/m²，作用 30min 后再用清水擦拭干净。若地面被明显污染，应立即用吸液棉覆盖，喷洒 0.2%～0.5% 过氧乙酸消毒剂或 2 000～5 000mg/L 含氯消毒剂（从外向内）于吸液棉上，使吸液棉湿透，作用 60min 后用清水擦拭干净。禁止干拖干扫，拖把应专用，防护区和辅助工作区不得混用，使用后，用上述消毒剂浸泡 30min，再用水清洗干净，悬挂晾干。

二、实验室空气消毒

普通实验室常规空气消毒可使用紫外线消毒灯或紫外线空气消毒器。具备排风净化功能的负压实验室，根据所操作的微生物因子不同，空气可以经高效空气过滤器（high efficiency particulate air filter，HEPA 滤器）过滤后排放，但应采取通风控制系统来防止实验室出现持续正压。室内空气经 HEPA 滤器过滤后排到建筑物以外并远离该建筑及进气口。

实验室污染后开展终末空气消毒时应关闭实验室送排风系统，用气溶胶喷雾器，以浓度为 3%～6% 的过氧化氢，按 20～30mL/m³ 的用量对室内空气和物品表面进行喷雾消毒（喷雾器喷头距物体或墙体表面 1～2m 为宜，自上而下，自左到右）。也可使用过氧化氢汽化（干雾）消毒机。使用 30%～35% 过氧化氢气体熏蒸或 8%～12% 过氧化氢气体雾化消毒。关闭实验室送排风管道密闭阀和实验室门，设置消毒技术参数（根据空间大小设置消毒剂使用量、消毒时间等），启动过氧化氢熏蒸（雾化）消毒机，自动完成消毒灭菌过程。

不具备排风净化功能的常压实验室，可采用专门的过氧化氢气雾或二氧化氯气体发生设备，按照说明书操作，对空间进行一体化消毒。在严重污染并且没有专用的过氧化氢气溶胶喷雾消毒设备时，可考虑使用甲醛进行空气熏蒸，但须做好个人防护与消毒后消毒剂残留的去除处理。

三、生物安全防护设备消毒

1. **生物安全柜、隔离笼等**　每次使用前后应清除设备表面的污染，包括内表面、外表面、积水槽等。工作台面和内壁要用 75% 乙醇或 2 000mg/L 含氯消毒剂进行擦拭，不触及送风滤器的扩散板。采用含氯消毒溶液消毒后，应使用无菌水再次进行擦拭。试剂溢漏或泼洒后，立即清除污染物及污染的表面。在实验结束时，设备内所有物品应消毒后再移出。

2. **高效过滤器消毒**　在生物安全柜维护、更换过滤器以及性能测试或重新安置之前，必须消毒。可采用甲醛熏蒸的方法进行消毒，也可采用过氧化氢气雾消毒机产生的气态过氧化氢消毒。生物安全柜甲醛熏蒸应使用能让甲醛气体独立发生、循环与中和的设备，如使用甲醛蒸汽发生器进行安全柜的熏蒸，使用方法应参照厂家说明书。

对于 Ⅱ 级 B2 型生物安全柜，可对高效过滤单元进行单独消毒处理：如将过氧化氢消毒机放置在生物安全柜内或外部，利用软管与生物安全柜的消毒接口连接，过氧化氢气体穿过高效过滤单元后，通过专用阀门及软管回到安全柜腔体内，循环往复进行消毒。消毒应由接受过培训的专业人员执行。消毒时生物安全柜需要维持运行状态；如果要关闭，则应在关机前运行 5min 以净化内部的气体。

卸载 HEPA 滤器时，根据所从事的病原微生物的分类来对操作人员进行相应的防护。将 HEPA 滤器装入医疗垃圾塑料袋。

3. **仪器设备消毒**　显微镜、分光光度计、酶标仪、PCR 扩增仪、气相色谱仪、培养箱等表面不宜加热、不能用消毒剂浸泡的仪器，局部轻度污染时，可用 75% 乙醇或 1 000～2 000mg/L 含氯消毒剂重复擦拭 2 次。严重污染情况下，也可将所需消毒仪器集中在密闭房间，使用环氧乙烷灭菌器或甲醛熏蒸或过氧化氢气雾法消毒处理。

离心机、冷冻干燥机、振荡培养箱等无溢洒、泄漏时，内腔用75%乙醇或1 000～2 000mg/L季铵盐类消毒剂重复擦拭2遍以上；如有溢洒且污染严重时，可根据污染病原体的抗性、消毒对象的性质、有机物的干扰等因素选择相应的消毒剂种类与浓度。一般情况下，可采用1 000～5 000mg/L有效氯溶液消毒，处理到预期时间后用清水清除残余消毒剂。

四、实验废弃物处置

实验室应评估和避免危险废物处理和处置方法本身的风险，根据危险废物的性质和危险性按相关标准分类处理和处置废物。

1. 感染性废物的分类收集和处置

（1）锐利废物：能够刺伤或割伤人体的废弃或重复使用的锐器，包括手术剪刀、手术刀、载玻片、玻璃吸管及试管、金属、注射器等实验器材及破碎玻璃等尖锐物品。应置于带盖、耐扎的专用污物桶（盒）中，并可防倒出，送高压灭菌处理。

（2）非锐利废物：实验操作过程中使用、携带病原微生物的常规实验废弃材料，包括纱布、吸液棉、棉球、棉签、包装盒、袋和记录纸等，放入专用废弃物桶中，送高压灭菌处理。

（3）废弃液体：包括动物体液、血液、培养基及废弃的消毒剂等液体。实验废弃液体中有残渣时，容易堵塞管道，禁止倒入实验室水池中，用专用容器（如广口耐高压瓶）收集，高压灭菌处理。实验室地漏、水池及防护区淋浴排水应通过专门的管道收集至独立的活毒废水处理系统，进行高压灭菌或化学消毒灭菌处理。实验室化学品的废弃物，根据其理化性质可采用含氯消毒剂浸泡或经高压灭菌处理，对于易燃易爆、强腐蚀性化学品废弃物禁止采用高压灭菌处理。

（4）个体防护装备：包括连体防护服、分体服、隔离衣、手套、口罩、防护鞋（套）、护目镜、一次性帽子、防护面罩、正压头罩和正压防护服等。其中连体防护服、隔离衣、手套、口罩、一次性帽子、鞋套等应为一次性使用，在规定区域脱下后放入废弃物桶中，送高压灭菌处理；可回收眼罩、面具使用200mg/L二氧化氯或1 000mg/L含氯消毒剂浸泡作用30min；呼吸器使用75%医用乙醇擦拭、喷洒或浸泡30min以上或参照产品说明书进行消毒处理。

（5）病理性废物：包括实验动物尸体、组织器官等。装入专用容器（不锈钢桶）中，加入有效氯为5 000～10 000mg/L的含氯消毒剂浸泡1h后高压灭菌处理。猪、牛、马等大型动物尸体宜采用炼制、碱水解、焚烧等动物尸体处理装置进行无害化处理。

2. 注意事项

（1）在生物安全柜、解剖台中操作产生的所有废物，应在柜内装入高压灭菌袋并密封或放入污物盒中，表面喷洒或擦拭消毒，移出生物安全柜，装入废弃物桶中。

（2）生物安全实验室产生的所有感染性废物应经高压灭菌后拿出实验室。根据病原微生物及其废物具体情况（如动物尸体或废弃液体，要达到内部完全灭菌，灭菌温度和时间要适当提高和延长）确定灭菌温度和时间。不同物品一同高压灭菌时，以需要灭菌时间长的为准。

（3）一次性废物和高压灭菌清洗后重复使用的物品应分别收集，体积不应超过盛装废物的高压灭菌袋和桶体积的 2/3；废弃的消毒剂、培养液等倒入专用耐压容器中，不能超过装载容量的 2/3，禁止使用玻璃容器。

3. **感染性废物处置原则** 感染性废物处置的首要原则是所有感染性材料或潜在感染性材料必须在实验室内清除污染，使其达到生物学安全。最有效、最彻底的污染清除方法通常是压力蒸汽灭菌或焚烧，实验室应有措施和能力安全处理和处置实验室危险废物。只可使用被承认的技术和方法处理和处置危险废物，排放必须符合国家或地方规定和标准的要求。感染性废物就地经无害化处理后交由依法取得危险废物经营许可证的单位集中处置。

第三节 实验室消毒灭菌效果验证

一、消毒灭菌效果监测

1. **压力蒸汽灭菌效果监测** 主要包括化学监测法和生物监测法，必要时应监测温度、压力等物理参数。具体参照第八章第三节。化学监测法包括化学指示剂监测法与化学指示胶带监测法。化学指示剂监测法是将既能指示蒸汽温度，又能指示温度持续时间的化学指示剂放入大包和难以消毒部位的物品包中央，经一个灭菌周期后，取出指示剂，根据其颜色及性状的改变判断是否达到灭菌条件。化学指示胶带监测法是将化学指示胶带粘贴于每一待灭菌物品包外，经一个灭菌周期后，观察其颜色的改变，以指示是否经过灭菌处理。对预真空和脉动真空压力蒸汽灭菌，每日进行一次 B-D 试验。

2. **干热灭菌效果监测方法**

（1）化学监测法：将既能指示温度又能指示温度持续时间的化学指示剂 3～5 个分别放入待灭菌的物品中，并置于灭菌器最难达到灭菌的部位。经一个灭菌周期后，取出化学指示剂，据其颜色及性状的改变判断是否达到灭菌条件。

检测时，所放置的指示管的颜色及性状均变至规定的条件，则判为达到灭菌条件；若其中之一未达到规定的条件，则判为未达到灭菌条件。

（2）物理监测法：将多点温度检测仪的多个探头分别放于灭菌器各层内、中、外各点。关好柜门，将导线引出，通过记录仪观察温度上升与持续时间。

若各测试点所监测的显示温度达到预置温度和持续时间，则灭菌温度合格。

（3）生物监测法：指示菌株为枯草杆菌黑色变种（ATCC 9372）芽孢。

将枯草杆菌芽孢菌片分别装入灭菌中的试管内。在灭菌器与每层门把手对角线内外角处放置两个含菌片的试管，关好柜门，经一个灭菌周期后，待温度降至80℃时，加盖试管帽后取出试管。在无菌条件下，加入普通营养肉汤培养基，37℃培养 7 天后观察结果。

同时设阴性对照和阳性对照。

若每个试验组和阴性对照组指示菌片接种的肉汤管均澄清，阳性对照组变混浊，判为灭菌合格；若指示菌片之一接种的肉汤管混浊，判为不合格。

3. 汽（雾）化过氧化氢消毒灭菌效果监测

（1）化学监测法：将化学指示卡置于实验室内不同的位置，包括消毒剂最难以到达的位置。按照产品说明书配制过氧化氢溶液，设置消毒参数，用以混匀汽化过氧化氢。消毒完毕后收集化学指示卡，观察颜色变化是否符合说明书要求。

（2）生物监测法：将嗜热脂肪杆菌（ATCC 7953 或 SSIK31 株）芽孢或枯草杆菌黑色变种（ATCC 9372）芽孢菌片置于实验室内不同的测试位置，包括消毒剂最难以到达的位置，同时设阴性对照和阳性对照。消毒完毕后收集菌片。嗜热脂肪杆菌芽孢菌片置入溴甲酚紫葡萄糖蛋白胨水培养基 56℃培养 7d，试验组和阴性对照组溴甲酚紫葡萄糖蛋白胨水未变色，阳性对照组由紫色变为黄色，判定为灭菌合格。枯草杆菌黑色变种芽孢菌片置入营养肉汤 37℃培养 7d，试验组和阴性对照组肉汤未变混浊，阳性对照组变混浊，判定为灭菌合格。

4. 物品和环境表面消毒效果的监测

（1）模拟现场试验：试验菌可选择金黄色葡萄球菌（ATCC 6538）、大肠杆菌（8099）、枯草杆菌黑色变种（ATCC 9372）芽孢或其他代表污染微生物抗力的指示微生物。

将指示微生物菌悬液均匀涂抹于被试物体表面，按要求进行消毒处理后进行棉拭子采样，以无菌操作方式将棉拭子采样端剪入含有 5mL 中和剂的试管中，作用 10min，必要时作适当稀释。阳性对照以无菌操作方式将采样棉拭子剪入含 5mL 稀释液的试管中，作用 10min，必要时作适当稀释。试验结束后，将用过的同批次的中和剂、稀释液作为阴性对照组样本。将阳性对照组、阴性对照组和消毒组样本，每份吸取 1mL，以琼脂倾注法接种培养皿，37℃培养 48 ~ 72h 后观察结果，计算杀灭对数值。

阳性对照组菌数符合要求，阴性对照组无菌生长，所有样本的杀灭对数值均≥3.00，可判为消毒合格。

（2）现场试验：随机选取物体表面，用规格板标定 2 块面积各为 25cm² 的区块，一个供消毒前采样，一个供消毒后采样。消毒前，将无菌棉拭子于含 5mL 稀释液的试管中沾湿，对一区块涂抹采样，采样后，以无菌操作方式将棉拭子采样端剪入原稀释液试管中，适当稀释后，作为阳性对照组样本。

根据规定剂量，将消毒剂喷雾或涂抹于物体表面，消毒后，将无菌棉拭子于含 5mL 中和剂的试管中沾湿，对消毒区块涂抹采样，采样后，以无菌操作方式将棉拭子采样端剪入原试管中，作为消毒组样本。试验结束后，将用过的同批次中和剂、稀释液作为阴性对照组样本。阳性对照组、阴性对照组和消毒组样本，每份吸取 1mL，以琼脂倾注法接种培养皿，置于 37℃培养 48h 后观察结果，计算杀灭对数值。

阳性对照组有较多菌数，阴性对照组无菌生长，消毒样本的平均杀灭对数值均≥1.00，可判为消毒合格。

二、主要影响因素的监控

1. 热力灭菌效果的监控　压力蒸汽灭菌器的压力表、排气阀、减压阀、温度计、计时器应显示准确、灵敏，达到说明书规定的各项指标，在检定校准有效期内使用。

干热灭菌器（烤箱）应密封性好，温度计、计时器显示准确，报警器灵敏、可靠，达到说明书规定的各项指标，在检定校准有效期内使用。

每次使用压力蒸汽或干热灭菌时，均应放置化学指示剂，监测是否经过灭菌过程；定期采用相应的生物指示剂，对压力蒸汽或干热灭菌器进行生物监测。

2. 消毒剂的质量监控　消毒剂应采购合格产品，且应在有效期内使用。自配消毒液应严格执行《消毒技术规范》的规定，其主要成分和有效含量应达到实际使用的浓度，且应在有效期内使用。实验室消毒液一般应即用即配，消毒浸泡容器应加盖，其中消毒液的更换应根据消毒剂的稳定性而定，对于比较稳定的消毒液也应至少每周更换一次。

使用时间较长的消毒液应进行消毒剂浓度测定和微生物污染监测，其有效浓度不得低于该消毒剂的最低有效浓度，微生物染菌数≤100CFU/mL，且不应检出致病菌，灭菌液应无菌生长。消毒液的浓度测定和微生物污染监测方法，按《消毒技术规范》执行。

3. 消毒效果抽样监测　实验室物品、环境表面消毒效果监测，可采用抽样的方式进行微生物检测，对比观察消毒前后的染菌数量。样品采集、检测方法按《消毒技术规范》执行。

经消毒处理的实验室器材、物品、环境表面和空气，细菌清除率应＞90%，染菌数量应符合国家相关标准的规定，且不得检出实验菌株。经灭菌处理的器材、物品，不得检出任何微生物。

4. 纠正及验证措施　经过监测发现消毒灭菌效果未达标时，应分析原因，及时采取纠正预防措施。属于操作程序和方法不当的，须通过培训提高操作技能。属于消毒灭菌设备性能不合格的，须通过维修校准确保设备性能符合要求。同时关注过程监督和消毒灭菌效果监测。消毒灭菌不合格或疑似不合格的物品，应再次进行消毒与灭菌直至合格。

（魏秋华　任　哲）

参考文献

［1］　中华人民共和国卫生部. 消毒技术规范（2002 年版）［S/OL］.（2006-02-09）［2024-10-15］. http://www.nhc.gov.cn/wjw/gfxwj/201304/3a0121cba422455b93307f070b099cf2.shtml.

［2］　中华人民共和国国家质量监督检验检疫总局，中国国家标准化管理委员会. 实验室 生物安全通用要求：GB 19489—2008［S］. 北京：中国标准出版社，2008.

［3］　赵德明，吕京. 实验室生物安全教程［M］. 北京：中国农业大学出版社，2010.

［4］　杨华明，易滨. 现代医院消毒学［M］. 北京：人民军医出版社，2012.

［5］　中华人民共和国国家卫生和计划生育委员会. 病原微生物实验室生物安全通用准则：WS 233—2017［S］. 北京：中国标准出版社，2017.

［6］　武桂珍. 二级生物安全实验室设计建造与运行管理指南［M］. 北京：中国计划出版社，2021.

［7］　World Health Organization, WHO Patient Safety. WHO guidelines on hand hygiene in health Care[S]. Geneva: World Health Organization, 2009.

第四篇

实验室生物安全管理

第十八章
实验室生物安全管理体系

2004 年 11 月，国务院颁布了《病原微生物实验室生物安全管理条例》，标志着我国病原微生物实验室进入了法治化和规范化管理的轨道。实验室生物安全管理工作在国外起步较早，世界卫生组织和一些发达国家编写了很多相关法规和技术指南，这对我国的实验室生物安全管理工作起到了积极推动的作用。2020 年 10 月，《中华人民共和国生物安全法》（以下简称《生物安全法》）的出台，进一步明确了病原微生物实验室生物安全管理是国家生物安全的重要组成部分，明确提出国家加强对病原微生物实验室的生物安全管理。

据不完全统计，国内外绝大多数生物安全实验室的感染事件和泄漏事故是由管理不善而导致的。如果缺乏健全和行之有效的管理体系，无论实验室硬件设施如何高级，都难以发挥其安全作用。因此，加强实验室生物安全管理体系建设至关重要。

第一节　实验室生物安全组织管理职责

我国的实验室生物安全管理组织体系由国家、地区、单位上级主管部门、实验室所在单位和实验室等层面构成。《病原微生物实验室生物安全管理条例》（以下简称《条例》）第三条规定：国务院卫生主管部门主管与人体健康有关的实验室及其实验活动的生物安全监督工作。国务院兽医主管部门主管与动物有关的实验室及其实验活动的生物安全监督工作。国务院其他有关部门在各自职责范围内负责实验室及其实验活动的生物安全管理工作。县级以上地方人民政府及其有关部门在各自职责范围内负责实验室及其实验活动的生物安全管理工作。

《中华人民共和国生物安全法》第四十八条规定：病原微生物实验室的设立单位负责实验室的生物安全管理，制定科学、严格的管理制度，定期对有关生物安全规定的落实情况进行检查，对实验室设施、设备、材料等进行检查、维护和更新，确保其符合国家标准。

为实施病原微生物实验室生物安全管理职责，各级、各部门应成立相应的实验室生物安全专家委员会和管理机构。

一、国家级

《条例》第四十一条规定：国务院卫生主管部门和兽医主管部门会同国务院有关部门组织病原学、免疫学、检验医学、流行病学、预防兽医学、环境保护和实验室管理等方面的专家，组成国家病原微生物实验室生物安全专家委员会。该委员会承担从事高致病性病原微生物相关实验活动的实验室的设立与运行的生物安全评估和技术咨询、论证工作。

二、地区级

《条例》第四十一条同时规定：省、自治区、直辖市人民政府卫生主管部门和兽医主管部门会同同级人民政府有关部门组织病原学、免疫学、检验医学、流行病学、预防兽医学、环境保护和实验室管理等方面的专家，组成本地区病原微生物实验室生物安全专家委员会。该委员会承担本地区实验室设立和运行的技术咨询工作。

三、实验室所在单位上级主管部门

病原微生物实验室所在单位上级主管部门应成立生物安全委员会，该委员会的主要职责包括：制定所属单位的生物安全规章制度、操作规范和标准操作程序等；对涉及感染性材料、动物使用、重组 DNA 以及基因修饰的研究方案进行审查和风险评估；负责所属单位生物安全的日常监督、检查；制定新的安全政策以及仲裁安全事件纠纷。生物安全委员会的成员应能体现其组织及学科的专业范围。

四、实验室所在单位

病原微生物实验室所在单位应成立生物安全委员会，该委员会的主要职责应包括：制定所在单位的生物安全规章制度、操作规范和标准操作程序等；对涉及感染性材料、动物使用、重组 DNA 以及基因修饰的研究方案进行审查和风险评估；负责本单位生物安全的日常监督、检查。生物安全委员会的成员应能体现其组织及学科的专业范围。单位病原微生物实验室生物安全委员会需要听取不同领域专家（例如辐射防护、工业安全、防火等领域）的建议，必要时可求助于地方和国家生物安全专家委员会。

《生物安全法》第四十八条规定：病原微生物实验室设立单位的法定代表人和实验室负责人对实验室的生物安全负责。

《条例》第四十二条规定：实验室的设立单位应当指定专门的机构或者人员承担实验室感染控制工作，定期检查实验室的生物安全防护、病原微生物菌（毒）种和样本保存与使用、安全操作、实验室排放的废水和废气以及其他废物处置等规章制度的实施情况。负责实验室感染控制工作的机构或者人员应当具有与该实验室中的病原微生物有关的传染病防治知识，并定期调查、了解实验室工作人员的健康状况。

五、实验室

实验室负责人对所有工作人员和实验室来访者的安全负责，需要时可任命一名有适当资质和经验的实验室生物安全负责人协助负责安全事宜。

实验室生物安全负责人应为微生物学或相关领域专业人员，他们可能以兼职的形式来履行这些职责。不管其参与安全工作的程度如何，所任命的实验室生物安全负责人都应该具有必要的专业能力，能够对生物防护和生物安全程序的活动提出建议、进行审查并同意实施。实验室生物安全负责人应能运用相关的规章、规定和指南，为实验室制定标准操作规范。实验室生物安全负责人除了必须具备微生物学和生物化学的知识技能外，同时应具备基础的物理学和生物科学的技术背景、实验室知识、临床实践知识和安全（包括防护设备）知识，以及与实验室设施的设计、操作和维护有关的工程原理方面的知识。实验室生物安全负责人还应能与行政、技术与后勤保障人员有效沟通。

第二节　生物安全管理体系的建立

《条例》第三十一条规定"实验室的设立单位负责实验室的生物安全管理。实验室的设立单位应当依照本条例的规定制定科学、严格的管理制度，并定期对有关生物安全规定的落实情况进行检查"。因此，在组织框架内，组织有效、合理、科学、规范、文件化的生物安全管理制度，才能有效地加强本单位的生物安全管理，确保安全，提高工作质量。

一、建立生物安全管理体系的原则

（一）应依法建章立制

随着《条例》的颁布实施，我国对生物安全的管理进入了法治化轨道，因此，一个单位的生物安全管理制度必须要符合《条例》的要求，在此基础上还要符合有关国家标准，这些法规、标准的规定和要求应贯穿制度制定的始终。在制度建立和维护的过程中，要随时根据我国相关法律、法规和标准的变化予以修订。在此基础上，还可以考虑参考 WHO《实验室生物安全手册》等资料。

（二）应紧密联系本单位实际，务求实用

每个单位都从事不同微生物的实验室工作，操作不同的感染性材料，面对不同的实验室危害，拥有不同的设施、设备和环境条件，工作人员的知识、技能、素养水平也有差别，因此在制定管理制度的时候必须要充分考虑到这些因素，为本单位量身打造实用的管理制度体系。脱离实际、照搬照抄的制度不可能被贯彻落实。

（三）生物安全管理制度应涵盖生物安全的一切要素

文件体系要体现生物安全管理的一切要素，每个单位应根据自身实际，在符合《条例》、国家标准的前提下进行必要的补充和扩展，确保生物安全管理全面到位，不留死角，不留盲区，力争达到"实验室所有与安全有关的活动都有据可依，所有过程均有记录可查"。

（四）文件要便于管理和使用

编制生物安全管理制度文件都应以"便于管理、修订，方便查阅、使用，易于学习"

为原则。应对体系文件进行控制，以确保其唯一性、权威性和可溯源性。

（五）应不断完善管理制度

任何一个单位的生物安全管理制度都很难做到完美无缺、天衣无缝，因此应秉承"没有最好，只有更好"的思想，根据国家相关法律、法规和标准的变化以及本单位的工作实际和存在的问题，及时修订、完善。

（六）应由具有实际经验的技术和管理人员编制文件

文件的编写应切合实验室活动的实际。具有实际经验的技术和管理人员最了解本单位的实际，由他们来起草文件能确保文件的实用性。所有文件的编写应细致到可执行且不会有不同理解的水平，应能保证所有工作人员都能准确理解条文的内容。

二、生物安全管理体系建立的过程

建立生物安全管理体系是一项系统工程，是实验室内部各部门与关联的要素组成的一个整体，其核心是合理、科学及完整。实验室在建立、运行和改进管理体系的各个阶段，包括管理体系的策划、管理体系文件的编制、过程控制、核查、改进、协调各部门和各要素间的衔接等，都需要以系统化的思想为指导。

在组织编制管理体系文件时，按照国家、地方和部门规定及标准的相关要求，系统规划生物安全管理组织机构和管理体系，确定生物安全管理方针和安全目标，理清部门职责，明确管理责任和个人责任。

生物安全管理体系的建立需要经过多个阶段：第一阶段是组织发动（启动），主要是制定行动计划、组织动员和培训，统一认识；第二阶段是梳理阶段，主要目的是梳理当前的国家法律法规、标准，梳理部门和岗位职责，确定编写文件的层次；第三阶段是确定体系文件的编写原则，并组织讨论，统一编写要求与格式；第四阶段是对编写的体系文件、职责分工等进行审核，并组织相关部门进行集中审稿；第五阶段是将体系文件递交管理层审核；第六阶段是体系文件经管理层审核后发布实施，并组织相关部门和人员进行宣贯培训。

生物安全管理体系文件既可与实验室的质量管理体系相互独立，也可两者融合，各实验室可以根据自身特点加以选择，并无统一要求，关键是确保体系的高效稳定运行。

三、生物安全管理体系文件的组织与管理

（一）文件的组织形式

生物安全管理制度是通过文件来体现的，但是如何组织这些文件却是一个技术问题。在一个文件体系中，不同文件的地位、作用是不同的，通过一系列文件的有机组合才能实现文件体系的完整和可行。

生物安全管理体系文件是实验室生物安全管理体系的重要组成部分，是将国家法律法规、标准、部门规章等进行分解与落实，是实验室管理不可或缺的内容。体系文件一般由生物安全管理手册、程序文件、作业指导书和记录表格四个层次的文件组成。第一层是生物安全管理手册，用来宣示本单位生物安全管理的方针、原则、意图和指令等；第二层是程序文件，目的在于规定将生物安全管理指令、意图转化为行动的途径和相关联行动；第三层是作业指导书，还包括危害评估和实验室安全手册，以及用来说明实验操作或相关活动的具体步骤等的技术文件；第四层是记录表格。体系文件还包括安全数据单（MSDS）、实验活动的风险评估报告等技术文件。

编制的生物安全管理文件首先应做到语言规范，通俗易懂，文字简练，要将法律法规、标准、规范中专业的用语，转化成通俗易懂的语言，以便大家学习掌握。其次是生物安全管理体系应能充分反映实验室自身特点，而不仅仅是法律法规、标准的简单展开。最后要注意处理好部门之间职能的衔接和相互间的协调。

生物安全管理体系文件须经管理层审核批准后颁布实施。

（二）体系文件的管理

生物安全管理体系文件事关重大，因此确保文件的有效性、唯一性、可溯源性和真实性，防止因文件误用而造成实验室事故是至关重要的。

按照文件控制的要求，一个单位的生物安全管理体系文件发放可分为"受控"和"非受控"两类。"受控"文件在封面加盖"受控"印章，"非受控"文件可不做标识，应有专门机构负责文件的发放和回收，"受控"文件发放的对象是单位负责人、安全负责人、各部门负责人及有关的各岗位人员，同时进行必要的编号和发放登记。"受控"文件不允许私自复印、外借。"非受控"文件的发放对象是上级机关、委托单位、认可机构以及其他相关方等。对外分发时，须经单位或实验室有关负责人批准，进行登记。

（三）体系文件的维护

管理体系文件的维护是确保体系现行有效的重要保障。生物安全管理体系建立后，应在实际运行过程中不断完善与持续改进。实验室设立单位应有专人负责及时跟踪国家的法律法规、国家标准、地方规定的变化，当体系不适应相关要求时需要及时进行修订和调整；如果内部组织机构、部门设置等发生重大变化，包括实验室管理层人员组成发生变化等，也应做出适当的修订。

管理体系文件的维护主要是通过政策法规、标准的跟踪，如国家出台、修订新的法律法规和标准，对新的规定和要求，应及时在体系文件中增加相关条款；通过实验室内部审核发现的不符合项类型，如果涉及体系文件，应及时加以调整和补充；通过风险评估识别在管理体系方面的不符合项，如果存在需要改进和应对的风险，应及时进行整改；在接受各次不同的监督检查过程中，如果属于体系文件方面的缺陷，应按照要求及时进行纠正与改进；通过学习、交流，对一些好的经验和做法，可以吸收利用等，对发现的问题，如果需要实验室管理层解决，可以纳入管理评审会议，借用管理评审加以落实，通过专题培训明确体系改进的方法和要求。

第三节　生物安全管理制度体系文件编制

编制生物安全管理体系文件是建立生物安全管理体系过程中的重要工作。生物安全管理体系文件是生物安全管理体系的基础，也是体系评价、改进、持续发展的依据。实验室生物安全管理体系文件基本框架一般分成四个层次：生物安全管理手册、程序文件、作业指导书和记录表格。

一、实验室生物安全管理手册

实验室生物安全管理手册是实验室生物安全管理的纲领性文件和政策性文件，是生物安全管理的第一层次文件。因此，编制好生物安全管理手册十分关键，应充分体现国家和地方的相关法律法规的基本精神，明确实验室设立单位的法律地位，制定生物安全管理方针与目标，成立实验室生物安全委员会，明确部门职责、个人责任、资源配置及相关要求等。

（一）生物安全管理手册的基本框架

实验室通过建立生物安全管理体系来确定生物安全管理的框架，重点是对内部的生物安全体系进行策划与管理，并根据实际情况采取有针对性的管理措施。生物安全管理手册是生物安全管理体系中一个举足轻重的体系文件，其编制的好坏，直接关系到生物安全管理工作的成效和体系运行效率。

1. **组织架构和人员职责**　实验室生物安全管理应采取分级管理模式，考虑实验室具体情况设立相关的组织。实验室生物安全领导小组，应由实验室设立单位主要领导（管理层）、部门负责人及实验室负责人组成，负责建立组织机构、制定生物安全管理制度、对生物安全管理工作做出决策。生物安全委员会成员主要由管理人员、部门负责人、专业技术专家等相关人员组成，承担生物安全相关的技术咨询、指导、评估和监督等技术支撑任务，协助实验室管理层做出决策。

在职责分工上，单位法人代表对生物安全负总责；实验室负责人为实验室生物安全的第一责任人，全面负责本部门实验室生物安全管理、人员配置、人员培训及能力评估、感染控制等工作。

部门职责是指各个部门根据各自承担的管理职能，负责职责范围内的管理任务，重要的是在职责分工时务必注意部门间的分工和配合，管理做到全覆盖，不留死角。

2. **生物安全管理方针和管理目标**　实验室生物安全管理方针应与国家现行法律法规和当地管理部门的管理要求和管理方针相一致，主要是为实现管理目标提供框架性要求，应在生物安全管理手册中有具体要求和体现，安全方针是实现实验室生物安全管理的宗旨和方向。实验室生物安全管理方针和目标，对整个生物安全管理工作来讲既是出发点也是追求的最终目标，既要突出重点，也要简明扼要，同时包含对遵守法律法规和标准的承诺。生物安全管理方针应由实验室管理层发布，并包含以下主要内容。

（1）实验室遵守国家及地方相关法律法规和标准的书面承诺。

（2）实验室遵守良好职业规范、安全管理体系的承诺。

（3）实验室生物安全管理的宗旨。

实验室安全管理的目标应包括实验活动内容及可考核的安全指标。建立生物安全管理体系的目的是对生物安全管理的整个过程和环节进行有效控制，对所有实验活动进行管理与风险控制，避免因体系本身或工作失误导致不可接受的生物安全事故。只有建立了完善的管理体系和管理体系文件，并得到有效运行和持续改进，才能防止生物安全事故的发生。

3. **管理责任**　生物安全管理手册应明确实验室管理层和相关岗位的人员各自的责任，管理责任主要表现在以下几个方面。

（1）实验室管理层应对所有员工、外来人员、合作人员和周围人群及环境的安全负责。

（2）应制定明确的准入政策并告知实验相关人员可能面临的风险。

（3）应尊重人员的个人权利和隐私。

（4）为人员提供持续培训及继续教育的机会，保证人员可以胜任所分配的工作。

（5）应为人员提供必要的免疫计划、定期的健康检查和医疗保障。

（6）应保证实验室设施、设备、个体防护装备、材料等符合国家有关的安全要求，并定期检查、维护、更新，确保不低于国家允许的设计性能。

（7）应为人员提供符合要求的适用防护用品和器材。

（8）应为人员提供符合要求的实验物品和器材。

（9）应保证人员在不疲劳的情况下工作，也不从事风险不可控制的或国家禁止的实验活动。

4. **个人责任**　在实验室管理体系中，尤其是生物安全管理手册中，应明确个人责任，并制定相应的管理政策和监督措施，而实验人员应充分了解实验活动过程中的风险和其承担的责任，自觉学习掌握国家的相关法律法规、标准以及管理体系的要求。主要体现在以下几个方面。

（1）应充分认识和理解所从事工作的风险。

（2）应自觉遵守实验室的管理规定和要求。

（3）在身体状态允许的情况下，应接受实验室的免疫计划和其他的健康管理规定。

（4）应按规定正确使用设施、设备和个体防护装备。

（5）应主动报告可能不适合从事特定任务的个人状态。

（6）不应因人事、经济等任何压力而违反管理规定。

（7）有责任和义务避免因个人原因造成生物安全事件或事故。

（8）如果怀疑本人被感染，应立即报告。

（9）应主动识别任何危险和不符合规定的工作，并立即报告。

从上可知，个人责任主要从遵守法律、识别风险、健康管理、不屈服于外部压力及事故报告等角度提出要求，所以在生物安全管理手册中应有完整的表述。

5. **其他方面**　生物安全管理手册中除了以上的内容外，还应包括生物因子风险评估和风险控制、实验人员的管理、实验活动的管理、实验材料的管理、安全监督检查、内部评审、管理评审、危险材料管理、消防安全、事故报告、反恐怖防范等要素的内容。

（二）生物安全管理手册编制

编制生物安全管理手册时，应考虑以下事项：首先是编制的生物安全管理手册应做到语言规范，通俗易懂，文字简练，要将法律法规、标准、规范中专业的用语，转化成通俗易懂的语言，以便大家学习掌握。其次是生物安全管理体系应能充分反映实验室自身特点，而不仅仅是法律法规、标准的简单展开。最后是要注意处理好部门之间职能的衔接和相互间的协调。

二、程序文件

程序文件是指为进行某一管理活动或过程所规定的途径。生物安全管理程序应形成书面文件，形成文件的主要目的是便于对生物安全管理体系所涉及的关键活动进行连续和有效的控制。程序文件是生物安全管理体系的支持性文件，也是生物安全管理手册中原则性要求的展开和具体落实，因此在编写程序文件时要以手册为依据，应符合管理手册的规定和要求。重点考虑以下内容：①明确制定程序的目的；②明确程序的适用范围；③明确各部门职责和权限；④明确工作流程。

工作流程须列出活动顺序和细节，明确活动中的资源、人员、信息和环节等方面的需求及应具备的条件和协调措施等。明确规定谁做、什么时间做、什么场合做、做什么、做到什么程度、怎样做，如何控制以及所要达到的目标，以及需要形成的记录、报告和签发手续等，还应明确引用的文件和相应的记录表格。

根据国家标准和法律法规的要求，程序文件主要包含以下一些程序。

1. 生物安全委员会活动程序。

2. 风险评估和风险控制程序。

3. 机密信息管理程序。

4. 文件制定、维持和控制程序。

5. 年度安全计划管理程序。

6. 安全检查管理程序。

7. 内部审核管理程序。

8. 管理评审工作程序。

9. 实验人员管理程序。

10. 实验材料管理程序。

11. 实验方法管理程序。

12. 实验活动管理程序。

13. 实验室内务管理程序。

14. 实验室设施设备管理程序。

15. 实验废弃物处置管理程序。

16. 危险材料管理程序。

17. 实验室标识管理程序。

18. 个体防护管理程序。

19. 未知风险实验材料管理程序。

20. 不符合项的识别和控制程序。

21. 纠正措施程序。

22. 预防措施程序。

23. 持续改进程序。

24. 应急处置管理程序。

25. 消防安全管理程序。

26. 实验室意外事件（故）报告程序等。

三、作业指导书

作业指导书也称标准操作规程（SOP），是指设施、设备、实验方法的具体操作过程等技术细节的描述，是一个具有可操作性的文件。作业指导书是指导实验人员完成其具体工作任务的指导书和指南，需要足够详细。作业指导书是程序文件的下一层次的具体操作文件，除了需要符合技术原理、步骤合理、详细、明了、可操作外，还应同时满足质量和生物安全管理的要求，以保证工作的规范性、一致性、可重复性和安全性。

作业指导书应至少包括设施设备类、防护用品类、实验方法操作类和消毒灭菌类、废物处理类等内容，主要是具体的操作方法和流程。

实验室应根据管理要求制定作业指导书。作业指导书既可以文字的形式进行表述，也可通过图表或流程图的形式进行规定。

四、风险评估报告

风险评估是实验室生物安全管理工作的核心，对实验室风险控制起到关键作用，因此，实验室应认真组织人员对各项管理和实验活动的风险进行全面评估。只有在充分识别出风险的前提下，才能有效、有针对性地采取相应的风险控制措施，确保避免发生实验室生物安全事故，尤其要重视新发或未知病原微生物，特别是高致病性病原微生物实验活动的风险评估和控制，以及新人员、新方法、新技术和次生风险的评估与控制。

风险评估不仅要关注病原微生物本身的生物风险，更要关注人员的风险以及设施设备、管理体系、实验材料等方面的风险，包括自然灾害、电器、消防等风险。只有将实验活动整个过程涉及的各方面风险全部识别出来，经过评价，明确需要应对的风险种类和等级、次序等，采取不同的风险控制策略和风险控制措施，才能将风险降低到可以接受的水平。

通过评估应形成书面的风险评估报告，风险评估报告应经生物安全负责人或生物安全委员会审核通过后发布实施，并每年定期进行再次评估。在国家法律法规、标准发生变化，设施设备、人员等发生大的改变，实验室发生生物安全事件（故）等情况后必须进行再评估。

五、安全手册

安全手册是为实验人员设计的应急指导文件，其内容应便于实验人员快速查阅和获取，以便在突发事故或紧急情况下实现科学处置与高效响应。编制安全手册应以生物安全管理体系文件为依据，坚持简明、通俗、易懂、尽可能直观、可操作的原则。

安全手册主要应包括应急电话和联系人、实验室平面图、实验室相关标识、人员撤离线路和程序，以及生物危险、化学品安全、辐射、电气安全等意外事故应急处理程序及应急器材设备使用方法、常规的人员急救方法等内容。

六、记录及表格

记录是为已完成的活动或产出的结果提供客观证据的文件，是一项十分重要的内容，也是体系文件的组成部分。记录一般可分为四种：一是管理类记录，如人员培训、实验材料采购记录以及内部审核和管理评审记录等；二是技术类记录，如环境条件控制、合同或协议、检验报告、内务管理及检测原始记录等；三是证书类记录，如各种资格证书、证件，包括仪器设备的检定/校准证书、标准物质合格证以及能力验证证明等；四是标识类记录，如设备和样本的唯一性标识、工作状态标识、检测状态标识、区域标识、各种生物安全专用标识等。

记录是证据和资料性文件，要求以提供真实、足够的信息和保证可追溯性为原则。应明确对哪些活动需要记录，明确记录的内容、记录要求、记录的保存等要求。

对于实验活动实施和管理的全过程应做详细的记录，并制订规范化的记录表格。所有的记录均应存档，对于记录和档案资料的建立、管理，应制订专门的程序。实验记录是对实验过程真实、详细的描述。实验记录主要有书面记录和计算机记录两种形式，主要包括在实验过程中的文字叙述、表格、统计数据、录音和各种图像等内容。在科研工作中，通常采用文献提供或自主研制的方法进行实验工作，因此，对于各种方法的使用有较为广泛的选择；而在紧急疫情和突发公共卫生事件处理过程中，根据疫情的需要，主要使用国家或行业的标准方法对疾病进行诊断，以便及时获得可靠的结果。但应注意，凡是涉及感染性物质的实验方法，均应经过批准并形成 SOP。对于各种实验结果，则主要依靠统计数据、表格和图像的形式来记录。

实验室书面记录以表格的形式为主，应根据实验工作的性质，保存于相应的实验室内，供留底查询。输入计算机的实验记录应及时整理，将文字和影像资料（影像照片、数据、表格等）录入计算机储存。光盘文件不允许修改或删除，日后如发现错误，应重新刻入修正文件，说明修改原因和修改责任人，并保留原始的记录。刻入光盘的实验记录编号入档，长期保存。

七、标识管理系统

标识系统对于实验室安全管理十分重要。实验室标识分为指示性标识、警示性标识、警告性标识、禁止性标识和专用标识几类，应根据不同要求制作、使用和张贴标识，且标识应做到规范、明确、醒目和易识别。

标识的使用应符合国家或国际的通用要求，张贴的位置应合理、醒目，并注意维护，如有污损应及时维护更新，确保标识的正确规范使用，以达到安全管理目的。

八、应急处置预案

实验室设立单位应组织编制处置实验室的各类意外事件（故）的应急预案，一个合理、科学、可行的应急预案对处置意外事件（故）可以起到有备无患、实践指导的作用。通过平时的现场演练，相关人员在演练中学习、了解、掌握各种处置要领和技能。应急预案需要根据实验活动涉及的病原微生物种类和实验活动项目的具体情况，制定相应的响应、报告和处置流程，做到目的明确、程序清晰、措施可行、培训到位和实战模拟有效。制定应急处置预案后，应组织相关人员进行培训，并定期进行现场演练。应急处置预案发布实施后，还应报上一级主管部门备案。

（曹玉玺　张小山　刘亚宁　徐　柯）

参考文献

［1］ 武桂珍，王健伟. 实验室生物安全手册［M］. 北京：人民卫生出版社，2020.

［2］ 中华人民共和国生态环境部. 病原微生物实验室生物安全管理条例［Z/OL］.（2018-03-19）［2024-10-15］. https://www.mee.gov.cn/ywgz/fgbz/xzfg/202303/t20230316_1019776.shtml.

［3］ WHO. Laboratory biosafety manual[M]. 4th ed. Geneva: World Health Organization, 2020.

［4］ 中华人民共和国国家质量监督检验检疫总局，中国国家标准化管理委员会. 实验室 生物安全通用要求：GB 19489—2008［S］. 北京：中国标准出版社，2008.

［5］ 祁国明. 病原微生物实验室生物安全［M］. 2版. 北京：人民卫生出版社，2006.

第十九章
病原微生物实验室设立的备案和批准

病原微生物实验室是从事致病性微生物实验活动的场所，一旦发生实验室感染或者泄漏，将危害人员健康，或者引起重大公共卫生事件，社会影响严重，因此，国家对此类实验室的设立进行控制，个人不得设立病原微生物实验室或者从事病原微生物实验活动。实验室运行后，各相关政府部门对其进行监管。

《中华人民共和国生物安全法》第四十四条规定"设立病原微生物实验室，应当依法取得批准或者进行备案"。《病原微生物实验室生物安全管理条例》（国务院令第 424 号公布，2024 年修订，简称《条例》）规定，一级、二级实验室的设立应当向设区的市级人民政府卫生健康主管部门或者农业农村主管部门备案；高等级实验室（三级、四级实验室）的设立除了满足规划建筑各项审批手续之外，还需要纳入国家高等级实验室体系规划、获得生态环境主管部门批准、符合国家有关设计建设标准规范和生物安全要求、通过实验室国家认可，从事高致病性或者疑似高致病性病原微生物实验活动，须通过省级以上人民政府卫生健康主管部门或者农业农村主管部门批准。

第一节　一级、二级实验室的备案

一、备案前准备

《中华人民共和国生物安全法》第四十二条规定"病原微生物实验室应当符合生物安全国家标准和要求"。由此，一级、二级实验室从建设、调试到运行，应满足国家标准相关要求。实验室的建设和环境综合性评价可以参照 GB 50346—2011《生物安全实验室建筑技术规范》；实验室安全管理体系的建立，可以参照 GB 19489—2008《实验室 生物安全通用要求》；如果涉及移动式生物安全实验室，还须满足 GB 27421—2015《移动式实验室 生物安全要求》的相关要求。

依据《条例》的规定，一级、二级生物安全实验室建设完毕、综合性能验收后、开展实验活动前，应当在设区的市级人民政府卫生健康主管部门或者农业农村主管部门备案。

实验室从事人体健康相关的病原微生物实验活动，向设区的市级人民政府卫生健康主管部门备案；从事动物健康相关的病原微生物实验活动，向设区的市级人民政府农业农村主管部门备案。一个实验室可以同时具备卫生健康主管部门备案和农业农村主管部门备案。例如：新型冠状病毒感染疫情期间，某获得农业农村主管部门备案的二级实验室在取得当地卫生健康主管部门备案后，开展了新冠病毒核酸检测工作，为当地疫情防控提供了技术保障。

在申请一级、二级病原微生物实验室备案前，建议依据 GB 19489—2008《实验室 生物安全通用要求》等国家标准、行业标准建立安全管理体系并试运行，经过自我核查，确定满足上述标准要求后提交备案申请。

二、备案具体流程

目前，我国一级、二级实验室生物安全管理工作实行属地化管理，对于一级、二级病原微生物实验室备案，卫生健康或者农业农村主管部门目前还没有统一的要求和流程安排。因一级、二级病原微生物实验室的设立是备案制，通常查询当地政府行政主管部门网站可获得相关信息及流程安排。

行政主管部门对一级、二级病原微生物实验室备案时，通常有以下程序。

1. **自我评估，确认实验室级别**　实验室首先根据卫生健康或者农业农村主管部门发布的病原微生物目录，查询即将开展的实验活动是否属于一级或 / 和二级实验室范畴。实验室应根据国家相关法律法规以及生物安全国家标准相关要求逐条进行自查，对实验室生物安全防护等级进行认真评估，确认实验室是否达到一级或 / 和二级生物安全实验室要求。备案实验室的等级应当与其拟开展的实验活动相匹配，不低于病原微生物目录等国家规定该实验活动所需的实验室等级。

2. **备案申请**　实验室设立单位向设区的市级人民政府卫生健康主管部门或者农业农村主管部门提出备案申请，并提交申请材料，通常可以在线或者现场办理。申请材料通常包括但不限于以下文件。

（1）实验室设立单位法人证书复印件。

（2）实验室平面布局。

（3）《一级、二级病原微生物实验室备案表》，内容通常包括以下信息。

1）单位名称、地址、邮政编码、法人代表、电话、实验室工作人员情况、实验室用途、开展实验活动情况、拟开展实验活动（项目名称）、涉及病原微生物名称及备案单位保证书（单位法人签字盖章）等。

2）实验室基本情况，如名称、面积、间数、设施情况等。

3）实验室设备情况，如生物安全柜、高压灭菌器、洗眼器、培养箱等。

4）实验室管理情况，包括管理体系建立、体系文件、管理制度、人员培训及上岗情况等。

（4）实验室工作人员培训合格证明。

3. **备案登记**　设区的市级人民政府卫生健康主管部门或者农业农村主管部门对申请备案的实验室所提交的材料进行审查，对材料符合规定要求的，办理备案手续，并发出《一级、二级病原微生物实验室备案通知书》。对材料不符合规定要求的，书面通知申请单位并说明理由。

备案申请书样式和备案流程可以查询当地卫生健康或农业农村行政主管部门行政许可网站。

部分行政主管部门对备案的受理，还要组织专家进行实验室现场审核，具体可以查询当地卫生健康或农业农村行政主管部门的备案要求。

已备案的实验室的基本信息、实验项目、负责人等与生物安全管理相关的重大事项发生变更时，应于变更之日起在规定时间内向原备案主管部门办理备案变更。

因实验室变更达不到相应等级要求或因其他原因需要取消已备案的实验室的，应在取消之日起在规定时间内向原备案主管部门办理注销手续。

第二节 三级、四级实验室的批准

三级、四级实验室统称为高等级实验室。《病原微生物实验室生物安全管理条例》规定，高等级实验室应符合国家高等级实验室体系规划并依法履行有关审批手续，经国务院卫生主管部门同意，符合国家实验室建筑技术规范要求，依照《中华人民共和国环境影响评价法》的规定进行环境影响评价并经生态环境主管部门审查批准，应当通过实验室国家认可。从事按照国家病原微生物目录规定应当在高等级实验室进行的高致病性或者疑似高致病性病原微生物实验活动的，应当经省级以上人民政府卫生健康主管部门或者农业农村主管部门批准。

一、实验室纳入国家规划批准

依据《条例》规定，国家高等级实验室体系规划，由国务院投资主管部门会同国务院有关部门制定。制定国家高等级实验室体系规划应当遵循总量控制、合理布局、资源共享的原则，并应当召开听证会或者论证会，听取生物安全、公共卫生、环境保护、投资管理和实验室管理等方面专家的意见。

国家发展和改革委员会负责国家高等级实验室体系规划的制定，通常定期征集地方发展改革部门或者国务院相关主管部门对高等级实验室设立的需求，通常组织专家对实验室设立的地点、规模、定位、建设及运行保障、共享机制等内容进行论证，最终确定并批复规划名单。实验室被纳入了高等级实验室体系规划名单，才具备了设立资格。

二、实验室环境影响评价经生态环境主管部门批准

依据《中华人民共和国环境影响评价法》要求，国家根据建设项目对环境的影响程度，对建设项目的环境影响评价实行分类管理。高等级实验室属于可能造成重大环境影响的建设项目，应该编制环境影响报告书，提交生态环境主管部门进行审查批准。

（一）环评报告

环评报告即建设项目环境影响评价报告，是新建、扩建、改建项目对环境造成的影响

的预见性评价，是针对该项目建成后污染产生情况、治理措施是否可行，以及最终排放的污染物对周围环境的影响进行的评价。建设单位可以委托技术单位对其建设项目开展环境影响评价，编制建设项目环境影响报告书；建设单位具备环境影响评价技术能力的，可以自行对其建设项目开展环境影响评价。

建设项目的环境影响报告书应当包括下列内容。

1. 建设项目概况。

2. 建设项目所在区域环境现状。

3. 建设项目对环境可能造成影响的分析、预测和评估。

4. 建设项目环境保护措施及其技术、经济论证。

5. 建设项目对环境影响的经济损益分析。

6. 对建设项目实施环境监测的建议。

7. 环境影响评价的结论。

建设单位应当对建设项目环境影响报告书的内容和结论负责，接受委托编制建设项目环境影响报告书的技术单位对其编制的建设项目环境影响报告书、环境影响报告表承担相应责任。

（二）环评批复

目前，对高等级实验室的环评通常由市级或者区县级生态环境主管部门进行审批，全国各省规定不尽一致，须按照当地分级审批规定报送相应审批部门。

实验室的环境影响评价文件未依法经审批部门审查或者审查后未予批准的，建设单位不得开工建设。实验室的环境影响评价文件自批准之日起超过五年，方决定该项目开工建设的，其环境影响评价文件应当报原审批部门重新审核；原审批部门应当自收到建设项目环境影响评价文件之日起十日内，将审核意见书面通知建设单位。

实验室的环境影响评价文件经批准后，建设项目的性质、规模、地点、采用的生产工艺或者防治污染、防止生态破坏的措施发生重大变动的，建设单位应当重新报批建设项目的环境影响评价文件。

（三）环境保护验收

为贯彻落实新修改的《建设项目环境保护管理条例》，规范建设项目竣工后建设单位自主开展环境保护验收的程序和标准，环境保护部于 2017 年 11 月 20 日发布了《建设项目竣工环境保护验收暂行办法》（以下简称《暂行办法》）。

《暂行办法》适用于编制环境影响报告书（表）并根据环保法律法规的规定由建设单位实施环境保护设施竣工验收的建设项目以及相关监督管理。验收报告分为验收监测（调查）报告、验收意见和其他需要说明的事项三项内容。

实验室建设单位是建设项目竣工环境保护验收的责任主体，应当按照《暂行办法》规定的程序和标准，组织对配套建设的环境保护设施进行验收，编制验收报告，公开相关信息，接受社会监督，确保建设项目及需要配套建设的环境保护设施与主体工程同时投产或者使用，并对验收内容、结论和所公开信息的真实性、准确性和完整性负责，不得在验收过程中弄虚作假。

1. **验收依据**　建设项目竣工环境保护验收的主要依据包括以下内容。

（1）建设项目环境保护相关法律、法规、规章、标准和规范性文件。

（2）建设项目竣工环境保护验收技术规范。

（3）建设项目环境影响报告书（表）及审批部门的审批决定。

2. **验收的程序和内容**　建设项目竣工后，建设单位应当如实查验、监测、记载建设项目环境保护设施的建设和调试情况，编制验收监测（调查）报告。建设单位不具备编制验收监测（调查）报告能力的，可以委托有能力的技术机构编制。建设单位对受委托的技术机构编制的验收监测（调查）报告结论负责。

验收监测（调查）报告编制完成后，建设单位应当根据验收监测（调查）报告结论，逐一检查是否存在《暂行办法》第八条所列验收不合格的情形，提出验收意见。为提高验收的有效性，在提出验收意见的过程中，建设单位可以组织成立验收工作组，采取现场检查、资料查阅、召开验收会议等方式，协助开展验收工作。验收工作组可以由设计单位、施工单位、环境影响报告书（表）编制机构、验收监测（调查）报告编制机构等单位代表以及专业技术专家等组成，代表范围和人数自定。

建设单位在"其他需要说明的事项"中应当如实记载环境保护设施设计、施工和验收过程简况，环境影响报告书（表）及其审批部门审批决定中提出的除环境保护设施外的其他环境保护对策措施的实施情况，以及整改工作情况等。

除按照国家需要保密的情形外，建设单位应当通过其网站或其他便于公众知晓的方式，向社会公开下列信息。

（1）建设项目及配套建设的环境保护设施竣工后，公开竣工日期。

（2）对建设项目及配套建设的环境保护设施进行调试前，公开调试的起止日期。

（3）验收报告编制完成后5个工作日内，公开验收报告，公示的期限不得少于20个工作日。

建设单位公开上述信息的同时，应当向所在地县级以上环境保护主管部门报送相关信息，并接受监督检查。验收报告公示期满后5个工作日内，建设单位应当登录全国建设项目竣工环境保护验收信息平台，填报建设项目基本信息、环境保护设施验收情况等相关信息，环境保护主管部门对上述信息予以公开。建设单位应当将验收报告以及其他档案资料存档备查。

三、实验室经卫生主管部门审查同意

新建、改建、扩建三级、四级实验室或者生产、进口移动式三级、四级实验室须经国务院卫生主管部门审查同意，具体要求依据相关部门规定执行。

四、实验室经国家认可机构认可

中国合格评定国家认可委员会（CNAS）是根据《中华人民共和国认证认可条例》《认可机构监督管理办法》的规定，依法经国家市场监督管理总局确定，从事认证机构、实验室、检验机构、审定与核查机构等合格评定机构认可评价活动的权威机构，负责合格评定机构国家认可体系运行。

中国合格评定国家认可委员会组织机构包括：全体委员会、执行委员会、认证机构专门委员会、实验室专门委员会、检验机构专门委员会、审定与核查专门委员会、评定专门委员会、申诉专门委员会、最终用户专门委员会和秘书处。中国合格评定国家认可委员会委员由政府部门、合格评定机构、合格评定服务对象、合格评定使用方和专业机构与技术专家 5 个方面组成。

2004 年 5 月 28 日，国家强制性标准 GB 19489—2004《实验室 生物安全通用要求》正式发布（现已被 GB 19489—2008《实验室 生物安全通用要求》代替），这标志着我国对高级别生物安全实验室的建设和评价有了权威统一的依据。2004 年，国务院颁布了《病原微生物实验室生物安全管理条例》（以下简称《条例》）。其中第二十条规定"三级、四级实验室应当通过实验室国家认可"，确立了我国高等级生物安全实验室的强制性认可制度。CNAS 借助于国际化和规范化的实验室认可体系，依据 GB 19489—2004《实验室 生物安全通用要求》制定了一系列认可文件，在 2004 年年底建立起高等级生物安全实验室国家认可制度，具备了对高等级生物安全实验室的认可能力。

（一）认可文件体系

CNAS 的认可规范文件是认可规则、认可准则、认可指南和认可方案的总称。在 CNAS 的认可规范文件中，认可规则和认可准则是对实验室认可评审的依据；认可规则又包括适用于 CNAS 全部认可制度的通用认可规则和适用于特定认可制度的专用认可规则，用于规定认可体系运作的程序和要求，是 CNAS 认可工作公正性和规范性的重要保障。

通用认可规则有 CNAS-R01：2023《认可标识使用和认可状态声明规则》、CNAS-R02：2023《公正性和保密规则》和 CNAS-R03：2019《申诉、投诉和争议处理规则》。专用认可规则包括认证机构认可规则、实验室认可规则、检验机构认可规则、审定与核查机构认可规则，实验室认可规则中包括生物安全实验室认可规则——CNAS-RL05：2016《实验室生物安全认可规则》。认可准则是指适用于 CNAS 特定认可制度的基本认可准则，是判定被认可对象符合性的依据标准，与生物安全实验室相关的为 CNAS-CL05：2009《实验室生物安全认可准则》；此外还有针对适用于特定认可制度中的某些专业领域所发布的有关应用说明、应用指南、认可指南和认可方案。以下是涉及生物安全实验室认可的文件。

（1）认可规则：CNAS-RL05：2016《实验室生物安全认可规则》，规定了生物安全实验室认可的程序。

（2）基本认可准则：CNAS-CL05：2009《实验室生物安全认可准则》，包括两部分，第一部分等同采用国家标准 GB 19489—2008《实验室 生物安全通用要求》，第二部分引用了国务院《病原微生物实验室生物安全管理条例》的部分规定。

（3）应用说明文件：CNAS-CL05-A001：2018《实验室生物安全认可准则对移动式实验室评价的应用说明》，用于认可移动式生物安全实验室，是对移动式实验室认可要求所作的进一步说明，该文件与 CNAS-CL05：2009《实验室生物安全认可准则》同时使用。CNAS-CL05-A002：2020《实验室生物安全认可准则对关键防护设备评价的应用说明》，是对 CNAS-CL05：2009《实验室生物安全认可准则》中涉及防护设备评价所作的进一步说明。该文件与 CNAS-CL05：2009《实验室生物安全认可准则》同时使用，是对高等级实验室关键防护设备的生物安全性能的评价要求，适用于实验室生物安全认可中对关键防护设备的认可评审。

（4）应用指南文件：CNAS-GL031：2018《动物检疫二级生物安全实验室认可指南》，主要为动物检疫二级实验室申请认可提供指导。CNAS-GL045：2020《病原微生物实验室生物安全风险管理指南》为实验室进行风险评估及管理提供指南。

随着认可体系的不断完善和认可业务的不断发展，CNAS 将会出台更多的文件来规范和指引认可工作，认可规范文件在 CNAS 官方网站上均可以获取，网址为 https://www.cnas.org.cn。

（二）认可准则

CNAS-CL05：2009《实验室生物安全认可准则》的第 3 章主要规定了实验室风险评估管理的要求，包括风险识别、风险分析、风险控制和风险管理等内容，并要求实验室建立风险管理程序，强调风险评估管理是实验室管理体系建立的基础，风险控制措施应在实验室生物安全管理体系运行中落实；第 4 章对实验室生物安全水平分级进行了规定；第 5 章规定了实验室设计原则及基本要求；第 6 章对一至四级生物安全实验室的平面布局、环境参数、暖通空调、电气自控和给排水系统等方面的技术要求进行了详细规定；第 7 章主要规定了生物安全管理体系建立和运行的要求，包括组织机构、文件管理、人员管理、活动管理、内务管理、内部审核和管理评审、纠正措施、废物处理、应急处置等方面，这一章的内容借鉴了国际标准 ISO/IEC 17025：2017《检测和校准实验室能力的通用要求》中的管理要求，同时考虑生物安全实验室特点，对实验室安全计划、安全检查、废物处理、事故报告等方面进行了重点要求。

CNAS-CL05-A002：2020《实验室生物安全认可准则对关键防护设备评价的应用说明》等同采用了 RB/T 199—2015《实验室设备生物安全性能评价技术规范》，其中规定了生物安全柜、压力蒸汽灭菌器、正压防护服、污水消毒设备等 15 种关键防护设备的生物安全性能参数及相应的检测方法，是对 GB 19489—2008《实验室 生物安全通用要求》中设备生物安全性能评价的补充要求。该文件还可以作为实验室关键防护设备采购、委托检测、运行管理等的技术依据。

（三）认可规则

1. **认可申请**　申请认可的实验室首先应具有明确的法律地位，具备承担相应法律责任的能力，可以是独立法人，也可以是法人授权的机构。

对于一级、二级生物安全实验室，申请认可前，依据《条例》应当向设区的市级人民政府卫生健康主管部门或者兽医主管部门备案。对于高等级生物安全实验室，应纳入国家生物安全实验室体系规划，通过国务院卫生健康主管部门的审查同意，依法进行环境影响评价并经生态环境主管部门审查批准，符合 GB 19489—2008《实验室 生物安全通用要求》、GB 50346—2011《生物安全实验室建筑技术规范》及相关的国家标准，实验室工程质量经建筑主管部门依法检测验收合格。在此基础上，实验室设立单位按照生物安全实验室的认可准则要求，建立生物安全管理体系并进行试运行，通过自我核查确认实验室管理体系运行满足认可要求后，可向 CNAS 提交生物安全实验室认可申请。

考虑到四级实验室建设工艺复杂，投资巨大，为避免造成返工，CNAS 对四级实验室的认可从实验室设计完成后开始进行，分三个阶段评审，包括设计文件评审阶段、关键防护设备安装和试运行评审阶段、安全管理体系和防护能力确认评审阶段，第三个阶段认可评审通过后，颁发认可证书。

2. **认可受理和认可评审**　申请认可实验室满足认可受理条件，CNAS 会发出认可受理通知书，然后组织认可评审组进行评审。

评审分为文件审核和现场审核，文件审核是指由评审组对实验室提供的申请资料与认可准则的符合性进行的进一步审查与核实过程。现场审核指由评审组在实验室现场对实验室的布局、结构、设施设备等硬件系统以及实验室安全管理体系文件的运行情况，依据认可准则的要求进行符合性审核与验证。

3. **认可评定和发证**　评审组对实验室提供的整改文件进行审核，确定实验室可以通过认可，向 CNAS 推荐实验室通过认可资格。CNAS 评定委员会对实验室与认可要求的符合性进行评价并作出决定，评定通过后，CNAS 秘书处向获准认可实验室颁发认可证书以及认可决定书，认可证书有效期为 5 年。

4. **监督评审和复评审**　监督评审的目的是证实获得认可的实验室在证书有效期内持续符合要求。获准认可的一级、二级、三级生物安全实验室应在认可批准后的第 12 个月前、第 30 个月前、第 48 个月前接受定期监督评审。四级实验室监督评审应每 12 个月一次。三级、四级实验室监督评审应在实验室终末消毒后进行。监督评审不需要申请，评审方式以现场评审为主。

实验室应在认可证书有效期满前 6 个月提出复评审申请，复评审程序同初次认可程序。

5. **变更**　在认可证书有效期内，发生下述任何变化时，应以书面形式通知 CNAS 秘书处。

（1）实验室的名称、地址、法律地位发生变化。

（2）实验室的关键管理和技术人员、安全管理人员发生变化。

（3）实验室在同一危害程度分类（根据国家卫生健康主管部门和农业农村主管部门发布的病原微生物目录）中的生物因子或实验活动发生变化。

（4）实验室的设施设备发生变化且可能影响生物安全防护能力时。

（5）其他可能影响实验室活动和运行安全的变化。

CNAS秘书处在得到变更通知并核实情况后，视变更性质可采取文件评审或者现场评审进行确认。

五、实验活动经卫生健康主管部门或者农业农村主管部门批准

高等级生物安全实验室需要从事高致病性病原微生物或者疑似高致病性病原微生物（与人体健康有关）、高致病性动物病原微生物或者疑似高致病性动物病原微生物（与动物健康有关）实验活动的，依据《病原微生物实验室生物安全管理条例》中的相关要求及规定执行。

（一）受理条件

1. **卫生健康主管部门实验活动受理条件**　取得实验室国家认可的三级、四级生物安全实验室，申请开展高致病性病原微生物或者疑似高致病性病原微生物实验活动，应当具备以下条件。

（1）根据实验室所属法人机构的职能，合法从事与病原微生物菌（毒）种、样本有关的研究、教学、检测、诊断、保藏及生物制品生产等活动，并符合有关主管部门的相关规定。

（2）实验室的生物安全防护级别应当与其拟从事的实验活动相适应。

（3）实验室应当具备与所从事的实验活动相适应的人员、实验设施、设备及防护措施等。

（4）应当明确实验室的职能、工作范围、工作内容和所从事的病原微生物种类。对所从事的病原微生物应当进行危害性评估，制定生物安全防护方案、实验方法及相应标准操作程序（SOP）、意外事故应急预案及感染监测方案等。

2. **农业农村主管部门实验活动受理条件**　三级、四级实验室申请高致病性动物病原微生物或者疑似高致病性动物病原微生物实验活动的，应具备以下条件。

（1）申请从事该实验活动的实验室应取得国家生物安全三级或者四级实验室认可证书并在有效期内。

（2）实验活动限于与动物病原微生物菌（毒）种、样本有关的研究、检测、诊断和菌（毒）种保藏等。

（3）申请范围为从事农业部公告第898号规定的高致病性动物病原微生物病原分离和鉴定、活病毒培养、感染材料核酸提取、动物接种实验等实验活动。

（4）经省级兽医主管部门签署审查意见。

（5）农业农村部对实验单位有明确规定的特定高致病性动物病原微生物或疑似高致病性动物病原微生物的实验活动（包括以合同、协议等形式明确承担的该特定病原微生物相关科研实验活动任务），申请人是上述规定的实验室所在单位。

（二）办理流程

1. **卫生健康主管部门办理流程** 卫生健康主管部门对申请高致病性病原微生物或者疑似高致病性病原微生物实验活动的三级、四级实验室进行审批的办理流程见图 19-1。

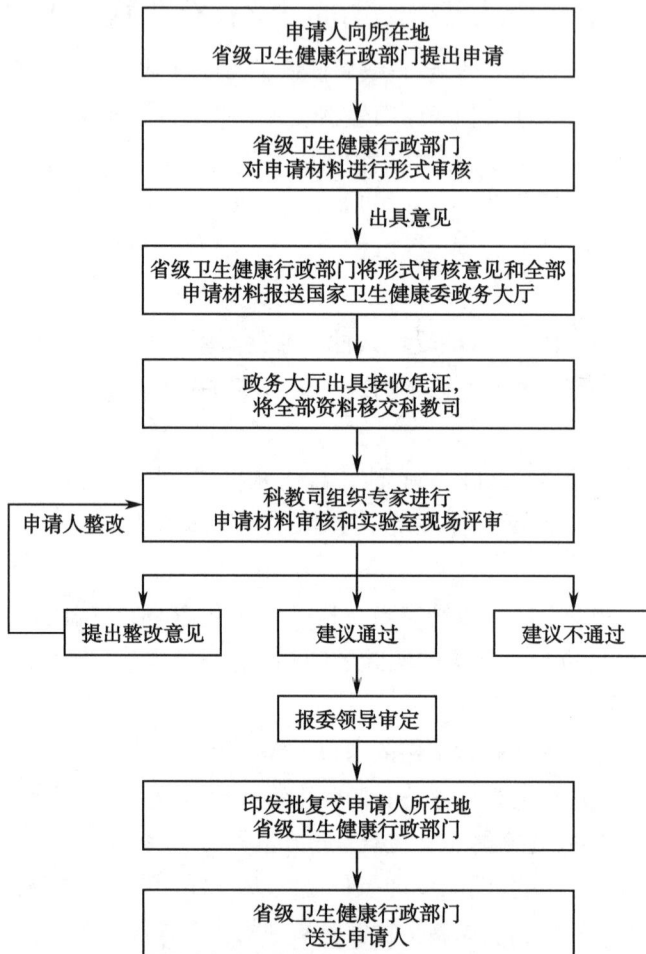

图 19-1 卫生健康主管部门的办理流程图

资料来源：高致病性病原微生物实验活动_卫健委政务服务
平台（nhc.gov.cn）

2. **农业农村主管部门办理流程** 农业农村主管部门对申请从事某种高致病性动物病原微生物或者疑似高致病性动物病原微生物实验活动的三级、四级实验室进行审批的办理流程见图 19-2。

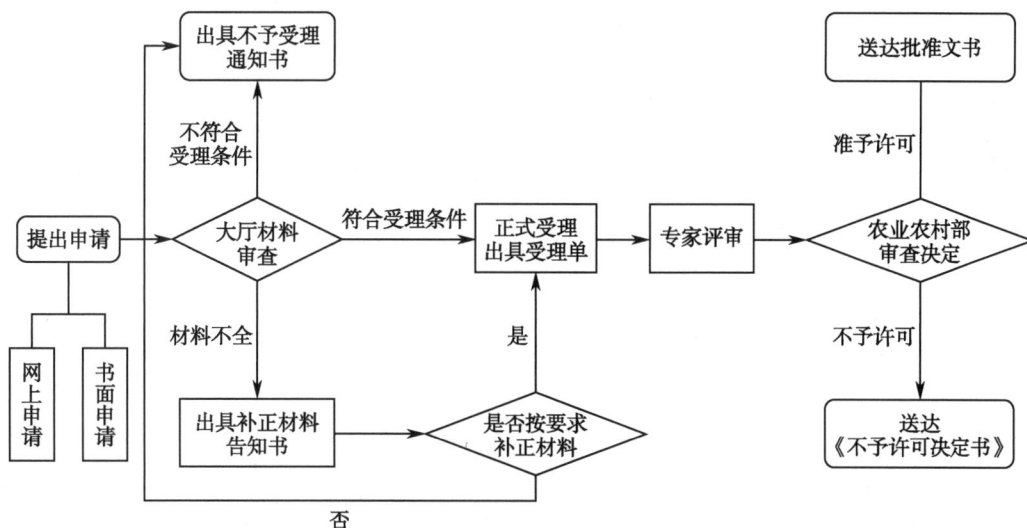

图 19-2 农业农村主管部门的办理流程图
资料来源：农业农村部政务服务平台（moa.gov.cn）

（王 荣）

参考文献

［1］ 全国人民代表大会常务委员会. 中华人民共和国生物安全法［Z/OL］.（2020-10-17）［2024-10-15］. http://www.npc.gov.cn/npc/c2/c30834/202010/t20201017_308282.html.

［2］ 中华人民共和国生态环境部. 病原微生物实验室生物安全管理条例［Z/OL］.（2018-03-19）［2024-10-15］. https://www.mee.gov.cn/ywgz/fgbz/xzfg/202303/t20230316_1019776.shtml.

［3］ 国家认证认可监督管理委员会. 中华人民共和国认证认可条例（2020年修订版）［Z/OL］.（2020-11-29）［2024-10-15］. https://www.cnca.gov.cn/zwxx/zcfg/art/2020/art_4ae128be9dbc414688041ac69ad74af2.html.

［4］ 全国人民代表大会常务委员会. 中华人民共和国环境影响评价法［Z/OL］.（2019-01-07）［2024-10-15］. http://www.npc.gov.cn/npc/c1773/c2518/2019zhhbsjx/sjxflfg/201906/t20190628_298339.html.

［5］ 住房与城乡建设部. 生物安全实验室建筑技术规范：GB 50346—2011［S］. 北京：中国建筑工业出版社，2012.

［6］ 全国认证认可标准化技术委员会. 实验室生物安全通用要求：GB 19489—2008［S］. 北京：中国标准出版社，2009.

［7］ 全国认证认可标准化技术委员会. 移动式实验室 生物安全要求：GB 27421—2015［S］. 北京：中国标准出版社，2015.

［8］ 生态环境部. 建设项目环境保护管理条例［Z/OL］.（2017-07-16）［2024-10-15］. https://www.mee.gov.cn/ywgz/fgbz/xzfg/201906/t20190628_707970.shtml.

［9］ 生态环境部. 建设项目竣工环境保护验收暂行办法［Z/OL］.（2017-11-20）［2024-10-15］. https://www.mee.gov.cn/gkml/hbb/bwj/201711/t20171127_427000.htm.

第二十章
实验室人员管理

人是影响实验室生物安全诸多因素中最为关键的要素，也是最重要的资源。人员管理是实验室生物安全管理的关键内容，是实验室生物安全的重要保证。实验室应着重对人员的管理和培养，并根据实验室自身的规模、实验活动的种类、性质和难易程度以及发展设置工作岗位，识别和建立对人力资源的需求和管理机制。实验室工作人员包括实验室管理人员、从事病原微生物实验活动的工作人员和相关的辅助人员及后勤保障人员。根据生物安全管理的需要设置安全管理岗位，协助实验室负责人、生物安全负责人做好实验室生物安全日常监督管理。

对人员的管理须重点关注相关岗位人员的专业背景、岗前培训及实验活动的规范性等关键环节。对每一名工作人员的准入、人事档案、教育背景、培训、考核结果、工作能力以及人员健康进行全面的管理。

实验室通过构建管理体系、科学设置岗位，保障可靠的人力资源，明确人事政策和岗位要求，做好人员培训、能力评估及背景审查。应有具体措施确保各类人员的权利与职业安全，为实验人员提供必要的安全防护基本条件。实行人员背景审查、人员准入制度。开展理论培训、专业技术培训、生物安全规范操作培训和安全教育，使从事各项实验活动的人员符合国家有关规定及实验室生物安全管理的基本要求，以确保各项实验活动能满足质量控制和生物安全的要求。

第一节 人员的分工

根据《中华人民共和国生物安全法》第四十八条，病原微生物实验室设立单位的法定代表人和实验室负责人对实验室的生物安全负责。根据《病原微生物实验室生物安全管理条例》第三十二条，实验室负责人为实验室生物安全的第一责任人。根据实验室的规模，可设有不同的分工。

一、实验室管理人员

实验室管理人员包括实验室设立单位法定代表人、主管生物安全相关的部门人员及实验室负责人等。作为实验室管理者，其主要职责是保障实验室的正常安全运行和实验工作的完成。最高管理者应为实验室所在单位主要负责人，其主要职责是对人力资源、设施设备等硬件资源予以保障和协调，组织制定相关的管理制度和体系文件，解决重大质量及生物安全问题，提出年度工作目标和计划等全局性工作，并就实验室重大问题作出决策。实验室负责人的主要职责是负责实验室的日常运行与管理，制订实验室人员的技术和安全培训计划并实施，负责实验环境与设施的条件控制，负责实验室能力建设等；根据实验室的组织机构设置和岗位关系，组织制订各类人员的培训计划并实施，组织开展实验室内部审核，负责分析评估实验室生物安全偏差与事故，制订预防措施计划并组织实施等。

二、实验人员

实验人员主要依据其职责开展实验活动，包括职工、实习人员、进修学习人员、项目合作技术人员、参观考察人员以及上级主管部门或认证认可部门临时需要进入实验室的人员。

三、辅助人员

辅助人员主要负责样品受理和处理、培养基配制、相关器具洗涤与消毒、试剂管理、设备维护、废弃物处理等，包括特殊岗位人员，如压力蒸汽灭菌容器操作人员、样本运输人员、安保人员等。

四、后勤及维保人员

后勤及维保人员主要负责实验室设施设备的维护、保养、维修工作。也包含外部技术人员、第三方检测机构，定期开展实验室设施、设备的检查维护、维修、检测工作。专职维保人员应列入实验室管理岗位。

人员管理一般通行的做法是建立一个团队，构建实验室管理体系，进行科学合理的岗位设置和分工，明确每个岗位的职责，根据专业要求配置相应的专业人员，并设置必要的辅助岗位，同时对人员提出原则性要求，包括人员的准入、培训、健康监护等。

五、人员职责

实验室全部人员应自觉遵守国家相关规定和要求，严格执行所在实验室的管理规定，不因人事、经济等任何压力而违反规定。

实验室管理人员应严格贯彻实验室管理体系，执行实验室管理的各项程序；负责实验室安全，包括人员、社区和环境安全；负责实验室准入和风险告知；保护和尊重员工的个人权利和隐私；负责员工的培训、教育和工作能力的保证；负责员工的健康检查和医疗保障；负责实验室设施、设备等的安全；负责提供可靠、充足、实用的个人防护用品、实验物品和器材；负责保证员工不疲劳工作和不从事风险不可控的工作或国家禁止的工作等。

实验人员、辅助人员、后勤及维保人员应充分认识和理解所从事实验活动的风险，并自愿从事相关工作；按照规定定期参加培训，正确使用实验室设施、设备和个体防护装备；主动报告可能不适于从事特定任务的个人情况，包括生理、心理等不适应；有责任和义务避免因个人原因造成生物安全事件或事故，怀疑出现实验室感染应立即报告，出现实验室安全事件、事故应立即如实报告，不得编造、散布虚假的生物安全信息；同时，有权举报危害生物安全的行为等。

第二节　实验室准入制度及要求

实验室应对每一名工作人员的人事档案、教育背景、培训、考核结果、工作能力及人员健康状况进行审核及管理，并依据以上背景材料对员工施行准入制度。实验室负责人应对每一名工作人员充分告知所从事工作可能存在的生物安全风险，并签订知情同意书。

准入的条件可根据不同对象进行分类要求。

一、教育背景及专业技术要求

实验室安全管理人员应具备相关的专业教育背景，熟悉国家相关政策、法规、标准；具备较强的管理协调能力；熟悉相关专业业务，熟悉实验室安全管理工作，善于沟通，定期参加相关的培训或继续教育。

实验人员应具备与从事岗位相对应的教育背景、一定的学历层次和专业经历，经生物安全相关知识上岗培训，并获得考核合格的资质证书，具有较强的专业技术操作能力。同时要求身体健康，尤其是从事高致病性病原微生物相关实验活动的，应具备良好的专业技能和心理素质。实验人员应达到以下要求。

（1）综合素质好、责任心强、态度认真、科学严谨。

（2）通过实验室通用和专业培训，考核合格。

（3）熟悉生物安全相关法律法规和标准。

（4）熟悉与本专业相关的国家标准，能严格执行技术操作规范。

（5）经过生物安全培训，掌握实验室生物安全原理、生物安全操作和防护技能，考核合格。

（6）掌握实验室设备的技术参数和操作规范。

（7）熟知紧急情况下的正确应对措施。

（8）了解所从事实验操作的全部风险并有预防风险发生的能力，身体健康，签订知情同意书，进行免疫接种。

（9）经生物安全培训、应急演练及技术培训，考核合格并获岗位资格证书。

实习进修和项目合作人员的准入必须经过管理部门审核同意，并经系统的生物安全和专业技术培训，考核合格，经过能力评估能够满足实验操作和管理要求，应有实验组安全负责人或委托人员陪同。

参观考察人员以及上级主管部门或认证认可部门需临时进入实验室的人员一般是由实验室生物安全管理部门审核同意，发给准入证后在实验室人员陪同下进入。原则上只能进入实验室办公区和无生物风险区域，不得进入实验室防护区。如果需要进入实验室防护区，应经过安全培训并在工作人员指导下进入。

辅助人员应熟悉自己岗位工作相关的管理和专业要求；经过生物安全和专业技术上岗培训，考核合格，获得上岗证书；同时具备较强的操作技能且身体健康。

后勤及维保人员应掌握专业技术，完成生物安全培训后方可从事生物安全实验室的后勤服务和维护保养工作。

一般情况下，后勤及维保人员仅在实验室外围工作，如需进入实验室或从事可能存在生物感染风险的维修工作，必须有实验组安全负责人或委托人员陪同，采取适当的防护措施，并听从实验室工作人员的安排，必要时在实验室进行终末消毒后开展工作。

对于外部技术人员或第三方检测机构定期开展实验室设施、设备的维修、检测工作，需临时进入实验室的人员，一般是由实验室生物安全管理部门审核同意，发给准入证，在实验室人员陪同下进入。原则上只能进入实验室办公区和无生物风险区域，不得进入实验室防护区。如果需要进入实验室防护区域，还应经过安全培训并在实验室人员指导下进入。

特殊岗位人员，应依据有关部门的规定，满足规定要求后上岗。如压力灭菌容器操作人员、菌（毒）种及样本航空运输托运人员等需要经过相关主管部门的资质培训，持证上岗。

生物安全实验室安保人员，应经过详细背景调查，必要时通过政审，合格后方可执行安保工作。同时，应对安保人员进行生物安保相关培训，特别是对突发情况处置的操作流程进行培训与考核。

二、背景审查要求

对于实验室工作人员、辅助人员及后勤保障人员都应进行背景审查，审查的目的是通过背景审查对工作人员个人基本信息、教育背景、工作经历、专业技术、培训情况、健康状况进行全面了解。

背景审查的时间安排在进入实验室开展工作前。且根据岗位不同，背景审查将有所侧重。

（一）审查的流程

首先，根据工作岗位确定需要调查的内容、方式。其次，告知被审查人员后开展背景审查。最后，获得被审查人员的各种原始信息以及所需的额外信息资源，对被审查人员作出结果判断。

（二）审查的方式

一般审查通过问询方式及审核提交的佐证材料，如毕业证书、任职资格证书及上岗证书等的真实性、有效性进行。

（三）审查的内容

背景审查内容应以简明、实用为原则。

管理人员着重核实专业教育背景，是否熟悉国家相关政策、法规、标准，是否熟悉实验室安全管理工作，是否定期参加相关的培训或继续教育等内容。

实验人员着重核实从事岗位相应的教育背景及工作经历，是否熟悉生物安全相关法律、法规和标准，掌握实验室通用和专业操作规程，经生物安全、应急演练及技术培训合格并获岗位资格证书；是否了解所从事工作的全部风险并熟知预防风险发生的措施；是否身体、心理健康，进行过必要的免疫接种。

辅助人员、后勤保障人员及特种设备操作人员，主要核实从事岗位相应的教育背景及工作经验，是否了解所从事工作的全部风险并熟知预防风险发生的措施，是否经相关主管部门的资质培训，获得上岗证书。

负责维修及检测工作的外部技术人员着重核实身份信息、工作单位信息等。

生物安全实验室安保人员根据人员岗位、类型、涉源性质，核实人员的教育背景及工作经历，评估人员的可靠性和身体及心理是否健康。必要时可在单位、属地、国家的层面对安保人员进行政治审查。

三、人员素质评价要求

对人员的政治思想及能力的具体评价包括管理能力、计划组织能力、工作能力、专业技能、个人特性、人员健康状况等。人员的岗位不同，对评价要求的侧重点应有所不同。

管理人员，主要评价其管理能力，如团队组建能力、组织协调能力、工作目标规划及管理能力；专业技能包括是否精通本领域专业知识，是否掌握最新的国家相关政策、法规、标准和国内外各项标准等。

实验人员评价要求包括：理解及执行能力，能够充分理解本岗位的工作要求，开展各项工作；专业技能方面，主要评价是否熟悉负责岗位的专业技能，能独立承担并有计划地完成所从事的工作，具备工作职责内的风险识别及控制能力，善于学习更新本专业知识，善于了解国家相关政策、法规、标准等；沟通能力，主要评价是否能够完全理解上级传达的工作指示、决策，同时可与同事合理有效地沟通。

辅助人员、后勤保障人员及特种设备操作人员着重评价其工作及执行能力，实验室意外事件发生时采取合理应对措施的能力，是否符合特殊工种的工作要求，具备与工作相匹配的工作资质，能否按照上级传达的工作指示、决策开展工作。

个人特质主要包括评价工作人员是否有大局观、足够的进取心，有立场原则、工作态度、责任心、主动性及团队合作能力等。

人员健康评价应包括身体状况及心理健康评价。

四、人员档案要求

人员档案作为实验室人员信息资源的重要组成部分，基本涵盖了实验室人员工作的全部内容，可迅速了解实验室每一位人员的教育背景、工作能力、培训情况、科研成果水平等多方面情况，以便全面评价人员情况和整体素质，全方位培养各类管理及专业技术人员。

　　建立健全的人员档案，可对实验室整体管理、科研等水平作出分析，为评估人才队伍结构、人才配比等方面提供翔实信息，提高管理人员宏观控制和决策的前瞻性、科学性。可为培养和开发利用各类专业需求人才，实现人员的合理利用提供重要的参考依据。同时能够及时发现人才队伍的薄弱环节，从而可有的放矢地对专业人员进行培训，以提高管理及专业技术队伍的整体素质及人员能力。

　　为每一位实验室人员建立档案，由专业人员统一管理，定期收集、更新、整理、归档，人员档案内容包括：①基本信息；②工作经历；③教育背景、专业资格证明；④背景审查结果；⑤岗位职责说明；⑥岗位风险说明及员工的知情同意证明；⑦培训、继续教育记录及考核结果；⑧人员健康档案，免疫接种情况、健康情况、本底血、职业禁忌证；⑨与工作安全相关的意外事件、事故报告；⑩工作能力评价结果；⑪员工表现评价等材料。

第三节　人员培训

　　培训是一项基础性工作，通过培训，使从事病原微生物相关实验活动的工作人员熟悉生物安全的法律、法规、标准，建立实验室生物安全意识，获得实验室生物安全相关知识和技能，防止实验室感染事件发生，确保实验工作顺利完成，有能力保障自身安全、环境安全以及社会人群安全。生物安全实验室相关人员的培训主要可以通过岗前培训、专项（题）培训和继续教育等方式进行，也可以通过参与外部培训如外部进修，或实验室所在机构的内部培训的形式进行。培训内容根据当前或未来实验活动需求开展，主要包括法律法规、生物安全、专业知识和技能等。

　　岗前培训一般是针对实验室生物安全和专业岗位准入人员所必需的基本内容，在上岗前进行的系统和基础性的培训，主要内容包括实验室生物安全、消防安全及相关的法律法规、国家标准等，考核合格的给予上岗证书，获得准入条件。岗前培训是正式上岗前的强制性要求。

　　专题培训是重点围绕一个主题，对某项专业技能和知识进行的集中培训，如在面临埃博拉出血热、中东呼吸综合征、新型冠状病毒感染等传染病威胁时，为了应对疫情暴发，针对这类疾病的相关技术和知识进行专项培训。通过专项培训来强化和提高实验室人员相关领域的技术知识水平、安全防护意识。

　　继续教育是学校教育之后对管理人员、专业技术人员进行知识更新、补充、拓展和能力提高的一种高层次的追加教育。在专业方面主要包括与从事专业相关的专业技术、操作规范和业务技术发展动态等方面的内容。

　　培训效果评估。培训后须对人员的专业知识及实际操作进行考核。培训效果评估可采用书面问答和专业技能操作相结合的方式。培训效果评估作为人员上岗的必备条件之一，考察人员对所进行培训的反应、对所培训内容的记忆和／或操作执行情况、在工作中的行为变化等。

　　培训对象涵盖生物安全实验室所有人员，根据不同的培训目的使用培训教材，培训教材包括：①国家与生物安全有关的法律、法规、规定；②与实验室工作有关的国家和行业标准；③本单位管理体系文件；④国家有关部门的培训教材等。

一、常规培训要求

常规培训包括岗前培训和专题培训。培训涉及消防、化学品安全、心理健康、风险评估、生物危险和传染病预防、救治指南、紧急医学处理措施等相关法律法规。

岗前培训的内容应涉及国家职业健康、安全法规及相关法律法规，传染病知识、与检验和收集管理相关的流行病学现场方法等。

专题培训的内容应涉及：①微生物学操作技术规范的培训；②保障人员的实验室操作规范培训；③安全人员的实验室操作规范培训；④实验室人员按现行的国家和/或国际规定进行感染性物质运输、保藏、使用及安全知识、法规的培训；⑤对实验室工作人员进行意外事故安全处理的过程以及健康监测和救治指南培训；⑥对实验室工作人员进行高危操作的培训（内容应根据实际工作制定）；⑦对实验室工作人员进行正确的生物安全操作的培训；⑧对实验室工作人员进行生物安全实验室运行等一般规则的培训，使其掌握各种仪器、设备、装备的操作步骤和要点，进行正确的操作和使用，对于各种可能的危害应达到非常熟悉的程度；⑨工作人员应掌握的各种感染性物质操作的一般准则和技术要点；⑩对压力容器操作人员进行设备培训，减少操作压力容器时会发生的危害，由受过良好培训的人员负责高压灭菌器的操作和日常维护等。

二、微生物操作技术培训要求

培训内容应涉及实验室技术、意外事故应急方案及应急程序、消毒和灭菌、感染性物质的运输等。

通过相关培训应达到如下目标：①规范个人行为，包括个人清洁、消毒、着装要求；规范工作行为，包括合理选用个人防护装备并正确使用，在特定区域从事特定的实验操作，正确地选择和使用实验器材及正确使用实验室设施设备；②应对所操作的病原进行风险评估，识别操作中的风险点，制定意外事故应急处置方案，制定应急处置程序，并进行培训及应急演练；③了解消毒及灭菌的基本概念，规范实验场所的消毒处理和实验废物的处理；掌握清除局部环境污染、设备污染的方法；④掌握菌（毒）种及样本的收集、运输、接收、保存及其在实验室内的传递程序；感染性物质的运输要遵守国家和国际的相关规定，正确地使用包装材料，按照管理法律、法规要求运输。

三、化学品操作技术培训要求

培训内容应包括理论培训和实操培训，前者包括化学品管理法律、法规、标准、基本概念等，后者则重点放在化学品的存放、使用和意外事件应急处置措施等上。

培训要求了解化学品相关的国内法律、法规、标准，熟悉化学品的通用管理要求，掌握工作中涉及的化学品的管理要求，正确使用化学品。掌握所使用的化学品的应急处置措施。

四、特殊设备操作技术培训要求

特殊设备操作人员，根据相关规定应满足有关部门的要求，经过相关主管部门的资质培训，持证上岗。同时根据岗位要求，完成保障部门的相关培训内容。

培训的形式可以采取专题讲座、计算机辅助教学或实验室现场操作等方式进行。通过理论考试和实际操作考核进行培训效果评价，评估每个员工对培训内容的理解力、专业操作能力和应急处置能力。

第四节　实验人员健康监护

实验活动存在一定的风险，有可能对实验人员的健康和安全产生危害。因此，应对实验人员的健康进行管理，确保实验人员的健康和生命安全。人员健康监护主要包括人员基础健康监测、症状监测、心理健康监测等。

1. **人员基础健康监测**　包括健康体检、日常健康监护、建立个人健康档案及预防措施落实等，并为实验人员提供必要的免疫保护或其他的安全防护措施。在开展高致病性病原微生物实验活动时，须对实验人员的身体状况进行健康监护。

健康体检是实验人员和相关辅助人员健康保护的一项重要工作，通过定期的体检，可以及时了解人员的健康状况，保障实验相关人员的健康与安全。工作人员应每年至少进行一次健康体检。

健康档案主要记录员工的身体素质、免疫状况、基础疾病、从事的岗位工作，以及健康体检的相关指标与数据等。实验室设立单位应建立实验人员健康档案，保留本底血样，定期组织体检。体检结果和病史应归入工作人员健康档案。

职工的健康档案和本底血样至少保存到其退休或离岗后一年。研究生和进修人员健康档案和血样至少保存到其离岗后一年。工作中接触了某些潜伏期长的特殊病原体的工作人员的健康档案和血样，应至少保存到该病原体所导致疾病的最长潜伏期之后。

免疫接种是有效和可行的健康风险控制措施，通过接种与实验活动相关病原体的免疫制剂，可以起到预防保护的作用。实验人员在进行病原微生物的实验之前，可根据工作需要与评估情况进行疫苗接种。对特定病原微生物预防接种反应不良或有职业禁忌证者，不宜从事与该病原微生物有关的研究和疾病预防控制工作。应事先告知实验人员预防接种的不良反应，并保存免疫接种记录。

接种疫苗的必要性和种类应由专业人员进行评估论证。免疫接种工作应由实验室设立单位统一组织。

接种免疫制剂后应根据需要定期进行加强免疫或采取临时性预防措施，以保证免疫持续有效。

健康监测是确保从事病原微生物实验活动人员健康与安全的重要预防性措施，通过健康监测及时发现实验室感染，避免实验人员发病或病原微生物向周围人群传播扩散。重点监测对象是从事高致病性病原微生物实验活动，尤其是从事可通过空气或气溶胶传播的病原微生物实验活动的相关人员。

2. **症状监测**　对从事病原微生物操作的人员，除应进行日常的健康监测外，还应在其开展病原微生物操作工作前期了解即将从事的病原微生物实验操作的风险性、可能出现的不良后果以及实验室的安全规定等，签订知情同意书；在开展病原微生物操作工作期间同步进行症状监测，一旦发现实验人员出现发热或与从事的实验活动的病原所致疾病相关的症状时，应对其进行必要的处理。应在指定的医疗机构及时就诊，并将近期所接触的病原微生物的种类和危害程度如实告知诊治医疗机构。从事高致病性病原微生物实验的工作人员因尚未明确诊断的疾病而休假时，需要每日向实验组安全负责人或安全员汇报病情变化。

3. **心理健康监测**　为确保工作人员心理健康，应定期进行心理健康监测。可以通过问卷调查等方式进行。

心理健康的描述可参考以下标准。

（1）有适度的安全感，有自尊心，对自我的成就有价值感。

（2）适度地自我批评，不过分夸耀自己，也不苛责自己。

（3）在日常生活中，具有适度的主动性，不为环境所左右。

（4）理智，现实，客观，能正确面对现实，能容忍生活中挫折的打击，无过度的幻想。

（5）适度地接受个人的需要，并具有满足此种需要的能力。

（6）有自知之明，了解自己的动机和目的，能对自己的能力作客观的估计。

（7）能保持人格的完整与和谐，个人的价值观能适应社会的标准，对自己的工作能集中注意力。

（8）有切合实际的生活目标。

（9）具有从经验中学习的能力，能适应环境的改变适时调整自己。

（10）有良好的人际关系，有爱人的能力和被爱的能力。在不违背社会标准的前提下，能保持自己的个性，既不过分阿谀，也不过分寻求社会赞许，有个人独立的意见，有判断是非的标准。

（李振军　侯雪新）

参考文献

［1］　全国人民代表大会常务委员会. 中华人民共和国生物安全法［Z/OL］.（2020-10-17）［2024-10-15］. http://www.npc.gov.cn/npc/c2/c30834/202010/t20201017_308282.html.

［2］　中华人民共和国生态环境部. 病原微生物实验室生物安全管理条例［Z/OL］.（2018-03-19）［2024-10-15］. https://www.mee.gov.cn/ywgz/fgbz/xzfg/202303/t20230316_1019776.shtml.

［3］　郑涛. 生物安全学［M］. 北京：科学出版社，2014.

［4］　武桂珍，王健伟. 实验室生物安全手册［M］. 北京：人民卫生出版社，2020.

［5］　高福，王子军. 病原微生物实验室生物安全培训指南［M］. 北京：人民卫生出版社，2015.

［6］　中华人民共和国国家质量监督检验检疫总局，中国国家标准化管理委员会. 实验室 生物安全
　　　　通用要求：GB 19489—2008［S］. 北京：中国标准出版社，2008.

［7］　张静，刘海燕，邹兰花. 建立实验室生物安全管理体系［J］. 中国卫生质量管理，2010，17
　　　　（5）：92-94.

［8］　李家增，邰怡. 病原实验室人员生物安全知识认知情况调查［J］. 中国误诊学杂志，2011，
　　　　11（27）：6695.

［9］　WHO. Laboratory biosafety manual[M]. 4th ed. Geneva: World Health Organization, 2020.

第二十一章
应急预案与应急处置

应急处置是指意外事件突然发生后，为了尽快控制和减少事件造成的危害而采取的应急措施。应急预案是在风险评估的基础上，为降低意外事件造成的人身、财产与环境损失，就事件发生后的应急救援机构和人员，应急救援设备、设施、条件和环境，行动步骤和纲领，控制事件发展的方法和程序等，预先做出的科学而有效的计划和安排。

本章依据《中华人民共和国环境保护法》《国家突发环境事件应急预案》《病原微生物实验室生物安全环境管理办法》《突发公共卫生事件应急条例》与相关法律法规及规章制定，适用于我国实验室生物安全事件的应急处置工作。

第一节　应急预案

一、概述

实验室应急预案是为应对实验活动中可能产生的意外事故，以及火灾、水灾、地震或人为破坏等突发紧急情况而制定的应急方案；应至少包括组织机构、应急原则、人员职责、应急通信、报告内容、个体防护、应对程序、应急设备、撤离计划和路线、污染源隔离和消毒灭菌、人员隔离和救治、现场隔离和控制、风险沟通等内容。

应急预案应得到实验室设立单位管理层批准，由实验室负责人定期组织对预案进行评审和更新。从事高致病性病原微生物相关实验活动实验室制定的实验室感染应急预案应向所在地省、自治区、直辖市卫生主管部门备案。

（一）组织体系

1. **工作组**　实验室设立单位应成立实验室生物安全工作组，组长为本单位行政负责人（法人／生物安全委员会主任），分管领导为副组长，成员由生物安全委员会和相关处室人员组成，包括实验室管理人员、监督管理人员、组织协调人员、事件调查人员、安全保卫人员、后勤保障人员等。

2. **组织架构**　生物安全工作组组织架构见图 21-1。

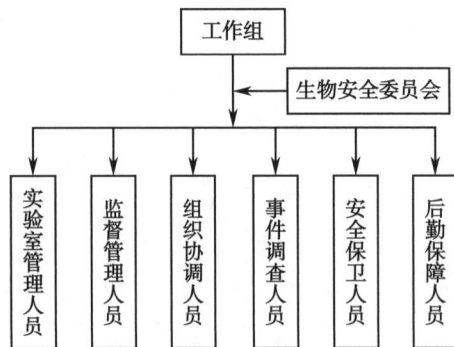

图 21-1　生物安全工作组组织架构图

（二）职责

1. **工作组**　负责突发事件的组织管理与协调指挥，根据情况研究决定有关事项的处理方案。

2. **生物安全委员会**　负责实验室生物安全相关事宜的咨询、指导、评估、监督，为实验室安全运行提供指导和监督，为实验室意外事故和应急处置提供评估和监督，为管理层提供决策支撑。

3. **实验室管理人员**　按照工作组的要求，组织制定实验室应急预案，向工作组和生物安全委员会汇报；负责组织人员进行应急预案培训和演练；负责应急处置的相关物质准备。

4. **监督管理人员**　参与组织制定实验室应急预案，监督应急预案的培训、演练、检查，做好向上级主管部门汇报事件的总结工作。

5. **组织协调人员**　参与制定应急预案；加强日常行政值班监督管理、培训，发现问题及时向领导小组报告；参与应急预案执行的监督检查；抽查相关部门的通信是否畅通；组织事件对外沟通交流；与定点救治医院联系；会同相关部门，临时征调工作人员。

6. **事件调查人员**　参与制定突发事件的应急预案方案；接到突发生物安全意外事故报告后，通知相关人员，要求其 2h 内到达处理现场；对有关人员采取医学观察、隔离等控制措施；协调实验室采集意外事件时有关人员和环境标本，开展现场快速检测和实验室检测；进行现场流行病学调查等。

7. **安全保卫人员**　参与制定实验室意外事件应急预案；负责意外事件发生时的外围警戒，封闭、隔离现场，限制人员出入；参加应急演练。

8. **后勤保障人员**　参与制定实验室意外事故应急预案；确保电力、车辆等运行畅通；参加应急演练；负责医疗废弃物、危险化学试剂和试剂瓶的处置等工作。

二、应急预案编制

应急预案应由预案编制小组对实验室可能发生的各种感染性事故或其他伤害，以及火灾、水灾、地震或人为破坏等突发紧急情况进行风险评估，依据风险评估结果制定。

（一）成立预案编制小组

编制工作成员为生物安全工作组成员，由行政负责人负责，实验室管理部门牵头，组织相关职能部门人员和技术专家进行编写，确定编制计划，明确任务分工，编写的应急预案须通过生物安全委员会审核，然后由实验室所在单位管理层批准。

（二）风险评估和应急能力符合性评估

1. **风险评估**　针对实验室可能发生的各种感染事故或其他伤害，按照风险评估程序，识别出各个风险环节，分析风险危险程度和发生概率，评估风险严重性，然后按照"先主后次，先急后缓"原则，拟定应急工作的重点内容，划分预案编制优先级别，确定应急准备和应急响应必要的信息和资料。

2. **应急能力符合性评估**　依据风险评估结果，对现有应急管理机制与程序、应急资源进行应急能力评估，识别现有应急体系的缺陷和不足，明确应急救援需要的所有环节和内容。应急机制与程序包括文件规定的充分性、运行状况的有效性以及人员技术、经验和接受培训的状态等。应急资源包括应急人员、应急设施设备、物资装备和应急经费等。

（三）编写应急预案

1. **基本要求**　预案中须明确应急方针 / 原则（统一领导，分级负责；预防为主，常备不懈；依法规范，措施果断；依靠科学，加强合作）、组织体系、各应急组织在应急准备和应急行动中的职责、应急资源、基本应急响应程序以及应急预案演练和保障等规定。

确定预案适用范围、事故分级标准及启动条件、响应程序与终止标准。

2. **核心内容**　明确风险控制所需核心内容，以及基本的任务和应急行动流程与要求，如指挥和控制、警报、通信、人员撤离、环境处理、健康监护和医疗救治等。确定各项活动的责任部门和支持部门，明确各自目标、任务、要求、应急准备和操作程序等。

3. **明确应急处置标准操作程序**　各项应急功能中的责任部门和个人需要有具体而简明的标准操作程序，包括目的与适用范围、职责、具体任务说明或操作步骤、负责人员等。尽量采用核查清单形式，检查核对时逐项记录。

4. **支持文件**　应急救援支持保障系统所需的各种技术文件及所附图表，包括通信录、安全手册、技术参考、危险源清单及分布图等。

（四）预案发布

按照各单位管理规定的审批程序，组织内外部专家对预案的充分性、必要性、实用性进行评审，确保应急预案的适用性。按规定程序进行正式发布并向上级管理部门备案。

（五）预案维护与管理

组织有关部门开展预案宣传、全员培训与模拟演练，核查预案要求的职责、程序和资源准备的符合性，评价预案的适用性。针对发现的问题，对预案不断地更新、完善，以持续地改进。

第二节　应急响应

在突发意外事件时，根据应急预案系统识别出实验活动中可能出现的风险，定义应急事件级别，组建应急响应工作组，进行应急处置，从而有效控制事态发展。

一、应急准备

根据应急预案，对可能发生的意外事件提供保障措施，进行应急响应物资储备和人员能力建设。

（一）保障措施

1. **应急物资装备保障** 根据预案应急处置的需求，明确应急物资和装备类型、数量和性能，由后勤保障部门负责应急物资的采购、存储和管理，建立应急物资储备保障体系，在应急期间，接受应急指挥部统一调配。应急储备物资使用后要及时补充。

2. **经费保障** 按照规定准备应急经费，专门用于改进和完善应急处置体系建设、监控设备定期检测、应急处置物资采购、应急处置人员培训、应急预案演练等，做到专款专用，确保应急期间应急经费及时到位。

应急工作组对应急经费的使用情况应符合国家规定，并接受相关部门监督审核。

3. **应急处置和救治队伍建设** 各单位应结合实际情况建立实验室生物安全事件应急处置和救治队伍，加强管理和培训，并根据属地化管理原则落实医疗救治定点医院。

（二）人员培训

1. **培训基本要求** 为确保快速、有序和有效应急的能力，所有人员应认真学习应急预案内容，明确所承担责任，懂得应该做什么、能够做什么、如何做，以及如何配合和协调各应急小组的工作等，确保快速有效地完成应急行动。

2. **培训方式** 培训采用公告宣传、事故警示、实操演练、内部交流、资质机构培训、外聘教师授课等多种形式相结合；应急处置培训应编入年度培训计划。

3. **培训要求**

（1）针对性：针对最有可能发生事故的实验活动、场所、岗位进行相应的教育培训，要求操作人员能够充分了解本岗位的危险特性，熟练掌握本岗位的隐患排查、初起事故控制，并进行考核、记录和存档。

（2）定期性：定期培训安全知识，进行意外事件的实操演练。

4. **培训内容** 包括基本应急培训、专业应急培训、社区及周边人群的应急知识宣传。

（1）基本应急培训：基本应急培训对象为各科室实验人员，包括以下内容。

1）预案的作用。

2）事件类型。

3）预防措施。

4）相关人员日常和应急状态下的工作职责。

5）应急状态下实验人员及公众应采取的应急措施。

6）防护器材的使用，自救与互救知识。

（2）专业应急培训：专业应急培训对象为现场应急人员，包括以下内容。

1）现场指挥人员：应急组织机构的职责分工、现场平面图、实际位置、区域布局、撤离路线、危险源分布、指挥手势及与上级的联络方法等。

2）操作人员：鉴别异常情况的方法、各种异常情况的应急处置、应急处置设备的使用、自救与互救方法、报警方法及与上级的联络方法。

3）应急处置、救护人员：组织管理和业务训练、发生意外事件的现场情况、救护器材的布置储存情况、自救与互救教育、应急器材使用方法及适用范围。

二、意外事件的应急演练

（一）演练组织与范围

演练由实验室管理部门组织，包括制定演练计划和方案、演练准备、演练实施、演练总结。所有人员均须参加应急处置演练。演练分为综合应急预案演练和实验室意外事故现场处置方案演练。

综合应急预案演练由本单位行政负责人（法人）负责，实验室管理部门组织，参与人员包括分管领导、生物安全委员会和相关处室人员，包括实验室管理人员、监督管理人员、组织协调人员、事件调查人员、安全保卫人员、后勤保障人员和意外事故相关实验室操作人员，演练内容为实验室意外事件的应急处置，包括意外事件的评估、应急处置、污染源隔离和消毒、人员隔离和救治、现场隔离和控制、事件调查等。

实验室意外事故现场处置方案演练由实验室管理部门组织，各实验室负责人负责，实验室操作人员及实验室管理人员进行演练，演练内容为实验室常见意外事故的现场应急处置，包括由于人员活动、动物实验、设施和设备故障引起的各种实验室意外事件。

（二）演练目的

1. 落实"以人为本、风险预防、分类管理、协同配合"的工作原则，强化实验室操作人员的安全意识。

2. 加强实验室应急反应能力，提高应急队伍的指挥、决策、协调和处置能力，增强实验人员应急实战能力。

3. 检验应急物资和装备的合理性、有效性。

4. 发现应急预案的问题和不足，以便不断改进和完善。

（三）演练频次

综合应急预案和实验室意外事故处置方案每年至少演练一次，同时对演练情况加以记录。

（四）演练模式

应急演练分为桌面演练、功能演练和全面演练3种模式。

1. **桌面演练** 目的是锻炼演练人员解决问题的能力，解决各部门相互协作和职责划分的问题。桌面演练一般在会议室内举行，由各部门的代表或关键岗位人员参加，针对有限的应急响应和内部协调活动，按照应急预案及标准工作程序讨论紧急情况时应采取的行动。

2. **功能演练** 目的是针对应急响应功能，检验应急人员以及应急体系的策划和响应能力。功能演练一般由实验室管理部门组织，开展现场演练，调用有限的应急设备。

3. **全面演练**　目的是对应急预案中全部或大部分应急响应功能进行检验，以评价应急组织应急运行的能力和相互协调的能力。全面演练为现场演练，演练过程要求尽量真实，调用更多的应急人员和资源，进行实战性演练，一般持续几个小时或更长时间。

（五）演练内容

演练内容是为应对实验活动中由于人员活动、动物实验、设施和设备故障引起的各种实验室意外事件，以及火灾、水灾、地震或人为破坏等突发紧急情况而制定的应急预案，演练应涵盖应急预案中的所有要素和成员。

三、应急预案启动与响应

当实验室发生意外事件或遭遇火灾、水灾、地震或人为破坏等突发紧急情况时，应立即启动应急预案，根据事件不同级别及相应的风险评估，进行应急响应。应急响应决策应坚持以人为本的原则，控制、减轻和消除突发事件引起的严重社会危害，保障人员生命及健康。

（一）事件分级

按照事故性质、灾害程度、影响范围、控制事态能力等因素，应急响应由高到低分为4个级别。

特别重大事件（Ⅰ级）：实验室人员感染实验活动涉及的高致病性病原微生物出现死亡病例，且进一步传播扩散引起实验室以外人员感染或环境污染；或高致病性病原微生物菌（毒）种或样本丢失、被盗；或出现2个以上实验室不可控火灾、地震。

重大事件（Ⅱ级）：实验室发生的事件造成实验人员直接暴露于感染性材料，或实验材料较大损失，暴露人员感染实验活动涉及的高致病性病原微生物，但局限于实验人员，无社会扩散发生，未出现死亡病例；或出现1个以上实验室可控火灾等自然灾害。

较大事件（Ⅲ级）：实验室发生的事件造成实验室内环境可控的污染、部分实验材料（含实验动物）损失，实验人员暴露于感染性材料，并感染实验室活动相关的三类、四类病原微生物，但未感染高致病性病原微生物。

一般事件（Ⅳ级）：实验室发生的事件影响范围较小，如实验室发生病原微生物菌（毒）种或样本溢洒、泄漏，但未造成实验人员暴露，无环境污染，无实验材料（含实验动物）和财产损失。

（二）危险因素与风险分析

1. 危险因素识别

（1）感染性材料：高致病性病原微生物、病原微生物菌（毒）种及其他感染性材料可能发生溢洒、泄漏、丢失的风险。

（2）危险化品：化学品危险性分为易挥发、易燃、易爆和有毒等危险特性，有潜在导致火灾、爆炸、泄漏、中毒及设备破坏等安全事故的风险。

（3）人员：管理人员、实验人员和监控人员身体、心理健康状况和操作风险。

（4）重要设施设备：监控系统、送排风系统、HEPA 滤器、生物安全柜、压力蒸汽灭菌器、冰箱、超速离心机等。

（5）环境因素：地震、水灾等自然灾害。

2. 危险因素风险评估及防范措施　意外事件常见危险原因包括人员操作失误、实验室设施设备故障和环境因素。

（1）人员操作失误：在实验过程中，因为人员违规操作、安全意识不强等因素，存在感染性材料和危险化学品溢洒、泄漏风险，如果应急处理不及时、不恰当，就会进一步造成人员感染、环境污染等事故。因此应健全安全管理制度和操作规程，关注人员身体和心理健康，提高人员培训效果和质量，避免人员负荷超限工作，从而避免管理错误、操作错误和监管失误。

（2）实验室设施设备故障：实验室围护结构、消防等安全设施，因腐蚀、设计和施工缺陷、维护保养不到位等原因，造成管道和阀门破坏；通风系统（HEPA 滤器、送排风机组）、控制系统、生物安全柜失效；突然停电、存放感染性材料的冰箱故障等原因，造成感染性材料泄漏，人员感染，甚至污染周围环境；实验室高温高压设备及供电线路老化失修、超负荷用电等可引起火灾、爆炸。因此应建立安全管理制度、维护计划，进行定期排查、维护和质检。

（3）环境因素：地震、雷雨、台风等恶劣天气，导致设施损坏，引发火灾、爆炸、感染性材料泄漏等次生、衍生事故；使用明火、燃放烟花爆竹等火源引发火灾、爆炸事故。应建立预警机制，根据预警条件信息（如通过新闻媒体公开发布的暴雨、地震等预警信息）危害程度、紧急程度和发展势态，做出预警决定，发布预警信息，通知相关部门进入预警状态，提前做好应对措施，将风险降至最低。

（三）应急响应报告程序

1. 信息报告与通知　发现事故后，采用现场报警或就近利用电话报告给工作组启动应急预案，报警后相关人员须认真记录，并按事故性质和发展趋势及时向相关部门和人员发出事故报警通知，应急人员就位，做好应急工作，减少事故损失。

应急通信录可包括以下内容，张贴在电话旁边。

（1）24h 应急值守电话或实验室主任电话。

（2）申请支援电话：119/110/120。

（3）上级主管部门电话。

（4）相关政府部门和周边相邻单位联络方式。

2. 信息上报　应急工作组接到事故报告后，应当立即启动相应应急预案，采取有效措施，组织抢救，防止事故扩大，减少人员伤亡和财产损失。同时应在 2h 内尽快向所在地县级人民政府卫生主管部门报告，发生感染性材料被盗、被抢和丢失事件时，还应当向公安机关报告。

报告内容应当包括以下内容。

（1）事故发生概况。

（2）事故发生时间、地点以及事故现场情况。

（3）事故简要经过。

（4）事故已经造成或者可能造成的伤亡人数（包括下落不明人数）和初步估计的直接经济损失。

（5）已经采取的措施。

（6）其他应当报告的情况。

事件发生、发展、控制过程信息分为初次报告、进程报告和结案报告。

3. **应急响应流程** 发现事故，立即上报工作组；启动应急预案，进行应急响应；进行应急处置，直到事态控制；应急结束，进行后期处置。应急响应示意图见图21-2。

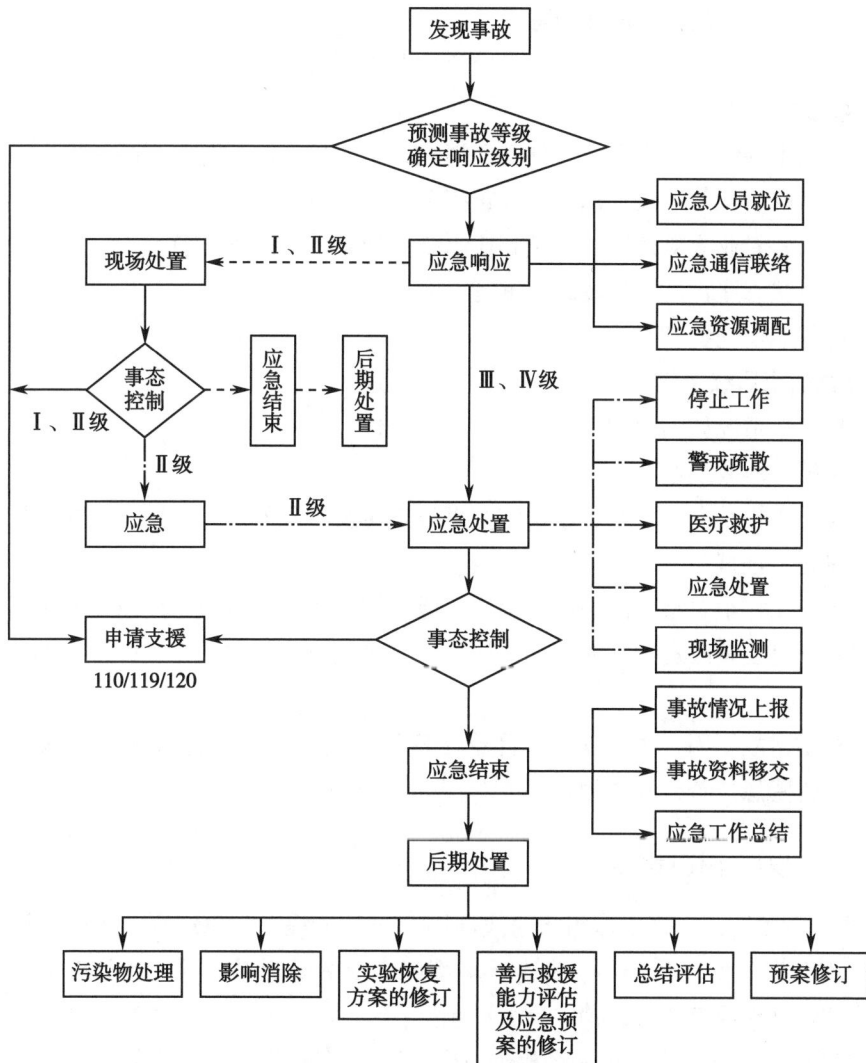

图 21-2 应急响应示意图

（四）应急响应结束

实验室生物安全事件隐患或相关危险因素消除，受污染区域得到有效消毒；生物安全事件感染者已得到妥善治疗、安置；病原微生物菌（毒）种或样本得到控制等，可终止实验室生物安全事件应急响应。对于重大实验室生物安全事件，应组织有关专家进行分析论证，提出终止应急响应建议，报上级主管部门批准后实施。

1. 应急终止的条件

（1）外部警报解除。

（2）政府部门应急处置已经终止。

（3）突发事件得到有效控制，处置工作基本完成。

（4）风险及环境危害得到有效控制，环境监测符合相关标准。

（5）次生、衍生危害已彻底清除。

（6）经应急工作组论证，确认满足应急预案终止条件。

2. 应急终止程序

（1）根据事件级别，当事故条件已经消除，由组长直接下达应急终止指令或经上级应急指挥机构批准后，由组长下达应急终止指令。

（2）现场各专业应急处置队伍接到应急终止指令后，终止应急。

（3）应急状态终止后，现场继续进行监测。

（4）进行后期处置。

3. 应急结束后续工作

（1）将事故情况如实向相关卫生行政部门报告。

（2）保护好事故现场。

（3）应急工作组向事故调查小组移交事故发生及应急处理过程所有记录，配合事故调查小组取得相关证据。

（4）应急工作组总结事故原因，提出（或根据相关卫生行政部门意见提出）整改要求和整改期限，落实整改资金、人员和措施；总结事故应急处置工作，并报告相关卫生行政部门。

（5）总结事故原因，举一反三，召开员工会议，落实安全责任制和安全操作规程；组织各部门进行隐患排查，并按规定整改。

（五）事故后果影响消除

1. 事故解除后，应急工作组将事故原因、应急过程、应急结果、事故程度等相关信息及时、主动向卫生行政部门、生态环境部门、上级等通报，并提出整改措施、整改计划、整改期限和整改期望等，消除事故影响。

2. 各项安全条件达到要求并经相关卫生行政部门批准后，恢复实验。

3. 配合政府相关部门做好其他善后工作。

第三节 应急处置

实验室生物安全事件发生后，应急预案工作小组在生物安全委员会授权下，立即启动本单位应急预案，各职能部门履行各自职责。关闭事件发生实验室；对周围环境进行隔离、封闭；开展现场采样与流行病学调查；对有关人员进行隔离和医学观察；对密切接触者进行医学观察；调查丢失病原微生物菌（毒）种或样本种类、名称、数量、包装等信息；追踪丢失病原微生物菌（毒）种或样本去向；了解核实事件，认定事件等级等信息，采取相应的应急预案。

一、常见意外事件应急处置

常见实验室意外事件主要是指在实验过程中由于人员活动、动物实验、设施和设备故障引起的意外事件。以下为实验室常见意外事件相应的应急处置方法。

（一）人员活动引起的意外事件处置

实验室须按照《病原微生物实验室生物安全管理条例》第三十四条规定，定期对工作人员进行培训，保证其掌握实验室技术规范、操作程序、安全防护知识和实际操作技能，并进行考核，这将降低实验人员在实验中的风险。

1. 实验人员昏倒或发生身体严重不适

（1）立即停止工作，由同在实验室内工作的人员，或派人迅速着装进入实验室，妥善处理毒种与感染性实验材料。

（2）帮助身体不适人员紧急处理并撤出实验室。

（3）身体不适人员应进行治疗并休息，在身体状况恢复前，不要重新进入实验室工作。

（4）记录事故过程和处理经过。

2. 实验人员出现与操作病原微生物导致疾病类似症状

（1）视为可能发生实验室感染，实验室主任应立即向生物安全委员会报告，同时派专人陪同及时到定点医院就诊（不论白天或夜晚）。

（2）在就诊过程中，应采取必要的隔离防护措施，以免疾病传播。

（3）就诊时，实验人员应当将近期所接触病原微生物种类和危险程度如实告知接诊医疗人员。

（4）一旦确诊为疑似传染病患者，应按《病原微生物实验室生物安全管理条例》第四十七条执行。

3. 手套撕破、损坏、被污染

（1）操作过程中，若佩戴的手套被污染，应立即用消毒纸巾擦拭手套，然后脱下污染手套，丢弃在生物安全柜中的高压灭菌袋中。对手部进行消毒处理，戴上新手套继续实验。

（2）操作过程中，若佩戴的手套被撕破、损坏，病原微生物可能会污染皮肤，须立即停止工作，脱下破损手套，丢弃在生物安全柜中的高压灭菌袋中。同时对可能被污染的皮肤按"4.感染性材料污染到皮肤"进行应急处理。

4. 感染性材料污染到皮肤

（1）视为很大危险，应立即停止工作，使用有效消毒液（能灭活正在操作的病原微生物）对污染皮肤进行消毒处理，然后用水冲洗，收集产生的废液，按感染性液体处理。

（2）处理后尽快撤离实验室，对所操作的病原微生物活动进行风险评估，并采取相应的处置措施。

（3）对实验人员进行隔离或医学观察，隔离期间进行适当预防治疗。

（4）填写意外事故报告，并报相关负责人。

5. 感染性材料溅入眼睛

（1）眼睛溅入感染性液体，应立即停止工作，用洗眼器冲洗眼睛，连续冲洗（注意动作要轻柔，避免损伤眼睛）。

（2）处理后退出实验室，对所操作的病原微生物活动进行风险评估，并采取相应的处置措施。

（3）对实验人员进行隔离或医学观察，隔离期间进行适当预防治疗。

（4）填写意外事故报告，并报生物安全负责人。

6. 感染性材料污染到工作服

（1）停止操作，立即用消毒剂对污染部位及全身进行喷洒消毒。

（2）脱去工作服，轻轻由内向外边脱边卷，将工作服里面朝外放入医用垃圾袋，按感染性材料进行灭菌处理。

（3）如果皮肤接触污染物，按"4.感染性材料污染到皮肤"进行相应处理。

（4）撤离实验室，设立警示标记。

（5）对所操作的病原微生物活动进行风险评估，并采取相应的处置措施。

（6）填写意外事故报告，并报相关负责人。

（7）视情况对实验人员进行隔离或医学观察。

（8）必要时，对实验室进行终末消毒。

7. 意外针刺、切割或擦伤

（1）被视为有极大危险。应立即停止工作，脱掉手套，查看受伤情况。

（2）彻底清洗伤口和周围区域，禁止进行伤口的局部挤压。收集产生的废液，按感染性液体处理。

（3）对伤口进行适当包扎，退出实验室。

（4）及时就医，告知医生受伤原因及可能感染的微生物，必要时进行医学观察和处理。

（5）填写意外事故报告，并报相关负责人。

（6）记录受伤原因、操作的病原微生物及伤口处理过程，保留完整医疗记录。

8. 生物安全柜内感染性材料溢洒　感染性材料外溢在生物安全柜内时，生物安全柜应继续保持开启状态。处理溢洒物时不要将头伸入安全柜内，也不要将脸直接面对前操作口，应处于前视面板的后方。选择消毒剂时需要考虑其对生物安全柜的腐蚀性。

（1）感染性材料少量滴落在生物安全柜内时，将浸泡了消毒液的纸巾覆盖于污染物，继续工作；消毒作用 30min 后清理污染台面，或清场时处理。

（2）感染性材料在生物安全柜内出现较多溢洒，但未流出生物安全柜台面时，停止工作，用纸巾或其他吸水材料覆盖污染物，同时将有效消毒液倒于污染物上，对生物安全柜及柜内物品进行喷洒或擦拭消毒处理，作用 30min，对生物安全柜内物品进行清场处理后，重新进行工作。

（3）感染性材料流入接液槽，应立即停止实验，收拾好台面的物品，将有效消毒液倒入接液槽，用含消毒液的纸巾覆盖实验台面，作用 30min 后，将工作面擦拭干净并掀起，将接液槽内液体用纸巾或其他吸水材料吸净后，用含消毒液的纸巾擦拭。并用消毒液再次擦拭接液槽，可重复多次。必要时，对生物安全柜和实验室进行终末消毒。

（4）所有接触感染性材料的物品都须进行消毒或高压灭菌处理。

（5）填写意外事故报告，并报相关负责人。

9. 感染性材料溢洒在生物安全柜以外台面、地面或其他表面　培养病原微生物的培养瓶或培养板发生溅洒、跌落，菌（毒）种管掉在地上破碎或有液体溢出等会导致大量的气溶胶释放，应视为最大危险。

（1）立即停止实验，全身消毒后撤离现场。贴出标识以示禁止入内，报告实验室负责人。

（2）静止 30min，等待气溶胶降落。

（3）进入人员穿好防护服，佩戴呼吸保护装置，使用消毒纱布或纸巾覆盖污染场地吸收溢出物，向覆盖物倾倒有效消毒液。

（4）用消毒剂从溢出区域外围开始，向中心进行消毒处理。

（5）人员全身消毒后撤离现场，贴出标识以示禁止入内。

（6）作用 30min 后，穿防护服并佩戴呼吸保护装置，将含消毒液的纸巾及破碎器皿用镊子夹取放入适当容器内进行高压灭菌处理。

（7）对溢出区域再次喷洒消毒液，用消毒纸巾擦拭，可重复多次，至所有可能污染区域全部被消毒。

（8）必要时，对实验室进行终末消毒。

（9）如果实验表格或文字材料被污染，视需要将这些材料的内容抄到另一表格上，原件高压处理。

（10）暴露人员根据操作病原微生物的风险评估进行隔离或医学观察，隔离期间根据条件进行适当预防治疗。

（11）实验室负责人应指导这些处理行动，并检查处理效果，记录事故过程和处理经过。

10. 离心机内含感染性材料的离心管发生破裂　这种情况被视为发生气溶胶暴露事故，应立即加强个人防护。

（1）如果机器正在运行时发生破裂或怀疑发生破裂，应关闭机器电源，让机器密闭

30min 使气溶胶沉积。如果机器停止后发现破裂，应立即将盖子盖上，并密闭 30min。

（2）根据操作病原微生物的风险评估，佩戴相应的个体防护装备，加强呼吸道防护，然后进行处理。清理离心管碎片时应当使用镊子，或用镊子夹着棉花进行擦拭。若离心桶为生物安全型，应在生物安全柜内装卸。

（3）所有破碎离心管、玻璃碎片、离心桶、十字轴和转子都应放在无腐蚀性且对相应病原微生物具有杀灭效果的消毒剂内。

（4）未破损离心管应放在另一个有消毒剂的容器中，然后回收。

（5）离心机内腔应用适当浓度消毒剂擦拭，干燥。

（6）清理时所使用的全部材料都应按感染性材料处理。

（7）必要时，对实验室进行终末消毒。

（8）填写意外事故报告，并报相关负责人。

（二）动物实验引起的意外事故处置

1. **动物实验中被感染病原微生物的动物咬伤或划伤**　被视为有极大危险。应采取以下措施。

（1）立即停止工作，迅速脱去手套，查看受伤情况。

（2）彻底清洗伤口和周围区域，禁止进行伤口的局部挤压。收集产生的废液，按感染性液体处理。

（3）对伤口进行适当包扎，退出实验室。

（4）及时就医，告知医生受伤原因及可能感染的微生物，必要时进行医学观察和处理。

（5）填写意外事故报告，并报相关负责人。

（6）记录受伤原因、操作的病原微生物及伤口处理过程，保留完整医疗记录。

2. **动物逃逸**

（1）立即停止工作。

（2）及时向监控室和实验室负责人报告。

（3）抓捕逃逸动物。

1）如动物逃逸局限于生物安全柜内，实验人员在做好防护的情况下快速将动物抓住放回笼内，台面清场消毒后继续进行实验。

2）如动物已逃出生物安全柜，但仍局限在动物实验室内，实验人员在做好防护的情况下尽早抓捕逃逸动物，增加室内换气次数，对感染动物逃逸过程经过区域的台面、地面用含 5 000mg/L 有效氯的消毒液进行喷洒消毒。人员全身消毒后撤离实验室。

3）如动物逃到动物实验室外，须立即做好动物逃逸经过区域的人员疏散工作，并尽早抓捕逃逸动物，然后对内外环境消毒。

4）抓捕大型实验动物，应带上麻醉器械、绳子、网兜等物品，根据现场情况部署应急抓捕方案，发现逃逸动物，将其网扣、装笼，必要时麻醉。大型动物抓捕后应用应急车辆运走，以做进一步处置。

5）如有人员受伤，应及时处理送医。

6）填写意外事故报告，并报相关负责人。

（三）实验室设施设备故障引起的意外事故处置

实验人员进入实验室，应检查实验室运行是否正常，若为压力房间，应确保压力处于正常状态。实验室安排专业公司定期维护保养，建立日常维护计划，每年进行年检。实验人员开展工作前应检查仪器设备是否正常，对于生物安全柜、压力蒸汽灭菌器和离心机，每年有专人维护、检测；定期进行培训，确保实验人员掌握仪器使用规程，出现意外事故时能够进行应急处置。

1. 生物安全柜出现正压　报警系统发出声响，提示出现故障。

（1）实验室活动已完成，感染性材料已处理完成，房间内病原微生物污染风险较小。

1）立即关闭生物安全柜电源。

2）按正常程序退出实验室。

3）填写意外故障记录，报告实验室负责人进行检修。

4）必要时，对实验室进行终末消毒。

（2）实验室活动尚未完成，房间内可能有病原微生物污染，对实验人员危害较大。

1）立即停止工作，盖好含感染性材料的容器盖子，离开操作位置，避开从安全柜出来的气流。

2）关闭生物安全柜电源。

3）实验人员迅速撤离工作区。

4）张贴实验室污染标识。

5）填写意外故障记录，报告实验室负责人进行检修。

6）根据操作病原微生物的风险评估，对实验人员进行隔离或医学观察，隔离期间根据条件进行适当预防性治疗。

7）对实验室进行终末消毒后，方可进入实验室进行维修。

2. 生物安全二级或三级实验室核心区出现正压　在操作病原微生物时，由于风机故障，导致实验过程中房间压力由负压突然变为正压。

（1）实验室核心区出现正压，生物安全柜为负压时

1）实验室房间压力由负压突然变为正压，但生物安全柜仍处于正常使用状态，应视为房间轻微污染，此时危险不大，应停止工作。

2）将操作的病原微生物容器表面消毒后放入冰箱。

3）按正常程序退出生物安全实验室。

4）报告实验室负责人进行检修。

（2）实验室核心区和生物安全柜为正压，缓冲区为负压时

1）若实验室核心区和生物安全柜均为正压，则视为发生严重污染，对实验人员和环境威胁较大，应立即关闭生物安全柜。

2）将含病原微生物容器表面消毒，移出生物安全柜，放入冰箱内，撤出核心区。

3）进入缓冲间，实验人员全身消毒，并对缓冲间进行喷雾消毒，脱掉工作服，退出实验室。

4）锁住或封住实验室进口，警示实验室污染。立即报告实验室负责人。

5）对实验室进行终末消毒。

6）实验人员应进行隔离或医学观察。

7）填写意外事故记录，对生物安全实验室进行全面检查，查找生物安全实验室和生物安全柜出现正压事故的原因，由专业技术人员进行检修。

（3）核心工作区、生物安全柜和各缓冲区均为正压时

1）实验人员应立即按下紧急报警开关，关闭生物安全柜和通风系统。

2）边消毒，边撤离实验室。

3）报告实验室负责人，启动实验室意外事故应急预案。

4）根据操作病原微生物的风险评估，必要时对实验区域或所处建筑楼层进行封闭。

5）实验人员应进行隔离或医学观察，隔离期间根据条件进行适当预防性治疗。

6）对实验室进行终末消毒。

7）填写意外事故记录，对生物安全实验室进行全面检查，查找生物安全实验室、生物安全柜和缓冲区出现正压事故的原因，由专业技术人员进行检修。

3. 压力蒸汽灭菌器出现超高温或超压故障　报警系统发出声响，提示出现故障。

（1）立即切断电源，关闭压力蒸汽灭菌器。

（2）人员迅速退出实验室。

（3）填写仪器故障记录，报告实验室负责人进行检修。

（4）等压力蒸汽灭菌器压力和温度降下来后将物品取出。该物品须再次高压。

4. 实验室停电

（1）用应急灯或打开手电。

（2）将含病原微生物容器盖好，消毒后移出生物安全柜，放在冰箱内。

（3）关闭所有电源。

（4）对实验台面进行消毒。

（5）实验人员用消毒液喷洒全身。

（6）退出实验室。

（7）根据风险评估，对实验人员进行隔离或医学观察。

（8）填写意外事故报告，并报相关负责人。

二、自然灾害相关事件应急处置

当出现不可抗拒的自然灾害时，如地震、水灾、火灾等，应启动应急响应，在应急响应解除之前实验室严禁开展任何实验、研究等工作。

（一）地震

当国家相关部门发布地震预告后，立即对实验室进行全面消毒，在发布地震预告时间段内实验室严禁开展任何实验、研究等工作。地震区不应建设 BSL-3 以上级别实验室。万一发生地震，应立即启动应急响应。

1. BSL-2 及以上级别实验室发生地震时的应急处置

（1）实验人员怀疑发生地震，应立即报告实验室负责人，确认发生地震或被告知发生地震，应立即停止工作。

（2）将正在操作的菌（毒）种 / 感染性样品密封，表面消毒后装入密封容器，并在容器表面做好标记，放在实验室生物安全柜最内侧。

（3）如果菌（毒）种 / 感染性样品已破坏和外溢，立即用实验区内配制的含氯消毒剂（如 84 消毒液等）进行彻底消毒。

（4）菌（毒）种 / 感染性样品处置好后，实验人员迅速离开实验室。

（5）若发生强烈地震，实验人员应立即停止工作并迅速用消毒液覆盖感染性材料；然后撤离实验室。

2. BSL-2 及以上级别实验室地震后救援和清理

（1）由实验室有经验的工作人员和相关专家对灾后实验室损害程度、实验室内保存菌（毒）种 / 感染性样品泄漏情况和实验室生物危险性进行评估，并根据评估结果采取相应的急救措施。

（2）设立适当范围的封锁区。

（3）只有在受过训练的实验人员陪同下，佩戴相应的防护装备后，救援人员才能进入这些区域展开救援工作。

（4）专业人员在做好个人防护的前提下对实验室边消毒边清理。

（5）培养物和感染性物质应收集在防渗漏盒子内或结实的可废弃袋内，实验人员和相关专家依据现场情况决定保存或最终丢弃。

（6）菌（毒）种的清理：如果菌（毒）种容器没有破坏，可安全转移到其他实验室存放。如果菌（毒）种容器已有破坏和外溢，应立即用可靠的方法进行彻底消毒灭菌。

（7）处理现场的人员要根据风险评估进行适当隔离或医学观察。

（二）水灾

经常发生水灾或可能发生水灾地区不应建设 BSL-3 以上级别实验室。万一发生水灾报警，应停止工作，启动应急预案，对水灾情况进行风险评估，依据风险评估结果采取相应措施。

1. 如果实验室监控人员或实验操作人员发现管道漏水等危及实验室安全的情况，或生物安全实验室外出现水灾，造成生物安全实验室破坏时，应立即向实验室负责人报告。

2. 实验人员被告知发生水灾后，应立即停止工作。

3. 将正在操作的菌（毒）种/感染性样品密封，表面消毒后装入密封容器中，并在容器表面做好标记，依据实际情况判断是否将所有的菌（毒）种/感染性样品转移出实验室。

4. 切断生物安全实验室所有电源。

5. 依据水灾蔓延情况的风险评估，时间允许时可以将一些仪器设备消毒转移并做好防水处理（一般用双层塑料袋密封）。

6. 依据水灾蔓延情况的风险评估，时间允许时对实验室进行彻底消毒。

7. 水灾结束后，依据水灾情况的风险评估，对实验室进行消毒、清理。

8. 维护仪器设备和试运转，检测验证合格后方可重新启动。

（三）火灾

实验室应加强防火。万一发生火灾，立即启动应急预案。

1. 实验室工作开展期间发生火灾，首先应该考虑实验人员生命安全，安全撤离；同时应该立即向实验室主任、保卫科报告，并拨打"119"，等待消防人员灭火。

2. 实验人员在判断火势不会迅速蔓延时，可力所能及地扑灭或控制火情。一般固体可燃物失火后，燃烧速度比较慢，火焰不高，辐射热不强，烟和气体流动缓慢，可使用灭火器进行灭火（二氧化碳灭火器为首选）。

3. 逃离火灾现场 发生不可控制的火灾，火灾现场浓烟比较大，可能有火势蔓延时，面对复杂环境，按照生物安全实验室紧急逃离路线压低姿势，将手心、手肘、膝盖紧靠地面，沿墙壁边缘爬行（距地面30cm以内有残留空气），逃离火灾现场。

4. 消防人员应在受过训练的实验人员陪同下进入现场，实验人员有义务告知消防人员实验室建筑内和附近潜在危害。

5. 实验室区域严禁用高压水枪灭火。消防人员只管控制火情，以免火灾殃及周围环境及当地居民。

6. 火灾后根据实验室损害程度、实验室内保存菌（毒）种/感染性样品泄漏情况和实验室生物危险性评估结果，进行实验室清理和消毒。

（韩 俊 赵 莉 王衍海）

参考文献

［1］ 全国人民代表大会常务委员会. 中华人民共和国生物安全法［Z/OL］.（2020-10-17）［2024-10-15］. http://www.npc.gov.cn/npc/c2/c30834/202010/t20201017_308282.html.

［2］ 中华人民共和国生态环境部. 病原微生物实验室生物安全管理条例［Z/OL］.（2018-03-19）［2024-10-15］. https://www.mee.gov.cn/ywgz/fgbz/xzfg/202303/t20230316_1019776.shtml.

［3］ 中华人民共和国国家质量监督检验检疫总局, 中国国家标准化管理委员会. 实验室生物安全通用要求: GB 19489—2008［S］. 北京：中国标准出版社, 2008.

［4］　中华人民共和国国家卫生和计划生育委员会. 病原微生物实验室生物安全通用准则：WS 233—2017［S］. 北京：中国标准出版社，2017.

［5］　全国人民代表大会常务委员会. 中华人民共和国突发事件应对法［Z/OL］.（2024-06-29）［2024-10-15］. https://www.gov.cn/yaowen/liebiao/202406/content_6960130.htm.

［6］　国务院办公厅. 突发事件应急预案管理办法［Z/OL］.（2024-01-31）［2024-10-15］. https://www.gov.cn/zhengce/content/202402/content_6930816.htm.

［7］　北京市突发事件应急委员会. 北京市突发公共卫生事件应急预案（2021年修订）［Z/OL］.（2021-09-26）［2024-10-15］. https://yjglj.beijing.gov.cn/art/2021/11/11/art_2522_616464.html.

［8］　北京市卫生局科教处. 北京市与人体健康有关的实验室生物安全事件应急处置工作方案［Z/OL］.（2009-08-21）［2024-10-15］. https://wjw.beijing.gov.cn/wjwh/ztzl/kjyjy/ggtz/201912/t20191219_1287196.html.

［9］　WHO. Laboratory biosafety manual[M]. 4th ed. Geneva: World Health Organization, 2020.

［10］　CDC. Biosafety in microbiological and biomedical laboratories[M]. 6th ed. Atlanta, GA: Centers for Disease Control and Prevention, National Institutes of Health, 2020.

第二十二章
实验室生物安全保卫

随着突发公共卫生事件的频发，全球各国都加强了对高致病性病原微生物致病机制、疫苗、药物及抗体等相关研究的投入，以应对疫情暴发和人为恶意使用高危病原体的威胁。由于生物危险物质的泄漏或滥用会对人类和动物健康、生态环境以及经济利益构成巨大的威胁，因此需要对现有的生物实验室的安全制度和标准进行调整、修订，以杜绝这类生物危害事件的发生。

实验室生物安保措施（laboratory biosecurity）指的是一系列机构和人员安全措施，旨在防止实验室正在研究的生物因子丢失、被盗、滥用、转移或故意泄漏。生物安保不仅仅是实验室管理人员、工作人员和政府管理部门的职责，每一个人都应该加强安保意识、提高警惕，共同杜绝生物病原体或生物毒素从进行微生物或生物医学研究的病原微生物实验室中泄漏、被盗和滥用。

第一节　实验室生物安全保卫理念发展简史

随着不断出现的新型传染病和来自生物恐怖主义的威胁，世界各国政府都加强了对生物安全的认识，并对防止各种生物安全事件做了充分的预案准备。在拉里·韦恩·哈里施（Larry Wayne Harris）以虚假借口订购鼠疫耶尔森菌（*Yersinia pestis*）后，美国政府于 1996 年颁布了《管制因子规定》（*Select Agent Regulations*），以规范地管理清单上的生物因子从一个机构转移到另一个机构。2001 年恐怖袭击和炭疽粉末邮件事件之后，美国政府修订了《管制因子规定》，更新了管制因子清单，并要求对在美国使用或存储了清单上的一个或多个因子的任何机构必须采取特定的安保措施。政府再次承担了识别风险的责任，清单上所有管制因子的风险都被认为是相同的。不在清单上的因子没有或不存在安保风险，不需要对该特定因子采取安保措施。在生物科学界对这种简单的二分法质疑后，2012 年美国政府再次修订了《管制因子规定》并创建了两级管制因子，分别为故意滥用风险最大的一级管制因子和其他管制因子。这一变化旨在使规定更加基于风险因素，对一级因子强制采取额外的安保措施。

其他国家也对生物科学研究机构实施了相对简单和规范的生物安保规定。新加坡的《生物因子和毒素法案》（*Biological Agents and Toxins Act*）在管制范围上与美国的规定类似，但是对于不合规的行为处罚更严厉。2005 年韩国修订了《传染病预防法案》（*Act on Prevention of Infection Disease*），规定开展所列"高度危险病原体"工作的机构必须实施生物安全和生物安保措施，以防止病原体丢失、被盗、转移、泄漏或滥用。日本厚生劳动省根据最新修订的《传染病控制法》，制定了四份管制因子明细表，在持有、运输和开展其他使用管制因子的活动时，针对不同的管制因子提出了不同的报告和处理要求。2008年，丹麦议会通过了一项法案，授权卫生和疾病预防部长（Minister of Health and Prevention）对所列生物因子的持有、制造、使用、储存、销售、购买或转移、分发、运输和处置等活动的管理职责。加拿大对开展3级和4级人类病原体工作的机构进行防护等级（containment level，CL）3级和4级认证。

2004年11月12日中华人民共和国国务院颁布了《病原微生物实验室生物安全管理条例》（以下简称《条例》）并在2018年进行了修订，对病原微生物的分类和管理、实验室的设立与管理、实验室感染控制、监督管理、法律责任等进行了相关规定。国家卫生健康委制定了《人间传染的病原微生物目录》，对人间传染的病原微生物危害程度、实验活动所需生物安全实验室级别、运输包装分类进行了规定。GB 50346—2011《生物安全实验室建筑技术规范》对不同等级的生物安全实验室工程设计、建筑结构、建设要求等进行了相关规定。GB 19489—2008《实验室 生物安全通用要求》对不同等级实验室维护结构、供电、自控、通信系统、监视与报警系统等进行了相关规定。

《条例》第三十三条规定：从事高致病性病原微生物相关实验活动的实验室的设立单位，应当建立健全安全保卫制度，采取安全保卫措施，严防高致病性病原微生物被盗、被抢、丢失、泄漏，保障实验室及其病原微生物的安全。实验室发生高致病性病原微生物被盗、被抢、丢失、泄漏的，实验室的设立单位应当依照本条例第十七条的规定进行报告。从事高致病性病原微生物相关实验活动的实验室应当向当地公安机关备案，并接受公安机关有关实验室安全保卫工作的监督指导。

《中华人民共和国生物安全法》第四十九条规定：病原微生物实验室的设立单位应当建立和完善安全保卫制度，采取安全保卫措施，保障实验室及其病原微生物的安全。国家加强对高等级病原微生物实验室的安全保卫。高等级病原微生物实验室应当接受公安机关等部门有关实验室安全保卫工作的监督指导，严防高致病性病原微生物泄漏、丢失和被盗、被抢。国家建立高等级病原微生物实验室人员进入审核制度。进入高等级病原微生物实验室的人员应当经实验室负责人批准。对可能影响实验室生物安全的，不予批准；对批准进入的，应当采取安全保障措施。第五十条规定：病原微生物实验室的设立单位应当制定生物安全事件应急预案，定期组织开展人员培训和应急演练。发生高致病性病原微生物泄漏、丢失和被盗、被抢或者其他生物安全风险的，应当按照应急预案的规定及时采取控制措施，并按照国家规定报告。

第二节　典型的实验室生物安全保卫事故

纵观世界范围内发生的生物安全保卫事故，发生的主要原因是生物恐怖事件、偷窃、实验室管理不到位等，以下是一些典型的事故。

从 2001 年 9 月 18 日开始，有人把含有炭疽杆菌的信件寄给美国数个新闻媒体办公室以及两名民主党参议员，即 2001 年美国炭疽攻击事件。这个事件导致 22 人被感染、5 人死亡，直到 2008 年最主要的嫌疑人才被公布。2014 年 6 月，美国 CDC 下属 BRRAT 实验室将炭疽样品从 BSL-3 实验室内转移到 BSL-2 实验室后发现带出的炭疽样品可能灭活不彻底，造成该实验室 81 名工作人员的炭疽暴露风险。

2009 年加拿大温尼伯（Winnipeg）国家微生物实验室的前研究人员偷窃了 22 瓶埃博拉病毒遗传物质，在试图穿越美加边境时被发现。2014 年 12 月，亚特兰大 CDC 下属 VSPB 实验室一名实验员可能将活性埃博拉病毒样品带出 BSL-4 实验室并在 BSL-2 实验室开展核酸检测操作，使整个实验过程都存在实验人员暴露于埃博拉病毒的风险。

2014 年 3 月 12 日，美国 CDC 流感分部实验室应美国农业部东南家禽研究实验室（SEPRL）的要求，向其发送 H9N2 病毒样品。2014 年 5 月 23 日，东南家禽研究实验室通报 CDC，发现接收的 H9N2 样品中存在 H5N1 病毒。在调查中发现，实验室因工作需要同时进行 H9N2 和 H5N1 病毒培养，工作人员未遵守最佳方法进行操作导致 H9N2 病毒培养物中出现 H5N1 病毒污染，并在发送样品前未进行样品活性性质检测，采用非管制药剂运输方法进行样品运输，造成运输人员、东南家禽研究实验室接收人员与样品操作人员存在暴露风险。

2014 年 7 月 1 日，美国食品药品监督管理局（FDA）的科学家在一个冷藏室中发现了 6 瓶 20 世纪 50 年代经过冷冻干燥的天花病毒，冻干的病毒可能具有活性。这个冷藏室最初是一个 NIH 实验室的一部分，在 20 世纪 70 年代初转入 FDA。2021 年 11 月 17 日，一些标记有天花病毒的冷冻瓶在宾夕法尼亚州一处进行疫苗研究的实验设施的冷柜中被发现。"有问题的药瓶"总共有 15 个，其中 5 个被标记为"天花"，另外 10 个被标记为"牛痘"。根据国际协定，全世界的天花病毒样本只能保存在两个实验室——美国亚特兰大的疾病控制与预防中心（CDC）以及俄罗斯新西伯利亚的国家病毒学与生物技术研究中心（VECTOR），并由世界卫生组织（WHO）监督。

第三节 实验室生物安全保卫措施

实验室设立单位应根据本单位的需要、实验室工作的类型以及本地的情况等来制定和实施特定的实验室生物安全保卫措施。以对病原体和毒素负责任的综合方案为基础，制定本单位的实验室生物安全保障方案，明确规定公共卫生和安全保障管理部门在发生违反安全保障事件时的介入程度、作用和责任。评估人员的可靠性、进行专门的安全保障培训以及针对病原体制定严格的保护措施等都是促进实验室生物安全保障的有效方法。

实验室生物安保主要由七项内容组成：风险评估、物理安保、人员安保、材料控制、运输安保、信息安保和紧急事件响应。

生物安保应采取类似于生物安全风险评估框架的方法，以确定一个机构是否拥有可能吸引恶意使用的人间生物因子。生物安保风险评估的深度应与已识别的风险成比例。对于大多数实验室来说，生物安保风险评估通常可以与生物安全风险评估相结合。生物安保风险评估过程包括制定战略，通过选择和实施生物安保风险控制措施来管理生物安保风险。根据设施的要求，需要一个实验室生物安全计划来准备、实施、监督和审查这些过程。在许多情况下，这可以与生物安全方案管理相结合，当确定的生物安保风险严重和/或众多时，可能需要制定一个独立的方案。

一、实验室生物安全保卫风险评估

有效的生物安全规范是实验室生物安全保障活动的根本。通过危险度评估工作（作为实验室所在机构生物安全方案中的一个组成部分），可以收集关于所使用生物因子的类型、存放位置、需要接触这些生物因子的人员以及负责这些生物因子的人员的身份等信息。这些信息可以用于评估一个单位是否拥有危险生物因子，是否对于那些图谋不轨的人具有诱惑力。应建立国家标准来明确国家和各单位在防止标本、病原体和毒素被滥用方面应负的责任。应基于实验室风险评估和风险管理实践制定实验室生物安保计划。实验室生物安保风险评估应分析生物材料、技术或研究相关信息丢失、被盗和被潜在误用的可能性和后果。最重要的是，实验室生物安保风险评估应作为制定风险管理决策的基础，并与生物安全风险评估的需要相结合。生物安保风险评估框架见图 22-1。

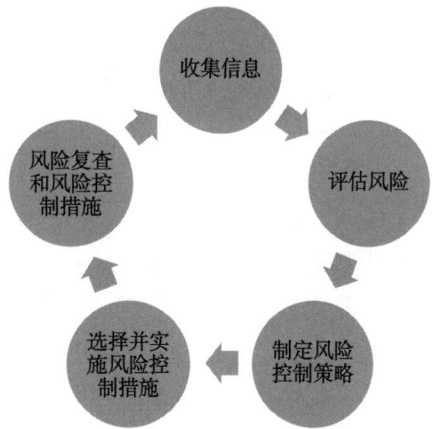

图 22-1　生物安保风险评估框架
（参考 WHO《实验室生物安全手册》第四版图 2.1 绘制）

（一）收集信息

收集的信息包括生物因子类型、存放位置、进入实验室人员、维修维保人员、接触生物因子的工作人员等。

（二）评估风险

评估收集的信息与某人接触已知生物因子的可能性以及故意释放这些因子的后果之间的关系。比较这两个因素，以确定总体/初始风险。

（三）制定风险控制策略

可接受的风险是确定允许开展已知生物因子工作所需的最低安全标准。

（四）选择并实施风险控制措施

生物安保风险控制措施包括管理程序和物理安保系统。风险评估应包括明确界定风险控制措施和物理安保系统性能要求。生物安保风险控制措施将在本节后面进行更详细的描述。加强实验室生物安保的方法包括评估人员的适宜性、进行安全培训和严格遵守生物因子保护程序。

（五）风险复查和风险控制措施

通过定期演练来验证生物安保计划是否有效。制定实验室生物安保程序，以识别、报告、调查和补救实验室生物安保中的违规行为。必须明确公共卫生和安全部门在发生安全事件时的角色和责任。必须通过定期的脆弱性分析、威胁和生物安保风险评估，定期审查和更新程序，明确角色、责任和补救措施并纳入实验室生物安保计划。

二、物理安保

物理安保旨在防止未经授权的外部人员（犯罪分子、恐怖分子和极端分子等）进入防护区域和降低内部人员的风险，防止危险生物因子的泄漏或被滥用，减小对人类和动物健康、生态环境以及经济利益所构成的巨大威胁。一个有效的物理安全系统包括物理屏障、进入控制、检测非法侵入和警报等元素，能够增强实验室威慑、发现、评估、延迟及反应的技术和能力，从生物安全事件中恢复的能力，以及阻止破坏实验室的行为和防止盗窃、抢劫或非法转移生物因子活动的能力。

物理安保主要包含监控和管理周界、建立并严格执行进入控制、安装和维护报警和监视设备、确定适合的防护水平、提供破坏和入侵报警信息等（表22-1）。病原微生物实验室应该根据国家有关法律法规和标准的规定，结合实验室实际需求，设计建造合适的安保系统。不同防护水平的生物安全实验室对生物安保的要求是不同的，实验室防护水平与生物安保风险水平相关，生物安保风险越高，限制进入和监视设备的要求就越严（表22-2）。

通常情况下所有获得授权的工作人员能够进入一般安保区域的所有设施的物理周界，授权临时访问人员通过佩戴工作卡或刷卡后可以进入。进入通道门由传统钥匙、键盘和电子读卡器控制开门，或由警卫查看身份证明后开门。

表 22-1　进入控制和监视物理安保设备

进入控制	监视物理安保设备
实验室周界（围栏，围墙）	闭路电视摄像机
锁、键盘，电子卡读卡器	夜视和红外摄像机
生物识别扫描仪	运动探测器（被动红外、微波或超声波探测器）
身份识别卡	录音录像设备
门卫	门卫
设施设计	

表 22-2　实验室防护水平与相应的生物安保风险和物理安保措施水平

实验室防护水平	生物安保风险水平	物理安保措施水平
不适用	可以忽略到低	一般安保
BSL-1 和 BSL-2	低到中	限制
BSL-3	中到高	高限制
BSL-4	高	高限制

　　BSL-1 和 BSL-2 实验室主要研究对人低风险或只对动物或植物致病的病原微生物，因此 BSL-1 和 BSL-2 实验室生物安保限制水平为低到中，物理安保水平为限制区域，只允许获得授权的工作人员进入。

　　BSL-3 和 BSL-4 实验室主要从事高致病性病原微生物的相关研究，因此 BSL-3 和 BSL-4 实验室生物安保限制水平为中到高，物理安保水平为高限制区域，执行最高安保水平的限制措施。

（一）限制进入措施

　　限制进入设备是实验室生物安全和生物安保的重要组成部分，管理人员和申请进入限制区域的人员应当接受实验室管理程序和设备操作培训，考核合格后方可获得进入授权。如果培训不合格或未经授权进入设施和实验室，造成意外暴露或其他伤害，将违反生物安全管理规定，甚至有可能违反国家相关法律法规。

　　1. **防冲撞设施**　防冲撞设施一般包括防冲撞液压升降柱（图 22-2）和防冲撞拒马（图 22-3），主要作用是在不影响其他区域的道路正常通行的情况下防止车辆恐袭。防冲撞液压升降柱可以通过网络远程控制或者手动钥匙控制，远程控制时可通过附近摄像机观看升降柱起降情况。防冲撞拒马是一种移动式筑城障碍物，具有制作简单、运输方便、设置迅速等特点。

图 22-2　防冲撞液压升降柱

图 22-3 防冲撞拒马

2. **出入口控制** 病原微生物实验室的安全保卫部门负责管理所在园区周界上的出入口。制定病原微生物实验室出入口控制管理程序，对进出园区的工作人员、车辆及物品进行安全管理（图 22-4），对实验工作人员或外来人员进行体温检测、扫码及信息审核等工作。园区周界上一般设主出入口 1 个，作为正常情况下进出保护区的通道，设立车辆识别控制道闸、车辆通道滑动门、路障机等门禁系统；设立人员通道闸（图 22-5），可集成人脸、指纹、二维码等多种认证方式，具有防夹、防尾随等多种功能的安全保障。

图 22-4 实验室出入口控制

图 22-5 人员通道闸

3. **门禁系统** 进入各级实验室的门均应安装门禁系统，保证只有获得授权的人员才能进入。实验室一般设置密码、刷卡、生物信息（指纹、人脸识别、虹膜识别）等门禁措施，记录进入人员的个人资料、进出时间、授权活动区域等信息。高等级生物安全实验室非防护区一般设置生物信息门禁系统，保证只有获得授权者本人才能进入该区域；工作人员进入防护区内均须穿着个人防护装备，不便于携带门禁卡开门或通过生物信息识别的，门禁系统一般设置为密码开门方式。

（二）闭路电视监控系统

闭路电视监控系统是一个跨行业的综合性安保系统，是病原微生物实验室主要的安保系统之一。主要由图像采集系统［监控摄像机（图 22-6）、防护罩等］、报警系统（报警器、报警主机、声光报警装置等）、后端设备（数字监控硬盘录像系统、显示器、综合管理平台、报警主机等）、传输系统（传输线）等构成。在关键部位设置监视器，通过显示器或监控屏（图 22-7）实时监视并录制实验活动情况和实验室周界安保情况，并将视频数据存储在硬盘上供事后查证。

图 22-6　监控摄像机

图 22-7　监控屏

（三）周界探测系统

实验室设置全封闭的周界围墙（栅栏）、电子围栏、防抛投、防攀爬和周界报警等设施设备，实施对场区的封闭式保护。周界防范系统主要通过设置在被保护区周界（或围墙）上的检测装置（如红外收发器、振动传感器、接近感应线等），来发现或防止非法入侵者企图跨越周界。周界探测系统主要由周界探测器和控制主机构成。周界探测器（图 22-8）结合围墙或其他类的区域隔离物，形成防止攀爬翻越入侵的警戒线。警情 / 事件最后汇总到防盗报警主机（图 22-9），同时以各种形式或方式人性化地告知安保人员做进一步的处理。

图 22-8　周界探测器

图 22-9　报警主机界面

（四）安防体系

将病原微生物实验室所在区域划分为不同的防护等级，不同等级的区域采取不同的防护措施，以保障实验室区域环境和人员安全，提高生物安全保障能力。根据实验室所在区域，高等级生物安全实验室可分为三个层级的安防体系（表 22-3）。可根据实验室从事的科研活动情况及社会环境状况，调整不同防护层级的防护措施。

表 22-3　高等级生物安全实验室的三级安防体系

安防体系层级	区域范围	防护措施
第一道安全防线	实验室核心区进出口通道	门禁、闭路电视、防暴反恐器材等
第二道安全防线	实验室核心区周边	防护栅栏、电子围栏、周界探测系统、门卫岗亭、防冲撞设施、防暴反恐器材等
第三道安全防线	园区周界	周界围墙、周界探测系统、电子围栏、门卫岗亭、防冲撞设施、出入口控制、防暴反恐器材等

（五）安防警戒等级

根据实验室病原活动情况及各级政府机关安全工作的需要，对各类安全事故、突发事件和恐怖袭击等，按事故的大小和可能造成的危险和伤害等级，启动相应的警戒等级。

1. **三级警戒**　实验室保卫部门 24h 均处于三级警戒状态，门卫正常值守相应岗位，人员值守第二、三道防线。

2. **二级警戒**　实验室正常开展实验活动时，人员值守第一、二、三道防线。

3. **一级警戒**　生物安全中心发生安全事故、遭受恐怖袭击和接到相关部门指令时，人员值守第一、二、三道防线，园区封闭，禁止人员进出，等待相关部门增援。

（六）警所联动工作机制

高等级生物安全实验室可以根据所在地公安机关的指导安装一键报警装置（图 22-10），通过公安专网专线与属地派出所连接，发生紧急情况可在第一时间得到公安警力的有效支持。人脸识别前端设备（图 22-11）采集的人像数据直接推送至公安机关视频专网人脸识别汇集平台，通过数据存储、线上推送和实时数据比对预警，也可以为建有人脸识别系统的社会单位提供预警服务。

图 22-10　一键报警装置　图 22-11　人脸识别前端设备

三、人员安保

人员安保是一种关注内部威胁的措施，任何生物安保措施的有效性最终都取决于工作人员的培训、能力、可靠性和诚信度。人员的规范管理对实验室的运行至关重要，可以保护实验室免受来自内部人员的威胁。评估人员的可靠性、进行专门的安全保障培训以及针对病原体制定严格的保护措施等，都是促进实验室生物安全保障的有效方法。

（一）背景审查

背景审查是通过对实验室工作人员职业素质、身体状况、同事关系、家庭情况等进行调查和了解，摸清实验室工作人员的真实状况，以获得更全面的信息，评估其是否适合实验室工作。实验室岗位背景审查具体涵盖内容如下：学历证／学位证、工作能力及业绩、与原（现）同事相处关系、思想状况、身体和精神状况、在原单位（岗位）工作时间、辞职（调离）原因及时间。同时也可以委托当地公安机关进行人员安全背景审查，查询工作人员是否有犯罪记录。

（二）健康和医学监测

实验室全体工作人员应接受适当的健康监测以监控职业获得性疾病。所有实验室工作人员应进行上岗前的体检，并记录其病史。实验室工作人员至少每年到指定医院进行一次常规身体健康检查，检查内容至少应包括视力、听力、血压、心电图、胸部 X 线、肺功能、血尿常规、肝功能以及相关传染病的抗原抗体检查。

实验室所有工作人员均应留存本底血清，根据需要定期收集血清样本，进行妥善保存，一旦发生实验室感染事件，便于对照。血清由健康监护人员进行采集，做好标记，保存于实验室指定的 −80℃冰箱中。准许进入实验室进行高致病性病原微生物实验的工作人员应测量体温，每日进入实验室工作前测量一次，工作结束后测量一次，并做好记录。

实验室工作人员必须在身体状况良好的情况下才可进入实验室工作。若出现以下任何情况，都不能进入实验室：身体出现开放性损伤，患发热性疾病，感冒、上呼吸道感染或其他导致免疫力下降的情况，妊娠以及已在实验室控制区连续工作 4h 以上，或其他原因造成的疲劳状态。若进入实验室前出现身体虚弱、精神状态不佳或其他不宜进入实验室开展工作的情况，则应上报生物安全负责人，由生物安全负责人与项目负责人沟通后确定是否限制入内。工作人员自己感觉身体不适或精神紧张时，应主动告知实验室管理人员，避免进入实验室工作。

实验室须建立并保存员工的健康档案，档案内至少应包括员工职业健康报告的结果和结论、免疫情况或其他相关资料、职业病诊疗记录及其他相关资料等，若进行心理评估，还须将其相关记录或结果纳入健康档案中。

（三）工作人员的免疫接种

在实验室开展相关病原活动之前，应告知参与实验活动的工作人员所操作的生物因子的流行病学特征、结构、临床特征、疫苗和药物等。评估一旦发生暴露时可能的疫苗和/或治疗药物（例如抗生素治疗）在当地的应用情况、注册情况和免疫或治疗效果。如实验室内开展实验活动的病原有对应的疫苗，则实验室工作人员须接种相应的疫苗后方可开展相关实验活动。定期检测工作人员的抗体水平，无抗体或抗体水平低时应补种相应的疫苗。如实验室开展实验活动的病原目前尚无相应的疫苗可用，则实验室应储备应急抗病毒血清，作为感染事件发生时的应急资源。如果实验室开展的病原既无相应的疫苗可用，又无应急抗病毒血清，则应事先咨询临床专家，做好人员感染早期应急处理及治疗方案。

（四）人员培训

除了对实验室工作人员进行必要的生物安全培训以外，还应根据风险评估结果进行实验室生物安保培训，帮助工作人员理解保护生物因子的必要性以及已实施生物安保措施的依据。培训内容应包括国家相关法律法规、实验室生物安全管理体系文件、安全知识及技能培训、实验室设施设备（包括个人防护装备）的安全使用、应急措施与现场救治、定期培训与继续教育、人员能力的考核与评估、紧急事件处理等，应根据不同岗位的生物安保风险制定不同的培训方案，以提高人员素质和应急能力，保障实验室生物安全。

（五）心理评估

在进入实验室前对实验室工作人员进行心理评估和心理疏导，心理素质不达标或经心理评估不建议进入实验室的，限制其进入实验室内工作。在工作期间，可根据实际需要进行不定期的心理评估和疏导。

（六）个人责任

实验室管理人员和工作人员都对生物安保负有重要责任。个人应该充分认识和理解所从事工作的风险，自觉遵守实验室相关管理规定和要求。正确使用个人防护装备和设施设备，对生物因子、毒素和敏感信息进行监督和管理，及时填写实验室相关记录表格，做好台账管理。接受实验室的免疫规划、健康管理、心理评估、人员培训和继续教育，不断提高个人业务水平。有责任和义务避免因个人原因造成生物安全事件或事故，不因人事、经济、竞争、个人生活等压力而违反实验室管理规定。如判断个人不适于从事特定任务的工作状态、怀疑感染、遇到危险等要报告，及时发现问题并解决。对于所有有权接触敏感材料的人员，应考察他们在专业和道德方面是否胜任危险性病原体的工作，这也是有效的实验室生物安全保障活动的中心内容之一。

（七）离职人员管理

实验室应该建立离职或解聘人员管理程序，包括设备和材料转交、实验室资产归还、取消授权等。

（八）外来人员管理

外来人员包括但不限于外来施工人员、检查认证人员、保洁人员、维保人员等。病原微生物实验室应该加强对外来施工和参观人员的管理，施工单位进场前应与实验室签订《安全管理协议》和《保密协议》。外来人员应进行生物安全相关培训、应急和保密培训。未经培训的临时到实验室参观的人员或维修维护工作人员，必须由实验室工作员工陪同。

四、信息安保和材料控制

（一）信息安保

敏感信息是指受保护或限制的未经授权或意外接触／传播的信息。必须制定规章制度和程序来保护实验室保存的可能带有恶意意图的敏感信息的机密性和完整性。识别、标记和保护敏感信息，防止未经授权的访问。

1. **定义敏感信息** 这类信息对公众和未经授权的机构都应该是保密的。敏感信息包括实验室研究数据、诊断结果、动物实验信息、关键人员名单、安全计划、访问代码、密码、生物材料清单和位置、未发表的实验数据、专利申请、专有信息、患者数据等。

2. **确定如何保护敏感信息和知晓范围** 信息安保指的是针对电脑服务器设立严格的防火墙和通行密码。应当按照国家保密标准配备保密设施、设备，敏感信息必须以电子方式存储在非联网的计算机上，硬盘或刻录光盘备份拷贝应保藏在上锁柜子中。不能将敏感信息存储在能够携带的外围设备上（如 USB 存储卡）。为了确保当前数据的准确性，必须销毁旧的记录并使过时的数据不可再用。

物理隔离比软件更可靠，实验室电脑和服务器应设立严格的防火墙，或者建立内网系统且与互联网物理隔离。电脑应安装正版的操作系统和杀毒软件且能够及时升级。不能将涉密计算机、涉密存储设备接入互联网及其他公共信息网络；不能在未采取防护措施的情况下，在涉密信息系统与互联网及其他公共信息网络之间进行信息交换；不能将未经安全技术处理的退出使用的涉密计算机、涉密存储设备赠送、出售、丢弃或者改作其他用途。不能使用非涉密计算机、非涉密存储设备存储、处理国家敏感信息。避免通过邮件交流敏感信息，避免在家用电脑上处理敏感信息；应设置结合大小写字母、数字和特殊符号的复杂密码且定期更换；严禁与未经授权的人员共享敏感信息，严格限制敏感信息知晓范围。

3. **销毁敏感数据** 实验室管理人员应按照国家相关法律法规和实验室相关管理程序销毁敏感数据，如实验室从事高致病性病原微生物相关实验活动的实验档案保存期不得少于 20 年，销毁到期的实验档案有助于将受限制的信息数量保持在必要和可管理的水平。

（二）材料控制

一套完整的库存管理程序和良好的库存管理规范对于材料的有效控制至关重要，必须覆盖从病原微生物进入实验室到最终销毁或运输整个过程，能够加强病原微生物控制，防止其被盗或滥用。应该严格制定病原微生物菌（毒）种及感染性材料的管理程序，建立病原微生物菌（毒）种及感染性材料进出、储存、使用和销毁记录台账。详细的库存清单应包括以下内容。

1. 材料类型　病原微生物菌（毒）种名称、菌株、血清型、分类等。
2. 材料形式　溶液或颗粒、冻干、石蜡包埋等。
3. 材料数量　最小分装数量、体积、实验使用后数量等。
4. 存储位置　短期或长期储存、使用中。
5. 菌（毒）种管理员　双人双锁。
6. 可接触材料的授权工作人员。
7. 修饰材料的原始生物特性　转基因微生物和转基因生物。
8. 材料销毁或灭活　销毁或灭活人员、日期和方法。
9. 内部和外部转运　转运日期、接收人、接收凭证。

定期更新库存，确保库存数据是最新的、完整的、正确的。建议对库存台账定期检查，及时对任何不符合项进行调查和解决。

库存控制除了建立生物安保规程和程序以外，还应选择合适的菌（毒）种管理员和授权可接触敏感材料的工作人员。菌（毒）种管理员需要由德才兼备、业务过硬、安全忠诚度高的人员担任，并对进入存储病原微生物菌（毒）种及感染性材料的区域进行严格的门禁授权，禁止无关人员进入相关区域。病原微生物菌（毒）种及感染性材料冰箱严格实行双人双锁制，存储区域实行24h监控，监控记录应保存20年。

除了病原微生物菌（毒）种以外，毒素、麻醉品、精神药品、危险化学品等应严格执行材料控制和台账制度，保障工作人员健康和公共财产安全。

五、运输安保和紧急事件（故）响应

（一）运输安保

运输安保主要是为了限制生物材料严格控制在特定区域内被合法开发利用，比如科研单位、公共卫生或临床实验室、疫苗生产基地等。采取有效措施确保毒株和样本的安全，严防发生误用、恶意使用、被盗、被抢、丢失、泄漏等事件。感染性生物材料既可以在实验室内部转运，也可以在国家和国际机构之间转运。感染性材料的运输要严格遵守国家和国际规定中关于转运过程的包装、标记、标签、文件等运输要求，降低包装受损和泄漏的可能性，减少可能造成传染的暴露并提高运输效率。以新冠病毒的国内和国际运输为例。

1. **国内运输**　新冠病毒毒株或其他潜在感染性生物材料的运输包装分类属于A类，

对应的联合国编号为 UN2814，包装符合国际民航组织文件 Doc 9284-AN/905《危险物品安全航空运输技术细则》的 P620 分类包装要求；环境样本属于 B 类，对应的联合国编号为 UN3373，包装符合国际民航组织文件 Doc 9284-AN/905《危险物品安全航空运输技术细则》的 P650 分类包装要求；通过其他交通工具运输的可参照以上标准包装。新冠病毒毒株或其他潜在感染性材料的运输应按照《可感染人类的高致病性病原微生物菌（毒）种或样本运输管理规定》（卫生部令第 45 号）办理《准运证书》。

2. **国际运输**　国际运输的新冠病毒标本或毒株，应当规范包装，按照《出入境特殊物品卫生检疫管理规定》办理相关手续，并满足相关国家和国际要求。

3. **生物材料的运输安保要求**

（1）对运输要求的严格认定：签订材料转运协议，办理《准运证书》，查验接收单位资质等。

（2）生物样本运输之前的准备工作：转运前通知申请单位实验室管理人员；准备分类、包装、标记和标识等包装材料；准备转移至承运人的相关文件资料；选择具有运输资质的运输公司；陆路运输时要确定参与护送人员，不得少于两人，申请单位应当对护送人员进行相关的生物安全知识培训，并在护送过程中采取相应的防护措施。

（3）运输管理：运输路线和时间要严格保密；进行法定接收人的核准，制定应急事件响应方案，跟踪运件信息并详细记录；菌（毒）种准运方案要向实验室所在地公安机关备案，并根据病原微生物类型与相关部门沟通，确定运输时间、路线等，亦可寻求公安机关全程警戒支持。在运输结束后，申请单位应当将运输情况向原批准部门书面报告。

（4）标本和毒株的接收及管理：运送人员和接收人员应对标本进行双签收。高致病性感染性材料标本及毒株应由专人管理，准确记录标本及毒株的来源、种类、数量，编号登记。内部和外部转移时必须及时更新库存清单，记录进入和流出的样本。

（二）紧急事件（故）响应

尽管实验室制定了比较全面的风险预防或控制措施，也可能发生意外事故或紧急事件，如病原微生物菌（毒）种被盗或库存清单存在差异、未经授权的人员进入实验室、停电、火灾、暴力事件、恐怖分子袭击等。病原微生物实验室应该制定紧急事件应急响应和处置程序，通过对潜在可能发生的事件或紧急事件（故）做好计划、应急准备和妥善处置，将紧急事件（故）的危害程度和损失降到最低限度。

1. **紧急事件（故）响应和处置程序编写**　应语言简练、通俗易懂、流程清晰、责任明确，能够有效地向所有实验室工作人员和政府部门传达重要的信息，即使没有经历过紧急事件（故）的工作人员也能够通过程序文件明白应该做什么、怎么做。该程序文件至少应包括以下内容。

（1）评估事件的严重程度，以确定适当的行动方案。

（2）紧急联系人、电话。

（3）人员职责。

（4）实验室平面图、紧急出口、撤离路线。

（5）人员紧急撤离程序。

（6）应急装备（个人防护装备、消毒剂、清除污染的器材物品等）。

（7）受伤人员运输和转移的应急程序。

（8）意外暴露的处理和污染清除程序。

（9）应急部门和人员信息。

（10）定点医疗救治医院和联系人员信息等。

2. **演习和更新** 实验室应每年至少组织所有工作人员进行一次紧急事件处置演习，模拟事件或紧急情况发生时的响应步骤，熟悉应急行动计划、撤离路线、处置规定和事故报告程序。同时至少每年对程序进行一次审查和更新，通过演习、事件报告和调查等反馈信息进行相应的调整和改进。

3. **事件报告** 《病原微生物实验室生物安全管理条例》第十七条规定：高致病性病原微生物菌（毒）种或者样本在运输、储存中被盗、被抢、丢失、泄漏的，承运单位、护送人、保藏机构应当采取必要的控制措施，并在 2h 内分别向承运单位的主管部门、护送人所在单位和保藏机构的主管部门报告，同时向所在地的县级人民政府卫生主管部门或者兽医主管部门报告，发生被盗、被抢、丢失的，还应当向公安机关报告；接到报告的卫生主管部门或者兽医主管部门应当在 2h 内向本级人民政府报告，并同时向上级人民政府卫生主管部门或者兽医主管部门和国务院卫生主管部门或者兽医主管部门报告。

县级人民政府应当在接到报告后 2h 内向设区的市级人民政府或者上一级人民政府报告；设区的市级人民政府应当在接到报告后 2h 内向省、自治区、直辖市人民政府报告。省、自治区、直辖市人民政府应当在接到报告后 1h 内，向国务院卫生主管部门或者兽医主管部门报告。

任何单位和个人发现高致病性病原微生物菌（毒）种或者样本的容器或者包装材料，应当及时向附近的卫生主管部门或者兽医主管部门报告；接到报告的卫生主管部门或者兽医主管部门应当及时组织调查核实，并依法采取必要的控制措施。

（代　青　王云川）

参考文献

［1］ 靳晓军. BSL-3 实验室外环境泄漏的风险分析与风险控制［D］. 北京：中国人民解放军军事医学科学院，2016.

［2］ 孙琳，杨春华. 美国近年生物恐怖袭击和生物实验室事故及其政策影响［J］. 军事医学，2017，41（11）：923-928.

［3］ SALEMO R M, GAUDIOSO J. 实验室生物风险管理生物安全与生物安保［M］. 刘刚，陈惠鹏，译. 北京：清华大学出版社，2021.

［4］ 国家卫生健康委. 人间传染的病原微生物目录［Z/OL］.（2023-08-18）［2024-10-15］. http://

www.nhc.gov.cn/qjjys/s7948/202308/b6b51d792d394fbea175e4c8094dc87e.shtml.

［5］ 中华人民共和国国家质量监督检验检疫总局，中国国家标准化管理委员会. 实验室 生物安全通用要求：GB 19489—2008［S］. 北京：中国标准出版社，2008.

［6］ 中华人民共和国建设部，中华人民共和国国家质量监督检验检疫总局. 生物安全实验室建筑技术规范：GB 50346—2011［S］. 北京：中国建筑工业出版社，2012.

［7］ 全国人民代表大会常务委员会. 中华人民共和国生物安全法［Z/OL］.（2020-10-17）［2024-10-15］. http://www.npc.gov.cn/npc/c2/c30834/202010/t20201017_308282.html.

［8］ 国务院应对新型冠状病毒肺炎疫情联防联控机制综合组. 关于印发新型冠状病毒肺炎防控方案（第九版）的通知：联防联控机制综发〔2022〕71 号［A/OL］.（2022-06-28）［2024-10-15］. http://www.gov.cn/xinwen/2022-06/28/content_5698168.htm.

［9］ 中华人民共和国卫生部. 可感染人类的高致病性病原微生物菌（毒）种或样本运输管理规定［Z/OL］.（2005-12-28）［2024-10-15］. http://www.nhc.gov.cn/fzs/s3576/201808/bc5a6e39b56549378e355ed48de87963.shtml.

［10］ 国家质量监督检验检疫总局. 出入境特殊物品卫生检疫管理规定［Z/OL］.（2015-01-21）［2024-10-15］. http://www.gov.cn/gongbao/content/2015/content_2843775.htm.

［11］ 中华人民共和国生态环境部. 病原微生物实验室生物安全管理条例［Z/OL］.（2018-03-19）［2024-10-15］. https://www.mee.gov.cn/ywgz/fgbz/xzfg/202303/t20230316_1019776.shtml.

［12］ Centers for Disease Control and Prevention. Report on the potential exposureto anthrax[R/OL]. (2014-07-11)[2024-10-15]. http://www.cdc.gov/about/pdf/ lab-safety/Final_Anthrax_Report.pdf.

［13］ GUILLEMIN J. Smallpox: the long goodbye[EB/OL]. (2014-07-27)[2024-10-15]. https://3quarksdaily.com/3quarksdaily/2014/07/smallpox-the-long-goodbye.html.

［14］ US White House. Executive Order 13546—Optimizing the Security of Biological Select Agents and Toxins in the United States[Z/OL]. (2010-07-02)[2024-10-15]. https://obamawhitehouse.archives.gov/the-press-office/executive-order-optimizing-security-biological-select-agents-and-toxins-united-stat.

［15］ Public Health Agency of Canada. Compliance: Registration, Permits, Inspection and Enforcement [Z/OL]. (2015-12-01) [2024-10-15]. http://www.phac-aspc.gc.ca/lab-bio/permits/index-eng.php.

［16］ WHO. Laboratory biosafety manual[M]. 4rd ed. Geneva: World Health Organization, 2020.

［17］ WHO. Laboratory biosafety manual[M]. 3rd ed. Geneva: World Health Organization, 2004.

［18］ CLEVESTIG P. Handbook of applied biosecurity for life science laboratories[M]. Solna: SIPRI, 2012.

［19］ SALERNO R M, GAUDIOSO J. Laboratory biorisk management: biosafety and biosecurity[M]. New York: CRC Press, 2015.

［20］ CDC. Biosafety in microbiological and biomedical laboratories[M]. 6th ed. Atlanta, GA: Centers for Disease Control and Prevention, National Institutes of Health, 2020.

［21］ SALERNO R M, GAUDIOSO J. Laboratory biosecurity handbook[M]. New York: CRC Press, 2007.

［22］ WHO. Laboratory biosecurity guidance[M]. Geneva: World Health Organization, 2024.